# FiNALEonline.de



FiNALEonline ist die digitale Ergänzung zu deinem Abiturband. Hier findest du eine Vielzahl an Angeboten, die dich bei deiner Prüfungsvorbereitung zusätzlich unterstützen.

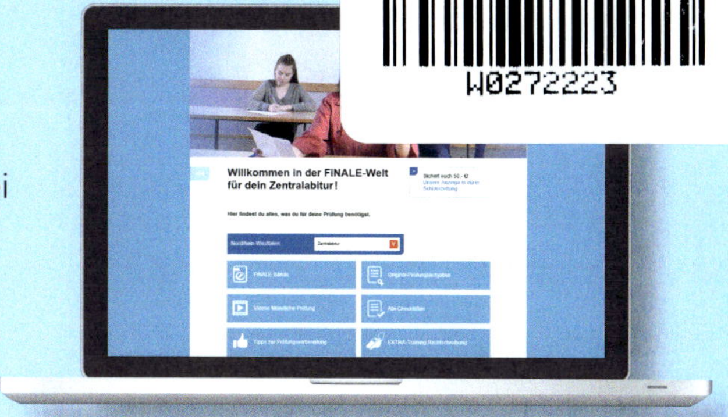


## Das Plus für deine Vorbereitung:

- Original-Prüfungsaufgaben mit Lösungen (bitte Code von Seite 2 eingeben!)
- EXTRA-Training Rechtschreibung
  So kannst du einem möglichen Punktabzug bei deinen Abi-Klausuren vorbeugen.
- Videos zur mündlichen Prüfung
- Tipps zur stressfreien Prüfungsvorbereitung
- Abi-Checklisten mit allen prüfungsrelevanten Themen

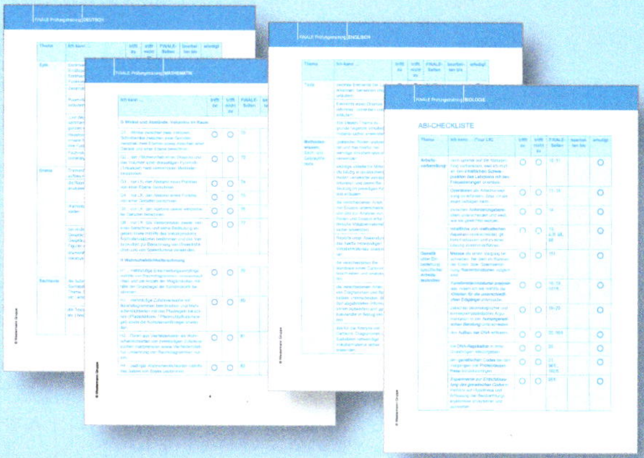

**Abi-Checklisten**
Sie helfen dir, den Überblick über den Prüfungsstoff zu behalten.

# FiNALEonline.de

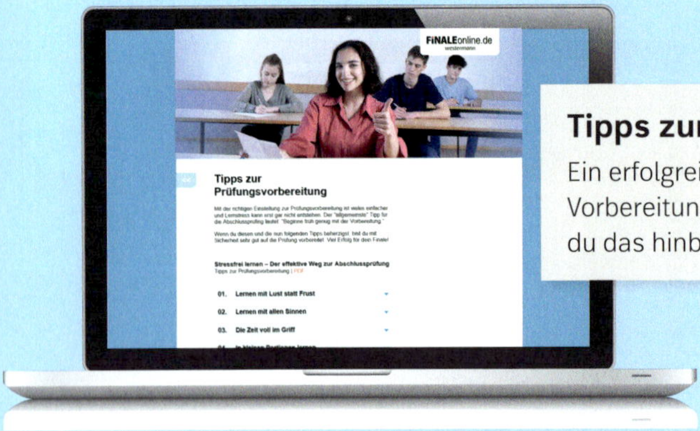


## Tipps zur Prüfungsvorbereitung

Ein erfolgreiches Abitur erfordert eine gezielte Vorbereitung ohne unnötigen Lernstress. Wie du das hinbekommst, erfährst du hier!

## Videos zur mündlichen Prüfung

Nur wenige Abiturienten wissen genau, wie sie abläuft, die „Mündliche". Die Videos geben dir Einblick in den Ablauf der Prüfung und Tipps für die richtige Vorbereitung.

**Die Kombination aus FiNALE-Buch und FiNALEonline bietet dir die optimale Vorbereitung für deine Prüfung und begleitet dich sicher zu einem erfolgreichen Abitur 2023!**

www.finaleonline.de

westermann

# FiNALE Prüfungstraining

Baden-Württemberg

## Abitur 2023

Mathematik

Heinz Klaus Strick
Hanns Jürgen Morath
Martin Brüning
Benno Burbat
Dr. Holger Reeker

# FiNALEonline.de

**Liebe Schülerin, lieber Schüler,**

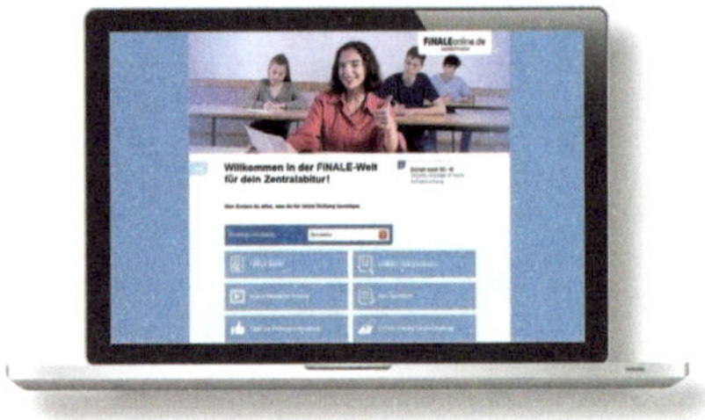

sobald die Original-Prüfungsaufgaben zur Veröffentlichung freigegeben sind, können sie unter **www.finaleonline.de** zusammen mit ausführlichen Lösungen kostenlos heruntergeladen werden. Gib dazu einfach diesen Code ein:

**MA5P6T7**

Einfach mal reinschauen: www.finaleonline.de

westermann GRUPPE



Druck A[1]/Jahr 2022
Alle Drucke der Serie A sind im Unterricht parallel verwendbar.

Redaktion: Ulrich Kilian
Kontakt: finale@westermanngruppe.de
Layout: LIO Design GmbH, Braunschweig
Umschlaggestaltung: Gingco.Net, Braunschweig
Umschlagfoto: Peter Wirtz, Dormagen

Druck und Bindung: Westermann Druck GmbH, Georg-Westermann-Allee 66, 38104 Braunschweig

ISBN 978-3-7426-**2375**-1

## 1 Arbeiten mit FiNALE



## 2 Basiswissen

### Analysis



### Analytische Geometrie



### Stochastik



## 3 Aufgaben zum Trainieren

### Vorbereitung auf die mündliche Prüfung



### Hilfsmittelfreie Aufgaben



### Komplexere Trainingsaufgaben – Analysis

### Komplexere Trainingsaufgaben – Analytische Geometrie



### Komplexere Trainingsaufgaben – Stochastik



## 4 Original-Prüfungsaufgaben

### Pflichteil



### Wahlteil

# 1 Arbeiten mit FiNALE

## Liebe Abiturientin, lieber Abiturient,

dieses Buch dient der Vorbereitung sowohl der schriftlichen Abiturprüfungen 2023 im Leistungsfach Mathematik als auch der mündlichen Abiturprüfungen im Basisfach.

**Zur gezielten Vorbereitung auf die Abiturprüfungen 2023 bietet FiNALE:**
- ein Paket mit 11 Trainingsaufgaben, die speziell auf die möglichen Anforderungen im mündlichen Prüfungsfach abgestimmt sind;
- vielfältige Aufgabenbeispiele mit ausformulierten Beispiellösungen, ggf. auch mit Lösungsalternativen, für den Pflicht- und den Wahlteil der schriftlichen Prüfung im Leistungsfach;
- Original-Prüfungsaufgaben von 2021 mit ausformulierten Lösungen. Sobald die Original-Prüfungsaufgaben 2022 zur Veröffentlichung freigegeben sind, können sie zusammen mit den ausführlichen Lösungen kostenlos im Internet unter **www.finaleonline.de** heruntergeladen werden.

Alle diese Aufgaben dienen also sowohl dem Training für die schriftlichen Prüfungen im Leistungsfach wie auch der Vorbereitung der mündlichen Prüfungen im Basisfach (Letzteres gilt natürlich nur für die Kenntnisse und Fertigkeiten, die den im Bildungsplan angegebenen Anforderungen des Basisfachs entsprechen).

Damit auf den ersten Blick erkennbar ist, welche Inhalte und Aufgaben über die Anforderungen des Basisfachs hinausgehen, sind diese durch ein LF gekennzeichnet.

Dies gilt insbesondere
- für die umfangreichen und gut strukturierten Angebote zur systematischen Wiederholung und zeitökonomischen Vertiefung des erforderlichen Basiswissens.

FiNALE ist so konzipiert, dass bei der Arbeit mit dem Buch eine *individuelle* Vorbereitung möglich ist. Sie können sich schnell einen Überblick über Ihre persönlichen Stärken und Schwächen in den Themenbereichen Analysis, Analytische Geometrie und Stochastik verschaffen und damit die Intensität der Arbeit nach eigenen Bedürfnissen genau dosieren.

Das detaillierte *Inhaltsverzeichnis*, das übersichtlich zusammengestellte Verzeichnis der für die Abiturprüfung notwendigen Kompetenzen (*Abi-Checkliste*), die alle Kompetenzen abdeckenden *Trainingsaufgaben* mit den entsprechenden Querverweisen zur Kompetenzübersicht sowie ein *Stichwortverzeichnis* erleichtern dabei die Orientierung in FiNALE.

Beachten Sie: Die in diesem Buch abgedruckten Trainingsaufgaben für den Wahlteil umfassen stets mehrere Teilaufgaben, durch die unterschiedliche Aspekte eines Sachverhalts angesprochen werden. Der Umfang dieser Aufgaben *geht deutlich über den Umfang der Wahlaufgaben in der schriftlichen Abiturprüfung hinaus*, wo – aus Zeitgründen – nur jeweils einzelne der möglichen Fragestellungen berücksichtigt werden können.

Der systematische Aufbau und die komprimierte Form fördern eine zeitökonomische und effektive Abiturvorbereitung. FiNALE empfiehlt sich von daher als sinnvolle Begleitung und Ergänzung des Fachunterrichts.

*Wir wünschen Ihnen viel Erfolg!*

## Tipps zum Umgang mit FiNALE

Für die Vorbereitung auf die zentrale Abiturprüfung im Fach Mathematik schlagen wir folgende Arbeitsweisen vor:

**Möglichkeit 1:**
Um einen Überblick über die verschiedenen Themenbereiche zu erhalten, sollten Sie zunächst die Kompetenzübersicht (Abi-Checkliste) sowie die Ausführungen in Form des Basiswissens lesen und sich anhand der Beispiele verdeutlichen, welche Anforderungen mit den Kompetenzen zu erfüllen sind. Dabei können Sie gleichermaßen feststellen, welche Prüfungsinhalte Sie bereits gut beherrschen und was Ihnen noch Schwierigkeiten bereitet. Wir empfehlen Ihnen hier, sich zu notieren, welche Themen Sie noch intensiver wiederholen sollten, um damit die Vorbereitung auf die Abiturprüfung zu strukturieren. Wenn Sie hier systematisch vorgehen und sich über Ihre Stärken und Schwächen im Klaren sind, wird die Vorbereitung effizient und zielorientiert sein.

Nach der Entscheidung, in welchem Themenbereich für Sie in der persönlichen Vorbereitung auf das Abitur der größte Handlungsbedarf besteht, können Sie die entsprechenden Kapitel im Basiswissen nochmals intensiv durcharbeiten. Hier werden auch die im Basiswissen von FiNALE enthaltenen einfachen Aufgabenbeispiele als Muster hilfreich sein.

Nachdem Sie die Grundlagen wiederholt haben, bieten Ihnen die zugehörigen Trainingsaufgaben mit ihren ausführlichen Lösungen (auch mit Lösungsalternativen) ein umfangreiches Übungsfeld. Sie können für Ihre Vorbereitung besonders geeignete Aufgaben anhand der bei den Aufgabenstellungen notierten Kompetenzen schnell erkennen.

Versuchen Sie zunächst, die Aufgaben selbstständig zu bearbeiten, d.h., erst dann die angebotenen Lösungen einzusehen, wenn es nicht mehr anders geht. Wenn Ihnen die Bearbeitung ohne Blick in den Lösungsteil gelungen ist, sollten Sie dennoch Ihre eigenen Lösungen kontrollieren und mit den abgedruckten Lösungen und weiteren Lösungsvarianten vergleichen.

Treten auch nach der Durchsicht der angebotenen Lösungen Verständnisprobleme auf, dann hilft Ihnen das intensive Durcharbeiten der zugehörigen Stichwörter des Basiswissens sicherlich weiter. – Überhaupt lässt sich das Basiswissen wie ein Nachschlagewerk benutzen.

An den Original-Prüfungsaufgaben können Sie dann erproben, wie weit Sie mit Ihrer Vorbereitung bereits gekommen sind.

**Möglichkeit 2:**
Selbstverständlich können Sie FiNALE auch in anderer Reihenfolge nutzen: Wenn Sie unmittelbar mit den Trainingsaufgaben beginnen, werden Sie automatisch durch die Querverweise zu den zugehörigen Kompetenzen und dem entsprechenden Basiswissen hingeführt. Treten Schwierigkeiten bei der Lösung der Aufgaben auf, so können Sie Ihre Lücken genau erkennen und die entsprechenden Inhalte wiederholen. Allerdings erhalten Sie bei der oben beschriebenen Vorgehensweise schneller einen Überblick über Ihre Stärken und Schwächen.

Bei diesen Vorschlägen zur Arbeitsweise mit FiNALE handelt es sich natürlich nur um Anregungen, die Sie nach eigenen Vorstellungen variieren können.

# Abi-Checkliste

## Analysis

| Ich kann ... | Trifft zu | Trifft nicht zu | Seite |
|---|---|---|---|
| **A Differenzialrechnung** | | | |
| A1 ... Potenzfunktionen ableiten (ganzzahlige, rationale, reelle Exponenten). | ◯ | ◯ | 13 |
| A2 ... Exponentialfunktionen, Logarithmusfunktionen, Sinus- und Kosinusfunktion ableiten. | ◯ | ◯ | 14 |
| A3 ... einfache Funktionen mit der Summen- und Faktorregel ableiten, zusammengesetzte Funktionen mit der Produkt- und Kettenregel ableiten. | ◯ | ◯ | 14 |
| A4 ... die Gleichung einer Tangente und einer Normalen an einen Funktionsgraphen bestimmen. | ◯ | ◯ | 15 |
| A5 ... mittlere und lokale Änderungsraten angeben und berechnen sowie im Sachzusammenhang interpretieren. | ◯ | ◯ | 17 |
| A6 ... Schnittwinkel eines Graphen mit der x-Achse bestimmen. | ◯ | ◯ | 18 |
| **B Untersuchung von Funktionsgraphen** | | | |
| B1 ... Graphen auf Symmetrie untersuchen. | ◯ | ◯ | 19 |
| B2 ... den Graphen einer Funktion verschieben. | ◯ | ◯ | 20 |
| B3 ... den Graphen einer Funktion strecken. | ◯ | ◯ | 22 |
| B4 ... Nullstellen einer Funktion bestimmen. | ◯ | ◯ | 23 |
| B5 ... Schnittpunkte zweier Funktionsgraphen interpretieren. | ◯ | ◯ | 24 |
| B6 ... Graphen auf Monotonie und auf lokale und absolute Extrempunkte untersuchen. | ◯ | ◯ | 25 |
| B7 ... Graphen auf ihr Krümmungsverhalten und auf Wende- und Sattelpunkte untersuchen. | ◯ | ◯ | 27 |
| B8 ... den Globalverlauf ganzrationaler Funktionen und das asymptotische Verhalten bei Exponentialfunktionen untersuchen. | ◯ | ◯ | 29 |
| B9 ... nur LF: Funktionenscharen auf besondere Punkte untersuchen sowie gemeinsame Punkte der Kurvenschar ermitteln. | ◯ | ◯ | 30 |
| B10 ... Eigenschaften der Sinus- und Kosinusfunktion angeben und die Funktionsgleichung einer allgemeinen Sinusfunktion bestimmen. | ◯ | ◯ | 32 |

| Ich kann ... | Trifft zu | Trifft nicht zu | Seite |
|---|---|---|---|
| B11 ... nur LF: Eigenschaften von gebrochenrationalen Funktionen untersuchen. | ◯ | ◯ | 34 |
| B12 ... Eigenschaften von Wurzelfunktionen bestimmen. | ◯ | ◯ | 37 |
| B13 ... überprüfen, ob eine Funktion umkehrbar ist, und den Funktionsterm der Umkehrfunktion herleiten. | ◯ | ◯ | 38 |
| **C Mathematische Modellierungen mithilfe der Differenzialrechnung** | | | |
| C1 ... ganzrationale Funktionen mit vorgegebenen Eigenschaften bestimmen (auch in Sachzusammenhängen, z. B. Trassierungen). | ◯ | ◯ | 39 |
| C2 ... Exponentialfunktionen aus gegebenen Bedingungen bestimmen. | ◯ | ◯ | 41 |
| C3 ... in Anwendungen ein passendes Modell für das exponentielle Wachstum aufstellen, seine Tragfähigkeit untersuchen und Schlussfolgerungen im Sachzusammenhang interpretieren sowie Verdopplungs- und Halbwertszeiten berechnen. | ◯ | ◯ | 42 |
| **D Integralrechnung** | | | |
| D1 ... Stammfunktionen zu Grundtypen von Funktionen bestimmen und den Hauptsatz der Differenzial- und Integralrechnung zur Berechnung bestimmter Integrale anwenden. | ◯ | ◯ | 44 |
| D2 ... Flächeninhalte von Flächenstücken zwischen einem Funktionsgraphen und der x-Achse und Flächeninhalte von Flächenstücken zwischen Funktionsgraphen berechnen. | ◯ | ◯ | 46 |
| D3 ... Gesamtänderungen aus gegebenen Änderungsraten mithilfe von bestimmten Integralen berechnen. | ◯ | ◯ | 48 |
| D4 ... nur LF: Mittelwerte von kontinuierlich veränderten Größen mithilfe der Integralrechnung berechnen.* | ◯ | ◯ | 49 |
| D5 ... nur LF: Inhalte ins Unendliche reichender Flächen mit uneigentlichen Integralen und den dabei erforderlichen Grenzwertbetrachtungen ermitteln. | ◯ | ◯ | 50 |
| D6 ... nur LF: das Volumen von Rotationskörpern berechnen und die erforderlichen Berandungsfunktionen für reale rotationssymmetrische Körper modellieren. | ◯ | ◯ | 51 |

*im Abitur 2023 nicht relevant

## Analytische Geometrie

| Ich kann ... | Trifft zu | Trifft nicht zu | Seite |
|---|---|---|---|
| **E Punkte und Vektoren im Raum** | | | |
| E1 ... Punkte im Raum durch Ortsvektoren sowie Verschiebungen im Raum durch Vektoren beschreiben. | ◯ | ◯ | 53 |
| E2 ... Vektoren auf Kollinearität untersuchen. | ◯ | ◯ | 53 |
| E3 ... Vektoren addieren und subtrahieren sowie den Mittelpunkt einer Strecke berechnen. | ◯ | ◯ | 54 |
| E4 ... das Skalarprodukt zweier Vektoren berechnen und damit entscheiden, ob die Vektoren zueinander orthogonal sind. | ◯ | ◯ | 56 |
| E5 ... Längen von Strecken im Raum und den Betrag von Vektoren berechnen. | ◯ | ◯ | 57 |
| **F Geraden und Ebenen im Raum** | | | |
| F1 ... Parameterdarstellungen für Geraden ermitteln sowie überprüfen, ob und ggf. wo ein Punkt auf einer gegebenen Gerade liegt (Punktprobe). | ◯ | ◯ | 58 |
| F2 ... nur LF: Geraden auf ihre gegenseitige Lage untersuchen. | ◯ | ◯ | 59 |
| F3 ... Parameterdarstellungen für Ebenen ermitteln sowie überprüfen, ob ein Punkt auf einer gegebenen Ebene liegt (Punktprobe). | ◯ | ◯ | 61 |
| F4 ... Spurpunkte von Geraden sowie Spurpunkte und Spurgeraden von Ebenen bestimmen. | ◯ | ◯ | 63 |
| F5 ... einen Normalenvektor und den Einheitsnormalenvektor einer Ebene bestimmen. | ◯ | ◯ | 64 |
| F6 ... Ebenen mithilfe von Koordinatengleichungen beschreiben – auch in Normalenform oder (nur LF) Hesse'scher Normalenform angeben. | ◯ | ◯ | 66 |
| F7 ... Darstellungsformen von Ebenen ineinander überführen. | ◯ | ◯ | 68 |
| F8 ... Schnittprobleme zwischen Geraden und Ebenen in Sachzusammenhängen untersuchen. | ◯ | ◯ | 69 |
| F9 ... Ebenen auf ihre gegenseitige Lage untersuchen; nur LF: möglicherweise vorhandene Schnittgeraden bestimmen. | ◯ | ◯ | 72 |
| F10 ... nur LF: Geraden- und Ebenenscharen innermathematisch und in Sachzusammenhängen untersuchen. | ◯ | ◯ | 74 |
| F11 ... lineare Gleichungssysteme systematisch lösen. | ◯ | ◯ | 75 |

| Ich kann ... | Trifft zu | Trifft nicht zu | Seite |
|---|---|---|---|
| **G Winkel und Abstände, Volumina im Raum** | | | |
| G1 ... Winkel zwischen zwei Vektoren und Schnittwinkel zwischen zwei Geraden berechnen. | ◯ | ◯ | 79 |
| G2 ... Schnittwinkel zwischen zwei Ebenen berechnen. | ◯ | ◯ | 80 |
| G3 ... Schnittwinkel zwischen einer Gerade und einer Ebene berechnen. | ◯ | ◯ | 81 |
| G4 ... den Flächeninhalt eines Dreiecks und das Volumen einer dreiseitigen Pyramide (Tetraeder) mit elementaren Methoden bestimmen. | ◯ | ◯ | 82 |
| G5 ... den Abstand eines Punktes von einer Ebene berechnen. | ◯ | ◯ | 83 |
| G6 ... nur LF: den Abstand eines Punktes von einer Geraden berechnen. | ◯ | ◯ | 85 |
| G7 ... nur LF: den Abstand zweier windschiefer Geraden berechnen. | ◯ | ◯ | 86 |
| G8 ... nur LF: Das Vektorprodukt zur Berechnung von Dreiecksflächen und von Spatvolumina verwenden. | ◯ | ◯ | 87 |

**Stochastik**

| Ich kann ... | Trifft zu | Trifft nicht zu | Seite |
|---|---|---|---|
| **H Beschreibende Statistik** | | | |
| H1 ... Mittelwert und Stichprobenstreuung einer Häufigkeitsverteilung bestimmen. | ◯ | ◯ | 88 |
| **I Wahrscheinlichkeitsrechnung** | | | |
| I1 ... mehrstufige Zufallsversuche mithilfe von Baumdiagrammen beschreiben. | ◯ | ◯ | 90 |
| I2 ... die Anzahl der Möglichkeiten mithilfe der Grundregel der Kombinatorik bestimmen. | ◯ | ◯ | 90 |
| I3 ... Wahrscheinlichkeiten mithilfe der Pfadregeln berechnen. | ◯ | ◯ | 92 |
| I4 ... bedingte Wahrscheinlichkeiten mithilfe von Vierfeldertafeln oder umgekehrten Baumdiagrammen bestimmen. | ◯ | ◯ | 92 |
| I5 ... bedingte Wahrscheinlichkeiten mithilfe des Satzes von Bayes bestimmen. | ◯ | ◯ | 94 |
| I6 ... überprüfen, ob zwei Ereignisse stochastisch voneinander abhängig oder unabhängig sind. | ◯ | ◯ | 94 |

| Ich kann ... | Trifft zu | Trifft nicht zu | Seite |
|---|---|---|---|
| **J Wahrscheinlichkeitsverteilungen** | | | |
| J1 ... Wahrscheinlichkeitsverteilungen einer (diskreten) Zufallsgröße bestimmen. | ◯ | ◯ | 95 |
| J2 ... Kenngrößen (Erwartungswert, Varianz und Standardabweichung) einer (diskreten) Zufallsgröße berechnen. | ◯ | ◯ | 96 |
| J3 ... wesentliche Eigenschaften von Bernoulli-Versuchen erläutern und Wahrscheinlichkeiten von Ereignissen mithilfe der Bernoulli-Formel oder der Optionen eines TR bestimmen. | ◯ | ◯ | 97 |
| J4 ... Mindestwerte von n bzw. von p zu einer vorgegebenen Mindestwahrscheinlichkeit ermitteln. | ◯ | ◯ | 99 |
| J5 ... die Kenngrößen Erwartungswert, Varianz und Standardabweichung einer binomialverteilten Zufallsgröße berechnen. | ◯ | ◯ | 101 |
| J6 ... Wahrscheinlichkeiten normalverteilter Zufallsgrößen bestimmen. | ◯ | ◯ | 101 |
| **K Beurteilende Statistik** | | | |
| K1 ... Prognosen im Hinblick auf zu erwartende absolute Häufigkeiten treffen und damit die Signifikanz von Abweichungen bewerten. | ◯ | ◯ | 104 |
| K2 ... mithilfe einer Entscheidungsregel von der Stichprobe auf die Gesamtheit schließen. | ◯ | ◯ | 105 |
| K3 ... mögliche Fehler bei der Anwendung einer Entscheidungsregel beschreiben und zugehörige Wahrscheinlichkeiten bestimmen können (teilweise nur LF). | ◯ | ◯ | 106 |
| K4 ... nur LF: die prinzipielle Vorgehensweise bei einem zweiseitigen Hypothesentest erläutern (Annahme- und Verwerfungsbereich bestimmen, Entscheidungsregeln festlegen, Fehler 1. und 2. Art beschreiben). | ◯ | ◯ | 108 |
| K5 ... die prinzipielle Vorgehensweise bei einem einseitigen Hypothesentest erläutern (Standpunkt klären, Annahme- und Verwerfungsbereich bestimmen, Entscheidungsregeln festlegen). | ◯ | ◯ | 109 |

## Vorbereitung auf die mündliche Abiturprüfung im Basisfach Mathematik

Die folgenden Themen werden zur Wiederholung empfohlen.

| Bereich | einzelne Themen | ... finden Sie in ... |
|---|---|---|
| Grundfunktionen | trigonometrische Funktionen | Basiswissen B10 |
| | ganzrationale Funktionen | Basiswissen A1, C1 |
| Wirkung von Parametern | Verschiebung in x- und y-Richtung | Basiswissen B2 |
| | Streckungen in x- und y-Richtung | Basiswissen B3 |
| | Spiegelung an der x- bzw. y-Achse | Basiswissen B3 |
| Differenzialrechnung | Änderungsrate | Basiswissen A5 |
| | Ableitungsregeln (Summen-, Faktor- und Potenzregel), Ableitungsfunktion | Basiswissen A1, A3 |
| | Tangente in einem Kurvenpunkt | Basiswissen A4 |
| | Steigungswinkel | Basiswissen A6 |
| Untersuchung von Funktionen und Graphen | Nullstellen | Basiswissen B4 |
| | Symmetrie zum Ursprung/zur y-Achse | Basiswissen B1 |
| | Monotonie, Extrempunkte | Basiswissen B6 |
| Vektoren | Betrag eines Vektors | Basiswissen E5 |
| | Linearkombination, Kollinearität | Basiswissen E2 |
| Strecken, Geraden | Mittelpunkt einer Strecke | Basiswissen E3 |
| | Parametergleichung einer Geraden | Basiswissen F1 |
| Lagebeziehungen | Lagebeziehungen zwischen zwei Geraden, Bestimmung von Schnittpunkten | Basiswissen F2 |
| Abstände | Abstand zweier Punkte | Basiswissen E5 |
| Grundlagen Wahrscheinlichkeitsrechnung | Kombinatorik, Baumdiagramme, Pfadregeln, bedingte Wahrscheinlichkeiten | Basiswissen I1–I6 |
| | Wahrscheinlichkeitsverteilung, Erwartungswert einer Wahrscheinlichkeitsverteilung | Basiswissen J1–J2 |
| Binomialverteilung | BERNOULLI-Experiment und -kette, Formel von BERNOULLI | Basiswissen J3 |
| | Histogramme | Basiswissen J3 |
| | Erwartungswert einer Binomialverteilung | Basiswissen J5 |

# 2 Basiswissen Analysis

## A Differenzialrechnung

### INFO Potenzregel

**A1 Potenzfunktionen ableiten (ganzzahlige, rationale, reelle Exponenten)**

(1) Potenzregel für **natürliche** Exponenten:
$f(x) = x^n,\ n \in \mathbb{N}, \qquad f'(x) = n \cdot x^{n-1}$.

(2) Potenzregel für **negative ganzzahlige** Exponenten:
$f(x) = x^{-n}\ (x \neq 0) \qquad f'(x) = -n \cdot x^{-n-1}$

**Merkregel:**

Pot-a=Ex-+Fa-da
**Pot**enzfunktion **a**bleiten:
**Ex**ponent um 1 verringern,
**Fa**ktor **da**vorschreiben

(3) Potenzregel für **rationale** Exponenten (insb. Wurzelfunktionen):
$f(x) = x^r,\ f'(x) = r \cdot x^{r-1} \quad (x > 0)$

**Definition:** Sei $r = \frac{m}{n}$.
$f(x) = x^r = x^{\frac{m}{n}} = \sqrt[n]{x^m}$

(4) Potenzregel für **reelle** Exponenten:
$f(x) = x^r\ (x > 0),\ f'(x) = r \cdot x^{r-1}$

**Beispiele**

(1) *natürliche Exponenten:*

$f(x) = x^1 \Rightarrow f'(x) = 1$

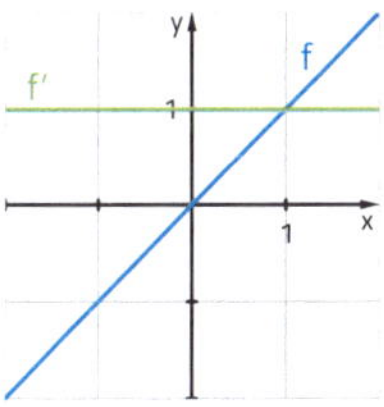

$f(x) = x^2 \Rightarrow f'(x) = 2 \cdot x$

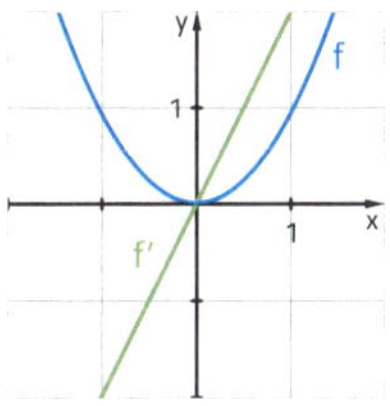

$f(x) = x^5 \Rightarrow f'(x) = 5 \cdot x^4$

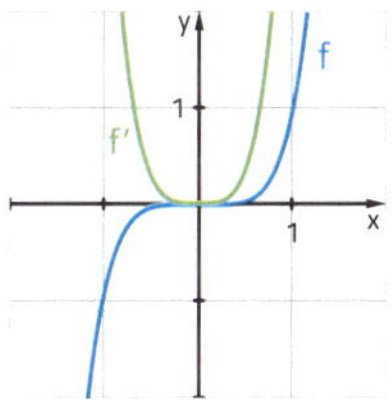

(2) *negative ganzzahlige Exponenten:*

$f(x) = x^{-1} \Rightarrow f'(x) = (-1) \cdot x^{-2} = -\frac{1}{x^2}$

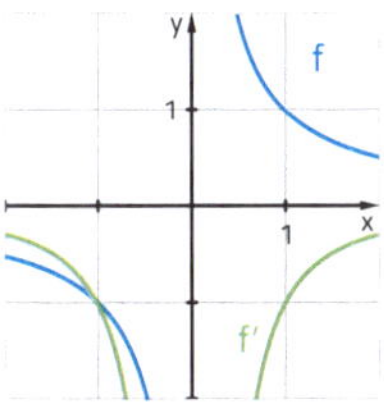

$f(x) = \frac{1}{x^3} = x^{-3} \Rightarrow f'(x) = (-3) \cdot x^{-4} = -\frac{3}{x^4}$

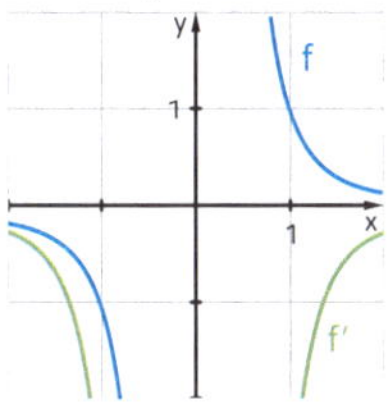

(3) *gebrochene Exponenten (Wurzelterme):*

$f(x) = x^{\frac{1}{2}} = \sqrt{x} \Rightarrow f'(x) = \frac{1}{2} \cdot x^{-\frac{1}{2}} = \frac{1}{2\sqrt{x}}$

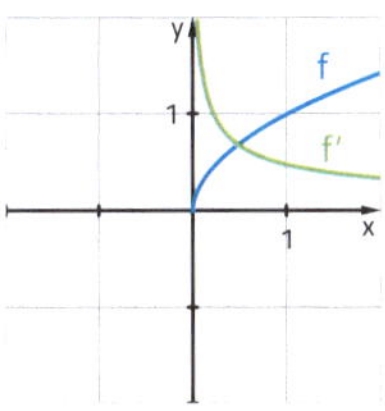

$f(x) = x^{-\frac{1}{3}} = \frac{1}{\sqrt[3]{x}} \Rightarrow f'(x) = -\frac{1}{3} \cdot x^{-\frac{4}{3}} = -\frac{1}{3 \cdot \sqrt[3]{x^4}}$

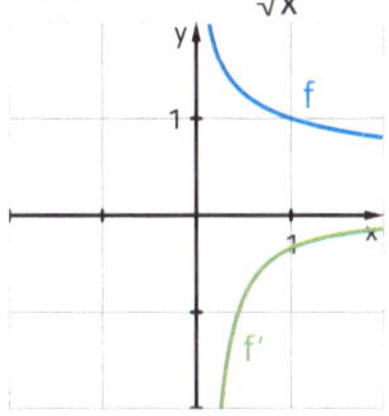

## INFO Exponentialfunktionen und Logarithmusfunktionen ableiten

### A2 Exponentialfunktionen, Logarithmusfunktionen, Sinus- und Kosinusfunktion ableiten

(1) Die Ableitung der **Exponentialfunktion** zur Basis e (Euler'sche Zahl) stimmt mit der Funktion selbst überein: $f(x) = e^x \Rightarrow f'(x) = e^x$.

(2) Die Ableitung der **Logarithmusfunktion** zur Basis e ist gleich der Kehrwertfunktion: $f(x) = \ln(x) \Rightarrow f'(x) = \frac{1}{x}$.

(3) Ableitung der **Exponentialfunktion mit beliebiger Basis**:
$f(x) = b^x = e^{\ln(b)\cdot x} \Rightarrow f'(x) = e^{\ln(b)\cdot x} \cdot \ln(b) = b^x \cdot \ln(b)$ – vgl. auch A3, Beispiel (4).

(4) Die Ableitung der **Sinusfunktion** ist gleich der Kosinusfunktion; die Ableitung der **Kosinusfunktion** ist gleich der negativen Sinusfunktion.
$f(x) = \sin(x) \Rightarrow f'(x) = \cos(x)$ $\quad$ $f(x) = \cos(x) \Rightarrow f'(x) = -\sin(x)$

**Beispiele**

vgl. A3

## INFO Summen- und Faktorregel, Produkt- und Kettenregel

### A3 Einfache Funktionen mit der Summen- und Faktorregel ableiten, zusammengesetzte Funktionen mit der Produkt- und Kettenregel ableiten

Für das Ableiten von Funktionen gelten folgende Regeln:

(1) **Summen- und Faktorregel** (Linearität)
$f(x) = k_1 \cdot f_1(x) + k_2 \cdot f_2(x) \Rightarrow f'(x) = k_1 \cdot f'_1(x) + k_2 \cdot f'_2(x)$
In Worten: Ein konstanter Faktor bleibt beim Ableiten erhalten. Die Ableitung einer Summe ist gleich der Summe der Ableitungen der Summanden.

(2) **Produktregel**
$f(x) = u(x) \cdot v(x) \Rightarrow f'(x) = u'(x) \cdot v(x) + u(x) \cdot v'(x)$

(3) Für geschachtelte Funktionsterme gilt die **Kettenregel**:
$f(x) = g(h(x)) \Rightarrow f'(x) = g'(h(x)) \cdot h'(x)$

Die äußere Funktion g wird abgeleitet und die innere Funktion h wie eine Variable behandelt. Dieser Term wird mit der Ableitung der inneren Funktion multipliziert.

**Beispiele**

(1) *Summen- und Faktorregel:*

$f(x) = 5 \cdot x^3 + 4 \cdot x^2 \quad \Rightarrow f'(x) = 15 \cdot x^2 + 8 \cdot x$

$f(x) = \frac{3}{x^2} - 6 \cdot \sqrt{x} = 3 \cdot x^{-2} - 6 \cdot x^{\frac{1}{2}} \Rightarrow f'(x) = 3 \cdot (-2) \cdot x^{-3} - 6 \cdot \frac{1}{2} \cdot x^{-\frac{1}{2}} = -\frac{6}{x^3} - \frac{3}{\sqrt{x}}$

$f(x) = \log_2 x = \frac{\ln(x)}{\ln(2)} \Rightarrow f'(x) = \frac{1}{\ln(2)} \cdot \frac{1}{x} = \frac{1}{x \cdot \ln(2)}$

$f(x) = 2 \cdot \sin(x) + \frac{1}{2} \cdot \cos(x) \Rightarrow f'(x) = 2 \cdot \cos(x) - \frac{1}{2} \cdot \sin(x)$

(2) *Ableitung ganzrationaler Funktionen:* Ist eine ganzrationale Funktion f gegeben durch
$f(x) = a_n \cdot x^n + a_{n-1} \cdot x^{n-1} + \ldots + a_2 \cdot x^2 + a_1 \cdot x + a_0,\ n \in \mathbb{N}$,

dann gilt: $f'(x) = n \cdot a_n \cdot x^{n-1} + (n-1) \cdot a_{n-1} \cdot x^{n-2} + \ldots + 2 \cdot a_2 \cdot x + a_1$.

(3) *Produktregel:*
$f(x) = (2x+5) \cdot e^x \Rightarrow f'(x) = 2 \cdot e^x + (2x+5) \cdot e^x = (2x+7) \cdot e^x$
$f(x) = (x^2+3x-1) \cdot e^x \Rightarrow f'(x) = (2x+3) \cdot e^x + (x^2+3x-1) \cdot e^x = (x^2+5x+2) \cdot e^x$
$f(x) = x^2 \cdot \cos(x) \Rightarrow f'(x) = 2x \cdot \cos(x) - x^2 \cdot \sin(x)$

(4) *Kettenregel:*
$f(x) = e^{-x^2} \Rightarrow f'(x) = e^{-x^2} \cdot (-2x)$
$f(x) = 3^x = e^{x \cdot \ln(3)} \Rightarrow f'(x) = e^{x \cdot \ln(3)} \cdot \ln(3) = 3^x \cdot \ln(3)$
$f(x) = \sin(2x) \Rightarrow f'(x) = 2 \cdot \cos(2x)$

(5) *Produkt- und Kettenregel:*
$f(x) = x^3 \cdot e^{-x} \Rightarrow f'(x) = 3x^2 \cdot e^{-x} + x^3 \cdot e^{-x} \cdot (-1) = (3x^2 - x^3) \cdot e^{-x}$

$$\begin{aligned} f(x) = (x^2+1)^3 \cdot e^{-0,3x} \Rightarrow f'(x) &= 3 \cdot (x^2+1)^2 \cdot (2x) \cdot e^{-0,3x} + (x^2+1)^3 \cdot e^{-0,3x} \cdot (-0,3) \\ &= (x^2+1)^2 \cdot e^{-0,3x} \cdot (6x - 0,3 \cdot (x^2+1)) \\ &= (x^2+1)^2 \cdot e^{-0,3x} \cdot (-0,3 \cdot x^2 + 6x - 0,3) \end{aligned}$$

Um gebrochen-rationale Funktionen abzuleiten, wendet man Produkt- und Kettenregel an:

$$\begin{aligned} f(x) = \frac{x^2+3}{(4x-5)^3} = (x^2+3) \cdot (4x-5)^{-3} \Rightarrow f'(x) &= (2x) \cdot (4x-5)^{-3} + (x^2+3) \cdot (-3) \cdot (4x-5)^{-4} \cdot 4 \\ &= \frac{2x}{(4x-5)^3} - \frac{12 \cdot (x^2+3)}{(4x-5)^4} = \frac{2x \cdot (4x-5) - 12 \cdot (x^2+3)}{(4x-5)^4} \end{aligned}$$

## INFO Tangente und Normale

### A4 Die Gleichung einer Tangente und einer Normalen an einen Funktionsgraphen bestimmen

Eine **Tangente** ist eine Gerade durch den Punkt eines Graphen. Die Steigung der Geraden stimmt mit der Steigung des Graphen in diesem Punkt (dem Berührpunkt) überein.

Die Gleichung der Geraden g, von der man die Steigung m und einen Punkt $(a|b)$ kennt, bestimmt man mithilfe der Punkt-Steigungsform: $g(x) = m \cdot (x-a) + b$.

Die Gleichung einer Tangente t an eine differenzierbare Funktion f im Punkt $(a|f(a))$ wird mithilfe der Ableitung $f'(a)$ bestimmt:
$t(x) = f'(a) \cdot (x-a) + f(a)$.

Bei der Ermittlung der Tangentengleichung kann man auch so verfahren, dass man $f'(a)$ bestimmt und dann in der allgemeinen Geradengleichung $y = m \cdot x + b$ die bekannten Größen einsetzt, um b zu bestimmen:
Bekannt sind also: $m = f'(a)$, $y = f(a)$ und $x = a$. Hieraus ergibt sich die Gleichung
$f(a) = f'(a) \cdot a + b$, d. h. $b = f(a) - f'(a) \cdot a$.

Die **Normale** im Punkt P ist eine Gerade, die den Graphen der Funktion f im Punkt $P(x_0|f(x_0))$ orthogonal schneidet. Dabei ist die Steigung der Normalen gleich dem negativen Kehrwert der 1. Ableitung an dieser Stelle, also $m = \frac{-1}{f'(x_0)}$.

### Beispiele

(1) *Tangente und Normale des Graphen einer Potenzfunktion:*

Für $f(x) = x^2$ an der Stelle $x = 1$ gilt:

$f(1) = 1$ und $f'(x) = 2x$, also $f'(1) = 2$.

Daher ist $t(x) = 2 \cdot (x - 1) + 1 = 2x - 1$ die Gleichung der Tangente t durch den Punkt (1 | 1) und $n(x) = -\frac{1}{2} \cdot (x - 1) + 1 = -\frac{1}{2}x + \frac{3}{2}$ die Gleichung der Normalen n durch den Punkt (1|1).

(2) *Tangente und Normalen einer Exponentialfunktion:*

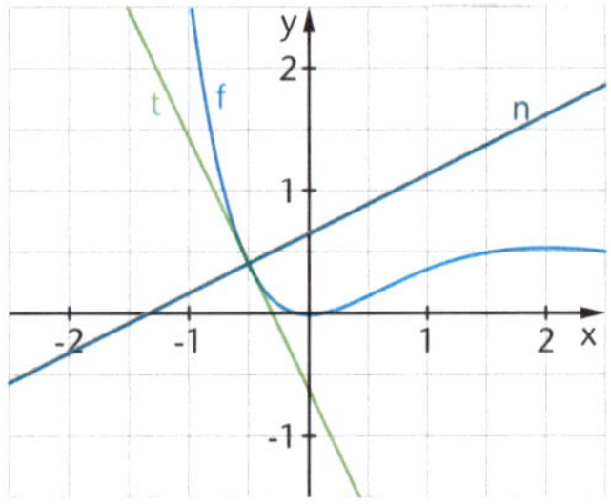


Gesucht sind Tangente und Normale von $f(x) = x^2 \cdot e^{-x}$ an der Stelle $a = -0{,}5$.

Es gilt: $f(-0{,}5) \approx 0{,}412$ und
$f'(x) = 2x \cdot e^{-x} + x^2 \cdot e^{-x} \cdot (-1) = (-x^2 + 2x) \cdot e^{-x}$, also
$f'(-0{,}5) \approx -2{,}061$.

Daher ist
$t(x) \approx -2{,}061 \cdot (x + 0{,}5) + 0{,}412 \approx -2{,}061x - 0{,}619$
und
$n(x) \approx 0{,}485 \cdot (x + 0{,}5) + 0{,}412 \approx 0{,}485x + 0{,}655$.

(3) *Berührpunkt einer Tangente:*

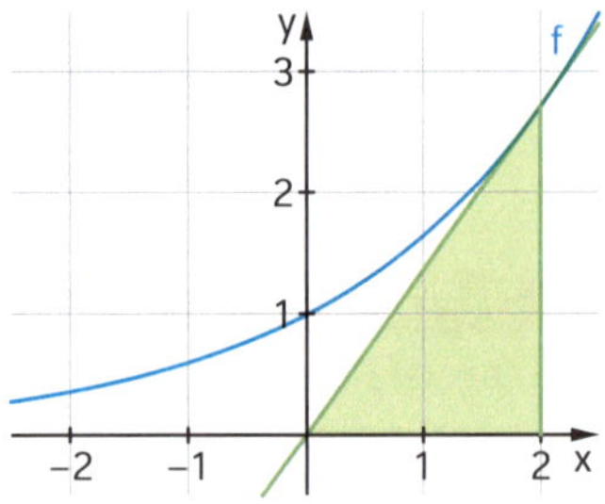


Gesucht ist derjenige Punkt (a | f(a)) des Graphen von $f(x) = e^{0{,}5 \cdot x}$, in dem die Tangente an den Graphen durch den Ursprung verläuft.

Hier gilt: $f'(x) = 0{,}5 \cdot e^{0{,}5 \cdot x}$,
also lautet die Tangentengleichung
$t(x) = 0{,}5 \cdot e^{0{,}5 \cdot a} \cdot (x - a) + e^{0{,}5 \cdot a}$.

Aus der Bedingung $t(0) = 0$ ergibt sich
$0 = 0{,}5 \cdot e^{0{,}5 \cdot a} \cdot (0 - a) + e^{0{,}5 \cdot a} \Leftrightarrow\ 0 = e^{0{,}5 \cdot a} \cdot (1 - 0{,}5 \cdot a)$
$\Leftrightarrow a = 2$, da $e^{0{,}5 \cdot x} > 0$ für alle x.

Anschaulich kann man die Berührstelle a der Tangente auch so ermitteln, dass das Steigungsdreieck betrachtet wird:
waagerechte Kathete: a; senkrechte Kathete: f(a); Steigung f'(a).

Es muss also gelten: $f'(a) = \frac{f(a)}{a}$, also in diesem Beispiel:

$0{,}5 \cdot e^{0{,}5a} = \frac{e^{0{,}5a}}{a}$, d. h. $0{,}5 = \frac{1}{a}$ und somit $a = 2$.

(4) *Knickfreier Übergang zwischen zwei Graphen*

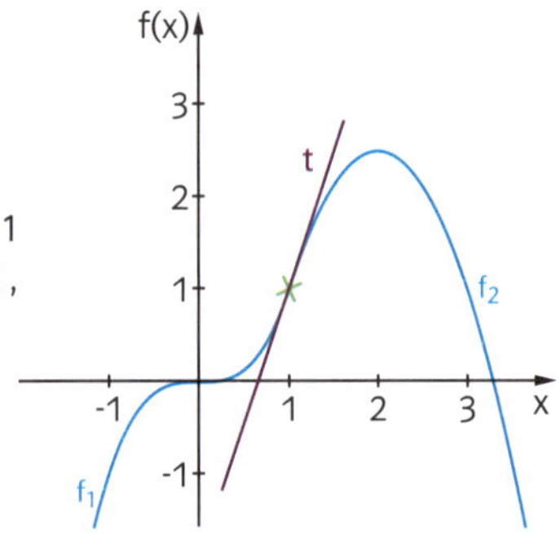


Die *abschnittsweise* definierten Funktionen
$f_1(x) = x^3$ für $x < 1$ und $f_2(x) = -1{,}5x^2 + 6x - 3{,}5$ für $x \geq 1$
haben einen **knickfreien** Übergang an der Stelle $x = 1$, d. h., sie besitzen eine gemeinsame Tangente.

Es gilt: $f_1(1) = f_2(1) = 1$ *und* $f_1'(x) = 3x^2$, $f_2'(x) = -3x + 6$
mit $f_1'(1) = f_2'(1) = 3$, also
$t(x) = 3 \cdot (x - 1) + 1 = 3x - 2$.

## INFO Mittlere und lokale Änderungsraten

### A5 Mittlere und lokale Änderungsraten angeben und berechnen sowie im Sachzusammenhang interpretieren

Zeichnet man durch zwei Punkte A (a|f (a)) und B (b|f (b)) des Graphen einer Funktion f eine Gerade (also eine Sekante zum Graphen von f), so ist die Steigung dieser Geraden die **mittlere Änderungsrate** der Funktion f im Intervall [a; b], also:

$\frac{f(b) - f(a)}{b - a}$.

Die Ableitung einer Funktion an einer Stelle $x_0$ ist die **lokale Änderungsrate** in $x_0$ und der Grenzwert des Differenzenquotienten für $x \to x_0$:

$f'(x_0) = \lim\limits_{x \to x_0} \frac{f(x) - f(x_0)}{x - x_0}$.

Dies kann man auch in der Form $f'(x_0) = \lim\limits_{h \to 0} \frac{f(x_0 + h) - f(x_0)}{h}$ beschreiben.

Als **Ableitungsfunktion** f′ einer Funktion f bezeichnet man die Funktion, die jeder Stelle $a \in D_f$ die Ableitung f′ (a) zuordnet.

**Beispiele**

(1) *Mittlere Änderungsrate:* $f(x) = x^3 - 2$ $f(0) = 0;\ f(2) = 4$.

Die mittlere Änderungsrate der Funktion im Intervall [0; 2] ist $\frac{f(2) - f(0)}{2 - 0} = \frac{4 - 0}{2} = 2$.

(2) *Bedeutung der mittleren und der lokalen Änderungsrate im Sachzusammenhang:*
In Anwendungssituationen haben Differenzenquotient und Differenzialquotient beispielsweise folgende Bedeutung:

| Zuordnung durch die Funktion f | mittlere Änderungsrate in einem Intervall | lokale Änderungsrate in einem Punkt |
|---|---|---|
| Zeit → zurückgelegter Weg | Durchschnittsgeschwindigkeit in einem Zeitintervall | Momentangeschwindigkeit zu einem Zeitpunkt |
| Zeit → Geschwindigkeit | durchschnittliche Beschleunigung in einem Zeitintervall | Momentanbeschleunigung zu einem Zeitpunkt |
| Weg → Benzinverbrauch (Volumen) | durchschnittlicher Benzinverbrauch auf einer Wegstrecke | momentaner Benzinverbrauch |
| Zeit → eingefüllte Wassermenge | durchschnittliche Zuflussgeschwindigkeit in einem Zeitintervall | momentane Zuflussgeschwindigkeit zu einem Zeitpunkt |
| Zeit → Höhe einer Pflanze | durchschnittliche Wachstumsgeschwindigkeit in einem Zeitintervall | momentane Wachstumsgeschwindigkeit zu einem Zeitpunkt |
| Zeit → Temperatur | durchschnittliche Änderung der Temperatur in einem Zeitintervall | momentane Temperaturänderung zu einem Zeitpunkt |
| Zeit → Besucherzahl | durchschnittliche Zunahme der Besucherzahl in einem Zeitintervall | momentane Zunahme der Besucherzahl zu einem Zeitpunkt |

## INFO Schnittwinkel eines Graphen

### A6 Schnittwinkel eines Graphen mit der x-Achse bestimmen

Als Schnittwinkel α eines Graphen mit der x-Achse bezeichnet man jeweils den spitzen Winkel der beiden Winkel, welche die Tangente in einer *Nullstelle* $x_0$ des Graphen mit der x-Achse bildet.

Aus dem Steigungsdreieck, das durch die Tangente gebildet wird, ergibt sich $\tan(\alpha) = m = f'(x_0)$ und hieraus dann $\alpha = \tan^{-1}(m) = \tan^{-1}(f'(x_0))$.

Da m auch negativ sein kann, definiert man allgemein:
$\alpha = |\tan^{-1}(f'(x_0))|$ als **Schnittwinkel des Graphen von f mit der x-Achse**.

**Beispiele**

(1) *ganzrationale Funktion:*
Der Graph der Funktion f mit $f(x) = 0{,}25x^3 - 0{,}75x - 0{,}5$ hat eine Nullstelle bei $x_0 = 2$.

Die Steigung des Graphen an dieser Stelle, also die Steigung der Tangente, ist $f'(2) = 2{,}25$ (da $f'(x) = 0{,}75x^2 - 0{,}75$).

Daher ist $\alpha = \tan^{-1}(2{,}25) \approx 66{,}0°$.

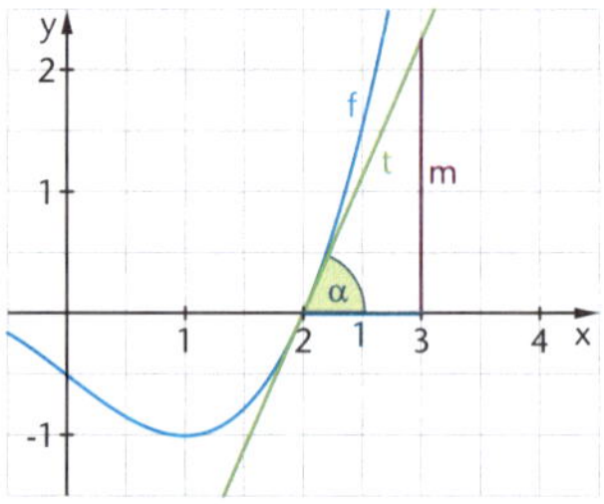


(2) *Exponentialfunktion:*
Der Graph der Funktion f mit $f(x) = 2 - e^x$ hat eine Nullstelle bei $x_0 = \ln(2) \approx 0{,}693$.

Die Steigung des Graphen an dieser Stelle, also die Steigung der Tangente, ist $f'(\ln(2)) = -2$ (da $f'(x) = -e^x$).

Daher ist $\alpha = |\tan^{-1}(-2)| \approx 63{,}4°$

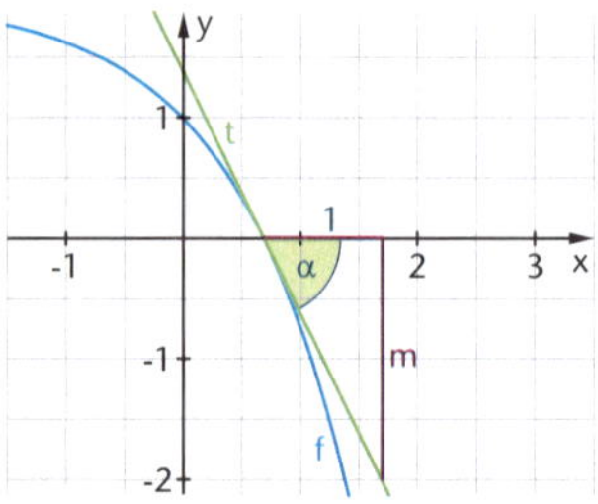


(3) *Sinusfunktion:*
Der Graph der Funktion f mit $f(x) = \sin(\pi x)$ hat eine Nullstelle an der Stelle $x_0 = 1$.

Die Steigung des Graphen an dieser Stelle ist $f'(1) = -\pi$ (da $f'(x) = \pi \cdot \cos(\pi x)$).

Daher ist $\alpha = |\tan^{-1}(-\pi)| \approx 72{,}3°$.

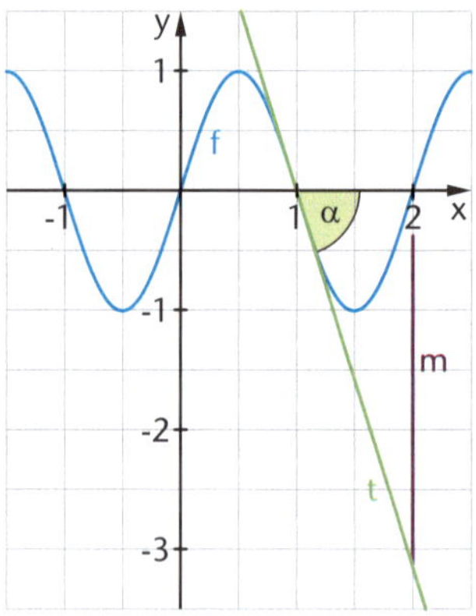

# B Untersuchung von Funktionsgraphen

## INFO Symmetrie

### B1 Graphen auf Symmetrie untersuchen

(1) *Achsensymmetrie zur y-Achse:*
Der Graph der Funktion f ist achsensymmetrisch zur y-Achse, wenn für alle x aus dem Definitionsbereich von f gilt:

$f(-x) = f(x)$.

Für ganzrationale Funktionen f gilt zusätzlich:
Der Graph von f ist genau dann achsensymmetrisch zur y-Achse, wenn der Funktionsterm f(x) nur Potenzen von x mit geraden Exponenten enthält.

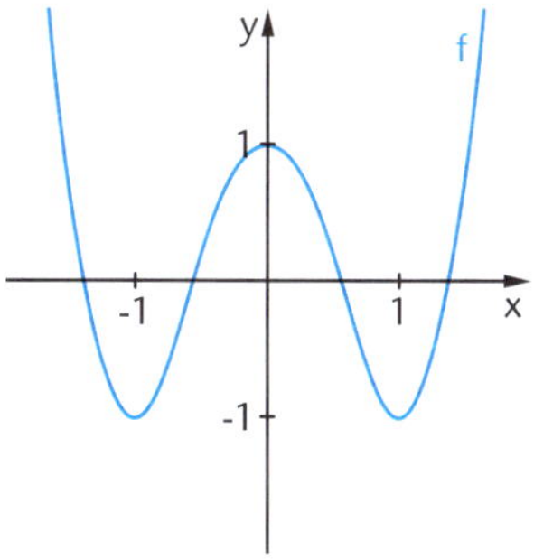


(2) *Punktsymmetrie zum Ursprung:*
Der Graph der Funktion f ist punktsymmetrisch zum Ursprung, wenn für alle x aus dem Definitionsbereich von f gilt:

$f(-x) = -f(x)$.

Für ganzrationale Funktionen f gilt zusätzlich:
Der Graph von f ist genau dann punktsymmetrisch zum Ursprung, wenn der Funktionsterm f(x) nur Potenzen von x mit ungeraden Exponenten enthält.

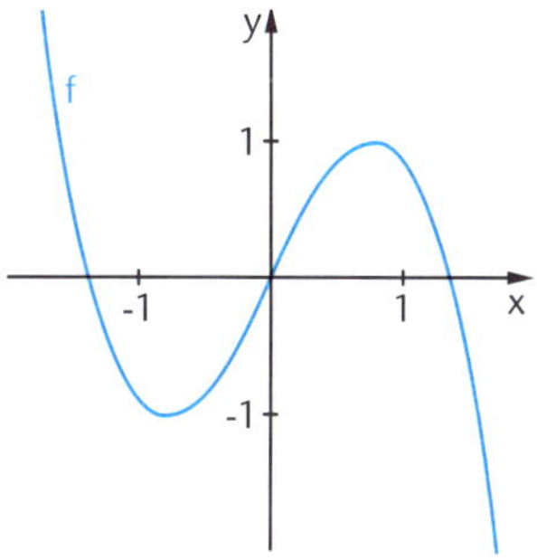


(3) *Achsensymmetrie zu der Parallelen $x = a$ zur y-Achse:*
Der Graph einer Funktion f ist achsensymmetrisch zu der Parallelen zur y-Achse mit der Gleichung $x = a$, wenn der um $-a$ in Richtung der x-Achse verschobene Graph (vgl. B2) achsensymmetrisch zur y-Achse ist.

(4) *Punktsymmetrie zu einem Punkt $S(a|b)$:*
Der Graph einer Funktion f ist punktsymmetrisch zum Punkt $S(a|b)$, wenn der um $-a$ in Richtung der x-Achse und um $-b$ in Richtung der y-Achse verschobene Graph (vgl. B2) punktsymmetrisch zum Ursprung ist.

Für ganzrationale Funktionen dritten Grades gilt immer: Der Graph ist punktsymmetrisch zum Wendepunkt.

**Beispiele**

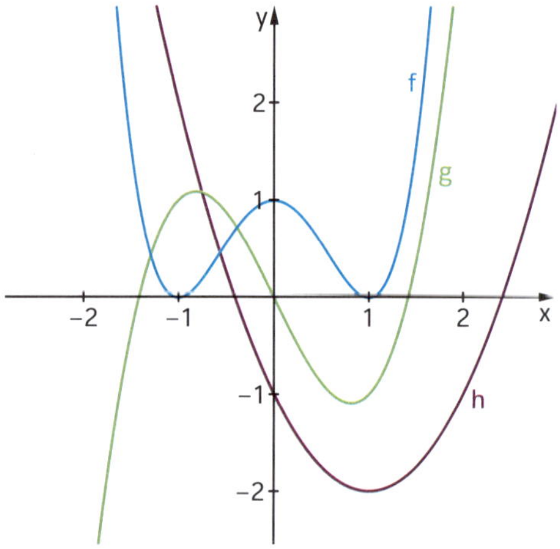


(1) *Achsensymmetrisch zur y-Achse:*
Der Graph der Funktion f mit $f(x) = x^4 - 2x^2 + 1$ ist achsensymmetrisch zur y-Achse, da im Funktionsterm nur gerade Exponenten auftreten. Dabei kann der letzte Summand 1 gedeutet werden als $1 \cdot x^0$ (0 ist eine gerade Zahl!).

(2) *Punktsymmetrisch zum Ursprung:*
Der Graph der Funktion g mit $g(x) = x^3 - 2x$ ist punktsymmetrisch zum Ursprung, da im Funktionsterm nur ungerade Exponenten auftreten.

(3) *Weder achsen- noch punktsymmetrisch:*
Der Graph der Funktion h mit $h(x) = x^2 - 2x - 1$ ist weder achsensymmetrisch zur y-Achse noch punktsymmetrisch zum Ursprung, da im Funktionsterm sowohl gerade als auch ungerade Exponenten auftreten.

(4) *Achsensymmetrisch zu einer beliebigen vertikalen Achse:*
Um nachzuweisen, dass der Graph einer ganzrationalen Funktion f achsensymmetrisch ist zu einer Parallelen zur y-Achse mit der Gleichung $x = a$, verschiebt man den Graphen der Funktion f um $-a$ Einheiten in Richtung der x-Achse; treten dann im Funktionsterm der neuen Funktion nur Potenzen von x mit geraden Exponenten auf, dann ist der verschobene Graph achsensymmetrisch zur y-Achse, also der ursprüngliche Graph achsensymmetrisch zu $x = a$.

(5) *Punktsymmetrisch zu einem beliebigen Punkt:*
Um nachzuweisen, dass der Graph einer ganzrationalen Funktion f punktsymmetrisch ist zu einem Punkt $S(a|b)$, verschiebt man den Graphen der Funktion f um $-a$ Einheiten in Richtung der x-Achse und um $-b$ Einheiten in Richtung der y-Achse; treten dann im Funktionsterm der neuen Funktion nur Potenzen von x mit ungeraden Exponenten auf, dann ist der verschobene Graph punktsymmetrisch zum Ursprung, also der ursprüngliche Graph punktsymmetrisch zum Punkt S.

## INFO Verschieben

### B2 Den Graphen einer Funktion verschieben

(1) *Verschiebung in Richtung der y-Achse:*
Addiert man eine Zahl b zu einem Funktionsterm, dann verschiebt sich der Graph in Richtung der y-Achse. Falls $b > 0$, ist dies eine Verschiebung nach oben, falls $b < 0$, eine Verschiebung nach unten.

(2) *Verschiebung in Richtung der x-Achse:*
Ersetzt man im Funktionsterm $f(x)$ einer gegebenen Funktion f die Funktionsvariable x durch $(x - c)$, dann verschiebt sich der Graph um c Einheiten, d.h. für $c > 0$ nach rechts und für $c < 0$ nach links.

**Beispiele**

(1) *Verschieben in Richtung der y-Achse:*

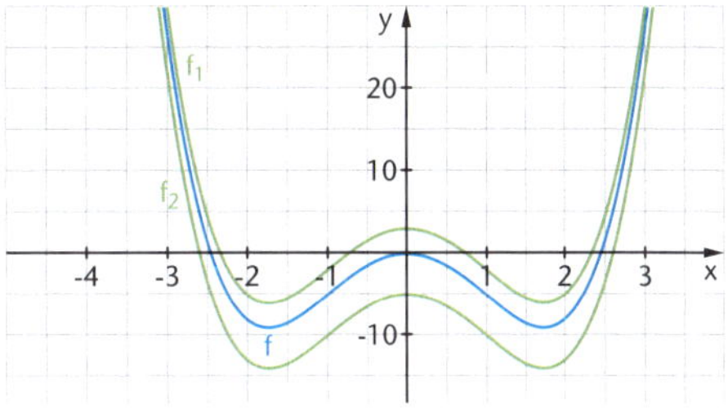


Ausgehend vom Graphen der Funktion f mit $f(x) = x^4 - 6x^2$ erhält man durch Addition von +3 zum Funktionsterm den um 3 Einheiten nach oben verschobenen Graphen der Funktion $f_1$ mit $f_1(x) = x^4 - 6x^2 + 3$ und durch Addition von −5 zum Funktionsterm den um 5 Einheiten nach unten verschobenen Graphen der Funktion $f_2$ mit $f_2(x) = x^4 - 6x^2 - 5$.

(2) *Verschieben in Richtung der x-Achse:*

Verschiebt man den Graphen der ganzrationalen Funktion f mit $f(x) = x^4 - 5x^2 + 4$ um 2 Einheiten nach links, dann erhält man den Graphen der Funktion g mit

$$g(x) = (x+2)^4 - 5\cdot(x+2)^2 + 4$$

$$= (x^4 + 8x^3 + 24x^2 + 32x + 16) - 5\cdot(x^2 + 4x + 4) + 4$$

$$= x^4 - 8x^3 - 19x^2 + 12x.$$

(3) *Verschieben des Graphen einer Exponentialfunktion in Richtung der x-Achse = Streckung des Graphen in Richtung der y-Achse:*

Verschiebt man den Graphen der Exponentialfunktion f mit $f(x) = 0{,}6\cdot 1{,}5^x$ um 1 Einheit in Richtung der x-Achse, dann erhält man die Exponentialfunktion g mit

$$g(x) = 0{,}6\cdot 1{,}5^{x-1} = 0{,}6\cdot 1{,}5^x\cdot 1{,}5^{-1} = (0{,}6\cdot 1{,}5^{-1})\cdot 1{,}5^x = \left(\frac{0{,}6}{1{,}5}\right)\cdot 1{,}5^x = 0{,}4\cdot 1{,}5^x,$$

d. h., der ursprüngliche Graph wird mit dem Faktor $\frac{2}{3}$ gestreckt.

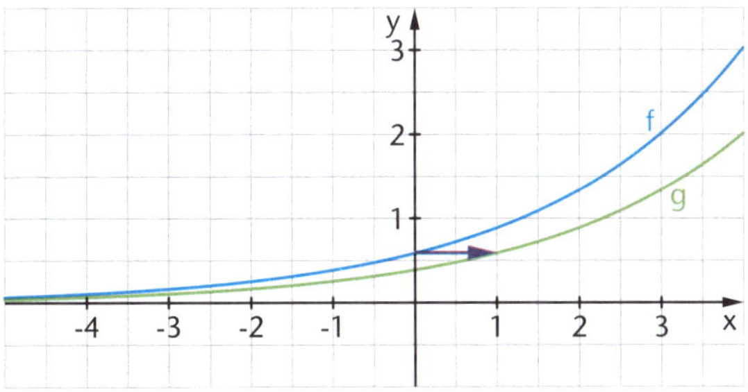

## INFO Strecken

### B3 Den Graphen einer Funktion strecken

(1) *Streckung in Richtung der y-Achse:*
Die **Vervielfachung** eines Funktionsterms mit dem Faktor k bewirkt eine **Streckung** des Graphen in Richtung der y-Achse (wobei das Wort „Streckung“ in der Alltagssprache mit einer Vergrößerung verbunden ist, im mathematischen Sinne aber auch eine „Stauchung“ bedeuten kann). Dabei sind sechs besondere Fälle zu unterscheiden:

$k > 1$: Der Graph wird (im Wortsinne) gestreckt, d. h., die y-Werte aller Punkte werden vervielfacht, d. h. die Abstände der Punkte zur x-Achse werden ver-k-facht (also, da $k > 1$: vergrößert).

$k = 1$: Der Graph wird auf sich selbst abgebildet.

$0 < k < 1$: Der Graph wird gestaucht, d. h., die Abstände der Punkte zur x-Achse werden ver-k-facht (also, da $0 < k < 1$: verkleinert).

$-1 < k < 0$: Der Graph wird an der x-Achse gespiegelt und mit dem Faktor $|k|$ gestaucht.

$k = -1$: Der Graph wird (nur) an der x-Achse gespiegelt.

$k < -1$: Der Graph wird an der x-Achse gespiegelt und mit dem Faktor $|k| > 1$ gestreckt.
Die Verschiebung in Richtung der y-Achse hat keine Auswirkung auf die Steigung einer Funktion an einer Stelle, da die Ableitung des konstanten Glieds b gleich null ist.

*Hinweis*: Durch Verschiebung um b in Richtung der y-Achse vergrößert oder verkleinert sich das Flächenstück zwischen Graph und x-Achse um die Größe eines Rechtecks, das die Höhe b hat.

(2) *Streckung in Richtung der x-Achse:*
Ersetzt man die Variable x im Funktionsterm durch den Term $k \cdot x$ ($k > 0$), dann wird der Graph in Richtung der x-Achse mit dem Faktor $\frac{1}{k}$ gestreckt.

**Beispiele**

(1) *Streckung in Richtung der y-Achse:*

Ausgehend vom Graphen der Funktion f mit

$f(x) = x^3 + 2x^2 - 5x - 6$

erhält man die übrigen Graphen durch Streckung in Richtung der y-Achse mit den Faktoren

$k_1 = 1{,}5$; $k_2 = 0{,}5$; $k_3 = -0{,}3$;
$k_4 = -1$ bzw. $k_5 = -2$.

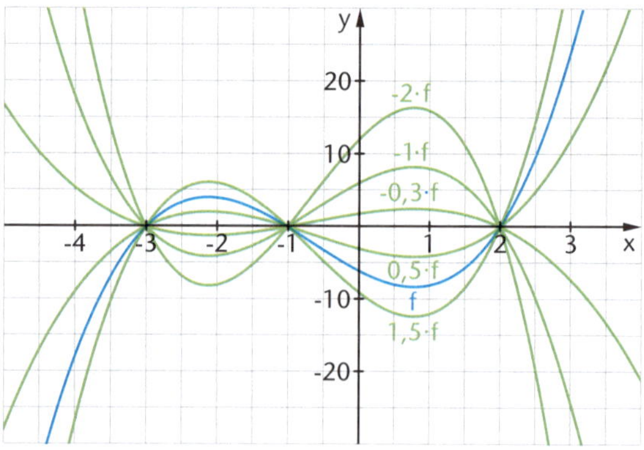

(2) *Streckung in Richtung der x-Achse:*

Ersetzt man im Funktionsterm von $f(x) = x^2$ die Variable x durch den Term 1,5x, so erhält man den Funktionsterm

$g(x) = (1{,}5x)^2 = 2{,}25x^2$.

Der Graph von g ist gegenüber dem Graphen von f mit dem Faktor $\frac{1}{1{,}5} = \frac{2}{3}$ in Richtung der x-Achse gestreckt.

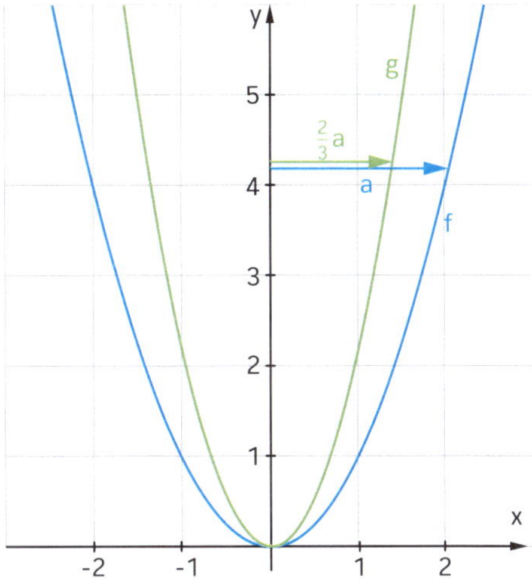


## INFO Nullstellen

### B4 Nullstellen einer Funktion bestimmen

Zur Bestimmung der Schnittpunkte des Graphen der Funktion f mit der x-Achse wird der Funktionsterm f(x) gleich null gesetzt und die sich ergebende Gleichung f(x) = 0 nach x aufgelöst. Als Lösungen der Gleichung erhält man die Nullstellen $x_{N_1}$, $x_{N_2}$, $x_{N_3}$, ... der Funktion. Die Schnittpunkte des Graphen mit der x-Achse sind $(x_{N_1}|0)$, $(x_{N_2}|0)$, $(x_{N_3}|0)$, ....

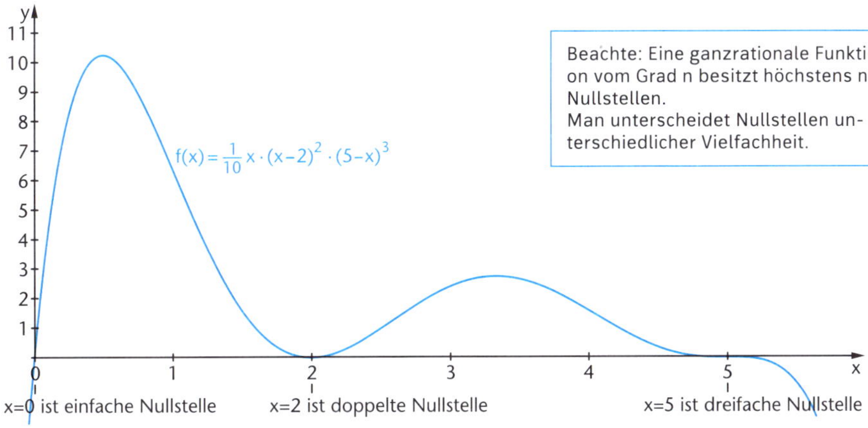


Beachte: Eine ganzrationale Funktion vom Grad n besitzt höchstens n Nullstellen.
Man unterscheidet Nullstellen unterschiedlicher Vielfachheit.

Falls die Nullstellen algebraisch bestimmt werden sollen, kann eines der folgenden Verfahren bei der Lösung hilfreich sein:

- Klammere, falls möglich, x (oder sogar $x^2$, $x^3$, ...) im gesamten Funktionsterm aus.
- Löse eine quadratische Gleichung mit dem Verfahren der quadratischen Ergänzung, mit der p-q-Formel oder mit dem Satz von Vieta.
- Kennt man ganzzahlige Nullstellen, dann kann man den Funktionsterm teilweise mithilfe von Linearfaktoren darstellen und dann einen Koeffizientenvergleich vornehmen.

**Beispiele**

(1) *Nullstellen rechnerisch durch Ausklammern bestimmen:*
Um die Schnittpunkte des Graphen von f mit $f(x) = -x^3 + 4x^2$ und der x-Achse zu bestimmen, hilft das Ausklammern von $-x^2$:
$f(x) = 0 \Leftrightarrow -x^3 + 4x^2 = 0 \Leftrightarrow -x^2 \cdot (x - 4) = 0 \Leftrightarrow x = 0 \vee x = 4$.
Dabei ist $x = 0$ eine doppelte und $x = 4$ eine einfache Nullstelle.
Die Schnittpunkte mit der x-Achse lauten: $(0|0)$ und $(4|0)$.

(2) *Nullstellen rechnerisch durch Punktprobe und Koeffizientenvergleich bestimmen:*
Um die Schnittpunkte des Graphen von g mit $g(x) = x^3 - 4x^2 - 4x + 16$ und der x-Achse zu ermitteln, versucht man, die erste Nullstelle zu erraten: $x = 2$. Der Funktionsterm lässt sich dann darstellen in der Form $(x - 2) \cdot (x^2 + ax + b)$. Nach Ausmultiplizieren findet man durch Koeffizientenvergleich: $a = -2$ und $b = -8$.
Man erhält alle Nullstellen nach Lösen der quadratischen Gleichung:
$x^2 - 2x - 8 = 0 \Leftrightarrow x = -2 \vee x = 4$.
Also: $g(x) = 0 \Leftrightarrow x^3 - 4x^2 - 4x + 16 = 0 \Leftrightarrow (x - 2) \cdot (x^2 - 2x - 8) = 0$
$\Leftrightarrow x = 2 \vee x^2 - 2x - 8 = 0 \Leftrightarrow x = 2 \vee x = -2 \vee x = 4$.
Alle Nullstellen sind einfache Nullstellen.
Die Schnittpunkte mit der x-Achse lauten: $(-2|0)$, $(2|0)$ und $(4|0)$.

## INFO Schnittpunkte

### B5 Schnittpunkte zweier Funktionsgraphen interpretieren

Sind zwei Funktionen f und g gegeben, dann bestimmt man die Schnittpunkte der Graphen durch Lösen der Gleichung $f(x) = g(x)$.

Wenn man die Gleichung umformt, sodass auf der linken Seite ein Term steht, und auf der rechten Seite null, dann wird das Problem „Schnittstellen zweier Graphen berechnen" zum Problem „Nullstellen bestimmen", vgl. Lösungsverfahren in B4.

Anschließend darf man nicht vergessen, die y-Koordinaten der Schnittpunkte zu bestimmen, wenn dieses verlangt ist. Dazu setzt man die erhaltenen Schnittstellen (x-Koordinaten) in die Funktionsgleichung von f oder von g ein, oder man macht beides zur Kontrolle: In beiden Fällen muss das gleiche Ergebnis herauskommen.

**Beispiel** *Schnittpunkte rechnerisch durch Punktprobe und Koeffizientenvergleich bestimmen*

Bestimmen der Schnittpunkte der Graphen von f mit $f(x) = -x^3 + 4x^2$ und g mit $g(x) = x^3 - 4x^2 - 4x + 16$:

Die Vereinfachung von $f(x) = g(x)$ führt zur Gleichung $2x^3 - 8x^2 - 4x + 16 = 0$.
Diese hat die Lösung $x = 4$ (wie man durch Probieren/Einsetzen herausfindet oder ggf. auch aus der Untersuchung der Nullstellen der Funktionen f und g weiß).

Der Funktionsterm lässt sich dann darstellen in der Form $2(x - 4) \cdot (x^2 + ax + b)$.
Durch Koeffizientenvergleich ergibt sich: $a = 0$ und $b = -2$.

Also: $f(x) = g(x) \Leftrightarrow -x^3 + 4x^2 = x^3 - 4x^2 - 4x + 16 \Leftrightarrow 2x^3 - 8x^2 - 4x + 16 = 0$
$\Leftrightarrow 2(x - 4)(x^2 - 2) = 0 \Leftrightarrow x = 4 \vee x = -\sqrt{2} \vee x = \sqrt{2}$.

Mit $f(-\sqrt{2}) \approx 10{,}83$, $f(\sqrt{2}) \approx 5{,}17$ und $f(4) = 0$ erhält man die Schnittpunkte der Graphen von f und g: $(-\sqrt{2}|10{,}83)$, $(\sqrt{2}|5{,}17)$ und $(4|0)$.

## INFO Monotonie, Extrempunkte

### B6 Graphen auf Monotonie und auf lokale und absolute Extrempunkte untersuchen

Wir betrachten eine auf dem Intervall I differenzierbare Funktion f.

- *Monotonie:*
  Wenn $f'(x) > 0$ für alle $x \in I$, dann ist der Graph von f streng monoton steigend.
  Wenn $f'(x) < 0$ für alle $x \in I$, dann ist der Graph von f streng monoton fallend.

  Die Umkehrung dieser Aussage ist nicht richtig. Beispiel: Der Graph von $f(x) = x^3$ ist streng monton steigend auf $\mathbb{R}$, aber es gilt: $f'(0) = 0$.

- *Lokale Extrempunkte:*
  Notwendige Bedingung:
  Wenn f an der inneren Stelle $x_0$ einen Extremwert hat, so gilt $f'(x_0) = 0$.

  Die Bedingung $f'(x) = 0$ bedeutet anschaulich, dass die Tangente an der Extremstelle parallel zur x-Achse verläuft.

  Hinreichende Bedingung (mit der zweiten Ableitung):
  Falls $f'(x_0) = 0$ und $f''(x_0) > 0$ [$f''(x_0) < 0$],
  so befindet sich an der Stelle $x_0$ ein lokales Minimum [Maximum].

  Hinreichende Bedingung (Vorzeichenwechselkriterium):
  Falls $f'(x_0) = 0$ und f′ einen Vorzeichenwechsel (VZW) von – nach + [VZW von + nach –] hat, so befindet sich an der Stelle $x_0$ ein lokales Minimum [Maximum].

- *Absolute Extrempunkte:*
  Vergleicht man alle lokalen Minima [Maxima] und die Funktionswerte an den Rändern des Intervalls I, so ist der kleinste [größte] Wert daraus das absolute Minimum [Maximum].

Bei der Untersuchung von Extremstellen in einem Sachzusammenhang, der mit einer mathematischen Funktion beschrieben wird, können diese im Kontext gedeutet werden.

**Beispiel 1** *Bestimmung von Extrempunkten*

Gegeben ist die Funktion f mit $f(x) = \frac{1}{9} \cdot (2x^3 - 15x^2 + 24x + 25)$.

Die Ableitungen sind:

$f'(x) = \frac{1}{9} \cdot (6x^2 - 30x + 24) = \frac{2}{3} \cdot (x^2 - 5x + 4) = \frac{2}{3} \cdot (x - 1) \cdot (x - 4)$

und

$f''(x) = \frac{2}{3} \cdot (2x - 5)$.

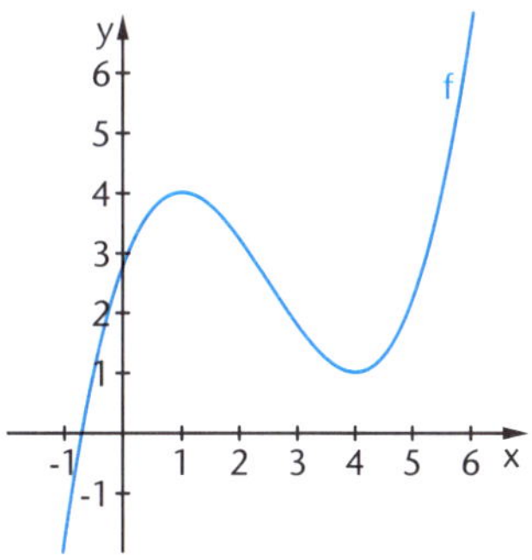

- *Untersuchung auf Monotonie mit einer Vorzeichentabelle für f':*

  Zuerst werden die Nullstellen der ersten Ableitung bestimmt:
  $f'(x) = 0 \Leftrightarrow x^2 - 5x + 4 = 0 \Leftrightarrow (x-1)(x-4) = 0 \Leftrightarrow x = 1 \vee x = 4$.

  Mit einer Vorzeichentabelle kann das Vorzeichen der ersten Ableitung auf den Teilintervallen zwischen und neben deren Nullstellen bestimmt werden. Dazu bestimmt man jeweils das Vorzeichen aller Linearfaktoren von f' auf den Teilintervallen und erhält daraus leicht das Vorzeichen von f'.

| **Intervall** | **(x – 1)** | **(x – 4)** | $f'(x) = \frac{2}{3} \cdot (x-1) \cdot (x-4)$ |
|---|---|---|---|
| $x < 1$ | – | – | + |
| $1 < x < 4$ | + | – | – |
| $x > 4$ | + | + | + |

  Also ist f streng monoton wachsend für $x < 1$ und für $x > 4$ und streng monoton fallend für $1 < x < 4$.
  Mit dem Vorzeichenwechselkriterium folgt bereits aus dieser Tabelle, dass an der Stelle $x = 1$ ein lokales Maximum und an der Stelle $x = 4$ ein lokales Minimum vorliegt.

- *Untersuchung auf lokale Extrempunkte mit der zweiten Ableitung:*

  Notwendige Bedingung: $f'(x) = 0 \Leftrightarrow x^2 - 5x + 4 = 0 \Leftrightarrow (x-1)(x-4) = 0 \Leftrightarrow x = 1 \vee x = 4$

  Hinreichende Bedingung: Da $f'(1) = 0 \wedge f''(1) = -2 < 0$, liegt an der Stelle $x = 1$ ein lokales Maximum vor.
  Da $f'(4) = 0 \wedge f''(4) = 2 > 0$, liegt an der Stelle $x = 4$ ein lokales Minimum vor.

  Mit $f(1) = 4$ und $f(4) = 1$ erhält man den lokalen Hochpunkt $H(1|4)$ und den lokalen Tiefpunkt $T(4|1)$.

**Beispiel 2** *Randextrema*

Gegeben ist die Funktion f mit $f(x) = \frac{1}{3}x^3 - 2x^2 + 3x$.

Gesucht sind das absolute Maximum und das absolute Minimum über dem Intervall [0; 5].

- *Bestimmung der (lokalen) Extrempunkte:*

  Mithilfe der o. a. Kriterien findet man:
  – den Hochpunkt $H(1|1{,}33)$,
  – den Tiefpunkt $T(3|0)$.

- *Vergleich mit den Randwerten:*

  Die Randpunkte des Funktionsgraphen sind $A(0|0)$ und $B(5|6{,}67)$. Die Punkte $A(0|0)$ und $T(3|0)$ sind also absolute Minima, der Randpunkt $B(5|6{,}67)$ ist das absolute Maximum.

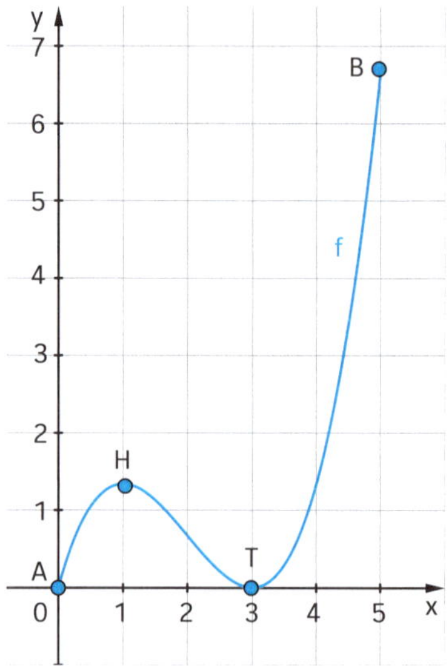

## INFO Krümmung, Wende- und Sattelpunkte

### B7 Graphen auf ihr Krümmungsverhalten und auf Wende- und Sattelpunkte untersuchen

Wir betrachten eine Funktion f und ihre Ableitungen.

Der Graph von f heißt auf I **linksgekrümmt [rechtsgekrümmt]** genau dann, wenn f′ auf I streng monoton steigend [fallend] ist.

- *Kriterium für das Krümmungsverhalten:*
  Wenn $f''(x) > 0$ [$f''(x) < 0$] für alle $x \in I$ gilt, dann ist der Graph von f auf I linksgekrümmt [rechtsgekrümmt].
  Die Umkehrung des Satzes ist nicht richtig. Beispiel: Der Graph von $f(x) = x^4$ ist auf $\mathbb{R}$ linksgekrümmt, aber $f''(0) = 0$.

- *Wendepunkte:*
  **Notwendige Bedingung:**
  Wenn $x_0$ eine Wendestelle von f ist, so gilt $f''(x_0) = 0$.

  Wendestellen sind also Extremstellen der ersten Ableitung.

  **Hinreichende Bedingung** (mit der dritten Ableitung):
  Falls $f''(x_0) = 0$ und $f'''(x_0) \neq 0$, so liegt an der Stelle $x_0$ eine Wendestelle vor.

  **Hinreichende Bedingung** (Vorzeichenwechselkriterium):
  Falls $f''(x_0) = 0$ und $f''$ einen Vorzeichenwechsel (VZW) hat, so liegt an der Stelle $x_0$ eine Wendestelle vor.

- *Sattelpunkte:*
  Sattelpunkte sind Wendepunkte mit einer zur x-Achse parallelen Tangente.
  Daher gilt die **hinreichende Bedingung:**
  Falls $f'(x_0) = 0$ und $f''(x_0) = 0$ und $f'''(x_0) \neq 0$, so befindet sich an der Stelle $x_0$ ein Sattelpunkt.

Bei der Untersuchung von Wendestellen in einem Sachzusammenhang, der mit einer mathematischen Funktion beschrieben wird, können diese als Stellen mit maximaler oder minimaler Änderungsrate im Kontext gedeutet werden.

**Beispiel 1** *Bestimmung des Krümmungsverhaltens und von Wendepunkten*

Gegeben ist die Funktion f mit $f(x) = \frac{1}{4}x^4 - x^3 + 4x$

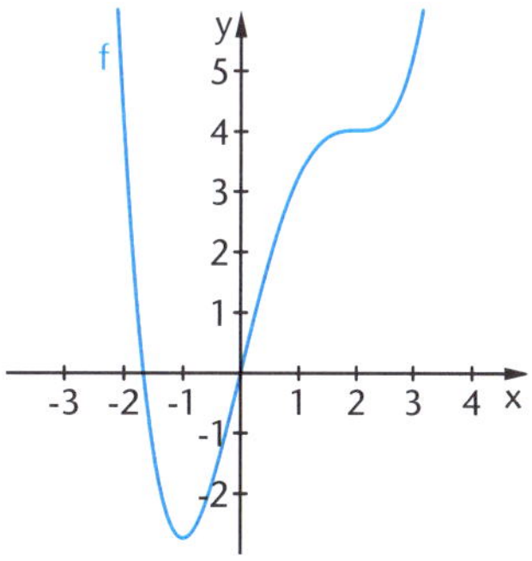


Die Ableitungen sind:

$f'(x) = x^3 - 3x^2 + 4$

$f''(x) = 3x^2 - 6x = 3x(x - 2)$

$f'''(x) = 6x - 6 = 6(x - 1)$

– *Bestimmung der Wendepunkte mit einer Vorzeichentabelle für f″:*

Zuerst werden die Nullstellen der zweiten Ableitung bestimmt:
$f''(x) = 0 \Leftrightarrow 3x^2 - 6x = 0 \Leftrightarrow 3x(x-2) = 0 \Leftrightarrow x = 0 \vee x = 2$

Mit einer Vorzeichentabelle kann das Vorzeichen der zweiten Ableitung auf den Teilintervallen zwischen und neben deren Nullstellen bestimmt werden. Man bestimmt jeweils das Vorzeichen aller Linearfaktoren von f″ auf den Teilintervallen und erhält daraus leicht das Vorzeichen von f″. Hier sind also die Linearfaktoren 3x und (x – 2) zu untersuchen:

| Intervall | 3x | x – 2 | $f''(x) = 3x \cdot (x-2)$ |
|---|---|---|---|
| $x < 0$ | – | – | + |
| $0 < x < 2$ | + | – | – |
| $x > 2$ | + | + | + |

Also ist der Graph von f für $x < 0$ sowie für $x > 2$ linksgekrümmt und für $0 < x < 2$ rechtsgekrümmt.
Mit dem Vorzeichenwechselkriterium folgt bereits aus dieser Tabelle, dass $x = 0$ und $x = 2$ Wendestellen sind.

– *Untersuchung auf Wendepunkte mit der dritten Ableitung:*

Notwendige Bedingung: $f''(x) = 0 \Leftrightarrow 3x^2 - 6x = 0 \Leftrightarrow 3x(x-2) = 0 \Leftrightarrow x = 0 \vee x = 2$
Hinreichende Bedingung: Da $f''(0) = 0 \wedge f'''(0) = -6 < 0$, ist $x = 0$ eine Wendestelle.
Da $f''(2) = 0 \wedge f'''(2) = 6 > 0$, ist $x = 2$ eine Wendestelle;
da zusätzlich $f'(2) = 0$, liegt hier sogar ein Sattelpunkt vor.

Mit $f(0) = 0$ und $f(2) = 4$ erhält man den Wendepunkt W(0|0) und den Sattelpunkt S(2|4).

**Beispiel 2** *Wendepunkte bei Exponentialfunktionen*

Gegeben ist die Funktion f mit
$f(x) = x^2 \cdot e^{-x}$.

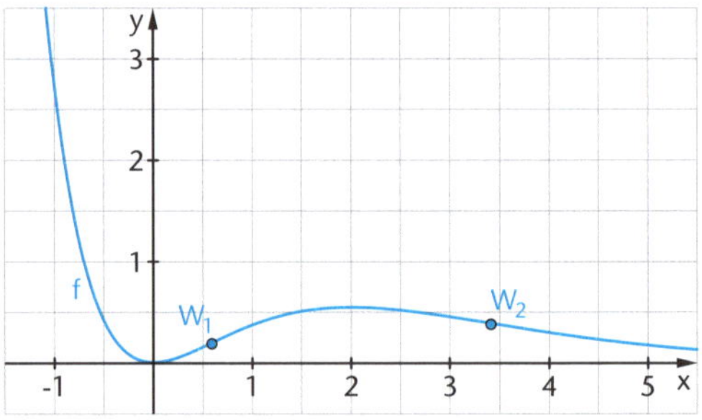


Die Ableitungen erhält man durch die Anwendung der Produkt- und Kettenregel:

$f'(x) = (-x^2 + 2x) \cdot e^{-x}$,

$f''(x) = (x^2 - 4x + 2) \cdot e^{-x}$,

$f'''(x) = (2x - 4) \cdot e^{-x} - (x^2 - 4x + 2) \cdot e^{-x}$
$= (-x^2 + 6x - 6) \cdot e^{-x}$.

Durch die Anwendung der notwendigen Bedingung

$f''(x) = 0 \Leftrightarrow (x^2 - 4x + 2) = 0 \Leftrightarrow x = 2 - \sqrt{2} \approx 0{,}59 \vee x = 2 + \sqrt{2} \approx 3{,}41$

erhält man zwei Kandidaten für Wendestellen, die nun weiter untersucht werden.

Mit den hinreichenden Bedingungen $f''(2 - \sqrt{2}) = 0 \wedge f'''(2 - \sqrt{2}) \approx -1{,}57 \neq 0$ und $f''(2 - \sqrt{2}) = 0 \wedge f'''(2 - \sqrt{2}) \approx 0{,}09 \neq 0$ ist nachgewiesen, dass die betrachteten Stellen Wendestellen sind.

Durch Einsetzen der Wendestellen in die Funktionsgleichung erhält man die Wendepunkte $W_1(0{,}59\,|\,0{,}19)$ und $W_2(3{,}41\,|\,0{,}38)$.

## INFO Globalverlauf, asymptotisches Verhalten

**B8 Den Globalverlauf ganzrationaler Funktionen und das asymptotische Verhalten bei Exponentialfunktionen untersuchen**

- Für eine *ganzrationale Funktion* f mit $f(x) = a_n x^n + ... + a_0$ gilt, wenn $a_n > 0$:
  $\lim_{x \to \infty} f(x) = \infty$
  $\lim_{x \to -\infty} f(x) = -\infty$ (falls n eine ungerade Zahl ist)
  $\lim_{x \to -\infty} f(x) = \infty$ (falls n eine gerade Zahl ist)

- Für die *Exponentialfunktion* f mit $f(x) = e^x$ gilt:

  $\lim_{x \to -\infty} e^x = 0$ und $\lim_{x \to +\infty} e^x = +\infty$.

  Die Annäherung des Graphen von $f(x) = e^x$ an die x-Achse für $x \to -\infty$ erfolgt so stark, dass auch die Multiplikation mit beliebigen Potenzen von x diesen Grenzwert nicht verändert:

  $\lim_{x \to -\infty} (x^n \cdot e^x) = 0$ für $n \geq 1$.

  Die negative x-Achse ist eine **Asymptote** *) für alle Funktionen vom Typ $x^n \cdot e^x$, $n \in \mathbb{N}$.

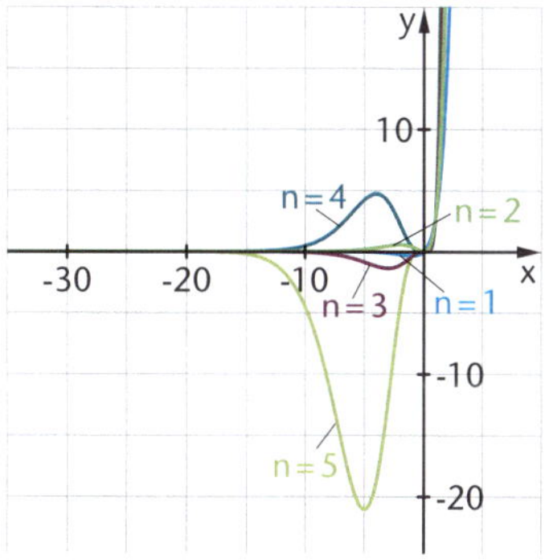


  Analog gilt: $\lim_{x \to +\infty} e^{-x} = 0$ und $\lim_{x \to -\infty} e^{-x} = +\infty$

  sowie $\lim_{x \to +\infty} (x^n \cdot e^{-x}) = 0$

  *) Eine Funktion a wird als Asymptotenfunktion einer Funktion f bezeichnet, wenn gilt $\lim_{x \to -\infty} (f(x) - a(x)) = 0$ oder $\lim_{x \to +\infty} (f(x) - a(x)) = 0$.

  Dies bedeutet, dass sich der Graph der Funktion f dem Graphen der Asymptotenfunktion a für $x \to +\infty$ oder für $x \to -\infty$ beliebig gut annähert.

### Beispiel *Globalverlauf einer Produktfunktion*

Gegeben ist die Funktion f durch
$f(x) = (-x^3 + 2x^2) \cdot e^{-x}$.

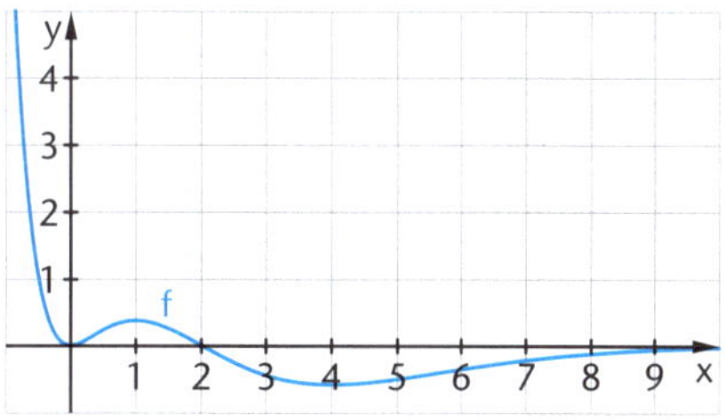


Ihr Graph nähert sich für $x \to +\infty$ der x-Achse asymptotisch an.

Es gilt: $\lim_{x \to +\infty} f(x) = 0$.

Für $x \to -\infty$ wachsen die Funktionswerte über alle Grenzen.

Es gilt: $\lim_{x \to -\infty} f(x) = +\infty$.

Zur Begründung des Vorzeichens reicht es aus, das Vorzeichen des Summanden mit dem höchsten Exponenten, hier $-x^3$ zu betrachten. Für $x < 0$ ist $-x^3$ positiv.

## INFO Funktionenscharen

**B9** Nur LF: **Funktionenscharen auf besondere Punkte untersuchen sowie gemeinsame Punkte der Kurvenschar ermitteln**

Eine Funktionenschar $f_k$ ergibt sich, wenn der Funktionsterm einen Parameter k enthält, für den man verschiedene Zahlen einsetzen kann. Man erhält dann nicht nur einen, sondern abhängig von der Einsetzung für den Parameter, verschiedene Graphen. Bei der Untersuchung der Funktionenschar wird der Parameter k so behandelt, als stehe er für eine zwar beliebige dann aber als konstant angenommene Zahl.

*Untersuchung einer Funktionenschar auf besondere Punkte:* Vorgehensweise analog zu den in **B6**, **B7** und **B8** beschriebenen Verfahren. Allerdings können die Ableitungen, die Bedingungen und die Koordinaten der Punkte von dem Parameter k abhängig sein. Weiterhin können auch die Eigenschaften besonderer Punkte z. B. vom Vorzeichen des Parameters abhängen. Dann wird eine Fallunterscheidung erforderlich sein.

*Bestimmung aller gemeinsamen Punkte der Funktionenschar:* Mit dem Ansatz $f_{k_1}(x) = f_{k_2}(x)$ und der Voraussetzung $k_1 \neq k_2$ sind alle Lösungen dieser Gleichung die x-Koordinaten der gemeinsamen Punkte.

**Beispiel 1** *Parametervariation zur Anpassung an eine vorgegebene Eigenschaft*

Gegeben sind die Graphen der Funktionenschar mit $f_k(x) = x^3 - kx^2$.

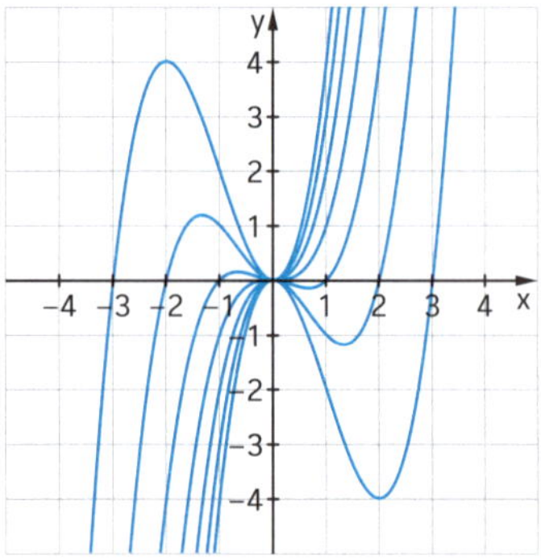


– *Graphen mit Hochpunkt an der Stelle x = −2:*

  notwendige Bedingung: $f_k'(x) = 3x^2 - 2kx$:
  $f_k'(-2) = 3(-2)^2 - 2k \cdot (-2) = 12 + 4k = 0 \Leftrightarrow k = -3$

  hinreichende Bedingung: $f_k''(x) = 6x - 2k$;
  $f_{-3}''(-2) = 6 \cdot (-2) - 2 \cdot (-3) = -12 + 6 < 0$.

  Unter den Kurven der Funktionenschar hat der Graph mit $f_{-3}(x) = x^3 + 3x^2$ die gewünschte Eigenschaft.

– *Graphen mit Wendestelle bei x = 1:*

  notwendige Bedingung: $f_k''(x) = 6x - 2k$: $f_k''(1) = 6 - 2k = 0 \Leftrightarrow k = 3$
  hinreichende Bedingung: $f_k'''(x) = 6 \neq 0$

  Unter den Kurven der Funktionenschar hat der Graph mit $f_3(x) = x^3 - 3x^2$ die gewünschte Eigenschaft.

**Beispiel 2** *Untersuchung einer Funktionenschar*

Gegeben ist die Funktionenschar $f_k$ durch $f_k(x) = -2x^3 + kx$ mit $k \in \mathbb{R}$.

Die Ableitungen sind: $f_k'(x) = -6x^2 + k$, $f_k''(x) = -12x$ und $f_k'''(x) = -12$.

Die Graphen der Schar sind punktsymmetrisch zum Ursprung, da der Funktionsterm nur ungerade Exponenten von x enthält.

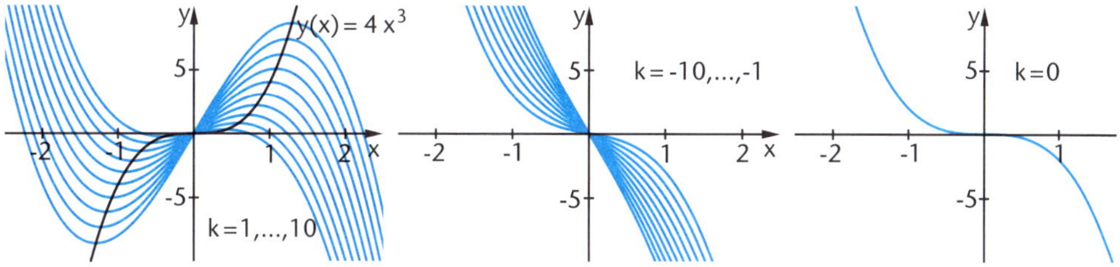


- *Schnittpunkte mit der x-Achse:*
  $f_k(x) = 0 \Leftrightarrow -2x^3 + kx = 0 \Leftrightarrow x(-2x^2 + k) = 0 \Leftrightarrow x = 0 \vee x^2 = \frac{k}{2}$.
  Falls $k > 0$ hat die Gleichung drei Lösungen: $x = 0 \vee x = -\frac{\sqrt{2k}}{2} \vee x = \frac{\sqrt{2k}}{2}$.
  Die Schnittpunkte sind dann $(0|0)$, $\left(-\frac{\sqrt{2k}}{2}\middle|0\right)$ und $\left(\frac{\sqrt{2k}}{2}\middle|0\right)$.
  Falls $k \leq 0$, ist nur $(0|0)$ Schnittpunkt mit der x-Achse.
- *Extrempunkte:*
  Notwendige Bedingung: $f_k'(x) = 0 \Leftrightarrow -6x^2 + k = 0 \Leftrightarrow x^2 = \frac{k}{6}$.
  Falls $k > 0$, hat die Gleichung zwei Lösungen: $x = -\frac{\sqrt{6k}}{6} \vee x = \frac{\sqrt{6k}}{6}$.
  In diesem Fall ergibt die hinreichende Bedingung: $f_k'\left(-\frac{\sqrt{6k}}{6}\right) = 0 \wedge f_k''\left(-\frac{\sqrt{6k}}{6}\right) = 2\sqrt{6k} > 0$.
  Mit $f_k\left(-\frac{\sqrt{6k}}{6}\right) = -\frac{\sqrt{6k^3}}{9}$ ist daher $T\left(\left(-\frac{\sqrt{6k}}{6}\middle|-\frac{\sqrt{6k^3}}{9}\right)\right)$ ein lokaler Tiefpunkt für $k > 0$.
  Aufgrund der Punktsymmetrie zum Ursprung ist $H\left(\frac{\sqrt{6k}}{6}\middle|\frac{\sqrt{6k^3}}{9}\right)$ für $k > 0$ ein lokaler Hochpunkt.
  Falls $k = 0$, hat die Gleichung $f_k'(x) = 0$ nur die Lösung $x = 0$. Da auch $f_k''(0) = 0$, ist mit der hinreichenden Bedingung hier noch keine Aussage möglich.
  Falls $k < 0$, hat die Gleichung $f_k'(x) = 0$ keine Lösung. In diesem Fall liegen also keine Extrempunkte vor.
- *Wendepunkte:*
  Notwendige Bedingung: $f_k''(x) = 0 \Leftrightarrow -12x = 0 \Leftrightarrow x = 0$.
  Hinreichende Bedingung: $f_k''(0) = 0 \wedge f_k'''(0) = -12 \neq 0$.
  Also ist $W(0|0)$ ein Wendepunkt für alle k. Falls $k = 0$, ist dies sogar ein Sattelpunkt.
- *Gemeinsame Punkte aller Graphen der Funktionenschar:*
  Aus dem Ansatz $f_{k_1}(x) = f_{k_2}(x)$ mit $k_1 \neq k_2$ folgt
  $-2x^3 + k_1 x = -2x^3 + k_2 x \Leftrightarrow k_1 x = k_2 x \Leftrightarrow (k_1 - k_2)x = 0$.
  Da nach Voraussetzung $k_1 \neq k_2$ ist, bedeutet dies, dass $x = 0$.
  Daher ist der Punkt $(0|0)$ der einzige gemeinsame Punkt.

**Beispiel 4** *Kurvenschar mit Exponentialfunktionen*

- *Gemeinsame Punkte der Kurvenschar:*

  Gegeben ist $f_k(x) = (e^x - k)^2$. Für welche $x \in \mathbb{R}$ gilt: $f_{k_1}(x) = f_{k_2}(x)$, sofern $k_1 \neq k_2$?

  $(e^x - k_1)^2 = (e^x - k_2)^2 \Leftrightarrow e^{2x} - 2k_1 e^x + k_1^2 = e^{2x} - 2k_2 e^x + k_1^2 \Leftrightarrow 2 \cdot (k_1 - k_2) \cdot e^x = k_1^2 - k_2^2$

  $\Leftrightarrow e^x = \frac{1}{2} \cdot (k_1 + k_2) \Leftrightarrow x = \ln\left(\frac{1}{2} \cdot (k_1 + k_2)\right)$.

  Da der gemeinsame Punkt des Graphen von $f_{k_1}$ und $f_{k_2}$ von den Werten von $k_1$ und $k_2$ abhängt, gibt es keinen gemeinsamen Punkt, der gleichzeitig zu allen Graphen der Schar gehört.

– *Kurven der Funktionenschar mit Wendestelle an der Stelle x = 1:*

$f_k'(x) = 2 \cdot (e^x - k) \cdot e^x = 2e^{2x} - 2ke^x$ (nach Kettenregel)

$f_k''(x) = 4e^{2x} - 2ke^x = 2e^x \cdot (2e^x - k)$

Notwendige Bedingung: $f_k''(1) = 2 \cdot e \cdot (2e - k) = 0 \Leftrightarrow k = 2e$

Hinreichende Bedingung: $f_k'''(x) = 8 \cdot e^{2x} - 2ke^x$;
$f_{2e}'''(1) = 8 \cdot e^2 - 2 \cdot 2e \cdot e^1 = 4e^2 \neq 0$.

Der gesuchte Parameter ist also $k = 2e$.

## INFO Sinus- und Kosinusfunktion

### B10 Eigenschaften der Sinus- und Kosinusfunktion angeben und die Funktionsgleichung einer allgemeinen Sinusfunktion bestimmen

Die Funktion mit der Gleichung $y = \sin x$ und $\mathbb{R}$ (bzw. einer Teilmenge von $\mathbb{R}$) als Definitionsmenge heißt **Sinusfunktion**. Ihr Graph heißt auch *Sinuskurve*.
Die Funktion mit der Gleichung $y = \cos x$ und $\mathbb{R}$ (bzw. einer Teilmenge von $\mathbb{R}$) als Definitionsmenge heißt **Kosinusfunktion**. Ihr Graph heißt auch *Kosinuskurve*.

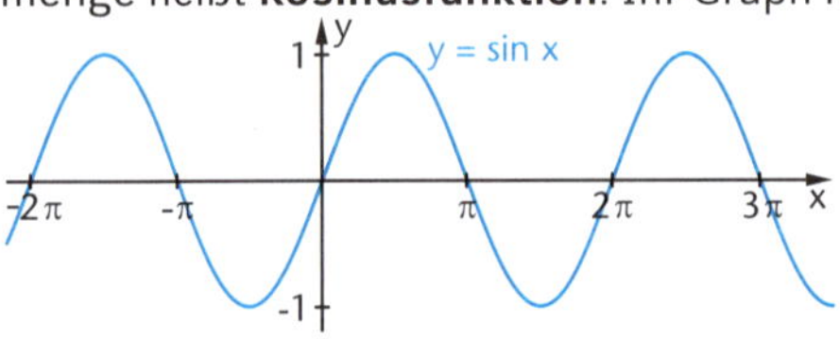


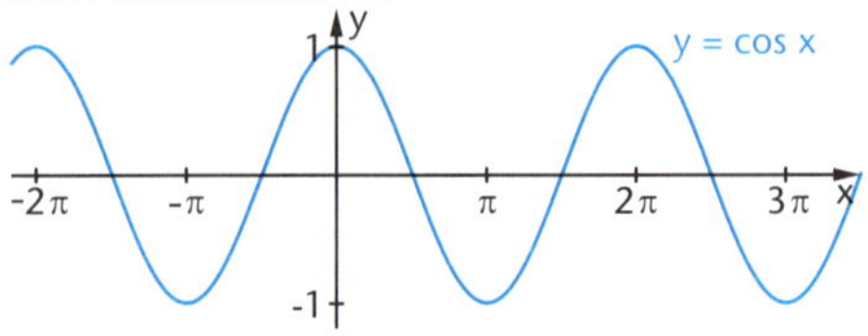


Die Wertemenge ist jeweils die Menge aller reellen Zahlen, für die gilt: $-1 \leq y \leq 1$.

Die Sinus- und die Kosinusfunktion sind **periodische Funktionen** mit der Periode $2\pi$:
$\sin(x + 2\pi) = \sin x$ $\cos(x + 2\pi) = \cos x$
Allgemein gilt $\sin(x + k \cdot 2\pi) = \sin x$ und $\cos(x + k \cdot 2\pi) = \cos x$ für $k \in \mathbb{Z}$.

Der Graph der **Sinusfunktion** ist **punktsymmetrisch** zum Koordinatenursprung.
Für alle Winkelgrößen x gilt: $\sin(-x) = -\sin x$.
Der Graph der **Kosinusfunktion** ist **achsensymmetrisch** zur y-Achse.
Für alle Winkelgrößen x gilt: $\cos(-x) = \cos x$.

Die **Nullstellen der Sinusfunktion** liegen bei ganzzahligen Vielfachen von $\pi$:
$x = k \cdot \pi$, $k \in \mathbb{Z}$.
Die **Nullstellen der Kosinusfunktion** liegen bei ungeradzahligen Vielfachen von $\frac{\pi}{2}$:
$x = (2k + 1) \cdot \frac{\pi}{2}$, $k \in \mathbb{Z}$.

Die Sinus- und die Kosinusfunktion sind für alle $x \in \mathbb{R}$ **differenzierbar** und es gilt:
$\sin' x = \cos x$ $\cos' x = -\sin x$ $\sin'' x = -\sin x$ $\cos'' x = -\cos x$.

Beide Funktionen haben wegen der Periodizität unendlich viele Hoch- und Tiefpunkte:

$y = \sin x$: $H\left(\frac{1}{2}\pi + k \cdot 2\pi \mid 1\right)$, $T\left(\frac{3}{2}\pi + k \cdot 2\pi \mid -1\right)$

$y = \cos x$: $H(k \cdot 2\pi \mid 1)$, $T(\pi + k \cdot 2\pi \mid -1) = ((2k + 1) \cdot \pi \mid -1)$

Die **Nullstellen** der Sinus- und Kosinusfunktion sind auch deren **Wendestellen**.

Den **Graphen** der Kosinusfunktion kann man durch Verschieben parallel zur x-Achse aus dem der Sinusfunktion erhalten. Beispielsweise gilt:

$\cos x = \sin\left(x + \frac{\pi}{2}\right)$ und umgekehrt: $\sin x = \cos\left(x - \frac{\pi}{2}\right)$.

Aus dem Graphen der Sinusfunktion mit $y = \sin x$ erhält man den Graphen zur **allgemeinen Sinusfunktion** mit $y = a \cdot \sin(b(x + c)) + d$ durch

(1) Strecken mit dem Faktor a parallel zur y-Achse;
(2) anschließendes Strecken mit dem Faktor $\frac{1}{b}$ parallel zur x-Achse;
(3) anschließendes Verschieben um $|c|$ parallel zur x-Achse;
wenn $c < 0$, wird nach rechts verschoben; wenn $c > 0$, wird nach links verschoben;
(4) anschließendes Verschieben um $|d|$ parallel zur y-Achse;
wenn $d > 0$, wird nach oben verschoben; wenn $d < 0$, wird nach unten verschoben.

### Beispiele

(1) *Verschiebungen und Streckungen ablesen:*

Der Graph der Funktion f mit $f(x) = 3 \cdot \sin\left(2 \cdot \left(x - \frac{\pi}{4}\right)\right) - \frac{1}{2}$ entsteht aus dem Graphen der Sinusfunktion durch

- Verschieben um $\frac{\pi}{4}$ nach rechts,
- Verschieben um $\frac{1}{2}$ nach unten,
- Strecken mit dem Faktor 3 in Richtung der y-Achse (dadurch wird die Auslenkung gegenüber der mittleren Lage verdreifacht) und
- Strecken mit dem Faktor 2 in Richtung der x-Achse (dadurch wird die Periodenlänge halbiert).

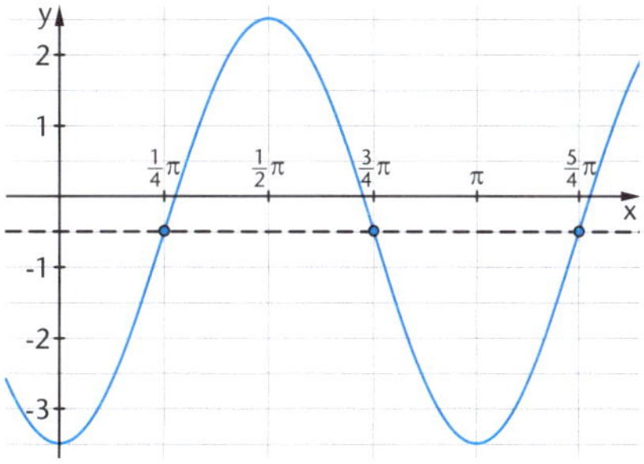


(2) *Funktionsgleichung einer allgemeinen Sinusfunktion ermitteln:*
Am Graphen der abgebildeten allgemeinen Sinusfunktion lesen wir ab:

Verschiebung um $\frac{5\pi}{3}$ nach links, d. h. $c = \frac{5\pi}{3}$,

Verschiebung um 1 nach oben, d. h. $d = +1$.

Die Auslenkung gegenüber der mittleren Lage beträgt 4 Einheiten, d. h. der Graph ist mit dem Faktor 4 in Richtung der y-Achse gestreckt worden, d. h. $a = 4$.

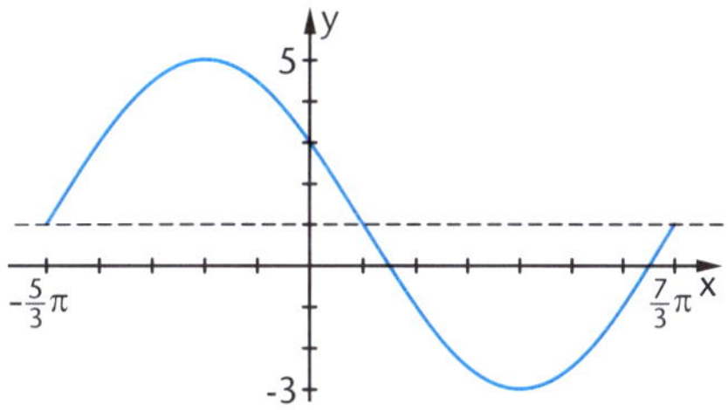


Die Periodenlänge beträgt $p = 4\pi$, d. h. der Graph ist mit dem Faktor 2 in Richtung der x-Achse gestreckt worden, d. h. $b = \frac{1}{2}$.

Die Funktionsgleichung lautet also $f(x) = 4 \cdot \sin\left(\frac{1}{2} \cdot \left(x + \frac{5}{3}\pi\right)\right) + 1$.

(3) *Funktiongleichung aus charakteristischen Punkten:*
Von einer allgemeinen Sinusfunktion sind einige charakteristische Punkte einer Periode gegeben.

| x | 1 | 2 | 3 | 4 | 5 |
|---|---|---|---|---|---|
| f(x) | 1 | 3 | 1 | −1 | 1 |

Der periodische Verlauf ist durch den „Anfangspunkt“ (1|1) gegeben, d. h. der gesamte Graph ist um 1 nach oben und um 1 nach rechts verschoben, d. h. $c = -1$ und $d = +1$.
Der größte Funktionswert ist $f(2) = 3$, der kleinste $f(4) = -1$; die Auslenkung gegenüber der mittleren Lage beträgt $\Delta = 2$, d. h. der Faktor der Streckung parallel zur y-Achse ist $a = 2$.
Die Periodenlänge beträgt $5 - 1 = 4$ Einheiten; daher ist die Länge einer Periode nicht $p = 2\pi$. Der Faktor der Streckung beträgt $b = \frac{(2\pi)}{4} = \frac{\pi}{2}$.

Der Funktionsterm lautet daher $f(x) = 2 \cdot \sin\left(\frac{\pi}{2} \cdot (x - 1)\right) + 1$.

## INFO Gebrochenrationale Funktionen

### B11 Nur LF: Eigenschaften von gebrochenrationalen Funktionen untersuchen

Bei der Funktionsuntersuchung von gebrochenrationalen Funktionen müssen einige Besonderheiten beachtet werden, die wir im Folgenden ansprechen (hier also keine vollständige Untersuchung der Eigenschaften):

**Definitionsbereich:** Hat eine Funktion innerhalb eines Intervalls, auf dem sie ansonsten definiert ist, einzelne Stellen, an denen sie nicht definiert ist, so heißen diese Stellen

**Definitionslücken:** Bei Funktionen der Form $f(x) = \frac{z(x)}{n(x)}$, also Quotienten aus einer Zählerfunktion $z(x)$ und einer Nennerfunktion $n(x)$, sind die Definitionslücken die Stellen, an denen die Nennerfunktion $n(x)$ gleich null wird. Hier gibt es folgende Möglichkeiten:

| $z(x_0)$ | $n(x_0)$ | $f(x_0)$ (mit Bemerkungen) |
|---|---|---|
| $\neq 0$ | $\neq 0$ | $f(x_0) = \frac{z(x_0)}{n(x_0)}$ normaler Punkt |
| $\neq 0$ | $= 0$ | Polstelle |
| $= 0$ | $\neq 0$ | Nullstelle |
| $= 0$ | $= 0$ | überprüfen, ob die Definitionslücke bei $x_0$ hebbar ist; dies ist der Fall, wenn der $\lim\limits_{x \to x_0} f(x)$ existiert. |

**Polstellen:** Die Definitionsmenge einer Quotientenfunktion hängt wesentlich von den Nullstellen der Nennerfunktion ab:
Ist die Nullstelle des Nennerfunktion nicht zugleich Nullstelle der Zählerfunktion, liegt an dieser Definitionslücke $x_0$ eine **Polstelle** vor.

Man unterscheidet **Polstellen mit** bzw. **ohne Vorzeichenwechsel** (VZW), je nachdem, ob die Teilgraphen links und rechts der Polgeraden nach oben oder nach unten ins Unendliche verlaufen (Schreibweise: $f(x) \to -\infty$ oder $f(x) \to \infty$ für $x \to x_0$).
Gelegentlich werden Polgeraden auch als **senkrechte Asymptoten** bezeichnet.

**Asymptoten:**
Das Verhalten von f(x) für $x \to \infty$ bzw. für $x \to -\infty$ wird durch das Verhalten von Zähler- und Nennerfunktion bestimmt. Falls eine Funktion a existiert, für die gilt:

$\lim\limits_{x \to -\infty} [f(x) - a(x)] = 0$ oder $\lim\limits_{x \to +\infty} [f(x) - a(x)] = 0$, dann wird der Graph von a als Asymptote des Graphen von f bezeichnet. Anschaulich bedeutet die Grenzwerteigenschaft, dass sich der Graph der Funktion f dem Graphen der Funktion a für $x \to -\infty$ oder $x \to +\infty$ beliebig annähert.

**Beispiele** *zu Definitionslücken*

(1) *Polstelle ohne Vorzeichenwechsel:*

$f(x) = \frac{1}{(x+2)^2}$

Für $x \to -2$, $x < -2$ und $x > -2$ gilt $f(x) \to +\infty$.
Der Graph von f hat an der Stelle $x = -2$ eine Polstelle ohne Vorzeichenwechsel.

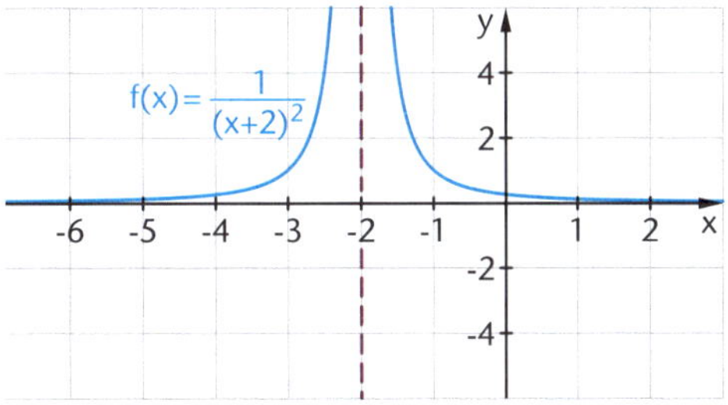


(2) *Polstelle mit Vorzeichenwechsel:*

$f(x) = \frac{e^x}{x+1}$

Für $x \to -1$, $x < -1$ gilt: $f(x) \to -\infty$, für $x \to -1$, $x > -1$ gilt $f(x) \to +\infty$.
Der Graph von f hat an der Stelle $x = -1$ eine Polstelle mit Vorzeichenwechsel.

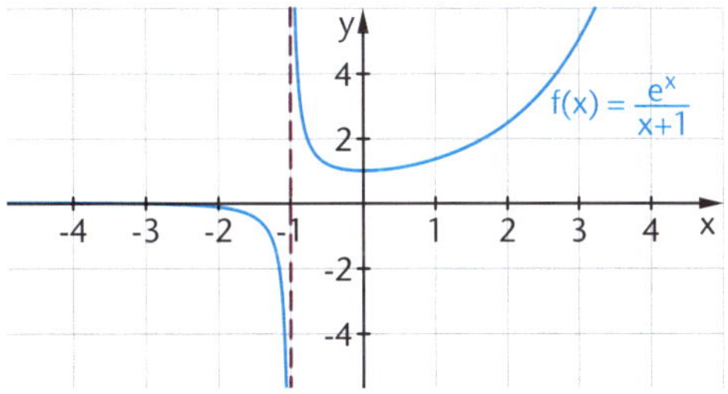


(3) *Hebbare Definitionslücke:*

$f(x) = \frac{x-1}{x^2-1}$

Für $x \neq 1$ kann man den Funktionsterm umformen:

$f(x) = \frac{x-1}{(x+1)(x-1)} = \frac{1}{x+1}$.

Da $\lim\limits_{x \to 1} f(x) = \frac{1}{2}$, hat die Funktion f an der Stelle $x = +1$ eine hebbare Definitionslücke.

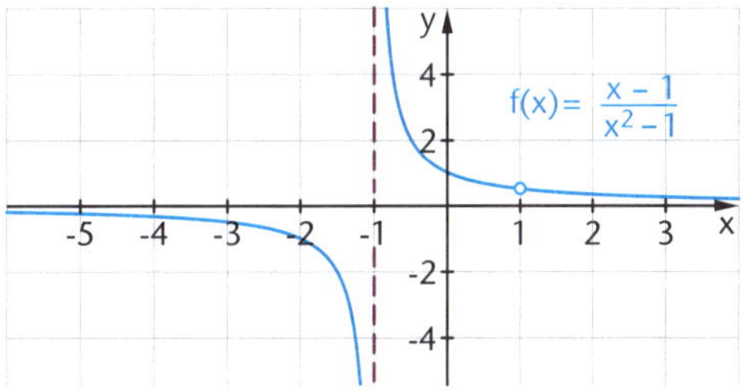


(4) *„Einseitige" Polstelle:*

$f_t(x) = \frac{t + \ln(x)}{x}$

Für $x \to 0$, $x > 0$ gilt $f_t(x) \to -\infty$.

Die Funktionen der Funktionenschar haben an der Stelle $x = 0$ eine „einseitige" Polstelle, da die Funktion nur für $x > 0$ definiert ist.

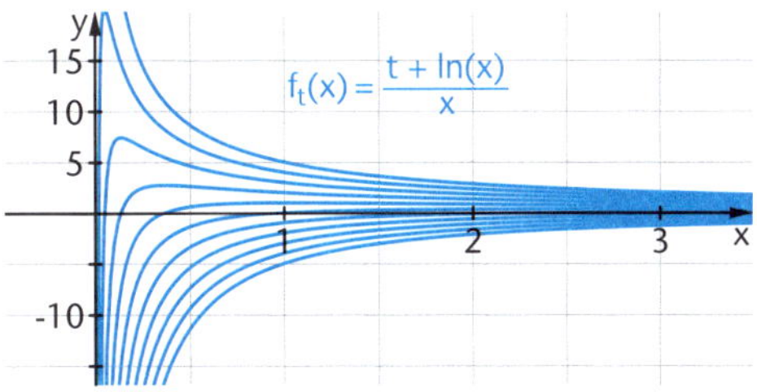

**Beispiele** *zu Asymptoten*

(1) *Senkrechte Asymptote:*

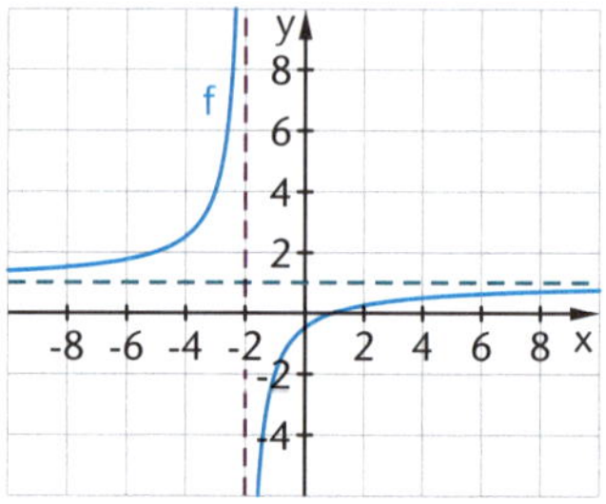


$f(x) = \frac{x-1}{x+2}$, $D_f = \mathbb{R} \setminus \{-2\}$,

Definitionslücke bei $x = -2$.
Für $x \to -2$ und $x < -2$ (Annäherung von links) strebt $f(x) \to \infty$ und für $x \to -2$ und $x > -2$ (Annäherung von rechts) strebt $f(x) \to -\infty$.
Der Graph von f hat an der Stelle $x = -2$ eine Polstelle mit VZW. Die durch $x = -2$ definierte Gerade ist eine senkrechte Asymptote. Die Parallele zur x-Achse mit $a(x) = 1$ ist eine waagerechte Asymptote.

(2) *Waagerechte Asymptote:*

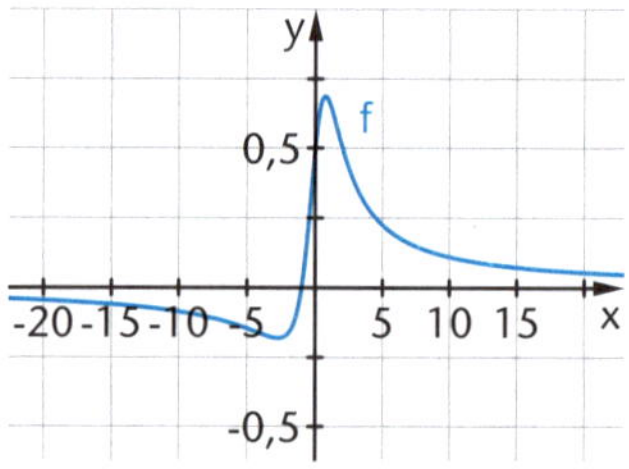


$f(x) = \frac{x+1}{x^2+2}$, $D_f = \mathbb{R}$.

Für $x \to \pm\infty$ strebt $f(x) \to 0$. Die x-Achse ist waagerechte Asymptote ($a(x) = 0$)

(3) *Schiefe Asymptote*:

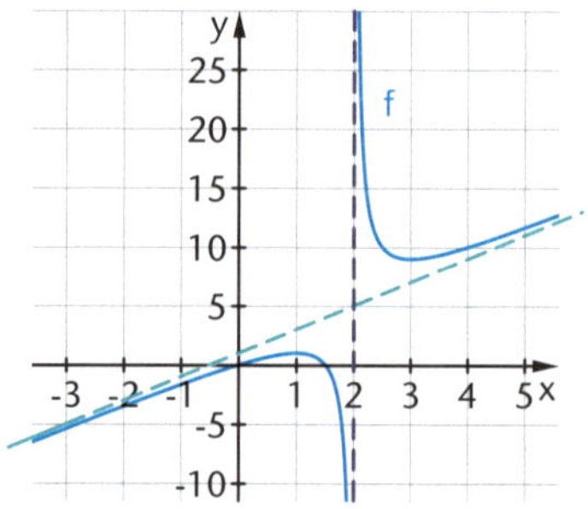


$f(x) = \frac{2x^2 - 3x}{x-2}$, $D_f = \mathbb{R} \setminus \{+2\}$.

Nach Umformung erhält man $f(x) = 2x + 1 + \frac{2}{x-2}$.

Der Graph besitzt eine schiefe Asymptote mit der Gleichung $a(x) = 2x + 1$ sowie eine senkrechte Asymptote mit $x = 2$.

## INFO Wurzelfunktionen

### B12 Eigenschaften von Wurzelfunktionen bestimmen

Die Untersuchung der Eigenschaften von Wurzelfunktionen unterscheidet sich von der anderer Funktionstypen vor allem dadurch, dass ggf. eine Einschränkung der Definitionsmenge beachtet werden muss; außerdem kann es vorkommen, dass die Funktionen an den Rändern der Definitionsmenge nicht differenzierbar sind (man könnte dort eine Parallele zur y-Achse als Tangente einzeichnen, deren Steigung „unendlich" ist):

- Wurzelfunktionen sind für alle diejenigen x definiert, für die der Radikand (Term, der unter dem Wurzelzeichen steht) nicht negativ ist,
- an der Stelle oder den Stellen, an denen der Radikand den Wert null annimmt, ist die Wurzelfunktion nicht differenzierbar, denn beim Differenzieren einer Wurzelfunktion entsteht ein Bruchterm, dessen Nennerfunktion nicht null werden darf.

**Beispiele** *Differenzierbare Wurzelfunktionen*

(1) $f(x) = \sqrt{x} = x^{\frac{1}{2}}$, $D_f = \{x \mid x \geq 0\}$; f ist differenzierbar auf $D_f \setminus \{0\} = \{x \mid x > 0\}$ und es gilt nach Potenzregel, vgl. **A1**: $f'(x) = \frac{1}{2} \cdot x^{-\frac{1}{2}} = \frac{1}{2\sqrt{x}}$.

(2) $f(x) = \sqrt{x^2 - 4x + 3}$, $D_f = \{x \mid x^2 - 4x + 3 \geq 0\} = \{x \mid x \leq +1 \ \vee \ x \geq +3\}$; f ist differenzierbar auf $D_f \setminus \{+1; +3\} = \{x \mid x < +1 \ \vee \ x > +3\}$ und es gilt nach Kettenregel, vgl. **A2**:

$$f'(x) = \frac{1}{2} \cdot (x^2 - 4x + 3)^{-\frac{1}{2}} \cdot (2x - 4)$$
$$= \frac{2x - 4}{2\sqrt{x^2 - 4x + 3}} = \frac{x - 2}{\sqrt{x^2 - 4x + 3}}$$

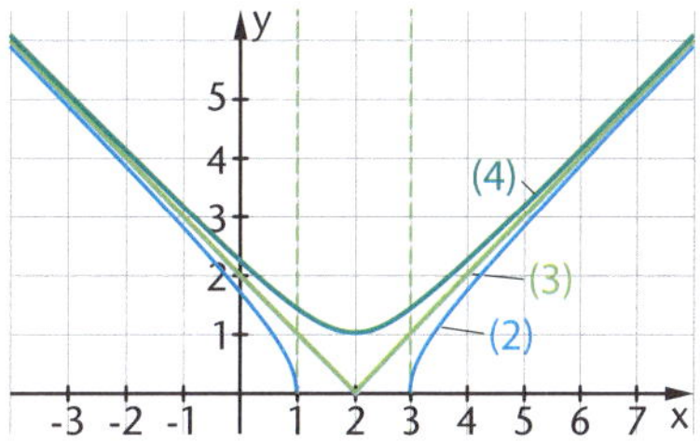


(3) $f(x) = \sqrt{x^2 - 4x + 4} = \sqrt{(x - 2)^2} = |x - 2|$,
$D_f = \mathbb{R}$; f ist differenzierbar auf $D_f \setminus \{+2\} = \mathbb{R} \setminus \{+2\}$ und es gilt nach Kettenregel, vgl. **A2**:

$$f'(x) = \frac{1}{2} \cdot (x^2 - 4x + 4)^{-\frac{1}{2}} \cdot (2x - 4)$$
$$= \frac{2x - 4}{2\sqrt{x^2 - 4x + 4}} = \frac{x - 2}{\sqrt{x^2 - 4x + 4}} = \frac{x - 2}{|x - 2|};$$ dabei ist $f'(x) = -1$ für $x < +2$ und $f'(x) = +1$ für $x > +2$, vgl. Abbildung.

(4) $f(x) = \sqrt{x^2 - 4x + 5}$, $D_f = \{x \mid x^2 - 4x + 5 \geq 0\} = \{x \mid (x - 2)^2 + 1 \geq 0\} = \mathbb{R}$;
f ist differenzierbar auf $D_f = \mathbb{R}$ und es gilt nach Kettenregel, vgl. **A2**:

$$f'(x) = \frac{1}{2} \cdot (x^2 - 4x + 5)^{-\frac{1}{2}} \cdot (2x - 4) = \frac{2x - 4}{2\sqrt{x^2 - 4x + 5}} = \frac{x - 2}{\sqrt{x^2 - 4x + 5}}.$$

(5) $f(x) = \sqrt{x \cdot (4 - x)}$, $D_f = \{x \mid x \cdot (4 - x) \geq 0\} = \{x \mid 0 \leq x \leq +4\}$ ; f ist differenzierbar auf $D_f \setminus \{0; +4\} = \{x \mid 0 < x < +4\}$ und es gilt nach Kettenregel, vgl. **A2**:

$$f'(x) = \frac{1}{2} \cdot (x \cdot (4 - x))^{-\frac{1}{2}} \cdot (4 - 2x)$$
$$= \frac{4 - 2x}{2\sqrt{x \cdot (4 - x)}} = \frac{2 - x}{\sqrt{x \cdot (4 - x)}}.$$

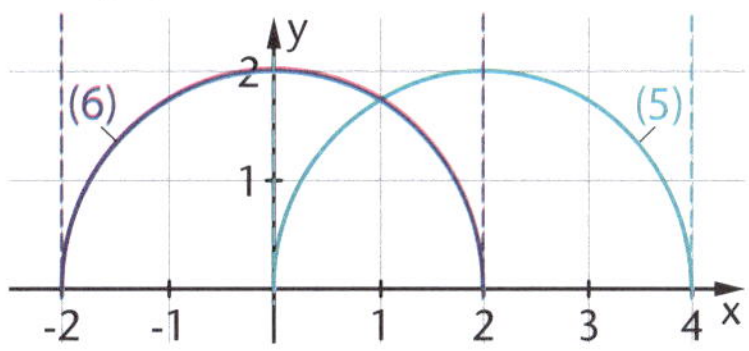


(6) $f(x) = \sqrt{4 - x^2}$, $D_f = \{x \mid 4 - x^2 \geq 0\} = \{x \mid -2 \leq x \leq +2\}$; f ist differenzierbar auf $D_f \setminus \{-2; +2\} = \{x \mid -2 < x < +2\}$ und es gilt nach Kettenregel, vgl. **A2**:

$$f'(x) = \frac{1}{2} \cdot (4 - x^2)^{-\frac{1}{2}} \cdot (-2x) = \frac{-2x}{2\sqrt{4 - x^2}} = -\frac{x}{\sqrt{4 - x^2}}.$$

## INFO Umkehrfunktion

### B13 Überprüfen, ob eine Funktion umkehrbar ist, und den Funktionsterm der Umkehrfunktion herleiten

Eine Funktion f mit $y = f(x)$ ist (auf einem Intervall) **umkehrbar**, wenn nicht nur jedem x-Wert eindeutig ein y-Wert zugeordnet werden kann, sondern auch umgekehrt jedem Funktionswert der Funktion f auch eindeutig ein x-Wert. Diese Zuordnung wird dann durch die **Umkehrfunktion** $f^{-1}$ beschrieben.

Den Funktionsterm der Umkehrfunktion $f^{-1}$ erhält man, indem man im Funktionsterm von f die Variablen x und y vertauscht und diesen Term dann nach y auflöst.

Die Wertetabelle von $f^{-1}$ erhält man durch Vertauschen der Spalten der Wertetabelle von f, den Graphen von $f^{-1}$ durch Spiegelung des Graphen von f an der Geraden mit $y = x$. Beim Übergang von einer Funktion f zu ihrer Umkehrfunktion $f^{-1}$ werden auch Definitionsmenge und Wertemenge vertauscht: $D_{f^{-1}} = W_f$ und $W_{f^{-1}} = D_f$.

Die Eigenschaft der Umkehrbarkeit ist auf jeden Fall gewährleistet, wenn der Graph der Funktion auf einem Intervall streng monoton steigend oder streng monoton fallend ist.

**Beispiel 1**

Der Graph der Funktion f mit $f(x) = x^2 + 1$ ist für $x \geq 0$ streng monoton steigend und daher dort umkehrbar.
Es gilt: $D_f = [0\,;+\infty[$ und $W_f = [1\,;+\infty[$.

Den Funktionsterm der Umkehrfunktion $f^{-1}$ erhält man durch folgende Schritte:
- Vertauschen der Variablen in der gegebenen Funktionsgleichung:
  $y = x^2 + 1 \rightarrow x = y^2 + 1$
- Auflösen der Funktionsgleichung nach y:
  $x = y^2 + 1 \Leftrightarrow x - 1 = y^2 \Leftrightarrow y = \sqrt{x - 1}$

Für die Umkehrfunktion $f^{-1}$ gilt:
$D_{f^{-1}} = [1\,;+\infty[$ und $W_{f^{-1}} = [0\,;+\infty[$

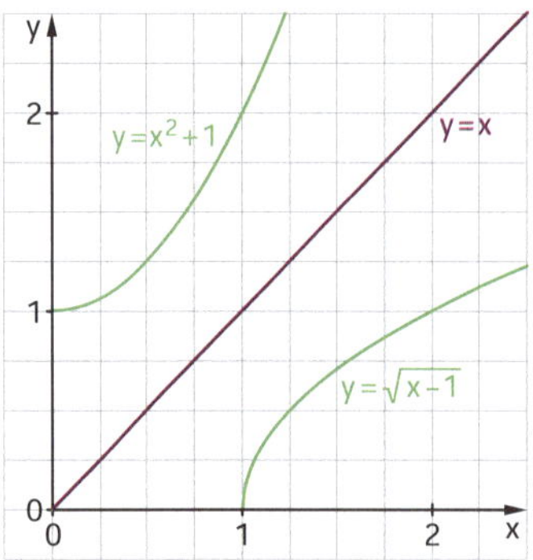


**Beispiel 2**

Der Graph der Funktion f mit $f(x) = \frac{3}{1 + 2e^{-x}}$ ist für alle $x \in \mathbb{R}$ streng monoton steigend (Nachweis mithilfe der 1. Ableitung) und daher dort umkehrbar.
Es gilt: $D_f = \mathbb{R}$ und $W_f = ]0\,;+3[$.

Den Funktionsterm der Umkehrfunktion $f^{-1}$ erhält man durch folgende Schritte:
- Vertauschen der Variablen in der gegebenen Funktionsgleichung:
  $y = \frac{3}{1 + 2e^{-x}} \rightarrow x = \frac{3}{1 + 2e^{-y}}$
- Auflösen der Funktionsgleichung nach y:
  $x = \frac{3}{1 + 2e^{-y}} \Leftrightarrow x + 2x\,e^{-y} = 3 \Leftrightarrow e^{-y} = \frac{3 - x}{2x}$
  $\Leftrightarrow e^{y} = \frac{2x}{3 - x} \Leftrightarrow y = \ln\left(\frac{2x}{3 - x}\right)$

Für die Umkehrfunktion $f^{-1}$ gilt:
$D_{f^{-1}} = ]0\,;+3[$ und $W_{f^{-1}} = \mathbb{R}$.

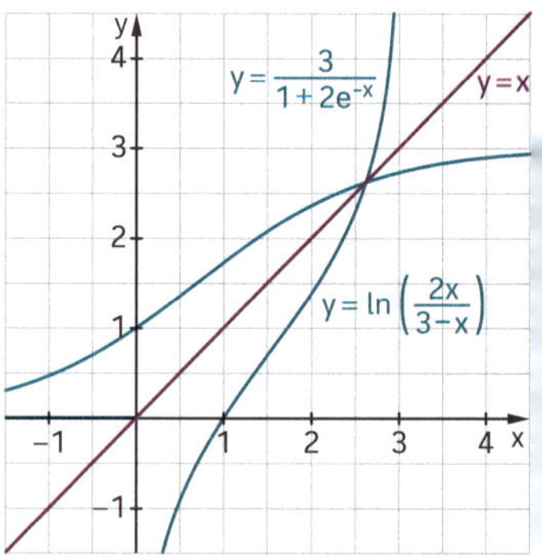

# C Mathematische Modellierungen mithilfe der Differenzialrechnung

## INFO Ganzrationale Funktionen bestimmen

### C1 Ganzrationale Funktionen mit vorgegebenen Eigenschaften bestimmen (auch in Sachzusammenhängen, z. B. bei Trassierungen)

Zur Bestimmung einer **ganzrationalen Funktion** f vom Grad n sind (n + 1) Bedingungen an die gesuchte Funktion erforderlich. Diese können in einer Grafik dargestellt, in einem Text verdeutlicht oder auch schon in Form von Gleichungen formuliert sein.

*Vorgehensweise*:

1. Setzen Sie an mit einem Funktionsterm, der variable Koeffizienten a, b, c, ... enthält. Der Grad der Funktion muss dabei um eins niedriger gewählt werden als die Anzahl der bekannten Bedingungen.
   Falls 5 Bedingungen bekannt sind, lautet der Ansatz: $f(x) = a x^4 + b x^3 + c x^2 + d x + e$
2. Stellen Sie die gegebenen Bedingungen als Gleichungen mit den Termen $f(x)$, $f'(x)$, $f''(x)$, ... dar.
3. Notieren Sie daraus ein Gleichungssystem mit n + 1 Gleichungen zur Bestimmung der n + 1 unbekannten Koeffizienten a, b, c, ... .
4. Lösen Sie das Gleichungssystem und setzen Sie die gefundene Lösung in den Funktionsterm f(x) ein.
5. Prüfen Sie das Ergebnis auch an eventuell vorliegenden hinreichenden Bedingungen z. B. für Hoch-, Tief- oder Wendepunkte.

Falls bekannt ist, dass der Graph der gesuchten Funktion achsensymmetrisch zur y-Achse [punktsymmetrisch zum Ursprung] ist, enthält der Funktionsterm nur Summanden mit geraden [ungeraden] Potenzen von x. Dies sollte bereits beim Ansatz berücksichtigt werden, da sich dadurch das Gleichungssystem deutlich vereinfacht.

**Beispiele**

(1) *Quadratische Parabel:*

Die Punkte A(0|3), B(2|5) und C(6|−3) liegen auf einer quadratischen Parabel.
Zur Bestimmung des Funktionsterms der zugehörigen quadratischen Funktion dient der Ansatz $f(x) = a x^2 + b x + c$ mit $a, b, c \in \mathbb{R}$. Aus den Bedingungen $f(0) = 3$, $f(2) = 5$ und $f(6) = -3$ folgt das Gleichungssystem:

$$\left| \begin{array}{r} c = 3 \\ 4a + 2b + c = 5 \\ 36a + 6b + c = -3 \end{array} \right| \Leftrightarrow \left| \begin{array}{r} c = 3 \\ 4a + 2b = 2 \\ 36a + 6b = -6 \end{array} \right| \Leftrightarrow \left| \begin{array}{r} c = 3 \\ 2a + b = 1 \\ 6a + b = -1 \end{array} \right| \Leftrightarrow \left| \begin{array}{r} c = 3 \\ 2a + b = 1 \\ 4a \quad = -2 \end{array} \right| \Leftrightarrow \left| \begin{array}{r} c = 3 \\ -1 + b = 1 \\ a = -\frac{1}{2} \end{array} \right| \Leftrightarrow \left| \begin{array}{r} c = 3 \\ b = 2 \\ a = -\frac{1}{2} \end{array} \right|$$

Also lautet das Ergebnis $f(x) = -\frac{1}{2}x^2 + 2x + 3$.

Wurde der Funktionsterm wie hier so bestimmt, dass der Graph durch gegebene Punkte verlaufen soll, so bezeichnet man den Term auch als Stützstellenpolynom.

(2) *Ganzrationale Funktion 4. Grades:*

Der Graph einer ganzrationalen Funktion 4. Grades soll symmetrisch zur y-Achse sein und diese im Punkt $A(0|-2)$ schneiden. Weiterhin soll $H(2|4)$ ein Hochpunkt sein. Da sich aus diesen Vorgaben drei Bedingungen ergeben und aufgrund der Symmetrie wird $f(x) = ax^4 + bx^2 + c$ als Ansatz gewählt.

Aus den Bedingungen $f(0) = -2 \wedge f(2) = 4 \wedge f'(2) = 0$ ergibt sich mit $f'(x) = 4ax^3 + 2bx$ das Gleichungssystem:

$$\left| \begin{array}{r} c = -2 \\ 16a + 4b + c = 4 \\ 32a + 4b = 0 \end{array} \right| \Leftrightarrow \left| \begin{array}{r} c = -2 \\ 16a + 4b = 6 \\ 32a + 4b = 0 \end{array} \right| \Leftrightarrow \left| \begin{array}{lr} & c = -2 \\ 16a + 4b = 6 & \\ 16a & = -6 \end{array} \right| \Leftrightarrow \left| \begin{array}{r} c = -2 \\ -6 + 4b = 6 \\ a = -\frac{3}{8} \end{array} \right| \Leftrightarrow \left| \begin{array}{l} c = -2 \\ b = 3 \\ a = -\frac{3}{8} \end{array} \right|$$

Also lautet das Ergebnis $f(x) = -\frac{3}{8}x^4 + 3x^2 - 2$.

Da mit $f''(x) = -\frac{9}{2}x^2 + 6$ außerdem auch $f''(2) = -12 < 0$, ist H tatsächlich ein Hochpunkt.

(3) *Ganzrationale Funktion 3. Grades - knickfreier Übergang:*

Die beiden dargestellten Straßenabschnitte sollen so miteinander verbunden werden, dass sich an den Anschlussstellen keine Knicke ergeben. Zunächst wird ein geeignetes Koordinatensystem festgelegt. Dabei entspricht 1 Längeneinheit 100 m in der Natur. Da sich aus den Vorgaben vier Bedingungen ergeben, kann eine ganzrationale Funktion dritten Grades als Ansatz gewählt werden: $f(x) = ax^3 + bx^2 + cx + d$.

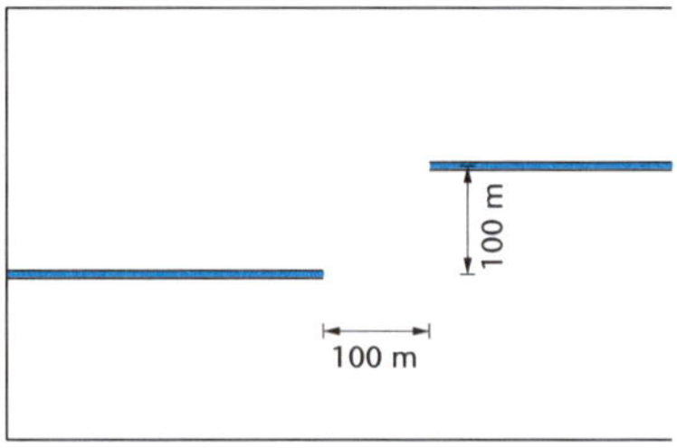


Die Bedingungen $f(0) = 0 \wedge f(1) = 1 \wedge f'(0) = 0 \wedge f'(1) = 0$ führen mit $f'(x) = 3ax^2 + 2bx + c$ zum Gleichungssystem:

$$\left| \begin{array}{r} d = 0 \\ a + b + c + d = 1 \\ c = 0 \\ 3a + 2b + c = 0 \end{array} \right| \Leftrightarrow \left| \begin{array}{r} d = 0 \\ a + b = 1 \\ c = 0 \\ 3a + 2b = 0 \end{array} \right| \Leftrightarrow \left| \begin{array}{r} d = 0 \\ a + b = 1 \\ c = 0 \\ a = -2 \end{array} \right| \Leftrightarrow \left| \begin{array}{l} d = 0 \\ b = 3 \\ c = 0 \\ a = -2 \end{array} \right|$$

Lösung: $a = -2 \wedge b = 3 \wedge c = d = 0$.

Also kann der neue Straßenabschnitt für $0 \leq x \leq 1$ mit $f(x) = -2x^3 + 3x^2$ beschrieben werden.

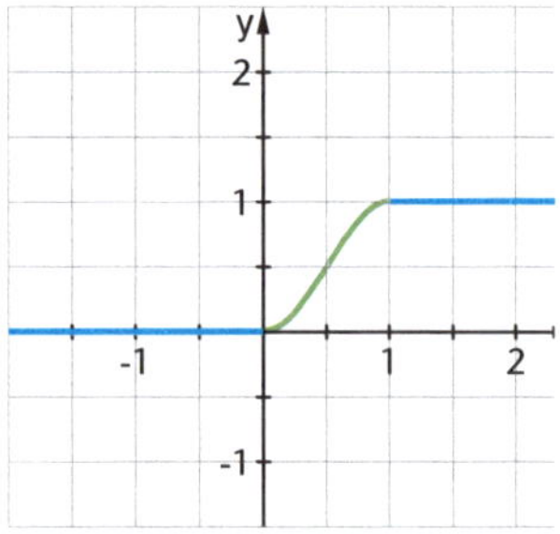

## INFO Exponentialfunktionen bestimmen

### C2 Exponentialfunktionen aus gegebenen Bedingungen bestimmen

„Einfache“ Exponentialfunktionen, mit deren Hilfe beispielsweise Wachstumsprozesse modelliert werden können, sind vom Typ $f(x) = a \cdot e^{bx}$.

Funktionen dieses Typs sind durch die Angabe von zwei Eigenschaften, z. B. von zwei Punkten, eindeutig bestimmt.

**Beispiele**

(1) *vorgegebene Punkte:*

Gesucht ist eine Exponentialfunktion f vom Typ $f(x) = a \cdot e^{bx}$, deren Graph durch die Punkte $(0|3)$ und $(5|2)$ verläuft.

Aus den Koordinaten der Punkte ergeben sich die Bedingungen
(I) $3 = a \cdot e^0 = a \cdot 1 = a$ und (II) $2 = a \cdot e^{5b}$.

Einsetzen von $a = 3$ aus (I) in (II) ergibt: $2 = 3 \cdot e^{5b}$,

also $\frac{2}{3} = e^{5b} \Leftrightarrow 5b = \ln\left(\frac{2}{3}\right) \Leftrightarrow b = \frac{1}{5} \cdot \ln\left(\frac{2}{3}\right) \approx -0{,}081$.

Die Funktion f mit $f(x) = 3 \cdot e^{-0{,}081x}$ erfüllt also die geforderten Bedingungen.

(2) *vorgegebene Punktkoordinaten und Steigung:*

Gesucht ist eine Exponentialfunktion f vom Typ $f(x) = a \cdot e^{bx}$, deren Graph im Punkt $(2|1)$ die Steigung 3 hat.

Wegen $f(x) = a \cdot e^{bx}$ und $f'(x) = a \cdot b \cdot e^{bx}$ ergeben sich die Bedingungen:
(I) $1 = a \cdot e^{2b}$ und (II) $3 = a \cdot b \cdot e^{2b}$.

Einsetzen von (I) in (II) ergibt: $3 = a \cdot b \cdot e^{2b} = b \cdot (a \cdot e^{2b}) = b \cdot 1 = b$,
also aus (I): $1 = a \cdot e^6 \Leftrightarrow a = e^{-6}$.

Die Funktion f mit $f(x) = e^{-6} \cdot e^{3x} = 0{,}002479 \cdot e^{3x}$ erfüllt also die geforderten Bedingungen.

Entsprechend benötigt man für die Bestimmung von Funktionen, mit deren Hilfe beschränkte Wachstumsprozesse modelliert werden können, also Funktionen f vom Typ $f(x) = c - a \cdot e^{bx}$, die Vorgabe von drei Eigenschaften, um die Koeffizienten a, b, c zu berechnen.

## INFO Wachstumsmodelle

**C3 In Anwendungen ein passendes Modell für das exponentielle oder das beschränkte Wachstum aufstellen, seine Tragfähigkeit untersuchen und Schlussfolgerungen im Sachzusammenhang interpretieren sowie Verdopplungs- und Halbwertszeiten berechnen**

Wachstums- und Abnahmeprozesse lassen sich durch Exponentialfunktionen beschreiben.

Beim **exponentiellen Wachstum** ändert sich der Bestand in gleichen Zeitintervallen immer mit demselben Faktor, d. h. die Änderungsrate ist stets derselbe Anteil des vorhandenen Bestandes.

$B(t) = B(0) \cdot e^{k \cdot t}$ ($B(0)$ ist der Bestand zur Zeit $t = 0$).

Bei einem (positiven) exponentiellen Wachstum heißt die Zeitdauer, in der sich der Bestand verdoppelt, **Verdopplungszeit**.
Bei einem exponentiellen Zerfall heißt die Zeitdauer, in der sich der Bestand halbiert, **Halbwertszeit**.

Der Ansatz zur Berechnung lautet bei der

| *Verdopplungszeit* | *Halbwertszeit* |
|---|---|
| $B(t) = 2 \cdot B(0)$ | $B(t) = \frac{1}{2} \cdot B(0)$ |

In der Realität wird es immer eine Grenze für das Wachstum geben, diese wird als **Sättigungsgrenze** S bezeichnet.

Von einem **beschränkten Wachstum** spricht man, wenn die Änderungsrate stets derselbe Anteil von der Differenz von der Sättigungsgrenze S und dem augenblicklichen Bestand $B(t)$ ist

$B(t) = S + [B(0) - S] \cdot e^{-k \cdot t}$.

Beim beschränkten Wachstum ist die Parallele zur x-Achse mit $y = S$ (Sättigungsgrenze) eine Asymptote für die Wachstumsfunktion.

### Beispiele

(1) *Abnahmeprozess:*
Der Luftdruck nimmt mit größer werdendem Abstand zur Erdoberfläche ab, und zwar um 12 % je 1000 m. Zur Zeit ist der Luftdruck auf Meereshöhe 1018 mbar. Welcher Luftdruck herrscht in 6000 m Höhe?

$B(6) = B(0) \cdot 0{,}88^6 = 1018 \cdot 0{,}88^6 \approx 473$ mbar.
Man kann dies auch so notieren: $B(6) = B(0) \cdot e^{6 \cdot \ln(0{,}88)} = 1018 \cdot 0{,}4644 \approx 473$ mbar.

(2) *Wachstumsprozess:*
Ein Anfangsbestand $B(0)$ von Bakterien erhöht sich täglich um 10 %. Den Funktionsterm erhält man aus folgenden Bedingungen:

Bakterienbestand nach dem 1. Tag: $B(1) = B(0) \cdot 1{,}1$;
nach dem 2. Tag: $B(2) = B(0) \cdot 1{,}1^2$;
nach dem n-ten Tag: $B(n) = B(0) \cdot 1{,}1^n$;

also: $B(t) = B(0) \cdot 1{,}1^t$. Wegen $k = \ln(1{,}1) \approx 0{,}095$ kann man dies auch wie folgt notieren:
$B(t) = B(0) \cdot e^{\ln(1{,}1) \cdot t} = B(0) \cdot e^{0{,}095t}$.

(3) *Verdopplungszeitpunkt:*
Zu Beginn des Jahres 2000 hatte Indien etwa 1 Milliarde Einwohner. Es wird angenommen, dass das jährliche Bevölkerungswachstum 1,4 % beträgt. In welchem Zeitraum verdoppelt sich die Bevölkerungszahl (sofern die Wachstumsrate gleich bleibt)?

Der Wachstumsprozess kann modelliert werden mithilfe von
$B(t) = 1{,}014^t = e^{\ln(1{,}014)\cdot t} = e^{0{,}0139\cdot t}$,
wobei t die Zeit in Jahren ab dem Jahr 2000 angibt.
Verdopplungszeit aus $B(t) = 1 \cdot e^{\ln(1{,}014)\cdot t} = 2 \cdot B(0)$.

Lösung der Exponentialgleichung $1{,}014^t = 2$ durch Logarithmieren:

$1{,}014^t = 2 \Leftrightarrow t \cdot \ln(1{,}014) = \ln(2) \Leftrightarrow t = \frac{\ln(2)}{\ln(1{,}014)} \approx 49{,}9$, d. h. nach etwa 50 Jahren wird sich die indische Bevölkerung verdoppelt haben (sofern Wachstumrate unverändert).

(4) *Halbierungszeitpunkt:*
Wann ist ein Auto mit 30 000 € Neuwert bei einem jährlichen Wertverlust von 20 % nur noch die Hälfte wert?

Der Abnahmeprozess wird modelliert mithilfe von
$B(t) = 30\,000 \cdot 0{,}8^t = 30\,000 \cdot e^{\ln(0{,}8)\cdot t} = 30\,000 \cdot e^{-0{,}223\cdot t}$
(wobei t die Zeit in Jahren nach dem Neukauf angibt).
Ansatz: $B(t) = \frac{1}{2} \cdot B(0) \Leftrightarrow 15\,000 = 30\,000 \cdot e^{\ln(0{,}8)\cdot t} \Leftrightarrow \frac{1}{2} = e^{\ln(0{,}8)\cdot t} \Leftrightarrow t = \frac{\ln\left(\frac{1}{2}\right)}{\ln(0{,}8)} = 3{,}1$.

Nach etwas mehr als 3 Jahren besitzt das Fahrzeug nur noch den halben Wert.

(5) *beschränktes Wachstum:*
In einer Minute kühlt sich eine warme Flüssigkeit um etwa 20 % der Differenz zur Raumtemperatur ab. Die aktuelle Raumtemperatur beträgt 20°.
Nach welcher Zeit ist ein 90 °C heißer Kaffee auf 50 °C abgekühlt?

Es ist $T(t) = 20 + [90 - 20] \cdot 0{,}8^t$, also wegen $\ln(0{,}8) \approx -0{,}223$: $T(t) = 20 + 70 \cdot e^{-0{,}223t}$.

Aus $50 = 20 + 70 \cdot e^{-0{,}223t}$ folgt: $\frac{3}{7} = e^{-0{,}223t}$, also

$\ln\left(\frac{3}{7}\right) = -0{,}223t$ und $t = 3{,}8$ (nach ca. 3,8 min ist der Kaffee auf 50 °C abgekühlt).

# D Integralrechnung

## INFO Stammfunktionen

### D1 Stammfunktionen zu Grundtypen von Funktionen bestimmen und den Hauptsatz der Differenzial- und Integralrechnung (HDI) zur Berechnung bestimmter Integrale anwenden

Jede differenzierbare Funktion F mit $F'(x) = f(x)$ für alle $x \in D_f$ heißt **Stammfunktion** von f.

Der Nachweis hierfür erfolgt, indem man die angegebene Stammfunktion ableitet.
Das Bilden von Stammfunktionen ist nicht eindeutig, da die Konstante beim Ableiten wegfällt (vgl. Beispiel). In der folgenden Tabelle kann daher zu jeder angegebenen Stammfunktion auch eine beliebige Konstante addiert werden.

| $f(x)$ | $c$ | $x^n$ für $n \neq -1$ | $\frac{1}{x}$ $D_f = \mathbb{R} \setminus \{0\}$ | $\sqrt{x}$ $D_f = \mathbb{R}^+$ | $e^x$ | $\ln(x)$ | $\sin(x)$ | $\cos(x)$ |
|---|---|---|---|---|---|---|---|---|
| $F(x) = \int f(x)\,dx$ | $cx$ | $\frac{1}{n+1}x^{n+1}$ | $\ln(\lvert x \rvert)$ | $\frac{2}{3}x^{\frac{3}{2}}$ | $e^x$ | $x \cdot \ln(x) - x$ | $-\cos(x)$ | $\sin(x)$ |

**Integralfunktion**:
Gegeben sei eine Funktion f in einem Intervall J und $a \in J$.

Dann heißt die Funktion $I_a$ mit

$$I_a(x) = \int_a^x f(t)\,dt$$

**Integralfunktion** von f mit unterer Grenze a. Die Funktion f wird hier auch als Integrandenfunktion bezeichnet.

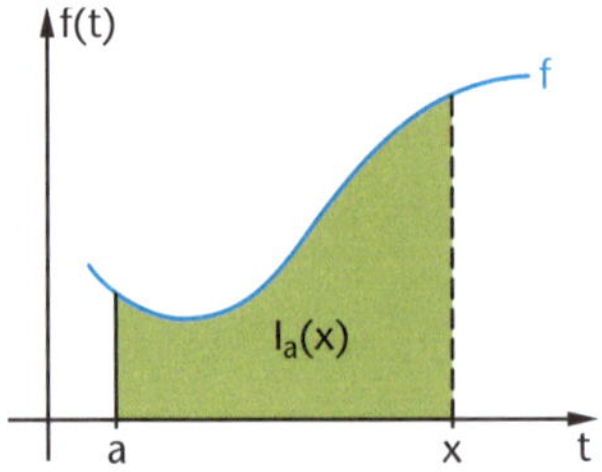


**Hauptsatz der Differenzial- und Integralrechnung:**
Wenn die Integrandenfunktion f stetig auf dem Intervall J ist, dann ist die Integralfunktion $I_a$ sogar differenzierbar, und es gilt: $I_a'(x) = f(x)$
In Worten: Die Ableitung der Integralfunktion ergibt die Integrandenfunktion.

Man kann also zu jeder stetigen Funktion f eine Stammfunktion angeben – ggf. in der Form als Integralfunktion.

**Folgerung aus dem Hauptsatz:**
Ist die Funktion f auf einem Intervall J stetig und F eine beliebige Stammfunktion von f, so gilt für alle $a, b \in J$:

$$\int_a^b f(x)\,dx = F(b) - F(a)$$

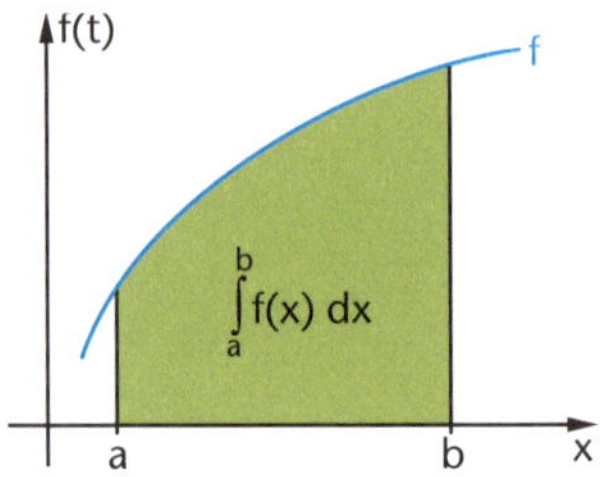


**Beispiele**

(1) *Nachweis einer Stammfunktion:*

Zum Nachweis, dass $F(x) = (x-1) \cdot e^x$ eine Stammfunktion für $f(x) = x \cdot e^x$ ist, wird die Ableitung von F gemäß Produktregel gebildet:

$F'(x) = 1 \cdot e^x + (x-1) \cdot e^x = e^x + x \cdot e^x - e^x = x \cdot e^x = f(x)$.

(2) *Bestimmung von Stammfunktionen:*

- Zu $f(x) = 5x^4 - 8x^3 + 3x^2 - 6x + 3$ erhält man eine Stammfunktion mit $F(x) = x^5 - 2x^4 + x^3 - 3x^2 + 3x$. Dabei wird der Exponent von x um eins erhöht und der entsprechende Summand mit dem Kehrwert des neuen Exponenten multipliziert.
- Zu $f(x) = 4 \cdot e^{2x+1}$ erhält man eine Stammfunktion mit $F(x) = 4 \cdot \frac{1}{2} \cdot e^{2x+1} = 2 \cdot e^{2x+1}$. Da beim Ableiten von F mit der inneren Ableitung multipliziert wird, muss hier im Funktionsterm der Stammfunktion der Faktor $\frac{1}{2}$ ergänzt werden.
- Eine Stammfunktion zu $f(x) = \sin\left(\frac{1}{2}x + \pi\right)$ ist $F(x) = -2 \cdot \cos\left(\frac{1}{2}x + \pi\right)$.

*Allgemeine Regel (sog. lineare Substitution):* Allgemein gilt für geschachtelte Funktionen:

Ist F eine Stammfunktion für eine Funktion f, dann ist $\frac{1}{a} \cdot F(ax + b)$ eine Stammfunktion für $f(ax + b)$.

(3) *Berechnung bestimmter Integrale:*

Zur Berechnung bestimmter Integrale muss zunächst eine Stammfunktion zur Integrandenfunktion bestimmt werden. In diese wird dann zuerst die obere Integrationsgrenze und dann die untere Integrationsgrenze eingesetzt. Der Wert des bestimmten Integrals ist dann die Differenz der beiden Einsetzungen.

(3.1) $\int_1^2 (3x^2 - 1)\,dx = \left[x^3 - x\right]_1^2 = (2^3 - 2) - (1^3 - 1) = 6$

(3.2) $\int_{-1}^3 (2x - 1)^2\,dx = \left[\frac{1}{6}(2x - 1)^3\right]_{-1}^3 = 25\frac{1}{3}$

(3.3) $\int_0^1 (2 - e^{-x})\,dx = \left[2x + e^{-x}\right]_0^1 = (2 + e^{-1}) - (0 + e^{-0}) = 1 + \frac{1}{e}$

*Hinweis*: Die Stammfunktionen zu Beispiel (3.2) und (3.3) wurden durch Ausprobieren gefunden: Dabei überlegt man, wie der Funktionsterm entstanden sein könnte, wenn man die betreffende Ableitungsregel (hier: die Kettenregel) anwendet.

(4) *Bestimmen von Stammfunktionen durch Koeffizientenvergleich:*

$F(x) = (ax^2 + bx + c) \cdot e^{-x}$ ist eine Stammfunktion für die Funktion $f(x) = (x^2 + 2x - 3) \cdot e^{-x}$.

Bestimmen Sie die Koeffizienten a, b, c im Funktionsterm von F(x).

Ableiten von F(x) ergibt:

$F'(x) = f(x) = (2ax + b) \cdot e^{-x} + (ax^2 + bx + c) \cdot e^{-x} \cdot (-1) = (-ax^2 + 2ax - bx + b - c) \cdot e^{-x}$

Durch Vergleich mit f(x) ergibt sich das lineare Gleichungssystem

$-a = 1 \wedge 2a - b = 2 \wedge b - c = -3.$

Durch Einsetzen erhält man nacheinander $a = -1$, $b = -4$, $c = -1$, also

$F(x) = (-x^2 - 4x - 1) \cdot e^{-x} = -(x^2 + 4x + 1) \cdot e^{-x}.$

## INFO Flächeninhalte

**D2 Flächeninhalte zwischen einem Funktionsgraphen und der x-Achse und Flächeninhalte zwischen mehreren Funktionsgraphen berechnen**

Ist f in [a;b] stetig und $f(x) \neq 0$ für alle $x \in ]a; b[$, dann gilt für den Inhalt der Fläche zwischen dem Graphen von f und der x-Achse über dem Intervall [a; b]:

$$A = \left|\int_a^b f(x)\,dx\right|.$$

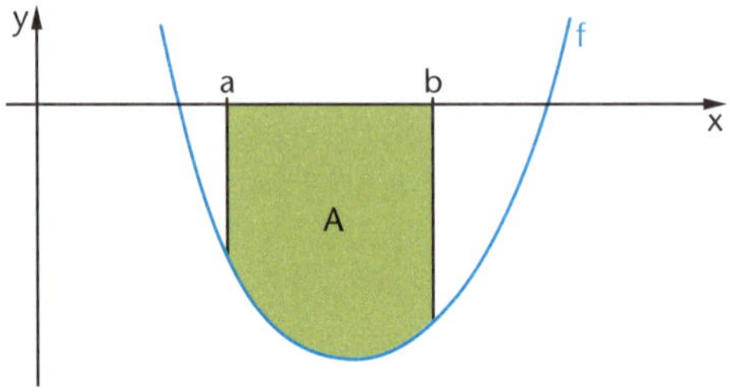


Hat f in [a; b] die Nullstellen $x_1, x_2, \ldots, x_k$ mit $x_1 < x_2 < \ldots < x_k$, dann gilt für den Inhalt der Fläche, welche der Graph von f mit der x-Achse einschließt:

$$A = \left|\int_{x_1}^{x_2} f(x)\,dx\right| + \left|\int_{x_2}^{x_3} f(x)\,dx\right| + \ldots + \left|\int_{x_{k-1}}^{x_k} f(x)\,dx\right|.$$

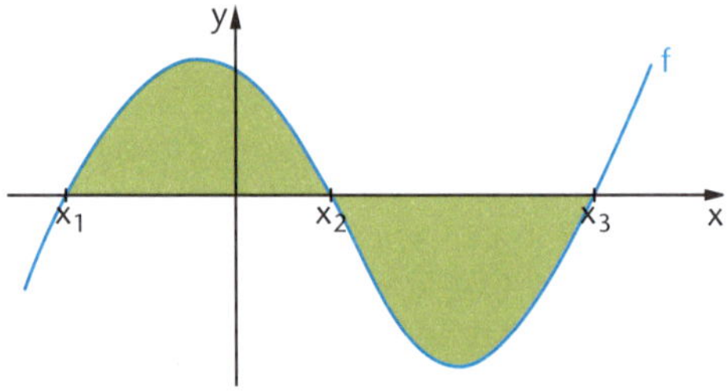


Haben die in [a;b] stetigen Funktionen f und g die Schnittstellen $x_1, x_2, \ldots, x_k$ mit $x_1 < x_2 < \ldots < x_k$, dann gilt für den Inhalt der von den Graphen eingeschlossenen Fläche:

$$A = \left|\int_{x_1}^{x_2} (f(x) - g(x))\,dx\right| + \left|\int_{x_2}^{x_3} (f(x) - g(x))\,dx\right|$$
$$+ \ldots + \left|\int_{x_{k-1}}^{x_k} (f(x) - g(x))\,dx\right|$$

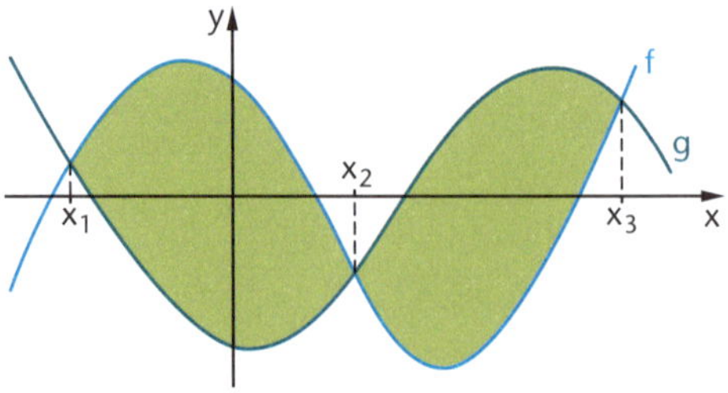


*Vereinfachung bei numerischer Integration mit dem TR:*
Die Unterteilung in Teilintervalle kann bei der numerischen Berechnung entfallen: Statt der Summe der Beträge der Integrale wird das Gesamtintegral über den Betrag der Integrandenfunktion betrachtet.

### Beispiele

(1) *Berechnung des Flächeninhalts im Sachzusammenhang:*
Das abgebildete Grundstück steht zum Verkauf. Es wird an einer Seite durch einen Fluss begrenzt. Zur Ermittlung des Verkaufspreises soll der Flächeninhalt des Grundstücks bestimmt werden.

In dem gemäß nebenstehender Abbildung gewählten Koordinatensystem kann das südliche Ufer des Flusses durch eine quadratische Funktion f mit $f(x) = a\,x^2 + 35$ beschrieben werden. Dabei ist die Konstante a durch die Bedingung $f(10) = 45$ zu $a = 0{,}1$ festgelegt.
Für den Flächeninhalt des Grundstücks in $m^2$ folgt:

$$A = 2 \cdot \int_0^{10} (0{,}1x^2 + 35)\,dx = 2 \cdot \left[\frac{1}{30}x^3 + 35\,x\right]_0^{10} = 766\frac{2}{3}$$

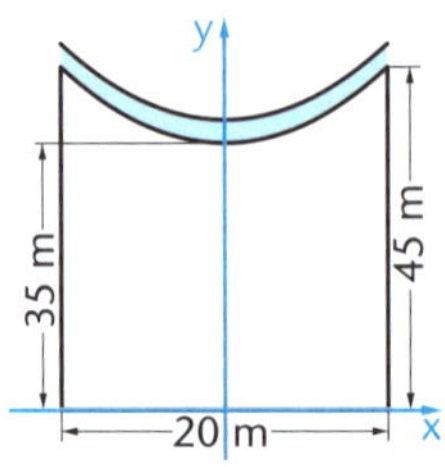

(2) *Berechnung des Flächeninhalts eines Flächenstücks, das von einem Graphen und der x-Achse eingeschlossen ist:*

Wie groß ist der Flächeninhalt des Flächenstücks, das vom Graphen von f mit $f(x) = (x-1)\cdot(x-3)\cdot(x-6)$ und der x-Achse eingeschlossen wird?

Da der Funktionsterm von f in faktorisierter Form gegeben ist, können die Nullstellen sofort abgelesen werden:

$x_{01} = 1,\quad x_{02} = 3,\quad x_{03} = 6.$

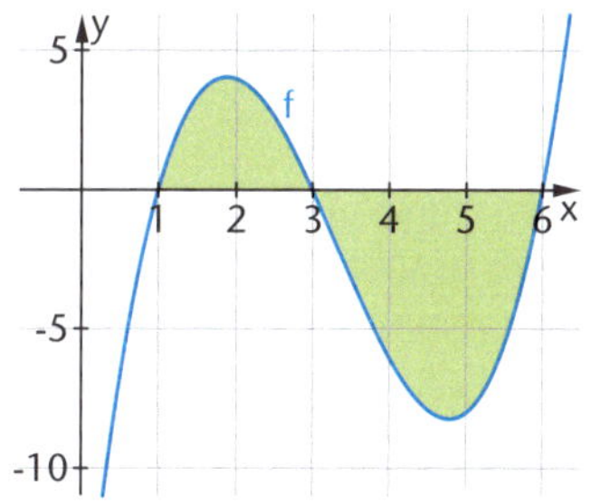


Um den gesuchten Flächeninhalt zu bestimmen, sind hier zwei Integrale zu berechnen. Da Flächeninhalte stets positiv sind, müssen die Beträge der berechneten Integrale addiert werden.

$$A = \left|\int_1^3 (x^3 - 10x^2 + 27x - 18)\,dx\right| + \left|\int_3^6 (x^3 - 10x^2 + 27x - 18)\,dx\right| = \left|5\tfrac{1}{3}\right| + \left|-15\tfrac{3}{4}\right| = 21\tfrac{1}{12}$$

(3) *Berechnung des Flächeninhalts eines Flächenstücks, das von zwei Graphen eingeschlossen ist:*

Wie groß ist der Flächeninhalt des Flächenstücks, das von den Graphen von f und g mit $f(x) = -x^2 + 2x + 2$ und $g(x) = x^2 - 2$ eingeschlossen wird?

Man berechnet die Schnittstellen der Graphen durch Lösen der Gleichung $f(x) = g(x)$: $x_{S1} = -1$, $x_{S2} = 2$. Für den Flächeninhalt erhält man:

$$A = \left|\int_{-1}^{2} ((-x^2 + 2x + 2) - (x^2 - 2))\,dx\right| = \left|\int_{-1}^{2} (-2x^2 + 2x + 4)\,dx\right| = \left|\left[-\tfrac{2}{3}x^3 + x^2 + 4x\right]_{-1}^{2}\right| = |9| = 9.$$

(4) *Berechnung eines Flächenstücks, das vom Graphen einer Funktion und einer Tangente an den Graphen eingeschlossen ist:*

Welche Fläche wird vom Graphen der ganzrationalen Funktion mit $f(x) = x^3 - 4x^2 + x + 6$ und der Tangente an den Graphen im Punkt $(3\,|\,f(3))$ eingeschlossen?

Aufstellen der Tangentengleichung:

$f(3) = 0;\ f'(x) = 3x^2 - 8x + 1;\ f'(3) = 27 - 24 + 1 = 4$

$t(x) = 4\cdot(x - 3) + 0$

Bestimmen der Schnittstellen von Tangente und Graph, also den Nullstellen der Differenzfunktion $d(x) = f(x) - t(x) = (x^3 - 4x^2 + x + 6) - (4x - 12) = x^3 - 4x^2 - 3x + 18$:

Mithilfe des TR kann man – neben der Berührstelle bei $x = 3$, also einer doppelten Schnittstelle – die Schnittstelle bei $x = -2$ finden.

Der Nachweis, dass dies tatsächlich eine Schnittstelle ist, erfolgt durch Einsetzen von $x = -2$ in die Funktionsgleichung der Differenzfunktion:

$d(-2) = -8 - 16 + 6 + 18 = 0$

Bestimmen des Flächeninhalts:

$$\int_{-2}^{3} d(x)\,dx = \left[\tfrac{1}{4}x^4 - \tfrac{4}{3}x^3 - \tfrac{3}{2}x^2 + 18x\right]_{-2}^{3} = \left(\tfrac{81}{4} - 36 - \tfrac{27}{2} + 54\right) - \left(4 + \tfrac{32}{3} - 6 - 36\right) \approx 52{,}1$$

## INFO Gesamtänderungen

### D3 Gesamtänderungen aus gegebenen Änderungsraten mithilfe von bestimmten Integralen berechnen

Ist eine stetige Funktion v für die momentane Änderungsrate (z. B. Zuflussgeschwindigkeit, Bewegungsgeschwindigkeit,...) einer Größe in Abhängigkeit von der Zeit t gegeben, so wird die Gesamtänderung (z. B. Füllmenge, zurückgelegte Wegstrecke, ...) im Zeitintervall $[t_a; t_e]$

mit dem Integral $\int_{t_a}^{t_e} v(t)\,dt$ berechnet.

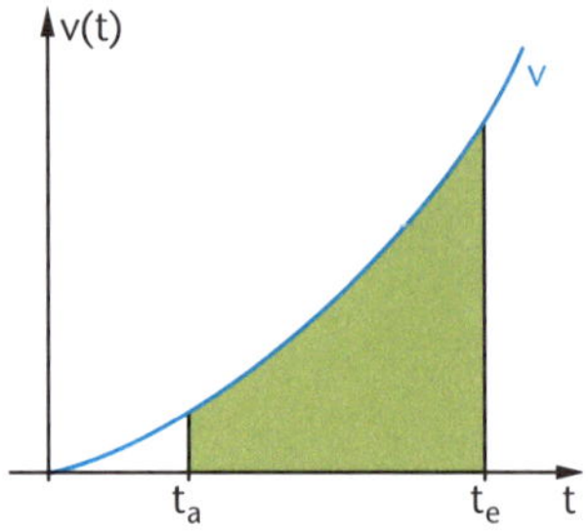


**Beispiele**

(1) *Bewegungsgeschwindigkeit gegeben:*

Die Geschwindigkeit v eines aus der Ruhe von einem Turm fallenden Steins ist gegeben durch $v(t) = 9{,}81 \cdot t$. Dabei wird die Zeit t in Sekunden und die Geschwindigkeit v in Meter pro Sekunde angegeben.

- Beobachtet man, dass der Stein nach einer Falldauer von 3,2 Sekunden auf dem Boden aufschlägt, kann man die Höhe des Turms berechnen, indem man die als momentane Änderungsrate gegebene Geschwindigkeit v(t) über dem Zeitintervall [0; 3,2] integriert:

  $$h = \int_0^{3,2} 9{,}81 \cdot t\,dt = \left[\frac{9{,}81}{2}t^2\right]_0^{3,2} \approx 50{,}23.$$

  Der Turm hat eine Höhe von etwa 50,23 m.

- Ist andererseits die Fallhöhe mit h = 100 m gegeben, so kann man auch die entsprechende Falldauer berechnen. Diesmal ist der Wert des Integrals bekannt. Zu bestimmen ist die obere Integrationsgrenze $t_e$.

  $$\int_0^{t_e} 9{,}81 \cdot t\,dt = 100 \;\Leftrightarrow\; \left[\frac{9{,}81}{2}t^2\right]_0^{t_e} = 100 \;\Leftrightarrow\; \frac{9{,}81}{2}t_e^2 = 100 \;\Leftrightarrow\; t_e = \sqrt{\frac{200}{9{,}81}} \approx 4{,}5 \vee t_e \approx -4{,}5.$$

  *Hinweis*: Die negative Lösung der quadratischen Gleichung entfällt hier im Sachzusammenhang.

  Der Stein trifft nach etwa 4,5 Sekunden auf dem Boden auf.

(2) *Zulaufgeschwindigkeit gegeben (momentane Zuflussrate):*

Ein zunächst leeres Getreidesilo wird mit Weizen gefüllt. Die Zulaufgeschwindigkeit ist in den ersten 15 Minuten konstant und beträgt 45 Zentner/min. Dann nimmt sie entsprechend dem Graphen ab, bis nach insgesamt 30 Minuten der Zufluss stoppt.

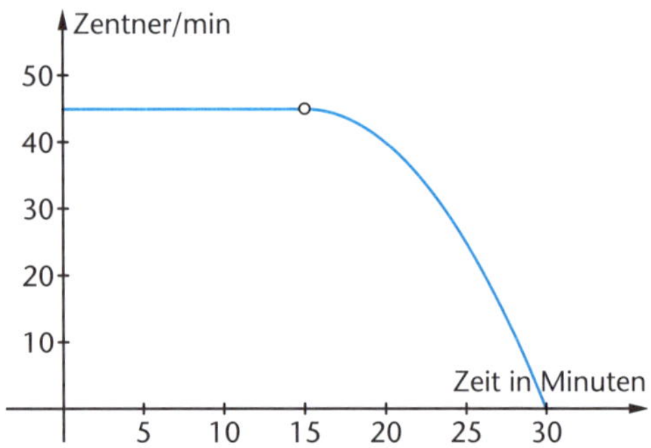

Die Funktion f mit $f(x) = -\frac{1}{5}x^2 + 6x$ beschreibt den Zulauf in der Zeit zwischen der 15. und der 30. Minute, denn der Scheitelpunkt der Parabel liegt im Punkt $S(15|45)$ und eine Nullstelle bei $x = 30$.

Um die gesamte Füllmenge des Silos zu bestimmen, bestimmt man den Flächeninhalt des Flächenstücks zwischen Graph und Zeitachse im Intervall [0; 30]:

Im Zeitintervall [0; 15] ist dies ein Rechteck; für das Zeitintervall [15; 30] muss die Integralrechnung angewendet werden:

$$15 \cdot 45 + \int_{15}^{30} \left(-\frac{1}{5}x^2 + 6x\right) dx = 675 + \left[-\frac{1}{15}x^3 + 3x^2\right]_{15}^{30} = 675 + 450 = 1125.$$

Insgesamt wurden 1125 Zentner Weizen in das Silo gefüllt.

## INFO Mittelwert

**D4** Nur LF: **Mittelwerte von kontinuierlich veränderten Größen mithilfe der Integralrechnung berechnen***

Unter dem Mittelwert $\bar{f}$ der Funktionswerte einer stetigen Funktion f über dem Intervall [a;b] versteht man die reelle Zahl

$$\bar{f} = \frac{1}{b-a} \cdot \int_a^b f(x)\,dx.$$

Ist F eine Stammfunktion für f, dann ist der Mittelwert der Funktionswerte gegeben durch den Quotienten

$$\bar{f} = \frac{F(b) - F(a)}{b-a}.$$

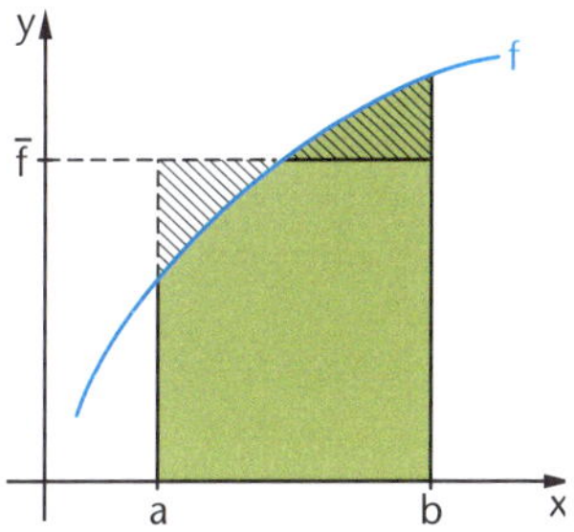


**Beispiel**

Die Geschwindigkeit eines ICE bei der Ausfahrt aus einem Bahnhof lässt sich in den ersten 6 Minuten mithilfe der Funktion v mit $v(t) = -0{,}0005 \cdot t^2 + 0{,}4 \cdot t$ beschreiben. Dabei wird die Zeit t in Sekunden und die Geschwindigkeit v in Meter pro Sekunde angegeben.

Wie groß ist die mittlere Geschwindigkeit des Zuges in den ersten 6 Minuten der Fahrt?

$$v = \frac{1}{360-0} \cdot \int_0^{360} (-0{,}0005 \cdot t^2 + 0{,}4 \cdot t)\,dt = \frac{1}{360} \cdot \left[-\frac{1}{6000}t^3 + \frac{1}{5}t^2\right]_0^{360} = \frac{1}{360} \cdot 18144 = 50{,}4.$$

Die mittlere Geschwindigkeit des Zuges beträgt $50{,}4\,\frac{m}{s}$ $\left(\approx 181{,}44\,\frac{km}{h}\right)$.

* Nicht prüfungsrelevant im Abitur 2023

## INFO Uneigentliche Integrale

**D5** Nur LF: **Inhalte ins Unendliche reichender Flächen mit uneigentlichen Integralen und den dabei erforderlichen Grenzwertbetrachtungen ermitteln**

- **Integration über unbeschränkte Intervalle:**
  Falls die Funktion f auf dem Intervall $[a; +\infty[$ stetig ist und der Grenzwert $\lim\limits_{b \to +\infty} \int\limits_a^b f(x)\,dx$ existiert, so heißt dieser Grenzwert das **Uneigentliche Integral** von f über dem Intervall $[a; +\infty[$.
  Man notiert dann auch $\int\limits_a^{+\infty} f(x)\,dx$.
  (Entsprechend wird $\int\limits_{-\infty}^{b} f(x)\,dx$ definiert.)

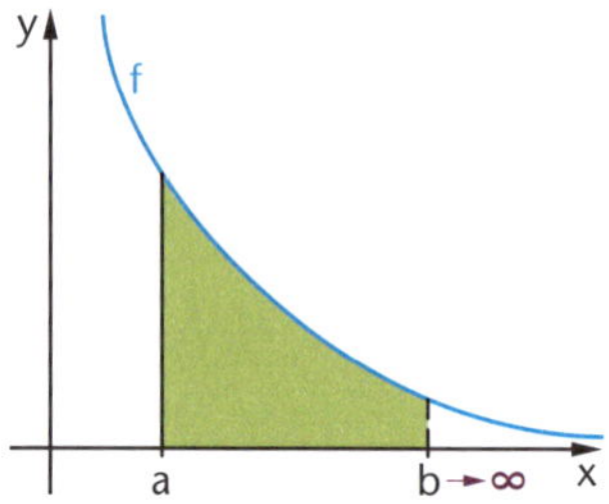


- **Integration über unbeschränkte Funktionen:**
  Falls die Funktion f auf dem Intervall $]a; b]$ stetig ist und der Grenzwert $\lim\limits_{z \to a} \int\limits_z^b f(x)\,dx$ existiert, so heißt dieser Grenzwert das Uneigentliche Integral von f über dem Intervall $]a; b]$.
  Man notiert dann auch $\int\limits_a^b f(x)\,dx$.
  (Entsprechend wird $\lim\limits_{z \to b} \int\limits_a^z f(x)\,dx$ über dem Intervall $[a; b[$ definiert.)

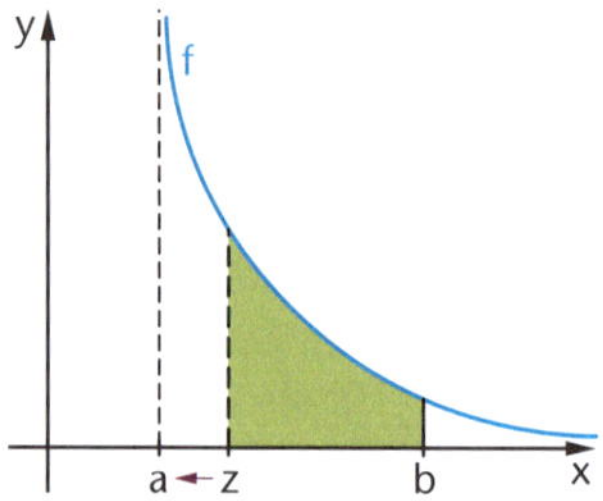


### Beispiele

(1) *Hyperbelfunktion – endlicher Flächeninhalt:*

Der Graph der Funktion f mit $f(x) = \frac{4}{x^2}$ schließt über dem Intervall $[1; +\infty[$ eine Fläche mit dem Flächeninhalt 4 FE ein.

Es gilt: $\int\limits_1^b \frac{4}{x^2}\,dx = \left[-\frac{4}{x}\right]_1^b = 4 - \frac{4}{b}$.

Damit existiert der Grenzwert: $\lim\limits_{b \to +\infty} \int\limits_1^b \frac{4}{x^2}\,dx = \lim\limits_{b \to +\infty} \left(4 - \frac{4}{b}\right) = 4$.

(2) *Hyperbelfunktion – unendlich großer Flächeninhalt:*

Dagegen ist der Flächeninhalt der Fläche zwischen x-Achse und Graph der Funktion f mit $f(x) = \frac{1}{(x-2)^2}$ über dem Intervall $]2; 4]$ nicht endlich.

Es gilt: $\int\limits_a^4 \frac{1}{(x-2)^2}\,dx = \left[-\frac{1}{(x-2)}\right]_a^4 = \frac{1}{a-2} - \frac{1}{2}$.

Da der erste Summand für $a \to 2$ über alle Grenzen wächst, existiert das uneigentliche Integral nicht, d.h., das Flächenstück ist unendlich groß.

(3) *Exponentialfunktion – endlich großer Flächeninhalt:*
Der Graph der Funktion f mit $f(x) = x \cdot e^{-x}$ schließt mit der positiven x-Achse einen endlichen Flächeninhalt ein:

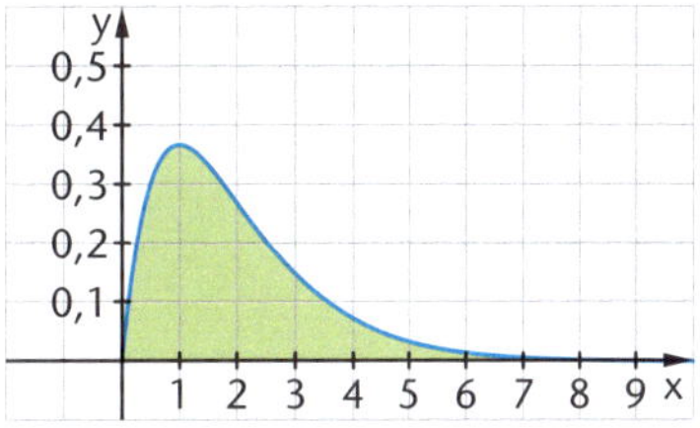


$$\int_0^a x \cdot e^{-x}\,dx = [-(x+1) \cdot e^{-x}]_0^a$$
$$= (-(a+1) \cdot e^{-a}) - (-(0+1) \cdot e^{-0})$$
$$= (-(a+1) \cdot e^{-a}) + 1$$

Da die Werte mit der Funktion $e(x) = e^{-x}$ für $x \to \infty$ schneller gegen null gehen als die Werte einer beliebigen ganzrationalen Funktion p(x) wachsen, gilt allgemein: $\lim\limits_{x \to \infty} p(x) \cdot e^{-x} = 0$.

Also folgt $\int_0^\infty x \cdot e^{-x}\,dx = 1$.

## INFO Rotationskörper

**D6** Nur LF: **Das Volumen von Rotationskörpern berechnen und die erforderlichen Berandungsfunktionen für reale rotationssymmetrische Körper modellieren**

Rotiert der Graph einer stetigen Berandungsfunktion f mit nicht negativen Funktionswerten über dem Intervall [a;b] um die x-Achse, so entsteht ein Rotationskörper

mit dem Volumen $V = \pi \cdot \int_a^b (f(x))^2\,dx$.

### Beispiele

(1) *quadratische Funktion:*

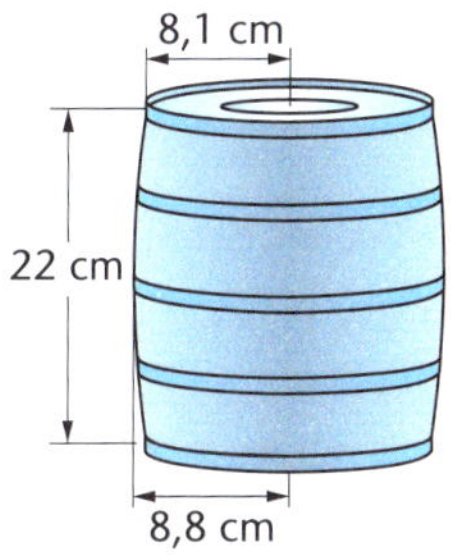


Das abgebildete Fass hat eine Höhe von 22 cm. Die Dicke der Fasswandung soll vernachlässigt werden. Der Radius beträgt am oberen und unteren Rand 8,1 cm, an der bauchigsten Stelle 8,8 cm. Zur Berechnung des Fassinhaltes legen wir das Fass auf die Seite. Das Koordinatensystem wird so gewählt, dass die x-Achse die Symmetrieachse des Fasses bildet, und dass der Graph der Berandungsfunktion symmetrisch zur y-Achse verläuft.
Aus dem Ansatz $f(x) = a\,x^2 + b$ mit $f(0) = 8{,}8$ und $f(11) = 8{,}1$ folgt $b = 8{,}8$ und $a \cdot 11^2 + 8{,}8 = 8{,}1$.

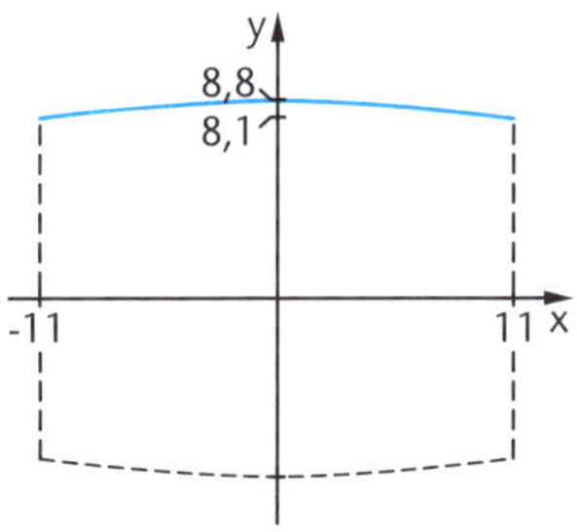


Die Koeffizienten werden berechnet zu

$a = -\frac{7}{1210}$ und $b = \frac{44}{5}$.

Für die Berandungsfunktion gilt damit

$f(x) = -\frac{7}{1210}x^2 + \frac{44}{5}$.

Das Volumen des Fasses kann nun unter Ausnutzung der Symmetrie berechnet werden:

$$V = \pi \cdot \int_{-11}^{11} \left(-\frac{7}{1210}x^2 + \frac{44}{5}\right)^2 dx \approx 5075 = 2\pi \cdot \int_0^{11} \left(-\frac{7}{1210}x^2 + \frac{44}{5}\right)^2 dx \approx 5075.$$

Also beträgt das Volumen des Fasses 5075 ml ≈ 5 ℓ.

(2) *kubische Funktion:*

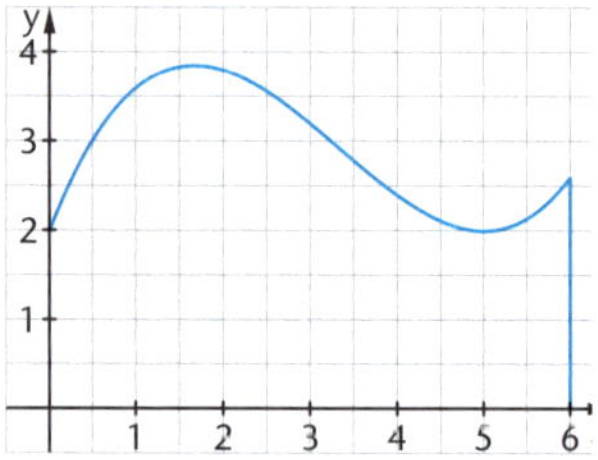


Ein Blumenkübel entsteht durch Rotation des Graphen einer Funktion f mit $f(x) = 0{,}1x^3 - x^2 + 2{,}5x + 2$ über dem Intervall $[0;6]$ (1 Einheit = 1 dm).
Bestimmen Sie das Volumen des Gefäßes.

$$V = \pi \int_0^6 f^2(x)\,dx$$

$$= \pi \cdot \int_0^6 (0{,}1x^3 - x^2 + 2{,}5x + 2)^2\,dx \approx 167\ \ell.$$

Wegen des rechnerischen Aufwands (vor der Integration muss das Quadrat des Funktionsterms ausgerechnet werden) erfolgt die Berechnung i. A. numerisch.

(3) *Hyperbelfunktion:*

Gegeben ist die Funktion f durch $f(x) = \frac{1}{x} - \frac{1}{x^2};\quad x \neq 0.$

Die Fläche zwischen dem Graphen der Funktion f und der x-Achse über dem Intervall $[1; \infty[$ rotiert um die x-Achse. Hat der entstehende, ins Unendliche reichende Rotationskörper einen endlichen Rauminhalt? Es gilt:

$$V_b = \pi \int_1^b \left(\frac{1}{x} - \frac{1}{x^2}\right)^2 dx$$

$$= \pi \int_1^b \left(\frac{1}{x^2} - \frac{2}{x^3} + \frac{1}{x^4}\right) dx = \pi\left[-\frac{1}{x} + \frac{1}{x^2} - \frac{1}{3x^3}\right]_1^b$$

$$= \pi\left(\left(-\frac{1}{b} + \frac{1}{b^2} - \frac{1}{3b^3}\right) - \left(-\frac{1}{3}\right)\right)$$

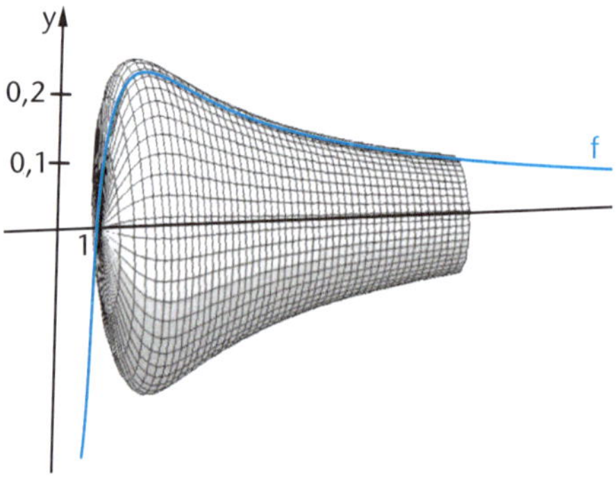


Da der Grenzwert

$$\lim_{b\to+\infty} V_b = \pi \cdot \lim_{b\to+\infty}\left(\left(-\frac{1}{b} + \frac{1}{b^2} - \frac{1}{3b^3}\right) - \left(-\frac{1}{3}\right)\right) = \frac{\pi}{3}$$

existiert, hat der Rotationskörper das Volumen $\frac{\pi}{3}$.

# E Vektorrechnung

## INFO Vektoren

### E1 Punkte im Raum durch Ortsvektoren sowie Verschiebungen im Raum durch Vektoren beschreiben

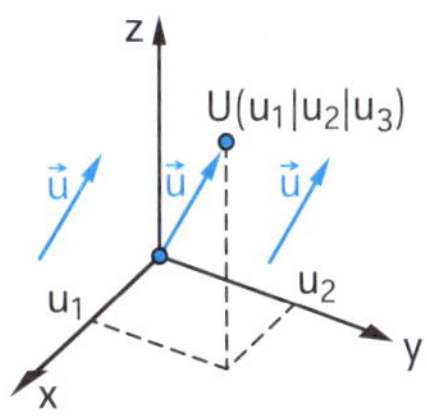


**Vektoren** im Raum sind geordnete Zahlentripel, die in Spaltenform notiert werden.

Der Vektor $\vec{u} = \begin{pmatrix} u_1 \\ u_2 \\ u_3 \end{pmatrix}$ kann interpretiert werden …

(1) … als der **Ortsvektor** $\overrightarrow{OU}$ vom Ursprung $O(0|0|0)$ zum Punkt $U(u_1|u_2|u_3)$. Dargestellt wird der Vektor durch einen Pfeil.

(2) … als **Verschiebungsvektor** $\vec{u}$ parallel zum Pfeil von $\overrightarrow{OU}$.

**Beispiel**

Gegeben ist der Punkt $P(2|3|-1)$.

– Der zugehörige Ortsvektor, also der Verbindungsvektor vom Ursprung zum Punkt P, lautet $\overrightarrow{OP} = \begin{pmatrix} 2 \\ 3 \\ -1 \end{pmatrix}$.

– $\vec{p} = \begin{pmatrix} 2 \\ 3 \\ -1 \end{pmatrix}$ kann auch als Verschiebungsvektor aufgefasst werden, durch den der Punkt $A(4|-5|8)$ auf $A'(6|-2|7)$ verschoben wird.

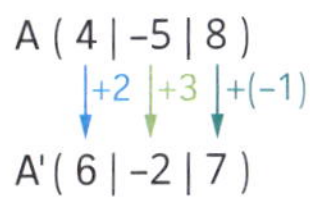


## INFO Punkte und Verschiebungen

### E2 Untersuchen, ob ein Vektor eine Linearkombination von zwei Vektoren ist

Eine Summe von Vielfachen von Vektoren wird als **Linearkombination** der Vektoren bezeichnet.
*Spezialfälle*: Zwei Vektoren $\vec{u} \neq \vec{o}$ und $\vec{v} \neq \vec{o}$ werden auch als **kollinear** bezeichnet, wenn der Vektor $\vec{u}$ als ein Vielfaches des Vektors $\vec{v}$ dargestellt werden kann, d. h., wenn es ein $r \in \mathbb{R}\setminus\{0\}$ gibt, so dass gilt: $\vec{u} = r \cdot \vec{v}$. Drei Vektoren $\vec{u} \neq \vec{o}$, $\vec{v} \neq \vec{o}$ und $\vec{w} \neq \vec{o}$ heißen **komplanar**, wenn Vektor $\vec{u}$ als ein Linearkombination der Vektoren $\vec{v}$ und $\vec{w}$ dargestellt werden kann, d. h., wenn es ein Zahlenpaar $(r, s) \in \mathbb{R} \cdot \mathbb{R}\setminus\{(0|0)\}$ gibt, so dass gilt:
$\vec{u} = r \cdot \vec{v} + s \cdot \vec{w}$.

**Beispiele**

(1) *Kollinearität zweier Vektoren*:

Die Vektoren $\vec{u} = \begin{pmatrix} 2 \\ -1 \\ 3 \end{pmatrix}$ und $\vec{v} = \begin{pmatrix} -3 \\ 1{,}5 \\ -4{,}5 \end{pmatrix}$ sind kollinear, denn $\vec{u} = -\frac{2}{3} \cdot \vec{v}$.

(2) *Linearkombination:*

Der Vektor $\vec{u} = \begin{pmatrix} -5 \\ -2 \\ 5 \end{pmatrix}$ ist eine Linearkombination der Vektoren $\vec{v} = \begin{pmatrix} 3 \\ 2 \\ -1 \end{pmatrix}$, $\vec{w} = \begin{pmatrix} -1 \\ 0 \\ 2 \end{pmatrix}$,

denn $(-1)\cdot\vec{v} + 2\cdot\vec{w} = (-1)\cdot\begin{pmatrix} 3 \\ 2 \\ -1 \end{pmatrix} + 2\cdot\begin{pmatrix} -1 \\ 0 \\ 2 \end{pmatrix} = \begin{pmatrix} -5 \\ -2 \\ 5 \end{pmatrix} = \vec{u}$.

Um nachzuweisen, dass $\vec{u}$ Linearkombination der Vektoren $\vec{v}$ und $\vec{w}$ ist, muss ein lineares Gleichungssystem mit drei Gleichungen und zwei Variablen gelöst werden.

(3) *Kräfteparallelogramm:*

Für zwei ebene Vektoren $\vec{v}$ und $\vec{w}$ kann man die Vielfachen r, s grafisch mithilfe eines Kräfteparallelogramms bestimmen: Der Vektor $\vec{u}$ ist Diagonale in einem Parallelogramm, dessen Seiten Vielfache von $\vec{v}$ und $\vec{w}$ sind.

## INFO Vektoren addieren und subtrahieren

### E3 Vektoren addieren und subtrahieren sowie den Mittelpunkt einer Strecke berechnen

Bei der Addition zweier Vektoren werden zugehörige Pfeile aneinandergesetzt.

Es gilt die sogenannte **Dreiecksregel:** $\overrightarrow{XY} + \overrightarrow{YZ} = \overrightarrow{XZ}$.

Merkregel für Verbindungsvektoren: „Ende minus Anfang“

Bei der Subtraktion wird der Gegenvektor addiert:

Der **Verbindungsvektor** $\overrightarrow{PQ}$ lässt sich als Differenzvektor der beiden Ortsvektoren schreiben:

$\overrightarrow{PQ} = \overrightarrow{PO} + \overrightarrow{OQ} = -\overrightarrow{OP} + \overrightarrow{OQ} = \overrightarrow{OQ} + (-\overrightarrow{OP}) = \overrightarrow{OQ} - \overrightarrow{OP}$ .

Addiert man einen Vektor zu seinem Gegenvektor, so ergibt sich der **Nullvektor** $\vec{o} = \begin{pmatrix} 0 \\ 0 \\ 0 \end{pmatrix}$.

Der Ortsvektor $\overrightarrow{OM}$ des Mittelpunkts M einer Strecke AB wird dargestellt in der Form:

$\overrightarrow{OM} = \overrightarrow{OA} + \frac{1}{2}\cdot\overrightarrow{AB} = \overrightarrow{OA} + \frac{1}{2}\cdot(\overrightarrow{OB} - \overrightarrow{OA}) = \frac{1}{2}\cdot(\overrightarrow{OA} + \overrightarrow{OB})$.

Merkregel: Die Koordinaten des Mittelpunkts einer Strecke sind die Mittelwerte der Koordinaten der Endpunkte der Strecke.

| Dreiecksregel der Addition | Subtraktion der Ortsvektoren | Mittelpunkt einer Strecke |
|---|---|---|
| 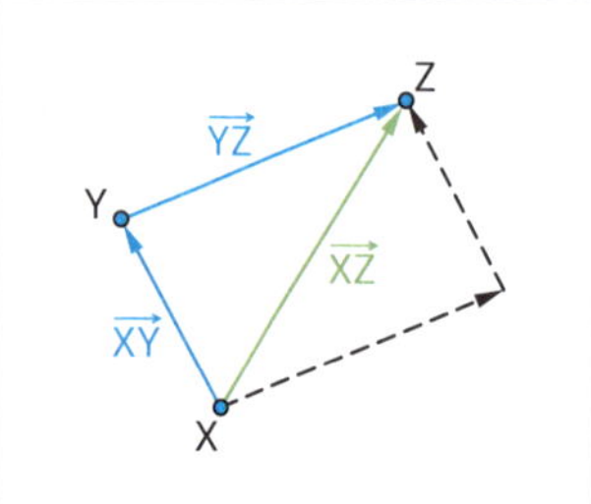 | 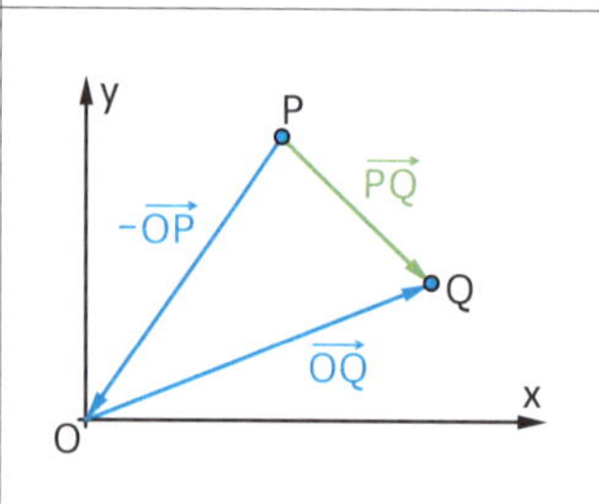 | 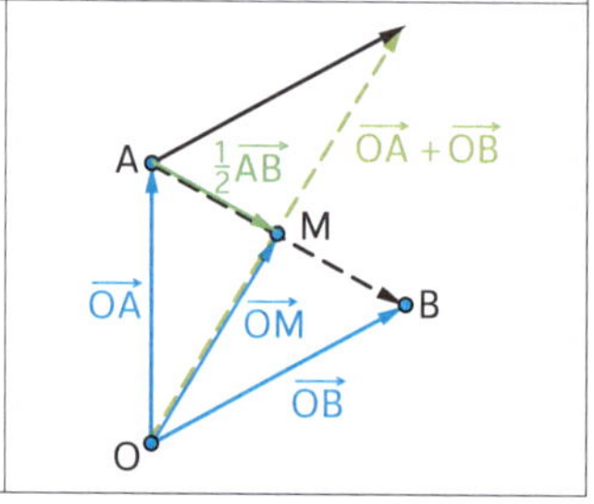 |

**Beispiele**

(1) *Bestimmung des Mittelpunkts einer Strecke:*

Der Verbindungsvektor der Punkte P(2|−3|5) und Q(4|1|−2) ist: $\overrightarrow{PQ} = \begin{pmatrix} 4 \\ 1 \\ -2 \end{pmatrix} - \begin{pmatrix} 2 \\ -3 \\ 5 \end{pmatrix} = \begin{pmatrix} 2 \\ 4 \\ -7 \end{pmatrix}$.

Ortsvektor zum Mittelpunkt M der Strecke PQ ist $\overrightarrow{OM} = \frac{1}{2} \cdot \left( \begin{pmatrix} 2 \\ -3 \\ 5 \end{pmatrix} + \begin{pmatrix} 4 \\ 1 \\ -2 \end{pmatrix} \right) = \begin{pmatrix} 3 \\ -1 \\ 1{,}5 \end{pmatrix}$

Der Mittelpunkt hat damit die Koordinaten M(3|−1|1,5).

(2) *Bestimmung eines Spats:*

Ein Spat ABCDEFGH ist gegeben durch die Eckpunkte A(1|−2|3), B(3|−1|3), D(4|0|3) und E(2|−3|5).

Beispielsweise lassen sich die Vektoren $\overrightarrow{AB}$, $\overrightarrow{AD}$ und $\overrightarrow{AE}$ direkt berechnen (siehe Markierung).

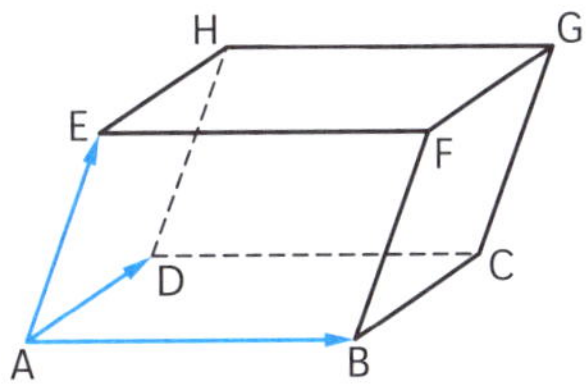


Die Koordinaten des Eckpunkts C lassen sich wie folgt ermitteln:

$\overrightarrow{OC} = \overrightarrow{OA} + \overrightarrow{AD} + \overrightarrow{DC} = \overrightarrow{OA} + \overrightarrow{AD} + \overrightarrow{AB}$,

denn $\overrightarrow{AB} = \overrightarrow{DC}$ sind parallele Pfeile.

Mit $\overrightarrow{AD} = \begin{pmatrix} 4 \\ 0 \\ 3 \end{pmatrix} - \begin{pmatrix} 1 \\ -2 \\ 3 \end{pmatrix} = \begin{pmatrix} 3 \\ 2 \\ 0 \end{pmatrix}$ und $\overrightarrow{AB} = \begin{pmatrix} 3 \\ -1 \\ 3 \end{pmatrix} - \begin{pmatrix} 1 \\ -2 \\ 3 \end{pmatrix} = \begin{pmatrix} 2 \\ 1 \\ 0 \end{pmatrix}$ ergibt sich:

$\overrightarrow{OC} = \begin{pmatrix} 1 \\ -2 \\ 3 \end{pmatrix} + \begin{pmatrix} 3 \\ 2 \\ 0 \end{pmatrix} + \begin{pmatrix} 2 \\ 1 \\ 0 \end{pmatrix} = \begin{pmatrix} 6 \\ 1 \\ 3 \end{pmatrix}$. Der Eckpunkt C hat also die Koordinaten C(6|1|3).

Der Vektor $\overrightarrow{AG}$, der die Raumdiagonale von Eckpunkt A zu Eckpunkt G beschreibt, berechnet sich folgendermaßen:

$\overrightarrow{AG} = \overrightarrow{AD} + \overrightarrow{AE} + \overrightarrow{AB}$, da $\overrightarrow{AE} = \overrightarrow{DH}$ und $\overrightarrow{AB} = \overrightarrow{HG}$ gilt (Parallelverschiebungen).

Mit $\overrightarrow{AE} = \begin{pmatrix} 2 \\ -3 \\ 5 \end{pmatrix} - \begin{pmatrix} 1 \\ -2 \\ 3 \end{pmatrix} = \begin{pmatrix} 1 \\ -1 \\ 2 \end{pmatrix}$ ergibt sich: $\overrightarrow{AG} = \begin{pmatrix} 3 \\ 2 \\ 0 \end{pmatrix} + \begin{pmatrix} 1 \\ -1 \\ 2 \end{pmatrix} + \begin{pmatrix} 2 \\ 1 \\ 0 \end{pmatrix} = \begin{pmatrix} 6 \\ 2 \\ 2 \end{pmatrix}$.

Die Koordinaten des Eckpunkts G erhält man aus:

$\overrightarrow{OG} = \overrightarrow{OA} + \overrightarrow{AG} = \begin{pmatrix} 1 \\ -2 \\ 3 \end{pmatrix} + \begin{pmatrix} 6 \\ 2 \\ 2 \end{pmatrix} = \begin{pmatrix} 7 \\ 0 \\ 5 \end{pmatrix}$, also G(7|0|5).

(3) *Spiegelung eines Punktes an einem Punkt:*

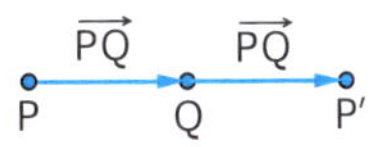


Der Punkt P(1|−2|2) soll an einem Punkt Q(3|1|−1) gespiegelt werden.
Wie aus der Zeichnung ablesbar ist, muss dazu der Vektor $\overrightarrow{PQ}$ in Q abgetragen werden, also vom Punkt P aus das Zweifache dieses Vektors:

Da $\overrightarrow{PQ} = \begin{pmatrix} 3-1 \\ 1-(-2) \\ -1-2 \end{pmatrix} = \begin{pmatrix} 2 \\ 3 \\ -3 \end{pmatrix}$, folgt $\overrightarrow{OP'} = \overrightarrow{OQ} + \overrightarrow{QP'} = \overrightarrow{OP} + 2 \cdot \overrightarrow{PQ} = \begin{pmatrix} 1 \\ -2 \\ 2 \end{pmatrix} + 2 \cdot \begin{pmatrix} 2 \\ 3 \\ -3 \end{pmatrix} = \begin{pmatrix} 5 \\ 4 \\ -4 \end{pmatrix}$.

## INFO Skalarprodukt

### E4 Das Skalarprodukt zweier Vektoren berechnen und damit entscheiden, ob die Vektoren zueinander orthogonal sind

Das **Skalarprodukt** zweier Vektoren $\vec{u} = \begin{pmatrix} u_1 \\ u_2 \\ u_3 \end{pmatrix}$ und $\vec{v} = \begin{pmatrix} v_1 \\ v_2 \\ v_3 \end{pmatrix}$ ist definiert als die Summe der Produkte der Komponenten der beiden Vektoren, also durch

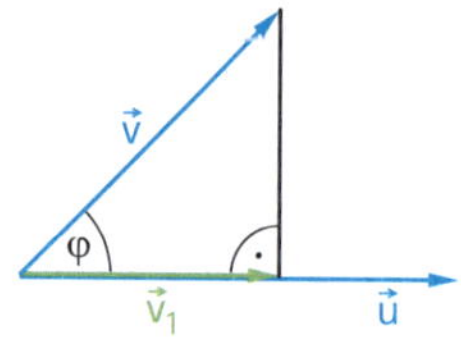


$$\vec{u} * \vec{v} = \begin{pmatrix} u_1 \\ u_2 \\ u_3 \end{pmatrix} * \begin{pmatrix} v_1 \\ v_2 \\ v_3 \end{pmatrix} = u_1 \cdot v_1 + u_2 \cdot v_2 + u_3 \cdot v_3$$

Die beiden Vektoren spannen einen Winkel φ auf.
Für diesen gilt: $\vec{u} * \vec{v} = |\vec{u}| \cdot |\vec{v}| \cdot \cos(\varphi)$.

In Worten: Das Skalarprodukt zweier Vektoren ist gleich dem Produkt aus der Länge des einen Vektors mit der Länge der orthogonalen **Projektion** des anderen Vektors auf diesen Vektor.

Im rechtwinkligen Dreieck gilt:
$\cos(\varphi) = \frac{|\vec{v}_1|}{|\vec{v}|} \Leftrightarrow |\vec{v}_1| = |\vec{v}| \cdot \cos(\varphi)$

**Orthogonalität:**
Das Skalarprodukt zweier Vektoren ist genau dann gleich null, wenn diese zueinander orthogonal sind.
Es gilt: $\vec{u}$ und $\vec{v}$ sind orthogonal $\Leftrightarrow$ $\vec{u} * \vec{v} = 0$

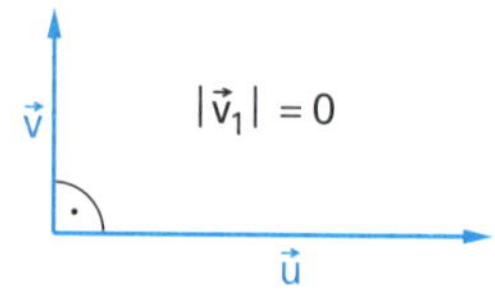


*Hinweis*: Das Skalarprodukt zweier Vektoren $\vec{u} * \vec{v}$ (dies ist eine reelle Zahl!) darf nicht verwechselt werden mit dem Vervielfachen eines Vektors mit einer Zahl $s \in \mathbb{R}$, also $s \cdot \vec{v}$ (dies ist ein Vektor). In diesem Buch verwenden wir konsequent die Zeichen $*$ bzw. $\cdot$, um den Unterschied zwischen den beiden Vektor-Operationen hervorzuheben, auch wenn es oft üblich ist, für beide Operationen dasselbe Zeichen zu verwenden.

**Beispiele**

(1) *Nachweis der Orthogonalität:*

Die Vektoren $\vec{u} = \begin{pmatrix} 3 \\ -1 \\ 2 \end{pmatrix}$ und $\vec{v} = \begin{pmatrix} -1 \\ -1 \\ 1 \end{pmatrix}$ sind orthogonal zueinander, denn

$$\begin{pmatrix} 3 \\ -1 \\ 2 \end{pmatrix} * \begin{pmatrix} -1 \\ -1 \\ 1 \end{pmatrix} = 3 \cdot (-1) + (-1) \cdot (-1) + 2 \cdot 1 = -3 + 1 + 2 = 0.$$

(2) *Sonderfall: Bestimmung eines orthogonalen Vektors, wenn eine Komponente gleich null ist:*

Jeder Vektor der Form $\vec{n} = \begin{pmatrix} 2a \\ b \\ -a \end{pmatrix}$ ist orthogonal zu $\vec{u} = \begin{pmatrix} 1 \\ 0 \\ 2 \end{pmatrix}$, denn $2a + 0 \cdot b - 2a = 0$.

Manchmal kann man durch eine einfache Überlegung sogar einen Vektor angeben, der orthogonal zu zwei gegebenen Vektoren ist:

Der Vektor $\vec{u} = \begin{pmatrix} 2 \\ 6 \\ 1 \end{pmatrix}$ ist orthogonal sowohl zum Vektor $\vec{v} = \begin{pmatrix} 1 \\ 0 \\ -2 \end{pmatrix}$ als auch zum Vektor $\vec{w} = \begin{pmatrix} 3 \\ -1 \\ 0 \end{pmatrix}$, also zu der Ebene, die von den Vektoren $\vec{v}$ und $\vec{w}$ aufgespannt wird, vgl. F3.

## INFO Länge und Betrag von Vektoren

### E5 Längen von Strecken im Raum und den Betrag von Vektoren berechnen

Der Betrag eines Vektors $\vec{u} = \begin{pmatrix} x \\ y \\ z \end{pmatrix}$ ist gleich der Länge des zugehörigen Pfeils. Der Betrag berechnet sich nach dem Satz des Pythagoras mithilfe von $|\vec{u}| = \sqrt{x^2 + y^2 + z^2}$.

Einen Vektor mit dem Betrag 1 nennt man Einheitsvektor. Zu einem Vektor $\vec{v}$ erhält man den zugehörigen Einheitsvektor $\vec{v}_0$, indem man den Vektor durch seinen Betrag dividiert:

$$\vec{v}_0 = \frac{\vec{v}}{|\vec{v}|} = \frac{1}{|\vec{v}|} \cdot \vec{v}.$$

*Hinweis:*
Negative Vorzeichen von Komponenten kann man bei der Berechnung des Betrags weglassen, da sie durch das Quadrieren unter der Wurzel wegfallen.

### Beispiele

(1) *Betrag (Länge) eines Vektors:*

Der Betrag des Vektors $\vec{u} = \begin{pmatrix} -2 \\ 0 \\ 3 \end{pmatrix}$ ist $|\vec{u}| = \sqrt{(-2)^2 + 0^2 + 3^2} = \sqrt{4 + 0 + 9} = \sqrt{13}$.

(2) *Nachweis, dass ein Dreieck rechtwinklig-gleichschenklig ist:*

Gegeben ist das Dreieck ABC mit A(4|2|−5), B(6|−2|−1), C(3|1|−1).

$$\overrightarrow{AB} = \begin{pmatrix} 6-4 \\ -2-2 \\ -1-(-5) \end{pmatrix} = \begin{pmatrix} 2 \\ -4 \\ 4 \end{pmatrix};\ \overrightarrow{AC} = \begin{pmatrix} 3-4 \\ 1-2 \\ -1-(-5) \end{pmatrix} = \begin{pmatrix} -1 \\ -1 \\ 4 \end{pmatrix};\ \overrightarrow{BC} = \begin{pmatrix} 3-6 \\ 1-(-2) \\ -1-(-1) \end{pmatrix} = \begin{pmatrix} -3 \\ 3 \\ 0 \end{pmatrix}.$$

Es gilt: $|\overrightarrow{AB}| = \sqrt{2^2 + (-4)^2 + 4^2} = \sqrt{36} = 6$; $|\overrightarrow{AC}| = \sqrt{(-1)^2 + (-1)^2 + 4^2} = \sqrt{18}$;

$|\overrightarrow{BC}| = \sqrt{(-3)^2 + 3^2 + 0^2} = \sqrt{18}$. Die beiden Seiten AC und BC sind gleich lang.

Wenn überhaupt, können nur diese beiden Seiten einen rechten Winkel einschließen.

Tatsächlich gilt: $\overrightarrow{AC} * \overrightarrow{BC} = \begin{pmatrix} -1 \\ -1 \\ 4 \end{pmatrix} * \begin{pmatrix} -3 \\ 3 \\ 0 \end{pmatrix} = 3 - 3 + 0 = 0$, d. h.,

das Dreieck ABC ist rechtwinklig-gleichschenklig mit einem rechten Winkel bei C.

(3) *Bestimmung eines Einheitsvektors:*

Der Vektor $\vec{u} = \begin{pmatrix} 3 \\ 0 \\ -4 \end{pmatrix}$ besitzt einen Betrag von $|\vec{u}| = \sqrt{3^2 + 0^2 + (-4)^2} = \sqrt{25} = 5$.

Der zugehörige Einheitsvektor $\vec{u}_0 = \frac{1}{5} \cdot \begin{pmatrix} 3 \\ 0 \\ -4 \end{pmatrix} = \begin{pmatrix} \frac{3}{5} \\ 0 \\ -\frac{4}{5} \end{pmatrix}$ besitzt die Länge $|\vec{u}_0| = 1$.

Probe: $|\vec{u}_0| = \sqrt{\left(\frac{3}{5}\right)^2 + 0^2 + \left(-\frac{4}{5}\right)^2} = \sqrt{\frac{9}{25} + \frac{16}{25}} = \sqrt{\frac{25}{25}} = \sqrt{1} = 1$

# F Geraden und Ebenen im Raum

## INFO Geraden im Raum

### F1 Darstellung einer Geraden in Parameterform ermitteln sowie überprüfen, ob und ggf. wo ein Punkt auf einer gegebenen Gerade liegt (Punktprobe)

Auch im Raum ist eine Gerade g durch zwei Punkte A, B festgelegt.
Zu einem **beliebigen Punkt X der Geraden** gelangt man so: Vom Ursprung O geht man zu einem der beiden Punkte der Geraden, dann trägt man ein Vielfaches des Verbindungsvektors $\overrightarrow{AB}$ ab:

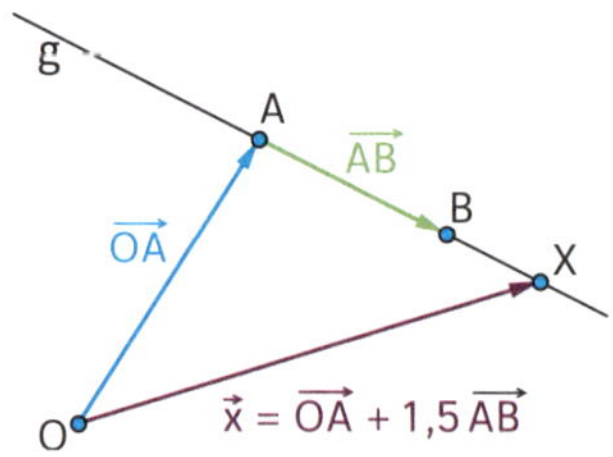


g: $\vec{x} = \overrightarrow{OX} = \overrightarrow{OA} + r \cdot \overrightarrow{AB}$ mit $r \in \mathbb{R}$.

Den Ortsvektor (hier: $\overrightarrow{OA}$), der vom Ursprung auf die Gerade führt, bezeichnet man als **Stützvektor** der Geraden.
Der Vektor, der die Richtung der Geraden beschreibt, wird als **Richtungsvektor** (hier: $\overrightarrow{AB}$) der Geraden bezeichnet. Hieraus folgt, dass man die Gerade auch durch Angabe eines Punktes und eines Vektors als Richtungsvektor festlegen kann.

**Punktprobe:** Zur Prüfung, ob ein Punkt P auf der Geraden g liegt, setzt man die Komponenten von $\overrightarrow{OP}$ auf der linken Seite der Geradengleichung für $\vec{x}$ ein. Nur dann, wenn jede Zeile des entstehenden linearen Gleichungssystems denselben Wert für $r \in \mathbb{R}$ liefert, liegt P auf g, ansonsten nicht.

**Lage eines Punktes auf der Geraden:** Ist $\overrightarrow{AB}$ Richtungsvektor der Geraden, so liegt ein Punkt P a) „links“ von A, wenn $r < 0$; b) „rechts“ von B, wenn $r > 1$; c) auf der Strecke AB, wenn $0 \le r \le 1$.

### Beispiele

(1) *Gerade gegeben durch zwei Punkte:*
Die Gerade durch A(2|3|−1) und B(4|−2|2) wird beschrieben durch:

$$g\colon \vec{x} = \overrightarrow{OX} = \begin{pmatrix} 2 \\ 3 \\ -1 \end{pmatrix} + r \cdot \begin{pmatrix} 4-2 \\ -2-3 \\ 2-(-1) \end{pmatrix} = \begin{pmatrix} 2 \\ 3 \\ -1 \end{pmatrix} + r \cdot \begin{pmatrix} 2 \\ -5 \\ 3 \end{pmatrix} \quad \text{oder} \quad g\colon \vec{x} = \overrightarrow{OX} = \begin{pmatrix} 4 \\ -2 \\ 2 \end{pmatrix} + s \cdot \begin{pmatrix} -2 \\ 5 \\ -3 \end{pmatrix}.$$

Jeder Punkt X von g lässt sich z. B. darstellen durch $\overrightarrow{OX} = \begin{pmatrix} 2+2r \\ 3-5r \\ -1+3r \end{pmatrix}$ oder $\overrightarrow{OX} = \begin{pmatrix} 4-2s \\ -2+5s \\ 2-3s \end{pmatrix}$.

(2) *Punktprobe mit negativem Ergebnis:*
Liegt der Punkt P(0|8|−4) liegt auf der Geraden g aus (1)? Einsetzen des Ortsvektors von P liefert ein lineares Gleichungssystem:

$$\begin{pmatrix} 0 \\ 8 \\ -4 \end{pmatrix} = \begin{pmatrix} 2 \\ 3 \\ -1 \end{pmatrix} + r \cdot \begin{pmatrix} 2 \\ -5 \\ 3 \end{pmatrix} \iff \begin{vmatrix} 0 = 2 + 2r \\ 8 = 3 - 5r \\ -4 = -1 + 3r \end{vmatrix} \iff \begin{vmatrix} r = -1 \\ r = -1 \\ r = -1 \end{vmatrix}.$$

Der Punkt P liegt auf der Geraden g, aber nicht auf der Strecke AB. Da $r < 0$ gilt, liegt P „links“ von Punkt A.

(3) *Punktprobe mit negativem Ergebnis:*
Der Punkt Q(4|−2|5) liegt nicht auf der Geraden g, weil das LGS keine Lösung besitzt:

$$\begin{vmatrix} 2 + 2r = 4 \\ 3 - 5r = -2 \\ -1 + 3r = 5 \end{vmatrix} \iff \begin{vmatrix} 2r = 2 \\ -5r = -5 \\ 3r = 6 \end{vmatrix} \iff \begin{vmatrix} r = 1 \\ r = 1 \\ r = 2 \end{vmatrix}.$$

(4) *Spiegelung einer Geraden an einem Punkt:*

Die Gerade g mit g: $\vec{x} = \begin{pmatrix} 1 \\ 1 \\ -2 \end{pmatrix} + r \cdot \begin{pmatrix} 2 \\ -1 \\ -1 \end{pmatrix}$ soll an einem Punkt P(1 | 3 | 1) gespiegelt werden. Wie die Zeichnung zeigt, muss dazu der Auf(hänge)punkt A(1 | 1 | −2) der Geraden g an P gespiegelt werden (vgl. **E3**).

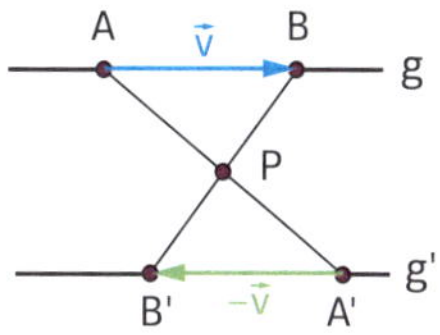


Der Richtungsvektor $\vec{v} = \begin{pmatrix} 2 \\ -1 \\ -1 \end{pmatrix}$ der Geraden g geht bei dieser Spiegelung in seinen Gegenvektor über.

Spiegelung des Punktes A an P: $\overrightarrow{OA'} = \overrightarrow{OP} + \overrightarrow{PA'} = \overrightarrow{OA} + 2 \cdot \overrightarrow{AP} = \begin{pmatrix} 1 \\ 1 \\ -2 \end{pmatrix} + 2 \cdot \begin{pmatrix} 0 \\ 2 \\ 3 \end{pmatrix} = \begin{pmatrix} 1 \\ 5 \\ 4 \end{pmatrix}$.

Eine mögliche Parameterform für die Spiegelgerade g' ist daher g': $\vec{x} = \begin{pmatrix} 1 \\ 5 \\ 4 \end{pmatrix} + s \cdot \begin{pmatrix} -2 \\ 1 \\ 1 \end{pmatrix}$.

## INFO Lagebeziehungen von Geraden

### F2 Nur LF: Geraden auf ihre gegenseitige Lage untersuchen

Zwei Geraden g und h im Raum sind entweder (1) identisch, (2) liegen zueinander echt parallel, (3) verlaufen zueinander windschief oder (4) schneiden sich in genau einem gemeinsamen Punkt. In der Grafik rechts ...

- ... sind die Geraden h und i echt parallel zueinander,
- ... besitzen die Geraden g und h genau einen Schnittpunkt,
- ... sind die Geraden g und i windschief zueinander, d. h. sie sind weder parallel noch schneiden sie sich.

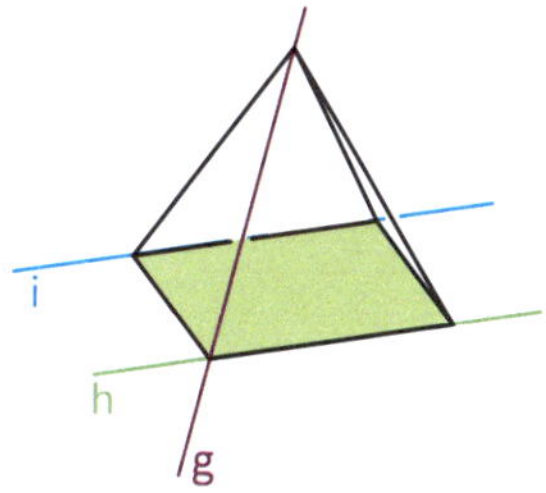


Identische Geraden liegen „übereinander“ (hier nicht dargestellt).

Vorgehensweise zur Bestimmung der gegenseitigen Lagebeziehung zweier Geraden im Raum mithilfe von entsprechenden linearen Gleichungssystemen:

**Sind die Richtungsvektoren kollinear?**

Wenn ja:
Sind die beiden Geraden parallel oder identisch?

**Unterscheidung durch Punktprobe**

positiv: g und h sind identisch.

negativ: g und h sind parallel.

Wenn nein:
Schneiden sich die beiden Geraden in genau einem Punkt oder sind sie zueinander windschief?

**Entscheidung durch Gleichsetzen der Parameterformen und Lösen des zugehörigen LGS**

Das LGS besitzt eine eindeutige Lösung:
Es existiert ein Schnittpunkt, den man durch Einsetzen der Lösungen in die Geradengleichungen berechnen kann.

Das LGS hat keine Lösung: Die Geraden sind zueinander windschief.

### Beispiele

Für die Geraden $g_1: \vec{x} = \begin{pmatrix} 1 \\ -2 \\ 2 \end{pmatrix} + r \cdot \begin{pmatrix} 2 \\ 1 \\ -1 \end{pmatrix}$, $g_2: \vec{x} = \begin{pmatrix} 2 \\ -1 \\ 2 \end{pmatrix} + s \cdot \begin{pmatrix} -4 \\ -2 \\ 2 \end{pmatrix}$, $g_3: \vec{x} = \begin{pmatrix} 1 \\ 3 \\ -3 \end{pmatrix} + t \cdot \begin{pmatrix} -1 \\ 2 \\ -2 \end{pmatrix}$

$g_4: \vec{x} = \begin{pmatrix} 5 \\ 0 \\ 0 \end{pmatrix} + u \cdot \begin{pmatrix} 4 \\ 2 \\ -2 \end{pmatrix}$ gelten folgende Lagebeziehungen:

- Die Geraden $g_1: \vec{x} = \begin{pmatrix} 1 \\ -2 \\ 2 \end{pmatrix} + r \cdot \begin{pmatrix} 2 \\ 1 \\ -1 \end{pmatrix}$ und $g_4: \vec{x} = \begin{pmatrix} 5 \\ 0 \\ 0 \end{pmatrix} + u \cdot \begin{pmatrix} 4 \\ 2 \\ -2 \end{pmatrix}$ sind identisch, denn die

  Richtungsvektoren sind Vielfache voneinander und die Stützvektoren der Geraden lassen sich durch die jeweils andere Parameterdarstellung beschreiben:

  $\begin{pmatrix} 5 \\ 0 \\ 0 \end{pmatrix} = \begin{pmatrix} 1 \\ -2 \\ 2 \end{pmatrix} + 2 \cdot \begin{pmatrix} 2 \\ 1 \\ -1 \end{pmatrix}$ bzw. $\begin{pmatrix} 1 \\ -2 \\ 2 \end{pmatrix} = \begin{pmatrix} 5 \\ 0 \\ 0 \end{pmatrix} + (-1) \cdot \begin{pmatrix} 4 \\ 2 \\ -2 \end{pmatrix}$.

- $g_1$ ist echt parallel zu $g_2$,

  denn die beiden Richtungsvektoren sind Vielfache voneinander: $\begin{pmatrix} -4 \\ -2 \\ 2 \end{pmatrix} = (-2) \cdot \begin{pmatrix} 2 \\ 1 \\ -1 \end{pmatrix}$,

  und der Stützvektor von $g_1$ führt nicht auf $g_2$, d. h., das Gleichungssystem

  $\begin{pmatrix} 1 \\ -2 \\ 2 \end{pmatrix} = \begin{pmatrix} 2 \\ -1 \\ 2 \end{pmatrix} + s \cdot \begin{pmatrix} -4 \\ -2 \\ 2 \end{pmatrix}$ hat keine Lösung: $\left| \begin{array}{c} 1 = 2 - 4s \\ -2 = -1 - 2s \\ 2 = 2 + 2s \end{array} \right| \Leftrightarrow \left| \begin{array}{c} -1 = -4s \\ -1 = -2s \\ 0 = s \end{array} \right| \Leftrightarrow \left| \begin{array}{c} s = \frac{1}{4} \\ s = \frac{1}{2} \\ s = 0 \end{array} \right|$

  (umgekehrt könnte man auch prüfen, ob der Stützvektor von $g_2$ auf $g_1$ führt).

- $g_2$ und $g_3$ sind nicht parallel zueinander und haben keinen gemeinsamen Punkt, sind also windschief zueinander, denn die Richtungsvektoren sind keine Vielfachen voneinander und das lineare Gleichungssystem mit drei Gleichungen und zwei Variablen hat keine Lösung:

  $\begin{pmatrix} 2 \\ -1 \\ 2 \end{pmatrix} + s \cdot \begin{pmatrix} -4 \\ -2 \\ 2 \end{pmatrix} = \begin{pmatrix} 1 \\ 3 \\ -3 \end{pmatrix} + t \cdot \begin{pmatrix} -1 \\ 2 \\ -2 \end{pmatrix} \Leftrightarrow \left| \begin{array}{c} 2 - 4s = 1 - t \\ -1 - 2s = 3 + 2t \\ 2 + 2s = -3 - 2t \end{array} \right| \Leftrightarrow \left| \begin{array}{c} -4s + t = -1 \\ 2s + 2t = -4 \\ 2s + 2t = -5 \end{array} \right|$.

  An der zweiten und dritten Zeile des umgeformten Gleichungssystem liest man ab, dass das Gleichungssystem keine Lösung hat, denn die Summe $2s + 2t$ kann nicht gleichzeitig gleich $-4$ und gleich $-5$ sein.

- $g_1$ und $g_3$ sind nicht parallel zueinander und haben genau einen Schnittpunkt
  Das Gleichungssystem mit drei Gleichungen und zwei Variablen ist eindeutig lösbar:

  $\begin{pmatrix} 1 \\ -2 \\ 2 \end{pmatrix} + r \cdot \begin{pmatrix} 2 \\ 1 \\ -1 \end{pmatrix} = \begin{pmatrix} 1 \\ 3 \\ -3 \end{pmatrix} + t \cdot \begin{pmatrix} -1 \\ 2 \\ -2 \end{pmatrix} \Leftrightarrow \left| \begin{array}{c} 1 + 2r = 1 - t \\ -2 + r = 3 + 2t \\ 2 - r = -3 - 2t \end{array} \right| \Leftrightarrow \left| \begin{array}{c} 2r + t = 0 \\ r - 2t = 5 \\ -r + 2t = -5 \end{array} \right| \Leftrightarrow \left| \begin{array}{c} 2r + t = 0 \\ r - 2t = 5 \\ 0 = 0 \end{array} \right|$

  $\Leftrightarrow \left| \begin{array}{c} 4r + 2t = 0 \\ r - 2t = 5 \end{array} \right| \Leftrightarrow \left| \begin{array}{c} 4r + 2t = 0 \\ 5r = 5 \end{array} \right| \Leftrightarrow \left| \begin{array}{c} t = -2 \\ r = 1 \end{array} \right|$.

  Der Schnittpunkt $S(3|-1|1)$ wird bestimmt, indem man die erhaltenen Parameterwerte für t oder für r in die jeweilige Parameterform der Geraden $g_1$ und $g_3$ einsetzt:

  $\vec{x} = \begin{pmatrix} 1 \\ -2 \\ 2 \end{pmatrix} + 1 \cdot \begin{pmatrix} 2 \\ 1 \\ -1 \end{pmatrix} = \begin{pmatrix} 3 \\ -1 \\ 1 \end{pmatrix}$ und $\vec{x} = \begin{pmatrix} 1 \\ 3 \\ -3 \end{pmatrix} + (-2) \cdot \begin{pmatrix} -1 \\ 2 \\ -2 \end{pmatrix} = \begin{pmatrix} 3 \\ -1 \\ 1 \end{pmatrix}$.

## INFO Ebenen im Raum

**F3 Darstellungen einer Ebene in Parameterform ermitteln sowie überprüfen, ob ein Punkt auf einer gegebenen Ebene liegt (Punktprobe)**

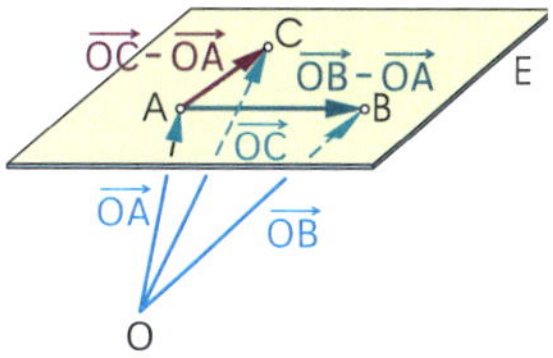


(1) Drei Punkte $A(a_1|a_2|a_3)$, $B(b_1|b_2|b_3)$, $C(c_1|c_2|c_3)$, die nicht auf einer Geraden liegen, bestimmen eindeutig eine Ebene E. Ein Punkt X der Ebene kann beispielsweise dadurch dargestellt werden, dass man irgendeinen der drei Punkte als Auf(hänge)punkt der Ebene wählt und die Verbindungsvektoren zu den beiden anderen Punkten als Richtungsvektoren der Ebene (man sagt: Diese spannen die Ebene auf).

Man erhält eine **Parameterform** für die Ebene E: $\vec{x} = \overrightarrow{OA} + r \cdot \overrightarrow{AB} + s \cdot \overrightarrow{AC}$.

Eine Ebene kann auch durch folgende Angaben festgelegt werden:

| (2) | (3) | (4) |
|---|---|---|
| eine Gerade und ein Punkt, der nicht auf der Gerade liegt | zwei zueinander parallele Geraden | zwei sich schneidende Geraden |
| 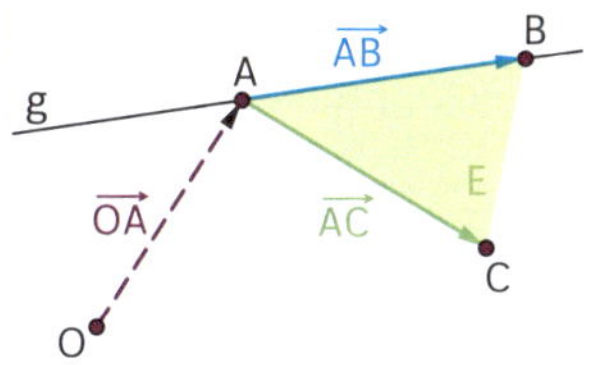  | 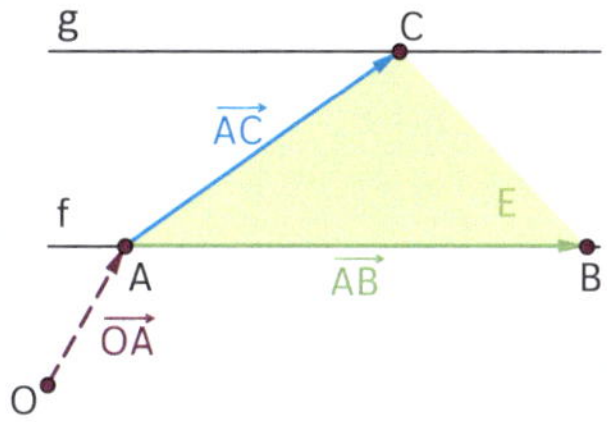  | 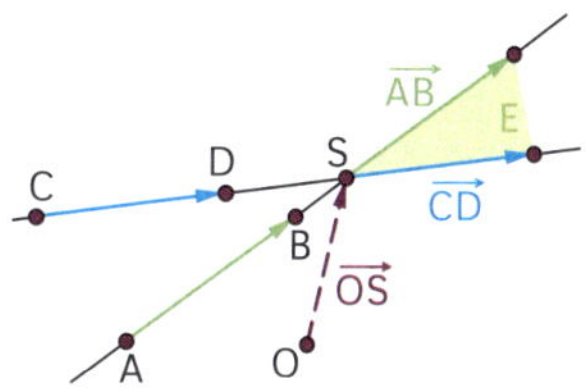  |

*Hinweis*: Zwei windschiefe Geraden spannen keine Ebene auf.
**Punktprobe:** Einsetzen der Koordinaten des zu prüfenden Punkts und Lösung des linearen Gleichungssystems.

**Lage von Punkten** innerhalb von geometrischen Figuren:
Ein Punkt P liegt genau dann **innerhalb eines Parallelogramms,** das durch die Eckpunkte A, B, C bestimmt ist, wenn für die Parameter r und s (der Parameterdarstellung E: $\vec{x} = \overrightarrow{OA} + r \cdot \overrightarrow{AB} + s \cdot \overrightarrow{AC}$) gilt: $0 \le r \le 1$ und $0 \le s \le 1$.
Ein Punkt P liegt genau dann **innerhalb eines Dreiecks** ABC, wenn für die Parameter r und s (der Parameterform E: $\vec{x} = \overrightarrow{OA} + r \cdot \overrightarrow{AB} + s \cdot \overrightarrow{AC}$) gilt:
$0 \le r \le 1$ und $0 \le s \le 1$ und zusätzlich $0 \le r + s \le 1$.

### Beispiele

(1) *Ebene gegeben durch drei Punkte:*
Aus den Koordinaten der Punkte A(2|2|4), B(−1|5|2), C(1|−2|−4) kann man beispielsweise die folgende Parameterform gewinnen:

$$E: \vec{x} = \begin{pmatrix} 2 \\ 2 \\ 4 \end{pmatrix} + r \cdot \begin{pmatrix} -1-2 \\ 5-2 \\ 2-4 \end{pmatrix} + s \cdot \begin{pmatrix} 1-2 \\ -2-2 \\ -4-4 \end{pmatrix} = \begin{pmatrix} 2 \\ 2 \\ 4 \end{pmatrix} + r \cdot \begin{pmatrix} -3 \\ 3 \\ -2 \end{pmatrix} + s \cdot \begin{pmatrix} -1 \\ -4 \\ -8 \end{pmatrix}.$$

(2) *Punktprobe mit negativem Ergebnis:*

Der Punkt P(3|1|−2) liegt nicht in der Ebene E, da das Gleichungssystem keine Lösung hat:

$$\begin{pmatrix} 3 \\ 1 \\ -2 \end{pmatrix} = \begin{pmatrix} 2 \\ 2 \\ 4 \end{pmatrix} + r \cdot \begin{pmatrix} -3 \\ 3 \\ -2 \end{pmatrix} + s \cdot \begin{pmatrix} -1 \\ -4 \\ -8 \end{pmatrix} \Leftrightarrow \left| \begin{array}{r} 3r + s = -1 \\ 3r - 4s = -1 \\ 2r + 8s = 6 \end{array} \right| \Leftrightarrow \left| \begin{array}{r} r = -\frac{1}{3} \\ s = 0 \\ r + 4s = 3 \end{array} \right|$$

*Hinweis*: Aus den ersten beiden Gleichungen wurde die Lösung $r = -\frac{1}{3}$ und $s = 0$ gewonnen, die aber nicht die dritte Gleichung erfüllen.

(3) *Punktprobe mit positivem Ergebnis:*

Punktprobe für $P\left(-\frac{1}{2} \middle| 2 \middle| -\frac{4}{3}\right)$:

$$\left| \begin{array}{l} -\frac{1}{2} = 2 - 3r - s \\ 2 = 2 + 3r - 4s \\ \frac{4}{3} = 4 - 2r - 8s \end{array} \right| \Leftrightarrow \left| \begin{array}{r} -3r - s = -\frac{5}{2} \\ 3r - 4s = 0 \\ 2r + 8s = \frac{8}{3} \end{array} \right|$$

Addiert man die ersten beiden Gleichungen dieses Gleichungssystems, so ergibt sich $-5s = -\frac{5}{2}$, also $s = \frac{1}{2}$. Aus der zweiten Gleichung folgt dann $3r - 2 = 0$, also $r = \frac{2}{3}$.

(4) *Lage des Punktes P bzgl. der Punkte A, B, C:*

Die Richtungsvektoren $\overrightarrow{AB} = \begin{pmatrix} -3 \\ 3 \\ -2 \end{pmatrix}$ und $\overrightarrow{AC} = \begin{pmatrix} -1 \\ -4 \\ -8 \end{pmatrix}$ bestimmen ein Parallelogramm.

Der Punkt $P\left(-\frac{1}{2} \middle| 2 \middle| -\frac{4}{3}\right)$ liegt in dem Parallelogramm, das durch die Eckpunkte A, B, C bestimmt ist, aber nicht innerhalb des Dreiecks ABC:
Die Lösung des linearen Gleichungssystems ergibt nämlich die Parameterwerte $r = \frac{2}{3}$ und $s = \frac{1}{2}$, also $0 \le r, s \le 1$, aber $r + s > 1$.

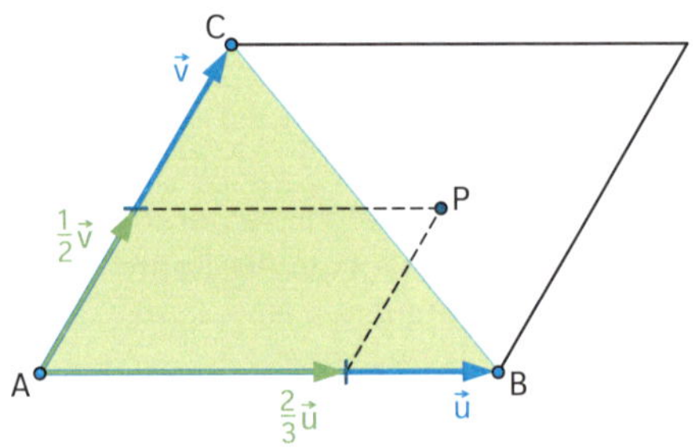


(5) *Parameterformen der Koordinatenebenen:*

Die Koordinatenebenen lassen sich mithilfe folgender Parameterformen beschreiben:

x-y-Ebene: $\vec{x} = \begin{pmatrix} 0 \\ 0 \\ 0 \end{pmatrix} + r \cdot \begin{pmatrix} 1 \\ 0 \\ 0 \end{pmatrix} + s \cdot \begin{pmatrix} 0 \\ 1 \\ 0 \end{pmatrix}$; x-z-Ebene: $\vec{x} = \begin{pmatrix} 0 \\ 0 \\ 0 \end{pmatrix} + r \cdot \begin{pmatrix} 1 \\ 0 \\ 0 \end{pmatrix} + s \cdot \begin{pmatrix} 0 \\ 0 \\ 1 \end{pmatrix}$;

y-z-Ebene: $\vec{x} = \begin{pmatrix} 0 \\ 0 \\ 0 \end{pmatrix} + r \cdot \begin{pmatrix} 0 \\ 1 \\ 0 \end{pmatrix} + s \cdot \begin{pmatrix} 0 \\ 0 \\ 1 \end{pmatrix}$.

In Anwendungssituationen ist es oft einfacher, eine Bedingung für die Koordinaten zu beachten:
Punkte in der x-y-Ebene: Die z-Koordinate ist gleich null.
Punkte in der x-z-Ebene: Die y-Koordinate ist gleich null.
Punkte in der y-z-Ebene: Die x-Koordinate ist gleich null.

## INFO Spurpunkte und -geraden

### F4 Spurpunkte von Geraden sowie Spurpunkte und Spurgeraden von Ebenen bestimmen

(1) Schnittpunkte einer Geraden g mit den Koordinatenebenen werden als **Spurpunkte der Geraden** bezeichnet. Spurpunkte in der x-y-Ebene besitzen die Koordinaten $S_{xy}(x\,|\,y\,|\,0)$, in der x-z-Ebene $S_{xz}(x\,|\,0\,|\,z)$ und in der y-z-Ebene $S_{yz}(0\,|\,y\,|\,z)$.

(2) Schnittpunkte einer Ebene E mit den Koordinatenachsen werden als **Spurpunkte der Ebene** bezeichnet. Spurpunkte auf den Koordinatenachsen besitzen die folgenden Koordinaten: auf der x-Achse $S_x(x\,|\,0\,|\,0)$, auf der y-Achse $S_y(0\,|\,y\,|\,0)$ und auf der z-Achse $S_z(0\,|\,0\,|\,z)$.

(3) Schnittgeraden einer Ebene E mit den Koordinatenebenen werden als **Spurgeraden der Ebene** bezeichnet. Spurgeraden sind daher Geraden durch jeweils zwei Spurpunkte einer Ebene.

Zur Ermittlung der Spurpunkte verwendet man die Methode der Punktprobe und löst die entstehenden linearen Gleichungssysteme.

Spurpunkte und Spurgeraden können dazu dienen, die zugehörigen Geraden und Ebenen in ein Schrägbild einzutragen.

**Beispiele**

(1) *Spurpunkte einer Geraden:*

Gegeben ist die GHerade g mit g: $\vec{x} = \begin{pmatrix} 1 \\ 2 \\ 2 \end{pmatrix} + r \cdot \begin{pmatrix} 1 \\ -1 \\ -2 \end{pmatrix}$.

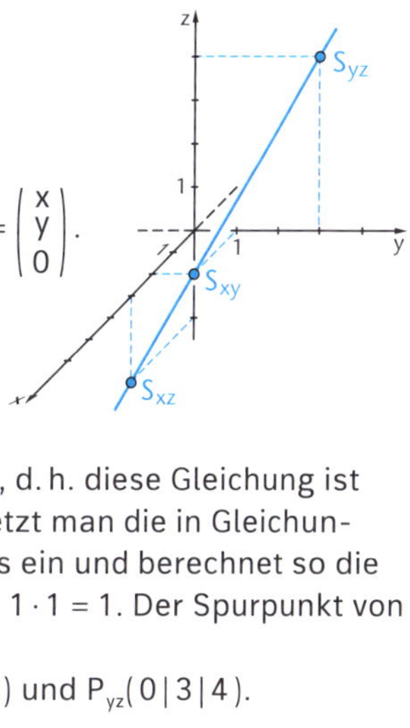


Für eine Skizze sollen die Spurpunkte bestimmt werden.

Der Ortsvektor zu einem Spurpunkt in der x-y-Ebene ist $\overrightarrow{OS}_{xy} = \begin{pmatrix} x \\ y \\ 0 \end{pmatrix}$.

Die Punktprobe liefert ein lineares Gleichungssystem:

$$\begin{pmatrix} x \\ y \\ 0 \end{pmatrix} = \begin{pmatrix} 1 \\ 2 \\ 2 \end{pmatrix} + r \cdot \begin{pmatrix} 1 \\ -1 \\ -2 \end{pmatrix} \Leftrightarrow \left| \begin{matrix} x = 1 + 1r \\ y = 2 - 1r \\ 0 = 2 - 2r \end{matrix} \right|$$

In der letzten Zeile des LGS ist nur eine Variable enthalten, d. h. diese Gleichung ist eindeutig lösbar. Hier ergibt sich $r = 1$. Diesen Wert $r = 1$ setzt man die in Gleichungen in der ersten und zweiten Zeile des Gleichungssystems ein und berechnet so die Werte von x und y. Es ergibt sich $x = 1 + 1 \cdot 1 = 2$ und $y = 2 - 1 \cdot 1 = 1$. Der Spurpunkt von g in der x-y-Ebene hat also die Koordinaten $S_{xy}(2\,|\,1\,|\,0)$.
Die weiteren Spurpunkte ermittelt man analog: $S_{xz}(3\,|\,0\,|\,-2)$ und $P_{yz}(0\,|\,3\,|\,4)$.

(2) *Spurpunkte einer Ebene:*

Die Ebene E ist durch E: $\vec{x} = \begin{pmatrix} 3 \\ 0 \\ 1 \end{pmatrix} + r \cdot \begin{pmatrix} 1 \\ 2 \\ 1 \end{pmatrix} + s \cdot \begin{pmatrix} -1 \\ 1 \\ 2 \end{pmatrix}$ gegeben.

Zur Bestimmung der Spurpunkte setzt man die jeweiligen Komponenten gleich null und löst das zugehörige lineare Gleichungssystem.

Spurpunkt auf der x-Achse, also $y = z = 0$:

$$\begin{pmatrix} x \\ 0 \\ 0 \end{pmatrix} = \begin{pmatrix} 3 \\ 0 \\ 1 \end{pmatrix} + r \cdot \begin{pmatrix} 1 \\ 2 \\ 1 \end{pmatrix} + s \cdot \begin{pmatrix} -1 \\ 1 \\ 2 \end{pmatrix} \Leftrightarrow \left| \begin{matrix} x = 3 + 1r - 1s \\ 0 = 0 + 2r + 1s \\ 0 = 1 + 1r + 2s \end{matrix} \right|$$

Aus den letzten beiden Zeilen erhält man $r = \frac{1}{3}$ und $s = -\frac{2}{3}$.

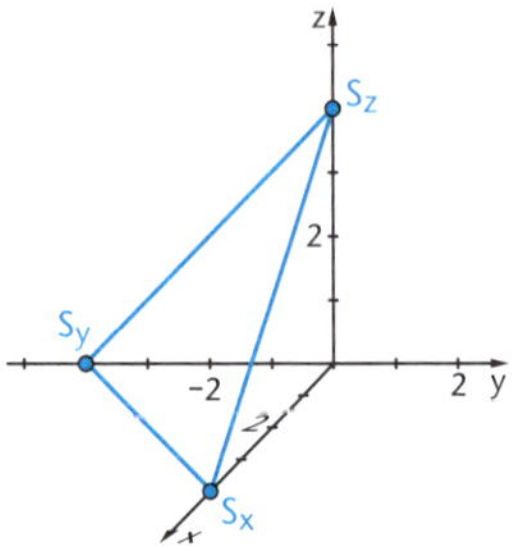


Einsetzen dieser Parameterwerte ergibt für die x-Koordinate des Punkts auf der x-Achse:
$x = 3 + \frac{1}{3} \cdot 1 - \frac{2}{3} \cdot (-1) = 4$; d. h. der Spurpunkt der Ebene auf der x-Achse ist $S_x(4|0|0)$.

Analog bestimmt man $S_y(0|-4|0)$ und $S_z(0|0|4)$.

Die Geraden durch je zwei dieser Spurpunkte sind Spurgeraden der Koordinatenebenen; sie lassen sich mithilfe folgender Parameterformen beschreiben:

$$g_{xy}: \vec{x} = \begin{pmatrix} 4 \\ 0 \\ 0 \end{pmatrix} + r \cdot \begin{pmatrix} -4 \\ -4 \\ 0 \end{pmatrix}; \; g_{xz}: \vec{x} = \begin{pmatrix} 4 \\ 0 \\ 0 \end{pmatrix} + r \cdot \begin{pmatrix} -4 \\ 0 \\ 4 \end{pmatrix}; \; g_{yz}: \vec{x} = \begin{pmatrix} 0 \\ -4 \\ 0 \end{pmatrix} + r \cdot \begin{pmatrix} 0 \\ 4 \\ 4 \end{pmatrix}.$$

(3) *Sonderfälle:*
Verläuft eine Gerade parallel zu einer Koordinatenebene, dann besitzt sie i. A. zwei Spurpunkte; ist sie parallel zu einer Koordinatenachse, gibt es nur einen Spurpunkt.

Verläuft eine Ebene parallel zu einer Koordinatenebene, dann besitzt sie nur einen Spurpunkt; verläuft sie parallel zu einer Koordinatenachse, hat sie i. A. zwei Spurpunkte.

## INFO Normalenvektor

### F5 Einen Normalenvektor und den Einheitsnormalenvektor einer Ebene bestimmen

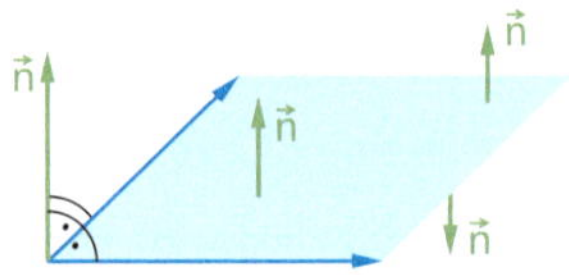


Ein Vektor $\vec{n}$ ist **Normalenvektor** einer Ebene E, wenn er in jedem Punkt orthogonal zur Ebene steht; er steht also auch orthogonal zu den beiden bekannten Richtungsvektoren $\vec{u}$ und $\vec{v}$ der Ebene E.
Da die einzige Bedingung an einen solchen Vektor die Orthogonalität ist, gibt es unendlich viele, zueinander kollineare Normalenvektoren unterschiedlicher Länge zu einer gegebenen Ebene E.

Man kann einen Normalenvektor einer Ebene E auf zwei Arten berechnen:

(1) über das **Orthogonalitätskriterium** (vgl. **E4**):
Für das Skalarprodukt aus Normalenvektor und den Richtungsvektoren der Ebene E gilt: $\vec{u} * \vec{n} = 0$ und $\vec{v} * \vec{n} = 0$. Man erhält ein unterbestimmtes LGS mit zwei Gleichungen und drei Variablen ($n_1, n_2, n_3 \in \mathbb{R}$):
$u_1 n_1 + u_2 n_2 + u_3 n_3 = 0$ und $v_1 n_1 + v_2 n_2 + v_3 n_3 = 0$.
Da die Länge des Normalenvektors für die Orthogonalität unerheblich ist, kann man für eine der Variablen eine beliebige reelle Zahl einsetzen. Die beiden anderen Variablen hängen dann von dieser gewählten Zahl ab.

(2) über das **Kreuzprodukt (Vektorprodukt):**

$$\vec{n} = \vec{u} \times \vec{v} = \begin{pmatrix} u_1 \\ u_2 \\ u_3 \end{pmatrix} \times \begin{pmatrix} v_1 \\ v_2 \\ v_3 \end{pmatrix} = \begin{pmatrix} u_2 v_3 - u_3 v_2 \\ u_3 v_1 - u_1 v_3 \\ u_1 v_2 - u_2 v_1 \end{pmatrix}.$$

(Auf den Beweis dieser allgemeinen Berechnungsformel wird hier verzichtet.)

Ein **Einheitsnormalenvektor** $\vec{n}_0$ ist ein Normalenvektor der Länge 1. Man erhält diesen, indem man den Normalenvektor $\vec{n}$ mit dem Kehrwert seiner Länge $|\vec{n}|$ multipliziert: $\vec{n}_0 = \frac{1}{|\vec{n}|} \cdot \vec{n}$.

Einheitsnormalenvektoren werden verwendet, um Abstände im Raum zu messen.

**Beispiele**

(1) *Normalenvektor von zwei Vektoren:*

Für $\vec{a} = \begin{pmatrix} 1 \\ -2 \\ 1 \end{pmatrix}$, $\vec{b} = \begin{pmatrix} 3 \\ 1 \\ -2 \end{pmatrix}$ ist: $\vec{a} \times \vec{b} = \begin{pmatrix} (-2)\cdot(-2) - 1\cdot 1 \\ 1\cdot 3 - 1\cdot(-2) \\ 1\cdot 1 - (-2)\cdot 3 \end{pmatrix} = \begin{pmatrix} 3 \\ 5 \\ 7 \end{pmatrix}$.

(2) *Bestimmen eines Normalenvektors mithilfe des Vektorprodukts:*

Ein Normalenvektor für E: $\vec{x} = \begin{pmatrix} 1 \\ 1 \\ 2 \end{pmatrix} + r \cdot \begin{pmatrix} 3 \\ 1 \\ 0 \end{pmatrix} + s \cdot \begin{pmatrix} 2 \\ -1 \\ 4 \end{pmatrix}$ ist

$\vec{n} = \vec{u} \times \vec{v} = \begin{pmatrix} 3 \\ 1 \\ 0 \end{pmatrix} \times \begin{pmatrix} 2 \\ -1 \\ 4 \end{pmatrix} = \begin{pmatrix} 4 \\ -12 \\ -5 \end{pmatrix}$. Der zugehörige

Einheitsnormalenvektor lautet $\vec{n}_0 = \frac{\begin{pmatrix} 4 \\ -12 \\ -5 \end{pmatrix}}{\left|\begin{pmatrix} 4 \\ -12 \\ -5 \end{pmatrix}\right|} = \frac{1}{\sqrt{185}} \cdot \begin{pmatrix} 4 \\ -12 \\ -5 \end{pmatrix}$.

(3) *Bestimmen eines Normalenvektors mithilfe des Skalarprodukts:*
Einen Normalenvektor der Ebene E aus (2) kann man auch mithilfe des Orthogonalitätskriteriums bestimmen. Es gilt: $\vec{n} * \begin{pmatrix} 3 \\ 1 \\ 0 \end{pmatrix} = 0$ und $\vec{n} * \begin{pmatrix} 2 \\ -1 \\ 4 \end{pmatrix} = 0$.

Daraus ergeben sich zwei lineare Gleichungen mit drei Unbekannten,
also ein unterbestimmtes Gleichungssystem: $\left| \begin{matrix} 3n_1 + n_2 = 0 \\ 2n_1 - n_2 + 4n_3 = 0 \end{matrix} \right|$.

Aus Zeile 1 erhält man den Zusammenhang: $n_2 = -3n_1$, setzt diesen in Zeile 2 ein und löst nach einer Variable auf: $2n_1 - (-3n_1) + 4n_3 = 0 \Leftrightarrow 5n_1 + 4n_3 = 0 \Leftrightarrow n_1 = -\frac{4}{5} n_3$.

Da das Gleichungssystem unterbestimmt ist und die Länge des Normalenvektors unerheblich ist, wählt man einen Wert für $n_3$ möglichst so, dass man ganzzahlige Lösungen erhält. Wählt man z. B. $n_3 = 5$, dann ergibt sich $n_1 = -\frac{4}{5} \cdot 5 = -4$ und $n_2 = -3 \cdot (-4) = 12$.

Man erhält $\vec{n} = \begin{pmatrix} -4 \\ 12 \\ -5 \end{pmatrix}$. Dies ist der Gegenvektor zum Normalenvektor aus (2).

Das ist aber unerheblich, da auch dieser orthogonal zu E verläuft.

(4) *Bestimmen eines Normalenvektors mithilfe des Skalarprodukts – alternative Methode:*
Da eine der Komponenten des ersten Richtungsvektors gleich null ist, kann man einen Normalenvektor der Ebene auch wie folgt erhalten:
Beispielsweise ist ein Vektor $\vec{n} = \begin{pmatrix} 1 \\ -3 \\ z \end{pmatrix}$ geeignet, denn das Skalarprodukt mit dem ersten Richtungsvektor ist gleich null. Damit auch das Skalarprodukt mit dem zweiten Richtungsvektor null wird, muss als dritte Komponente des Normalenvektors der Wert $z = 1{,}25$ gewählt werden: $\begin{pmatrix} 1 \\ -3 \\ z \end{pmatrix} * \begin{pmatrix} 2 \\ -1 \\ 4 \end{pmatrix} = -2 - 3 + 4z = 0 \Leftrightarrow 4z = 5 \Leftrightarrow z = 1{,}25$.
Der Normalenvektor aus (2) ist gleich dem 5-Fachen des durch geschicktes Probieren gefundenen Normalenvektors $\vec{n} = \begin{pmatrix} 1 \\ -3 \\ 1{,}25 \end{pmatrix}$.

## INFO Ebenen beschreiben

### F6 Ebenen mithilfe von Koordinatengleichungen beschreiben – auch in Normalenform oder (nur LF) Hesse'scher Normalenform angeben

Eine Ebene im Raum kann auch mithilfe einer **Koordinatengleichung** beschrieben werden:
**E:** $\mathbf{a \cdot x + b \cdot y + c \cdot z = d}$ mit Koeffizienten a, b, c, $d \in \mathbb{R}$.
Eine **Punktprobe** für einen Punkt P erfolgt hier durch Einsetzen der Koordinaten des Punkts in die Koordinatengleichung.

Die Spurpunkte einer Ebene lassen sich bei dieser Darstellungsform unmittelbar ablesen, da je zwei der Koordinaten der Spurpunkte gleich null sind.

Aus einer Koordinatengleichung E: $a \cdot x + b \cdot y + c \cdot z = d$ kann man unmittelbar den Normalenvektor der Ebene ablesen: $\vec{n} = \begin{pmatrix} a \\ b \\ c \end{pmatrix}$ und die **Normalenform** der Ebenengleichung entwickeln:
**E:** $\vec{n} * \vec{x} = \vec{n} * \vec{p}$ oder auch **E:** $\vec{n} * (\vec{x} - \vec{p}) = 0$,
wobei $\vec{p}$ der Ortsvektor eines beliebigen Punkts der Ebene ist.

Die **Hesse'sche Normalenform** ist eine besondere Form einer Koordinatengleichung der Ebene. Formt man die Gleichung $ax + by + cz = d$ um zu $ax + by + cz - d = 0$ und dividiert beide Seiten der Gleichung durch die Länge (den Betrag) des Normalenvektors

$\vec{n} = \begin{pmatrix} a \\ b \\ c \end{pmatrix}$, dann erhält man die nach dem Mathematiker L. O. Hesse benannte Form:

$$\frac{ax + by + cz - d}{\sqrt{a^2 + b^2 + c^2}} = 0.$$

Diese Form der Ebenengleichung ist nützlich bei der Bestimmung des Abstands eines Punktes von einer Ebene (vgl. Basiswissen G5).

### Beispiele

(1) *Darstellung einer Ebene in Hesse'scher Normalenform:*

Aus der Ebenengleichung $3x + 2y - z = 4$ kann man einen Normalenvektor $\vec{n} = \begin{pmatrix} 3 \\ 2 \\ -1 \end{pmatrix}$ direkt ablesen und erhält man nach Umformen die Hesse'sche Normalenform:

$$\frac{3x + 2y - z - 4}{\sqrt{14}} = 0$$

(2) *Punkte in einer Ebene finden:*

Man erhält Punkte, die in der Ebene E mit $3x + 2y - z = 4$ liegen, indem man zwei Koordinaten festlegt, in die Ebenengleichung einsetzt und die dritte Koordinate berechnet.

Punkt $S(1\,|\,2\,|\,z)$: $3 \cdot 1 + 2 \cdot 2 - z = 4 \iff 7 - z = 4 \iff z = 3$
Damit ist $S(1|2|3)$ ein Punkt der Ebene E.

Punkt $T(x\,|\,5\,|\,-10)$: $3 \cdot x + 2 \cdot 5 - (-10) = 4 \iff 3 \cdot x + 20 = 4 \iff x = -\frac{16}{3}$.

Damit ist $T(-\frac{16}{3}\,|\,5\,|\,-10)$ ein Punkt der Ebene E.

(3) *Punktprobe:*

Gegeben ist die Ebene E: $2x - 4y + 1z = 8$.
Punktprobe für den Punkt $P(-3|-4|-2)$ durch Einsetzen liefert:
$2 \cdot (-3) - 4 \cdot (-4) + 1 \cdot (-2) = 8$, also eine wahre Aussage: P liegt in E.

(4) *Bestimmung der Spurpunkte einer Ebene, die in Koordinatenform gegeben ist:*

Für die Ebene aus (3) ergeben sich die Spurpunkte wie folgt:

Aus $y = 0$ und $z = 0$ folgt: $2x - 4 \cdot 0 + 1 \cdot 0 = 8$ und damit $S_x(4|0|0)$.
Aus $x = 0$ und $z = 0$ folgt: $2 \cdot 0 - 4y + 1 \cdot 0 = 8$ und damit $S_y(0|-2|0)$.
Aus $x = 0$ und $y = 0$ folgt: $2 \cdot 0 - 4 \cdot 0 + 1z = 8$ und damit $S_z(0|0|8)$.

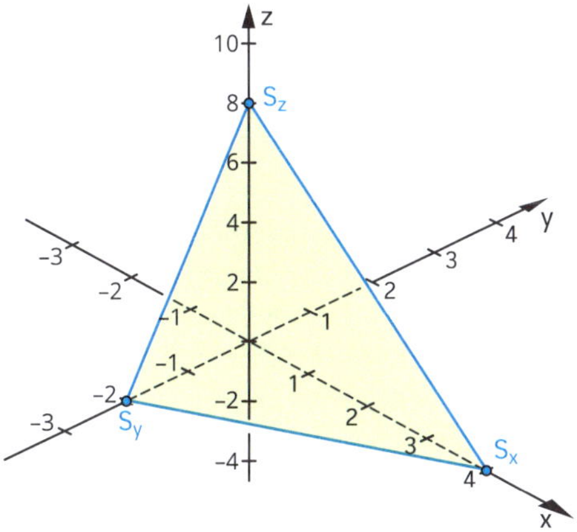


(*Hinweis*: Da die y-Koordinate des Spurpunkts $S_y$ negativ ist, wurde das Koordinatensystem anders als sonst üblich gezeichnet.)

(5) *Ebene in Normalenform:*

Um die Ebene aus (3) in Normalenform darzustellen, benötigt man irgendeinen Punkt der Ebene, beispielsweise $S_x(4|0|0)$, und einen Normalenvektor.

Aus $\vec{n} = \begin{pmatrix} 2 \\ -4 \\ 1 \end{pmatrix}$ ergibt sich: E: $\begin{pmatrix} 2 \\ -4 \\ 1 \end{pmatrix} * \left[\vec{x} - \begin{pmatrix} 4 \\ 0 \\ 0 \end{pmatrix}\right] = 0$.

(6) *Von der Koordinatengleichung zur Normalenform:*

Aus der Koordinatengleichung einer Ebene E mit $4x - 5y + 2z = 10$ liest man direkt einen Normalenvektor $\vec{n} = \begin{pmatrix} 4 \\ -5 \\ 2 \end{pmatrix}$ ab und berechnet einen Punkt der Ebene, z.B. $S_z(0|0|5)$ (siehe obiges Beispiel). Nun setzt man in die Normelnform ein:

$$\begin{pmatrix} 4 \\ -5 \\ 2 \end{pmatrix} * \vec{x} = \begin{pmatrix} 4 \\ -5 \\ 2 \end{pmatrix} * \begin{pmatrix} 0 \\ 0 \\ 5 \end{pmatrix} \text{ bzw. } \begin{pmatrix} 4 \\ -5 \\ 2 \end{pmatrix} * \left[\vec{x} - \begin{pmatrix} 0 \\ 0 \\ 5 \end{pmatrix}\right] = 0$$

(7) *Parallel zu einer Koordinatenachse liegende Ebenen:*

Die Ebene mit der Koordinatengleichung E: $2x + 3y = 6$ verläuft parallel zur z-Achse (hat also keinen Punkt mit dieser Achse gemeinsam). Sie hat die Spurpunkte $S_x(3|0|0)$ und $S_y(0|2|0)$.

## INFO Darstellungsformen von Ebenen

### F7 Darstellungsformen von Ebenen ineinander überführen

**Eine Koordinatengleichung einer Ebene in eine Parameterform überführen:**
Ist eine Ebene durch eine Koordinatengleichung gegeben, dann findet man eine Parameterform für diese Ebene, indem man drei beliebige Punkte der Ebene wählt und hieraus eine Parameterform der Ebene bestimmt (vgl. Basiswissen F3).

**Eine Parameterform in eine Koordinatengleichung überführen:**
Ist eine Ebene durch eine Parameterform gegeben, dann findet man eine Koordinatengleichung für diese Ebene, indem man einen Normalenvektor für die Ebene sucht (vgl. Basiswissen F5) und hiermit den Koeffizienten d der Koordinatengleichung bestimmt, wobei gilt: $d = \vec{n} * \overrightarrow{OA}$ mit $\overrightarrow{OA}$ als Stützvektor der Ebene.

**Beispiele**

(1) *Eine Koordinatengleichung in eine Parameterform überführen:*

Aus der Koordinatenform einer Ebene E mit $4x - 5y + 2z = 10$ ermittelt man drei Punkte der Ebene. Am einfachsten ermittelt man die Spurpunkte der Ebene (Basiswissen F6, Beispiel (4)): $S_x(2{,}5\,|\,0\,|\,0)$; $S_y(0\,|\,-2\,|\,0)$ und $S_z(0\,|\,0\,|\,5)$. Man nutzt den Ortsvektor von einem der Spurpunkte als Stützvektor und berechnet dann die beiden Richtungsvektoren. Eine Parameterform der Ebene E lautet dann:

$$E: \vec{x} = \overrightarrow{OS_x} + r\cdot(\overrightarrow{S_xS_y}) + s\cdot(\overrightarrow{S_xS_z}) = \begin{pmatrix} 2{,}5 \\ 0 \\ 0 \end{pmatrix} + r\cdot\begin{pmatrix} -2{,}5 \\ -2 \\ 0 \end{pmatrix} + s\cdot\begin{pmatrix} -2{,}5 \\ 0 \\ 5 \end{pmatrix}.$$

*Alternative Möglichkeit*:
Man wählt einen beliebigen Punkt der Ebene und zwei beliebige (nicht zueinander kollineare) Vektoren, die orthogonal zum Normalenvektor der Ebene sind.
Aus $4x - 5y + 2z = 10$ ermittelt man einen Punkt, z. B. $S_z(0\,|\,0\,|\,5)$,

und den Normalenvektor $\vec{n} = \begin{pmatrix} 4 \\ -5 \\ 2 \end{pmatrix}$. Offensichtlich sind die Vektoren $\vec{u} = \begin{pmatrix} 1 \\ 0 \\ -2 \end{pmatrix}$ und

$\vec{v} = \begin{pmatrix} 5 \\ 4 \\ 0 \end{pmatrix}$ orthogonal zu $\vec{n}$ und nicht zueinander kollinear.

Daher ist E: $\vec{x} = \begin{pmatrix} 0 \\ 0 \\ 5 \end{pmatrix} + r\cdot\begin{pmatrix} 1 \\ 0 \\ -2 \end{pmatrix} + s\cdot\begin{pmatrix} 5 \\ 4 \\ 0 \end{pmatrix}$ eine Parameterform der Ebene.

(2) *Eine Parameterform in eine Koordinatengleichung überführen:*

Aus der Parameterform $E: \vec{x} = \begin{pmatrix} 3 \\ 2 \\ -1 \end{pmatrix} + r\cdot\begin{pmatrix} 2 \\ 1 \\ 0 \end{pmatrix} + s\cdot\begin{pmatrix} 3 \\ 0 \\ 5 \end{pmatrix}$ ermittelt man mithilfe des

Vektorprodukts (vgl. Basiswissen F5) einen Normalenvektor der Ebene:

$\begin{pmatrix} 2 \\ 1 \\ 0 \end{pmatrix} \times \begin{pmatrix} 3 \\ 0 \\ 5 \end{pmatrix} = \begin{pmatrix} 5 \\ -10 \\ -3 \end{pmatrix}$. Nun bildet man das Skalarprodukt aus diesem Normalenvektor und

dem Stützvektor aus der Parameterform und erhält den Wert für d in der

Koordinatenform: $d = \begin{pmatrix} 5 \\ -10 \\ -3 \end{pmatrix} * \begin{pmatrix} 3 \\ 2 \\ -1 \end{pmatrix} = -2.$

Eine Ebenengleichung in Koordinatenform lautet also: $5x - 10y - 3z = -2$.

*Hinweis*: Da die beiden Richtungsvektoren der Ebene jeweils eine Komponente mit Wert 0 haben, kann man einen Normalenvektor durch folgende Überlegung gewinnen:
Es gilt: $\begin{pmatrix} 1 \\ -2 \\ n_3 \end{pmatrix} * \begin{pmatrix} 2 \\ 1 \\ 0 \end{pmatrix} = 0$ und $\begin{pmatrix} 5 \\ n_2 \\ -3 \end{pmatrix} * \begin{pmatrix} 3 \\ 0 \\ 5 \end{pmatrix} = 0$. Wählt man das 5-Fache des ersten Vektors, also $\begin{pmatrix} 5 \\ -10 \\ n_3 \end{pmatrix}$, dann gilt auch $\begin{pmatrix} 5 \\ -10 \\ n_3 \end{pmatrix} * \begin{pmatrix} 2 \\ 1 \\ 0 \end{pmatrix} = 0$. Daher ist $\begin{pmatrix} 5 \\ -10 \\ -3 \end{pmatrix}$ ein möglicher Normalenvektor.

(3) *Alternative zu (2):*
Gegeben ist eine Parameterform einer Ebene E: $x = \begin{pmatrix} 3 \\ 0 \\ 1 \end{pmatrix} + r \cdot \begin{pmatrix} 1 \\ 2 \\ 1 \end{pmatrix} + s \cdot \begin{pmatrix} -1 \\ 1 \\ 2 \end{pmatrix}$.

Um eine Koordinatenform der Ebenengleichung zu bestimmen, sucht man einen Normalenvektor der Ebene (vgl. Basiswissen **F5**). Beispielsweise ist der Vektor $\vec{n} = \begin{pmatrix} 1 \\ -1 \\ 1 \end{pmatrix}$ ein Normalenvektor der Ebene E.
Bildet man das Skalarprodukt dieses Normalenvektors mit den beiden Seiten der Darstellung der Ebene in Parameterform, dann entfallen rechts zwei Summanden:

$$E: \begin{pmatrix} 1 \\ -1 \\ 1 \end{pmatrix} * \vec{x} = \begin{pmatrix} 1 \\ -1 \\ 1 \end{pmatrix} * \begin{pmatrix} 3 \\ 0 \\ 1 \end{pmatrix} + r \cdot \underbrace{\begin{pmatrix} 1 \\ -1 \\ 1 \end{pmatrix} * \begin{pmatrix} 1 \\ 2 \\ 1 \end{pmatrix}}_{=0} + s \cdot \underbrace{\begin{pmatrix} 1 \\ -1 \\ 1 \end{pmatrix} * \begin{pmatrix} -1 \\ 1 \\ 2 \end{pmatrix}}_{=0}.$$

und dies führt auf eine Normalenform der Ebenengleichung:

$$E: \begin{pmatrix} 1 \\ -1 \\ 1 \end{pmatrix} * \vec{x} = \begin{pmatrix} 1 \\ -1 \\ 1 \end{pmatrix} * \begin{pmatrix} 3 \\ 0 \\ 1 \end{pmatrix} \text{ bzw. } \begin{pmatrix} 1 \\ -1 \\ 1 \end{pmatrix} * \left[\vec{x} - \begin{pmatrix} 3 \\ 0 \\ 1 \end{pmatrix}\right] = 0.$$

Aus $\begin{pmatrix} 1 \\ -1 \\ 1 \end{pmatrix} * \begin{pmatrix} 3 \\ 0 \\ 1 \end{pmatrix} = 4$ ergibt sich dann die Koordinatengleichung: $1 \cdot x - 1 \cdot y + 1 \cdot z = 4$.

## INFO Lagebeziehungen von Geraden und Ebenen

### F8 Schnittprobleme zwischen Geraden und Ebenen in Sachzusammenhängen untersuchen

Zwischen einer Geraden g und einer Ebene E können folgende Lagebeziehungen bestehen:
(1) die Gerade g verläuft parallel zu E oder
(2) die Gerade g verläuft innerhalb der Ebene E oder
(3) die Gerade g durchstößt die Ebene E in genau einem Punkt.

Interpretiert man diese Fragestellung als Lösen eines linearen Gleichungssystems, dann bedeuten die drei Fälle: (1) das LGS hat keine Lösung, (2) das LGS hat unendlich viele Lösungen, (3) das LGS hat genau eine Lösung.

Will man nur die Frage klären, welche Lage vorliegt, und ist an dem konkreten Schnittpunkt im Fall (3) nicht interessiert, kann man zunächst prüfen, ob der Normalenvektor der Ebene orthogonal ist zum Richtungsvektor der Geraden. Wenn dies der Fall ist, kommen nur die Fälle (1) und (2) in Frage. Um zu entscheiden, welcher dieser beiden Fälle vorliegt, prüft man noch, ob der Auf(hänge)punkt der Geraden die Koordinatengleichung der Ebene erfüllt (Punktprobe).

### Beispiele

(1) *Schnittpunkt einer Geraden und einer Ebene (Parameterform):*

Gegeben ist die Gerade $g: \vec{x} = \begin{pmatrix}1\\2\\3\end{pmatrix} + r \cdot \begin{pmatrix}1\\-1\\1\end{pmatrix}$ und die Ebene $E: \vec{x} = \begin{pmatrix}2\\0\\1\end{pmatrix} + s \cdot \begin{pmatrix}1\\1\\5\end{pmatrix} + t \cdot \begin{pmatrix}0\\1\\1\end{pmatrix}$.

Gemeinsame Punkte müssen das lineare Gleichungssystem erfüllen, d. h. es muss gelten:

$$\left|\begin{matrix}1+r=2+s\\2-r=s+t\\3+r=1+5s+t\end{matrix}\right| \Leftrightarrow \left|\begin{matrix}r-s=1\\r+s+t=2\\r-5s-t=-2\end{matrix}\right| \Leftrightarrow \left|\begin{matrix}r-s=1\\2s+t=1\\-4s-t=-3\end{matrix}\right| \Leftrightarrow \left|\begin{matrix}r-s=1\\2s+t=1\\-2s=-2\end{matrix}\right| \Leftrightarrow \left|\begin{matrix}r=2\\t=-1\\s=1\end{matrix}\right|$$

Einsetzen der Parameterwerte in die beiden Parameterformenn ergibt die Koordinaten des Schnittpunkts:

$\vec{x} = \begin{pmatrix}1\\2\\3\end{pmatrix} + 2 \cdot \begin{pmatrix}1\\-1\\1\end{pmatrix} = \begin{pmatrix}3\\0\\5\end{pmatrix}$ und (zur Kontrolle): $\vec{x} = \begin{pmatrix}2\\0\\1\end{pmatrix} + 1 \cdot \begin{pmatrix}1\\1\\5\end{pmatrix} + (-1) \cdot \begin{pmatrix}0\\1\\1\end{pmatrix} = \begin{pmatrix}3\\0\\5\end{pmatrix}$.

(2) *Schnittpunkt einer Geraden und einer Ebene (Koordinatenform):*

Gegeben ist die Gerade $g: \vec{x} = \begin{pmatrix}1\\-1\\-2\end{pmatrix} + r \cdot \begin{pmatrix}4\\-1\\5\end{pmatrix}$ und die Ebene $E: 4x + y - 3z = 9$.

Einsetzen der Koordinatengleichungen aus der Parameterform der Geraden in die Koordinatengleichung der Ebene ergibt:

$4 \cdot (1 + 4r) + (-1 - r) - 3 \cdot (-2 + 5r) = 9 \Leftrightarrow 4 + 16r - 1 - r + 6 - 15r = 9 \Leftrightarrow 9 = 9.$

Da sich eine wahre Aussage ergibt, gibt es unendlich viele Lösungen, d. h., die Gerade verläuft innerhalb der Ebene.

(3) *Schnittpunkt einer Geraden mit einer Ebene im Sachzusammenhang:*
Die Bodenplatte eines Hauses ist in einem lokalen Koordinatensystem bestimmt durch die Eckpunkte A (3|1|0), B (11|–1|0), C (14|11|0), D (6|13|0). Die Seitenwände sind 6 m hoch; der Dachfirst hat die Eckpunkte E (7|0|10) und F (10|12|10) – Angaben in Metern. Ein Kamin ist im Punkt K(10|2|0) auf die Bodenplatte gesetzt. An welcher Stelle durchstößt der Kamin das Dach?

Die beiden Dachflächen werden aufgespannt durch den Firstvektor $\overrightarrow{EF} = \begin{pmatrix}3\\12\\0\end{pmatrix}$ und durch $\overrightarrow{EA_1} = \begin{pmatrix}3\\1\\6\end{pmatrix} - \begin{pmatrix}7\\0\\10\end{pmatrix} = \begin{pmatrix}-4\\1\\-4\end{pmatrix}$ bzw. $\overrightarrow{EB_1} = \begin{pmatrix}11\\-1\\6\end{pmatrix} - \begin{pmatrix}7\\0\\10\end{pmatrix} = \begin{pmatrix}4\\-1\\-4\end{pmatrix}$, vgl. Abbildung zu (4).

Ein Normalenvektor der einen Dachfläche ist $\vec{x} = \begin{pmatrix}16\\-4\\-17\end{pmatrix}$,

ein Normalenvektor der anderen Dachfläche ist $\vec{x} = \begin{pmatrix}16\\-4\\17\end{pmatrix}$.

Eine Koordinatengleichung der beiden Dachflächen ist (E lässt sich als Auf(hänge)punkt wählen): $E_1$: $16x_1 - 4x_2 - 17x_3 = \begin{pmatrix}16\\-4\\-17\end{pmatrix} * \begin{pmatrix}7\\0\\10\end{pmatrix} = -58$

bzw. $E_2$: $16x_1 - 4x_2 + 17x_3 = \begin{pmatrix}16\\-4\\17\end{pmatrix} * \begin{pmatrix}7\\0\\10\end{pmatrix} = 282$.

Der Kamin kann durch die Gerade $\vec{x} = \begin{pmatrix}10\\2\\0\end{pmatrix} + r \cdot \begin{pmatrix}0\\0\\1\end{pmatrix} = \begin{pmatrix}10\\2\\r\end{pmatrix}$ beschrieben werden.

Nach Lage im Grundriss wird der Kamin aus der „rechten" Dachhälfte heraustreten; man bestimmt also den Schnittpunkt mit der Ebene $E_2$: $16 \cdot 10 - 4 \cdot 2 + 17 \cdot r = 282$, d. h. $17r = 130$, also $r = 130/17 \approx 7{,}65$.
Der Kamin tritt „im Punkt" K′(10|2|7,65) aus der Dachfläche heraus.

(4) *Anwendungssituation Schattenwurf:*
Das Haus aus (3) wirft bei Sonnenschein einen Schatten; zu einem bestimmten Zeitpunkt liegt der Schatten des Firstpunktes E in E′(20|−20|0). Bestimme den Schattenbereich des Hauses.
Sonnenstrahlen verlaufen parallel zum Vektor $\overrightarrow{EE'} = \begin{pmatrix} 20 \\ -20 \\ 0 \end{pmatrix} - \begin{pmatrix} 7 \\ 0 \\ 10 \end{pmatrix} = \begin{pmatrix} 13 \\ -20 \\ -10 \end{pmatrix}$.

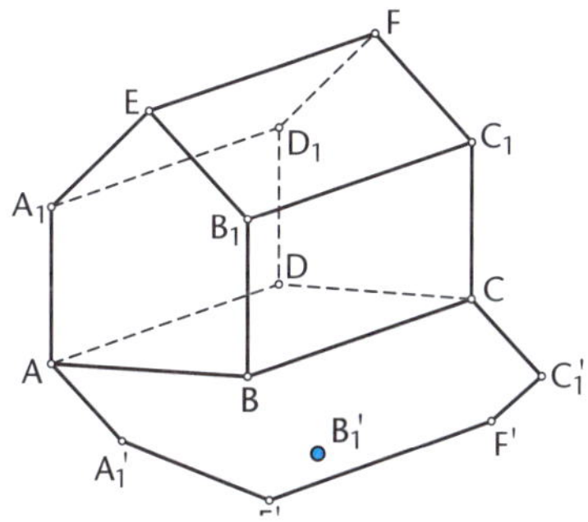


Der Sonnenstrahl vom First-Eckpunkt F schneidet die Bodenebene in
F′(10 + 13|12 − 20|10 − 10) = (23|−8|0).

Der Sonnenstrahl vom Punkt $A_1$(3|1|6) erzeugt eine Gerade mit der Darstellung:

$$\vec{x} = \begin{pmatrix} 3 \\ 1 \\ 6 \end{pmatrix} + r \cdot \begin{pmatrix} 13 \\ -20 \\ -10 \end{pmatrix}.$$

Diese schneidet die x-y-Ebene, wenn $6 + r \cdot (-10) = 0$, also wenn $r = 0{,}6$.

Das Schattenbild von $A_1$ ist also:
$A_1'$(3 + 0,6 · 13|1 + 0,6 · (−20)|6 + 0,6 · (−10)) = (10,8|−11|0).

Analog ergibt sich das Schattenbild von $C_1$: $C_1'$(21,8|−1|0) bzw. von $B_1$: $B_1'$(18,8|−13|0).
In der Zeichnung erkennt man, dass der Punkt $B_1'$ im Schattenbereich des Hauses liegt.

## INFO Lagebeziehungen von Ebenen

**F9 Ebenen auf ihre gegenseitige Lage untersuchen;** nur LF: **möglicherweise vorhandene Schnittgeraden bestimmen**

Zwei Ebenen $E_1$ und $E_2$ im Raum können ...

| (1) identisch sein | (2) echt parallel zueinander liegen | (3) sich in einer Gerade schneiden |
|---|---|---|
|  |  |  |

**Prüfung nur auf Parallelität oder Identität**
Wenn die Normalenvektoren der beiden Ebenen Vielfache voneinander sind, liegt Fall (1) oder Fall (2) vor; dann wählt man einen beliebigen Punkt der einen Ebene aus und prüft, ob dieser in der anderen Ebene liegt. Falls dies der Fall ist, sind die Ebenen identisch, sonst zueinander parallel.

**Prüfung auf Parallelität, Identität, Schnitt**
Aufgabentyp 1: Die beiden Ebenen sind durch Koordinatengleichungen gegeben:

$\begin{vmatrix} a_1 x + b_1 x + c_1 x = d_1 \\ a_2 x + b_2 x + c_2 x = d_2 \end{vmatrix}$ ist ein Gleichungssystem mit zwei Gleichungen und drei

Variablen (x, y, z), das entweder keine Lösung hat (Ebenen parallel) oder nach Umformung zu zwei identischen Gleichungen führt (beide Ebenen sind identisch) oder als Lösungsmenge eine Parameterform mit einem Parameter hat, also die Darstellung einer Geraden.

Aufgabentyp 2: Die Ebene $E_1$ ist durch eine Koordinatengleichung gegeben und die Ebene $E_2$ durch eine Parameterform:

Die Parameterform von $E_2$ besteht aus drei Gleichungen für die Komponenten x, y und z. Die zugehörigen Terme für x, y, z setzt man in die Koordinatengleichung $E_1$: $ax + by + cz = d$ ein. Nach Ausmultiplizieren und Zusammenfassen ergibt sich entweder eine falsche Aussage (Parallelität) oder eine wahre Aussage (Identität) oder eine Beziehung zwischen r und s.

Nur LF: Ersetzt man dann in der Parameterform der Ebene $E_2$ beispielsweise den Parameter s durch einen Term, der die Variable r enthält, dann ist r der einzige Parameter in der Gleichung. Ausmultiplizieren und Zusammenfassen liefert dann eine Darstellung der Schnittgeraden in Parameterform.

**Beispiele**

(1) *Zwei Ebenen durch Koordinatengleichungen gegeben:*

Die beiden Ebenen $x + y - z = 1$ und $4x - y - z = 3$ sind offensichtlich weder identisch noch zueinander parallel:

$$\begin{vmatrix} x + y - z = 1 \\ 4x - y - z = 3 \end{vmatrix} \Leftrightarrow \begin{vmatrix} x + y - z = 1 \\ 5x - 2z = 4 \end{vmatrix} \Leftrightarrow \begin{vmatrix} -2x - 2y + 2z = -2 \\ 5x - 2z = 4 \end{vmatrix}$$

$$\Leftrightarrow \begin{vmatrix} 3x - 2y = 2 \\ 5x - 2z = 4 \end{vmatrix} \Leftrightarrow \begin{vmatrix} y = 1{,}5x - 1 \\ z = 2{,}5x - 2 \end{vmatrix}.$$

Mit $x = r$ ergibt sich die Schnittgerade: $\vec{x} = \begin{pmatrix} x \\ y \\ z \end{pmatrix} = \begin{pmatrix} r \\ 1{,}5r - 1 \\ 2{,}5r - 2 \end{pmatrix} = \begin{pmatrix} 0 \\ -1 \\ -2 \end{pmatrix} + r \cdot \begin{pmatrix} 1 \\ 1{,}5 \\ 2{,}5 \end{pmatrix}$

*Lösung mit dem TR*: Der Lösungsvektor $\vec{x} = \begin{pmatrix} \frac{4}{5} \\ \frac{1}{5} \\ 0 \end{pmatrix} + c_2 \cdot \begin{pmatrix} \frac{2}{5} \\ \frac{3}{5} \\ 1 \end{pmatrix}$ beschreibt dieselbe Gerade wie oben. Der Richtungsvektor ergibt sich aus dem oben angegebenen durch Multiplikation mit 0,4; setzt man in der o. a. Parameterform den Parameterwert $r = 0{,}8$ ein, dann erhält man den Auf(hänge)punkt $(0 \mid -1 \mid -2)$.

(2) *Eine Ebene durch Koordinatengleichung gegeben, eine durch Parameterform:*

$E_1$: $x + y + z = 5$ und $E_2$: $\vec{x} = \begin{pmatrix} 1 \\ 3 \\ 1 \end{pmatrix} + r \cdot \begin{pmatrix} 2 \\ 1 \\ 0 \end{pmatrix} + s \cdot \begin{pmatrix} 1 \\ -1 \\ 1 \end{pmatrix} = \begin{pmatrix} 1 + 2r + s \\ 3 + r - s \\ 1 + s \end{pmatrix}$.

Der Normalenvektor von $E_1$ ist nicht orthogonal zu den Richtungsvektoren von $E_2$:

$$\begin{pmatrix} 1 \\ 1 \\ 1 \end{pmatrix} * \begin{pmatrix} 2 \\ 1 \\ 0 \end{pmatrix} = 3 \quad \wedge \quad \begin{pmatrix} 1 \\ 1 \\ 1 \end{pmatrix} * \begin{pmatrix} 1 \\ -1 \\ 1 \end{pmatrix} = 1,$$

daher muss eine Schnittgerade vorliegen.

Einsetzen der drei Komponentengleichungen für x, y, z aus der Parameterform von $E_2$ in die Koordinatengleichung von $E_1$ ergibt:

$(1 + 2r + s) + (3 + r - s) + (1 + s) = 5 \Leftrightarrow 5 + 3r + s = 5 \Leftrightarrow s = -3r$,

und Rückeinsetzen in die Parameterform von $E_2$ ergibt eine Darstellung der Schnittgeraden in Parameterform:

$$\vec{x} = \begin{pmatrix} 1 \\ 3 \\ 1 \end{pmatrix} + r \cdot \begin{pmatrix} 2 \\ 1 \\ 0 \end{pmatrix} + (-3r) \cdot \begin{pmatrix} 1 \\ -1 \\ 1 \end{pmatrix} = \begin{pmatrix} 1 + 2r - 3r \\ 3 + r + 3r \\ 1 - 3r \end{pmatrix} = \begin{pmatrix} 1 \\ 3 \\ 1 \end{pmatrix} + r \cdot \begin{pmatrix} -1 \\ 4 \\ -3 \end{pmatrix}$$

## INFO Geraden- und Ebenenscharen

**F10** Nur LF: **Geraden- und Ebenenscharen innermathematisch und in Sachzusammenhängen untersuchen**

Unter einer Geraden- bzw. Ebenenschar versteht man eine Menge verschiedener Geraden bzw. Ebenen, deren Gleichungen sich in mindestens einem Parameter, dem sogenannten Scharparameter, unterscheiden.

Aufgabenstellungen im Zusammenhang mit Scharen bestehen meist darin, die gemeinsamen Eigenschaften der Geraden bzw. Ebenen zu untersuchen.

Die Geraden einer Schar können z. B. alle einen gemeinsamen Punkt besitzen (Geradenbündel) oder in einer gemeinsamen Ebene liegen. Bei einer Parallelenschar haben alle Geraden dieselbe Richtung.

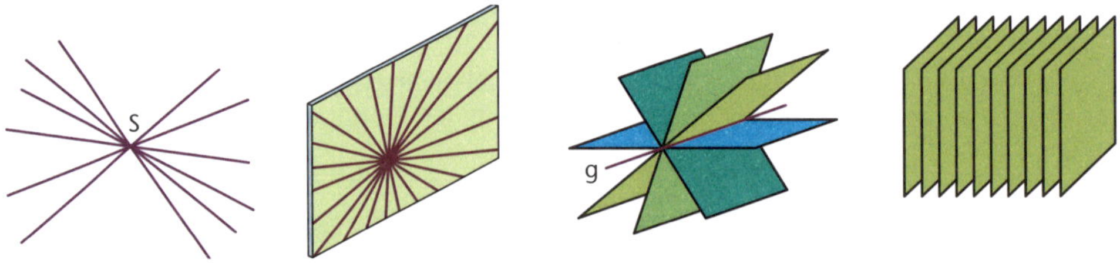


Die Ebenen einer Schar können beispielsweise alle durch einen bestimmten Punkt verlaufen (Ebenenbündel), eine gemeinsame Schnittgerade, auch Trägergerade genannt, haben (Ebenenbüschel), oder parallel zueinander liegen (Parallelenschar).

### Beispiele

(1) *Geradenschar:*

Gegeben sei die Geradenschar $g_a$: $\vec{x} = \begin{pmatrix} 0 \\ 2 \\ 0 \end{pmatrix} + r \cdot \begin{pmatrix} -1 \\ 4-a \\ a \end{pmatrix}$ mit $a, r \in \mathbb{R}$;

alle Geraden verlaufen durch den Punkt $S(0|2|0)$.

Alle Geraden liegen in einer Ebene, wie man erkennt, wenn man die Parameterdarstellung umformt:

$$\vec{x} = \begin{pmatrix} 0 \\ 2 \\ 0 \end{pmatrix} + r \cdot \begin{pmatrix} -1 \\ 4 \\ 0 \end{pmatrix} + (r \cdot a) \cdot \begin{pmatrix} 0 \\ -1 \\ 1 \end{pmatrix} = \begin{pmatrix} 0 \\ 2 \\ 0 \end{pmatrix} + r \cdot \begin{pmatrix} -1 \\ 4 \\ 0 \end{pmatrix} + s \cdot \begin{pmatrix} 0 \\ -1 \\ 1 \end{pmatrix}.$$

Gesucht ist diejenige Gerade $g_a$ aus der Schar, welche durch den Punkt $Q(1|3|-5)$ verläuft. Die Punktprobe liefert das folgende Gleichungssystem:

$$\left| \begin{aligned} -r &= 1 \\ 2 + (4-a) \cdot r &= 3 \\ a \cdot r &= -5 \end{aligned} \right| \Leftrightarrow \left| \begin{aligned} r &= -1 \\ 2 + (4-a) \cdot r &= 3 \\ a \cdot r &= -5 \end{aligned} \right|$$

Aus der 1. Zeile des Gleichungssystems ergibt sich $r = -1$. Setzt man dies in die 3. Zeile des Gleichungssystems ein, so erhält man $a = 5$. Durch Einsetzen überprüft man, ob auch die Gleichung in der 2. Zeile des Gleichungssystems für $r = -1$ und $a = 5$ erfüllt ist. Es ergibt sich eine wahre Aussage, d. h., die Gerade $g_5$ mit der Darstellung

$g_5$: $\vec{x} = \begin{pmatrix} 0 \\ 2 \\ 0 \end{pmatrix} + r \cdot \begin{pmatrix} -1 \\ -1 \\ 5 \end{pmatrix}$ mit $r \in \mathbb{R}$ verläuft durch den Punkt $Q(1|3|-5)$.

(2) *Ebenenschar:*
Wenn eine Ebenenschar durch eine Darstellung in Parameterform gegeben ist, dann lassen sich gemeinsame Eigenschaften leicht ablesen:
Tritt der Scharparameter nur in einem der Richtungsvektoren auf, dann liegt ein Ebenenbüschel vor, z. B. hat die Ebenenschar

$E_a\colon \vec{x} = \begin{pmatrix} 2 \\ 1 \\ -1 \end{pmatrix} + r \cdot \begin{pmatrix} 1 \\ -1 \\ 2 \end{pmatrix} + s \cdot \begin{pmatrix} a \\ 1 \\ 0 \end{pmatrix}$ die Gerade $g\colon \begin{pmatrix} 2 \\ 1 \\ -1 \end{pmatrix} + r \cdot \begin{pmatrix} 1 \\ -1 \\ 2 \end{pmatrix}$ als gemeinsame Gerade.

Tritt der Scharparameter in beiden Richtungsvektoren auf, dann liegt ein Ebenenbündel vor, z. B. hat die Ebenenschar $E_{a,b}\colon \vec{x} = \begin{pmatrix} 1 \\ 3 \\ 1 \end{pmatrix} + r \cdot \begin{pmatrix} a \\ 0 \\ -1 \end{pmatrix} + s \cdot \begin{pmatrix} 2 \\ b \\ 1 \end{pmatrix}$ den Punkt $P\,(1\,|\,3\,|\,1)$ gemeinsam.

## INFO Lineare Gleichungssysteme

### F11 Lineare Gleichungssysteme systematisch lösen

**Lineare Gleichungssysteme (LGS) mit n Variablen** bestehen aus zwei oder mehreren linearen Gleichungen, die gleichzeitig erfüllt sein sollen. Sofern eine Lösung existiert oder unendlich viele Lösungen existieren, lassen sich diese wie Punkte $(x_1, x_2, \ldots, x_n)$ im n-dimensionalen Raum notieren.

Ein lineares Gleichungssystem kann man durch **elementare Zeilenumformungen (EZU)** vereinfachen (Gauß'sches Lösungsverfahren). Bei den Umformungen darf man nur dann eine Gleichung weglassen, wenn zwei identische Gleichungen auftreten, oder wenn in einer Zeile eine wahre Aussage (wie beispielsweise $0 = 0$) entsteht.
Durch folgende elementare Zeilenumformungen wird die Lösungsmenge eines Gleichungssystems nicht verändert:
- Multiplikation einer Zeile mit einem Faktor (ungleich null)
- Addition des Vielfachen einer Zeile zu einer anderen Zeile
- Vertauschen von Zeilen

Am übersichtlichsten ist es, wenn man die Gleichungen des Systems in Form einer Tabelle (als **erweiterte Koeffizientenmatrix**) notiert. Ziel der elementaren Zeilenumformungen ist es, im linken Teil der erweiterten Koeffizientenmatrix
- eine **Dreiecksform** (ref = *row echelon form*) zu erzeugen, so dass man die Lösungen von unten nach oben ablesen bzw. berechnen kann, oder
- eine **Diagonalform** (rref = *reduced row echelon form*) herzustellen, aus der sich die Lösungen unmittelbar ergeben.

Beim Lösen von Gleichungssystemen können folgende Fälle auftreten:
(1) Es existiert eine eindeutige Lösung, die man schließlich aus den Zeilen des umgeformten Gleichungssystems ablesen kann; die Anzahl der Zeilen entspricht der Anzahl der Variablen.
(2) Treten im Verlauf des Lösungsverfahrens nicht erfüllbare Bedingungen auf, z. B. $0 = 1$ in einer Zeile, dann besitzt das Gleichungssystem keine Lösung.
(3) Bleiben im Verlauf des Lösungsverfahrens weniger Gleichungen als Variablen übrig und liegt nicht der Fall (2) vor, dann hat das Gleichungssystem unendlich viele Lösungen; die nach Umformungen übrig bleibenden Gleichungen zeigen die Abhängigkeit der Parameter voneinander an.

Gleichungssysteme mit weniger Gleichungen als Variablen nennt man **unterbestimmt**; hier sind nur die Fälle (2) und (3) möglich. Gleichungssysteme mit mehr Gleichungen als Variablen nennt man überbestimmt; hier sind alle drei Fälle möglich.

### Beispiele zu (1)

a) Das lineare Gleichungssystem $\left|\begin{matrix} 2x - 3y = 1 \\ 4x + 1y = 9 \end{matrix}\right|$ kann in der Matrix-Vektor-Schreibweise notiert werden als: $\begin{pmatrix} 2 & -3 \\ 4 & 1 \end{pmatrix}\begin{pmatrix} x \\ y \end{pmatrix} = \begin{pmatrix} 1 \\ 9 \end{pmatrix}$ oder als erweiterte Koeffizientenmatrix in der Form $\left|\begin{matrix} 2 & -3 \\ 4 & 1 \end{matrix}\middle|\begin{matrix} 1 \\ 9 \end{matrix}\right|$.

EZU: Multipliziert man die 1. Zeile mit 0,5, dann entsteht in der Diagonale eine Eins (Normierung der 1. Zeile); multipliziert man die 1. Zeile mit (– 2) und addiert sie zur 2. Zeile, dann entsteht in der 1. Spalte eine Null.

$$\left|\begin{matrix} 2 & -3 \\ 4 & 1 \end{matrix}\middle|\begin{matrix} 1 \\ 9 \end{matrix}\right| \quad \cdot 0{,}5 \quad \cdot(-2) \oplus \quad \Leftrightarrow \quad \left|\begin{matrix} 1 & -1{,}5 \\ 0 & 7 \end{matrix}\middle|\begin{matrix} 0{,}5 \\ 7 \end{matrix}\right|$$

Da die Matrix links Dreiecksgestalt hat, kann man in der unteren Zeile ablesen $7y = 7$, also $y = 1$. Setzt man dies in die 1. Zeile ein, dann ergibt sich: $1 \cdot x - 1{,}5 \cdot 1 = 0{,}5 \Leftrightarrow x = 2$. Die Lösung ist also das Paar $(2 \mid 1)$.

Man kann aber auch die EZU fortsetzen und erhält:

$$\left|\begin{matrix} 1 & -1{,}5 \\ 0 & 7 \end{matrix}\middle|\begin{matrix} 0{,}5 \\ 7 \end{matrix}\right| \quad \cdot\frac{1}{7} \quad \cdot\frac{3}{14} \oplus \quad \Leftrightarrow \quad \left|\begin{matrix} 1 & 0 \\ 0 & 1 \end{matrix}\middle|\begin{matrix} 2 \\ 1 \end{matrix}\right|$$

Aus diesem LGS, bei dem die Matrix links Diagonalgestalt hat, kann man unmittelbar das Lösungspaar $(2 \mid 1)$ ablesen.

*Hinweis (geometrische Interpretation)*:

Die beiden Gleichungen bestimmen zwei Geraden im 2-dimensionalen Koordinatensystem mit den Gleichungen
$g_1$: $y = \frac{2}{3}x - \frac{1}{3}$ und $g_2$: $y = -4x + 9$.

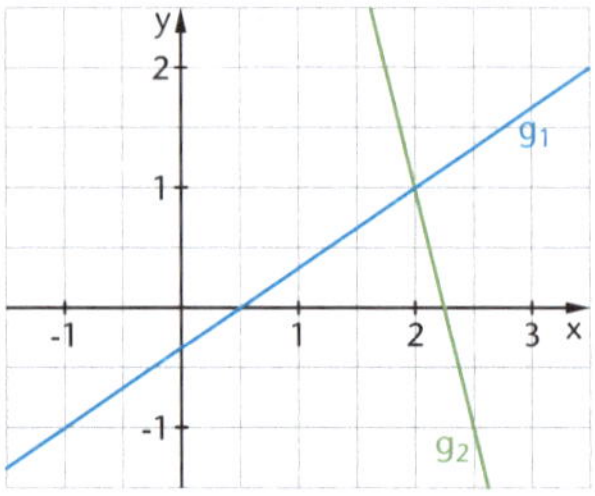


b) $\left|\begin{matrix} 1x - 2y + \ \ z \ \ 0 \\ 3x - 1y + 2z = 7 \\ 1x + 2y - \ \ z \ \ 2 \end{matrix}\right|$

Das LGS mit drei Gleichungen und drei Variablen notiert man als erweiterte Koeffizientenmatrix in der Form

$$\left|\begin{matrix} 1 & -2 & 1 \\ 3 & -1 & 2 \\ 1 & 2 & -1 \end{matrix}\middle|\begin{matrix} 0 \\ 7 \\ 2 \end{matrix}\right| \quad \cdot(-3) \oplus \quad \cdot(-1) \oplus \quad \Leftrightarrow \quad \left|\begin{matrix} 1 & -2 & 1 \\ 0 & 5 & -1 \\ 0 & 4 & -2 \end{matrix}\middle|\begin{matrix} 0 \\ 7 \\ 2 \end{matrix}\right| \quad \cdot\frac{1}{5} \quad \cdot\frac{2}{5} \oplus \quad \cdot\left(-\frac{4}{5}\right) \oplus$$

$$\left|\begin{matrix} 1 & 0 & 0{,}6 \\ 0 & 1 & -0{,}2 \\ 0 & 0 & -1{,}2 \end{matrix}\middle|\begin{matrix} 2{,}8 \\ 1{,}4 \\ -3{,}6 \end{matrix}\right| \quad \cdot\left(-\frac{5}{6}\right) \quad \cdot\frac{1}{2} \oplus \quad \cdot\left(-\frac{1}{6}\right) \oplus \quad \Leftrightarrow \quad \left|\begin{matrix} 1 & 0 & 0 \\ 0 & 1 & 0 \\ 0 & 0 & 1 \end{matrix}\middle|\begin{matrix} 1 \\ 2 \\ 3 \end{matrix}\right|$$

Aus der umgeformten erweiterten Koeffizientenmatrix in Diagonalform liest man das eindeutig bestimmte Lösungstripel ab: (1 | 2 | 3).

*Hinweis (geometrische Interpretation)*:

Die drei Gleichungen beschreiben drei Ebenen im 3-dimensionalen Raum; sie haben den Punkt (1 | 2 | 3) gemeinsam.

### Beispiele zu (3)

c) $\left|\begin{array}{l} 1x - 2y = -8 \\ 2x + 1y = -1 \\ -1x + 3y = 11 \end{array}\right| \qquad \left|\begin{array}{cc|c} 1 & 0 & -2 \\ 0 & 1 & 3 \\ 0 & 0 & 0 \end{array}\right|$

Aus dem überbestimmten Gleichungssystem mit drei Gleichungen und zwei Variablen ergibt sich nach EZU

$$\left|\begin{array}{cc|c} 1 & -2 & -8 \\ 2 & 1 & -1 \\ -1 & 3 & 11 \end{array}\right| \begin{array}{l} \cdot(-2) \\ \oplus \\ \oplus \end{array} \Leftrightarrow \left|\begin{array}{cc|c} 1 & -2 & -8 \\ 0 & 5 & 15 \\ 0 & 1 & 3 \end{array}\right| \begin{array}{l} \\ \cdot\frac{1}{5} \quad \cdot\frac{2}{5} \oplus \quad \cdot\left(-\frac{1}{5}\right) \\ \oplus \end{array} \Leftrightarrow \left|\begin{array}{cc|c} 1 & 0 & -2 \\ 0 & 1 & 3 \\ 0 & 0 & 0 \end{array}\right|$$

Nach drei Schritten erhält man eine Matrix in Diagonalgestalt, aus der sich das Lösungspaar (– 2 | 3) ablesen lässt, sowie eine Zeile, in der die wahre Aussage 0 = 0 steht.

*Hinweis (geometrische Interpretation):*
Die drei Gleichungen bestimmen drei Geraden im 2-dimensionalen Koordinatensystem, die durch denselben Punkt verlaufen:

$g_1$: $y = \frac{1}{2}x + 4$,

$g_2$: $y = -2x - 1$ und

$g_3$: $y = \frac{1}{3}x + \frac{11}{3}$.

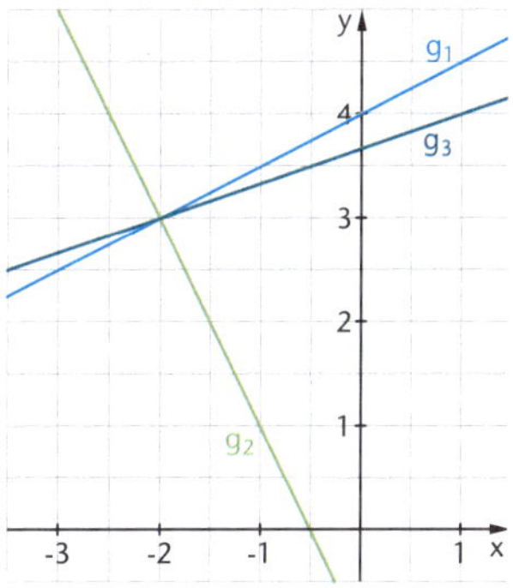


d) $\left|\begin{array}{l} 1x - 3y + 1z = 1 \\ 2x + 0y - 2z = 3 \end{array}\right|$

Das LGS mit zwei Gleichungen und drei Variablen notiert man als erweiterte Koeffizientenmatrix in der Form

$$\left|\begin{array}{ccc|c} 1 & -3 & 1 & 1 \\ 2 & 0 & -2 & 3 \end{array}\right| \begin{array}{l} \cdot(-2) \\ \oplus \end{array} \Leftrightarrow \left|\begin{array}{ccc|c} 1 & -3 & 1 & 1 \\ 0 & 6 & -4 & 1 \end{array}\right| \begin{array}{l} \oplus \\ \cdot\frac{1}{6} \quad \cdot\frac{1}{2} \end{array} \Leftrightarrow \left|\begin{array}{ccc|c} 1 & 0 & -1 & 1{,}5 \\ 0 & 1 & -\frac{2}{3} & \frac{1}{6} \end{array}\right|$$

Aus der umgeformten erweiterten Koeffizientenmatrix in Diagonalform liest man eine Parameterdarstellung für die unendlich vielen Lösungstripel ab: (x | y | z) mit

$x = 1{,}5 + z$ und $y = \frac{1}{6} + \frac{2}{3}z$, wobei $z \in \mathbb{R}$ beliebig gewählt werden kann.

*Hinweis (geometrische Interpretation)*:

Die beiden Gleichungen beschreiben zwei Ebenen im 3-dimensionalen Raum; sie schneiden sich in einer Geraden, die mithilfe einer Darstellung in Parameterform beschrieben werden kann.

$$\vec{x} = \begin{pmatrix} 1{,}5 \\ \frac{1}{6} \\ 0 \end{pmatrix} + t \cdot \begin{pmatrix} 1 \\ \frac{2}{3} \\ 1 \end{pmatrix}$$

e) $\left|\begin{array}{l} 1x + 1y + 2z = 4 \\ 2x - 1y + 1z = 5 \\ 1x - 2y - z = 1 \\ 1x + 3y + 4z = 6 \end{array}\right| \Leftrightarrow \ldots \Leftrightarrow \left|\begin{array}{ccc|c} 1 & 0 & 1 & 3 \\ 0 & 1 & 1 & 1 \\ 0 & 0 & 0 & 0 \\ 0 & 0 & 0 & 0 \end{array}\right|$

Aus der erweiterten Koeffizientenmatrix in Diagonalform liest man eine Parameterdarstellung für die unendlich vielen Lösungstripel ab: $(x \mid y \mid z)$ mit $x = 3 - z$ und $y = 1 - z$, wobei $z \in \mathbb{R}$ beliebig gewählt werden kann.

*Hinweis (geometrische Interpretation):*

Die vier Gleichungen beschreiben vier Ebenen im 3-dimensionalen Raum; diese schneiden sich in einer Geraden, die mithilfe einer Darstellung in Parameterform beschrieben werden kann. $\vec{x} = \begin{pmatrix} 3 \\ 1 \\ 0 \end{pmatrix} + t \cdot \begin{pmatrix} -1 \\ -1 \\ 1 \end{pmatrix}$

**Beispiel zu (2)**

Eine Änderung bei der 3. Gleichung des LGS in (c) kann folgende Wirkung haben: EZU beim LGS führen schließlich zu einem Gleichungssystem, bei dem in der 3. Zeile eine falsche Aussage steht. Daher besitzt dieses LGS keine Lösung.

$\left|\begin{array}{l} 1x - 2y = -8 \\ 2x + 1y = -1 \\ 1x + 2y = 5 \end{array}\right| \Leftrightarrow \ldots \Leftrightarrow \left|\begin{array}{cc|c} 1 & 0 & -2 \\ 0 & 1 & 3 \\ 0 & 0 & 1 \end{array}\right|.$

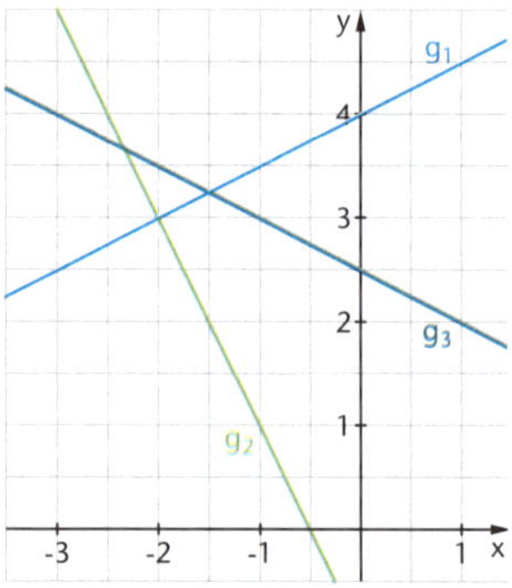


*Hinweis (geometrische Interpretation):*

Die drei Geraden $g_1$: $y = \frac{1}{2}x + 4$,

$g_2$: $y = -2x - 1$ und $g_3$: $y = -\frac{1}{2}x + \frac{5}{2}$

verlaufen nicht durch einen gemeinsamen Punkt.

# G Winkel und Abstände, Volumina im Raum

## INFO Winkel

### G1 Winkel zwischen zwei Vektoren und Schnittwinkel zwischen zwei Geraden berechnen

Für das Skalarprodukt zweier Vektoren $\vec{u}$, $\vec{v}$ gilt (vgl. Basiswissen E4): $\vec{u} * \vec{v} = |\vec{u}| \cdot |\vec{v}| \cdot \cos(\varphi)$, wobei φ der von den beiden Vektoren aufgespannte Winkel ist.

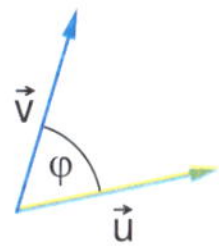


Daher lässt sich mithilfe von $\cos(\varphi) = \frac{\vec{u} * \vec{v}}{|\vec{u}| \cdot |\vec{v}|}$ die Größe

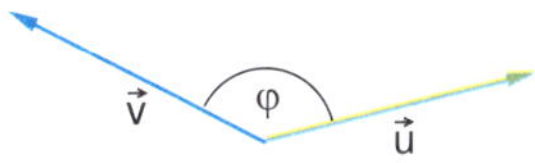


dieses Richtungsunterschieds φ bestimmen, wobei $0° \leq \varphi \leq 180°$.
Es können also **spitze** und **stumpfe** Winkel auftreten. Für den Winkel gilt somit:

$$\varphi = \cos^{-1}\left(\frac{\vec{u} * \vec{v}}{|\vec{u}| \cdot |\vec{v}|}\right)$$

**Winkel zwischen Geraden:** Da die Richtung von Geraden durch ihre Richtungsvektoren $\vec{u}$, $\vec{v}$ bestimmt wird, ergibt sich der Winkel zwischen zwei sich schneidenden Geraden durch die Gleichung:

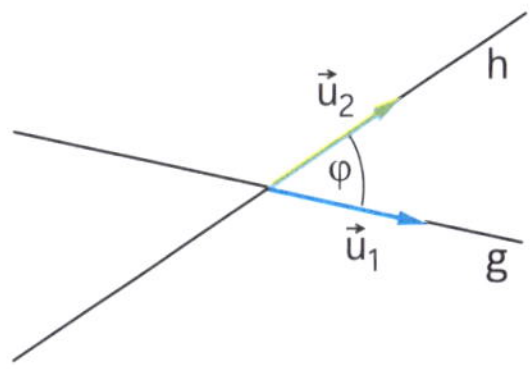


$$\cos(\varphi) = \frac{\vec{u} * \vec{v}}{|\vec{u}| \cdot |\vec{v}|} \quad \Leftrightarrow \quad \varphi = \cos^{-1}\left(\frac{\vec{u} * \vec{v}}{|\vec{u}| \cdot |\vec{v}|}\right),$$

wobei $0° \leq \varphi \leq 90°$.

*Hinweis*: An einer Geradenkreuzung entstehen zwei Winkel, die sich zu 180° ergänzen. Als Schnittwinkel zwischen zwei Geraden wird der kleinere (spitze) Winkel definiert.
Diese Auswahl zwischen den beiden möglichen Winkeln wird durch die Betragsbildung im Zähler sichergestellt.

Man beachte: Winkel in Vielecken, z. B. in Dreiecken, werden durch die Richtungsunterschiede zwischen Verbindungsvektoren bestimmt – hier sind Winkel über 90° möglich!

**Beispiel** *Winkel in einem Dreieck*

Die Punkte A(1|1|– 1), B (– 3|5|1) und C(5 |– 1|– 1) bestimmen ein Dreieck.

Welche Winkel treten im Dreieck ABC auf?

Der Winkel α im Dreieck ABC wird durch die Vektoren $\overrightarrow{AB} = \begin{pmatrix} -4 \\ 4 \\ 2 \end{pmatrix}$, $\overrightarrow{AC} = \begin{pmatrix} 4 \\ -2 \\ 0 \end{pmatrix}$ bestimmt,
der Winkel β durch die Vektoren $\overrightarrow{BC} = \begin{pmatrix} 8 \\ -6 \\ -2 \end{pmatrix}$, $\overrightarrow{BA} = \begin{pmatrix} 4 \\ -4 \\ -2 \end{pmatrix}$. Hiermit ergibt sich:

$$\cos(\alpha) = \frac{-24}{6 \cdot \sqrt{20}} \quad \Leftrightarrow \quad \alpha = 153{,}43° \quad \text{und} \quad \cos(\beta) = \frac{60}{\sqrt{104} \cdot 6} \Leftrightarrow \beta = 11{,}31°,$$

also $\gamma = 180° - 153{,}43° - 11{,}31° = 15{,}26°$.

## INFO Winkel

### G2 Schnittwinkel zwischen zwei Ebenen berechnen

Da die Normalenvektoren $\vec{n}_1$, $\vec{n}_2$ der Ebenen orthogonal zu den Ebenen sind, wird der Schnittwinkel zweier Ebenen durch den Winkel zwischen den Normalenvektoren bestimmt:

$$\cos(\varphi) = \frac{|\vec{n}_1 * \vec{n}_2|}{|\vec{n}_1| \cdot |\vec{n}_2|}, \quad \text{d.h.} \quad \varphi = \cos^{-1}\left(\frac{|\vec{n}_1 * \vec{n}_2|}{|\vec{n}_1| \cdot |\vec{n}_2|}\right)$$

wobei $0° \leq \varphi \leq 90°$.

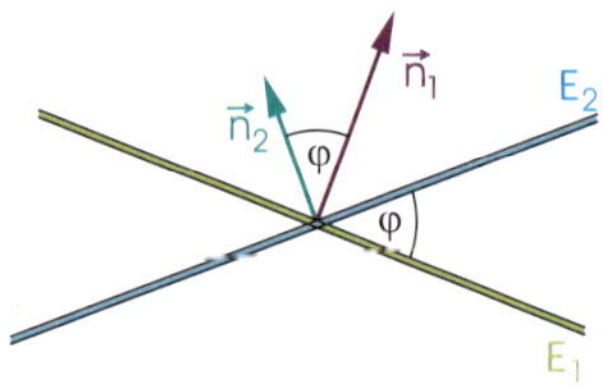


Die Skizze zeigt einen „seitlichen Blick" auf die Ebenen $E_1$ und $E_2$.

Durch die Betragsbildung im Zähler wird der kleinere der beiden Winkel zwischen den Ebenen ausgewählt.
Falls eine Ebene durch eine Parameterdarstellung gegeben ist, muss erst ein Normalenvektor dieser Ebene bestimmt werden.

**Beispiel** *Winkel zwischen den Seitenflächen eines Tetraeders*

Die Punkte A(1 | 1 | – 1), B (– 3 | 5 | 1), C(5 | – 1 | – 1) und D(– 3 | 1 |– 4) bestimmen ein unregelmäßiges Tetraeder.
Welche der Flächen ABD, BCD, CAD hat gegenüber der Grundfläche ABC die größte Neigung?

Um die Winkel zwischen den Flächen zu bestimmen, benötigen wir jeweils zunächst Normalenvektoren der einzelnen Ebenen.
Normalenvektoren ergeben sich über das Kreuzprodukt oder das Orthogonalitätskriterium (vgl. Basiswissen E4 und F5).

| Ebene ABC | Ebene ABD | Ebene BCD | Ebene CAD |
|---|---|---|---|
| $\overrightarrow{AB} \times \overrightarrow{AC} = \begin{pmatrix}-4\\4\\2\end{pmatrix} \times \begin{pmatrix}4\\-2\\0\end{pmatrix} = \begin{pmatrix}4\\8\\-8\end{pmatrix}$ | $\overrightarrow{AB} \times \overrightarrow{AD} = \begin{pmatrix}-4\\4\\2\end{pmatrix} \times \begin{pmatrix}-4\\0\\-3\end{pmatrix} = \begin{pmatrix}-12\\-20\\16\end{pmatrix}$ | $\overrightarrow{BC} \times \overrightarrow{BD} = \begin{pmatrix}8\\-6\\-2\end{pmatrix} \times \begin{pmatrix}0\\-4\\-5\end{pmatrix} = \begin{pmatrix}22\\40\\-32\end{pmatrix}$ | $\overrightarrow{CA} \times \overrightarrow{CD} = \begin{pmatrix}4\\-2\\0\end{pmatrix} \times \begin{pmatrix}-8\\2\\-3\end{pmatrix} = \begin{pmatrix}-6\\-12\\8\end{pmatrix}$ |

*Tipps*:

- Für weitere Rechnungen sollte man möglichst einfache Vielfache der berechneten Normalenvektoren verwenden, z. B. für die Ebene ABC den Normalenvektor $\vec{n}_{ABC} = \begin{pmatrix}1\\2\\-2\end{pmatrix}$.
- Oftmals kann man einen Normalenvektor zu zwei Richtungsvektoren auch durch Kombinieren herausfinden: Durch eine geschickte Wahl von zwei Komponenten und ergänzen einer passenden dritten Komponente erhält man schnell einen Normalenvektor, vgl. auch Basiswissen F5.

Nun bestimmt man die Winkel zwischen der Grundfläche und der jeweiligen Seitenfläche mit der oben angegebenen Formel:

| Winkel zwischen ABC und ABD | Winkel zwischen ABC und BCD | Winkel zwischen ABC und CAD |
|---|---|---|
| $\varphi = \cos^{-1}\left(\frac{\left\lvert\begin{pmatrix}4\\8\\-8\end{pmatrix} * \begin{pmatrix}-12\\-20\\16\end{pmatrix}\right\rvert}{\left\lvert\begin{pmatrix}4\\8\\-8\end{pmatrix}\right\rvert \cdot \left\lvert\begin{pmatrix}-12\\-20\\16\end{pmatrix}\right\rvert}\right)$ $\approx 8{,}13°$ | $\varphi = \cos^{-1}\left(\frac{\left\lvert\begin{pmatrix}4\\8\\-8\end{pmatrix} * \begin{pmatrix}22\\40\\-32\end{pmatrix}\right\rvert}{\left\lvert\begin{pmatrix}4\\8\\-8\end{pmatrix}\right\rvert \cdot \left\lvert\begin{pmatrix}22\\40\\-32\end{pmatrix}\right\rvert}\right)$ $\approx 7{,}00°$ | $\varphi = \cos^{-1}\left(\frac{\left\lvert\begin{pmatrix}4\\8\\-8\end{pmatrix} * \begin{pmatrix}-6\\-12\\8\end{pmatrix}\right\rvert}{\left\lvert\begin{pmatrix}4\\8\\-8\end{pmatrix}\right\rvert \cdot \left\lvert\begin{pmatrix}-6\\-12\\8\end{pmatrix}\right\rvert}\right)$ $\approx 11{,}00°$ |

Die Fläche CAD besitzt also den größten Winkel zur Grundfläche ABC.

## INFO Winkel

### G3 Schnittwinkel zwischen einer Gerade und einer Ebene berechnen

Der Winkel φ' zwischen einem Normalenvektor der Ebene und dem Richtungsvektor der Gerade kann wie in G1, G2 mithilfe des Skalarprodukts der beiden Vektoren berechnet werden. Jedoch ist φ' nur der Nebenwinkel zum gesuchten Schnittwinkel φ zwischen Ebene und Richtungsvektor (siehe Abbildung).

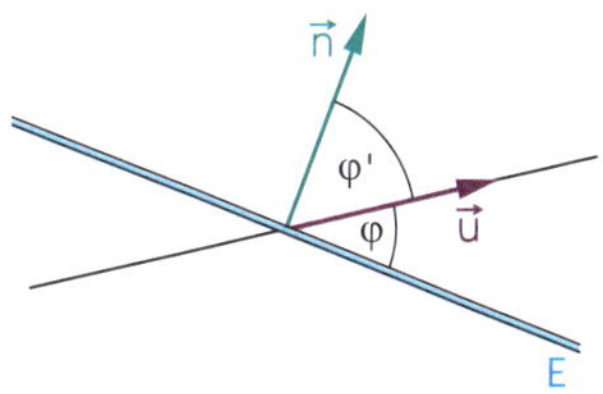


Die Skizze zeigt einen „seitlichen" Blick auf eine Ebene E.

Da $\varphi = 90° - \varphi'$ und da $\cos(\varphi') = \sin(90° - \varphi') = \sin(\varphi)$, gilt für den gesuchten Schnittwinkel φ zwischen Gerade und Ebene:

$$\sin(\varphi) = \frac{|\vec{u} * \vec{n}|}{|\vec{u}| \cdot |\vec{n}|} \Leftrightarrow \varphi = \sin{-1}\left(\frac{|\vec{u} * \vec{n}|}{|\vec{u}| \cdot |\vec{n}|}\right).$$

**Beispiel**

Gegeben ist eine Ebene E durch eine Koordinatengleichung E: $3x - 4y + 2z = 1$.

Wo und unter welchem Winkel schneidet die Gerade g: $\vec{x} = \begin{pmatrix}1\\1\\-1\end{pmatrix} + r \cdot \begin{pmatrix}2\\-2\\3\end{pmatrix}$ die Ebene?

Gemeinsame Punkte von Gerade und Ebene müssen das folgende Gleichungssystem erfüllen: $3x - 4y + 2z = 1$ und $\begin{pmatrix}x\\y\\z\end{pmatrix} = \begin{pmatrix}1\\1\\-1\end{pmatrix} + r \cdot \begin{pmatrix}2\\-2\\3\end{pmatrix} = \begin{pmatrix}1+2r\\1-2r\\-1+3r\end{pmatrix}$.

Durch Einsetzen der Bedingungen für x, y, z in die Koordinatengleichung erhalten wir:
$3 \cdot (1 + 2r) - 4 \cdot (1 - 2r) + 2 \cdot (-1 + 3r) = 1$, also $20r = 4$, also $r = 0{,}2$.

Der Schnittpunkt von Gerade und Ebene hat also die Koordinaten $S(1{,}4|0{,}6|-0{,}4)$.

Der Schnittwinkel φ berechnet sich aus dem Richtungsvektor der Gerade g und einem Normalenvektor der Ebene E:

$$\sin(\varphi) = \frac{\left|\begin{pmatrix}3\\-4\\2\end{pmatrix} * \begin{pmatrix}2\\-2\\3\end{pmatrix}\right|}{\left|\begin{pmatrix}3\\-4\\2\end{pmatrix}\right| \cdot \left|\begin{pmatrix}2\\-2\\3\end{pmatrix}\right|} \quad \Leftrightarrow \quad \sin(\varphi) = \frac{|20|}{\sqrt{29}\cdot\sqrt{27}} \quad \Leftrightarrow \quad \varphi = \sin^{-1}\left(\frac{|20|}{(\sqrt{29}\cdot\sqrt{27})}\right) \approx 64{,}26°.$$

## INFO Flächeninhalt und Volumen

### G4 Den Flächeninhalt eines Dreiecks und das Volumen einer dreiseitigen Pyramide (Tetraeder) mit elementaren Methoden bestimmen

Für den **Flächeninhalt eines Dreiecks** gilt:

$A = \frac{1}{2} \cdot \text{Grundseite} \cdot \text{Flächenhöhe}$

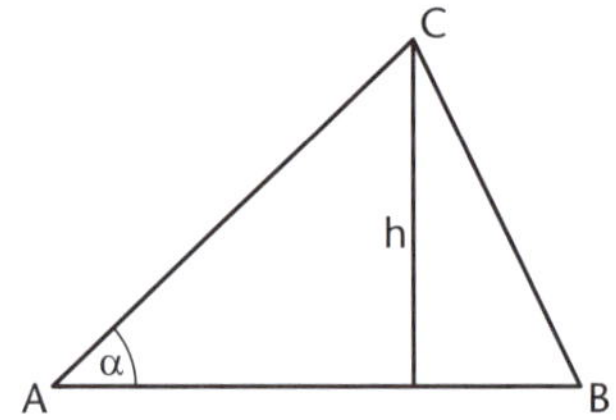


Ein Dreieck ABC wird durch die beiden Vektoren $\overrightarrow{AB}$, $\overrightarrow{AC}$ aufgespannt. Elementargeometrisch kann die Höhe h auf AB beschrieben werden durch

$\sin(\alpha) = \frac{h}{|AC|}$, also $h = |AC| \cdot \sin(\alpha)$.

Mithilfe der Methoden der Vektorrechnung kann aber nur cos(α) bestimmt werden, vgl. **G1**.

Um sin(α) zu bestimmen, nutzt man den allgemeingültigen Zusammenhang (sog. trigonometrischer Pythagoras): $\sin^2(\alpha) + \cos^2(\alpha) = 1$.

Aus $\cos(\alpha) = \frac{\overrightarrow{AB} * \overrightarrow{AC}}{|AB| \cdot |AC|}$ ergibt sich dann durch Einsetzen und Umformen eine Formel für sin(α):

$$\sin(\alpha) = \sqrt{1 - \cos^2(\alpha)} = \sqrt{1 - \left(\frac{\overrightarrow{AB} * \overrightarrow{AC}}{|AB| \cdot |AC|}\right)^2}.$$

Dieses setzt man in die Flächeninhaltsformel des Dreiecks ABC ein:

$$A = \frac{1}{2} \cdot g \cdot h = \frac{1}{2} \cdot |\overrightarrow{AB}| \cdot h = \frac{1}{2} \cdot |\overrightarrow{AB}| \cdot |\overrightarrow{AC}| \cdot \sin(\alpha) = \frac{1}{2} \cdot |\overrightarrow{AB}| \cdot |\overrightarrow{AC}| \cdot \sqrt{1 - \left(\frac{\overrightarrow{AB} * \overrightarrow{AC}}{|\overrightarrow{AB}| \cdot |\overrightarrow{AC}|}\right)^2}.$$

Zur Vereinfachung zieht man die Beträge unter die Wurzel und kürzt

$$A_{\Delta ABC} = \frac{1}{2} \cdot \sqrt{|\overrightarrow{AB}|^2 \cdot |\overrightarrow{AC}|^2 - (\overrightarrow{AB} * \overrightarrow{AC})^2}.$$

Für das **Volumen einer Pyramide** gilt:

$V = \frac{1}{3} \cdot \text{Grundfläche} \cdot \text{Raumhöhe}$

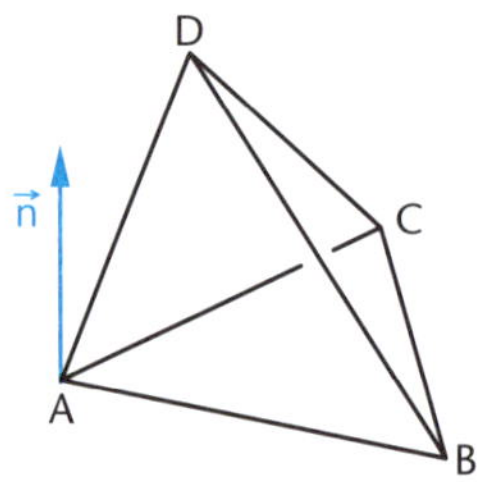


Im Falle eines allgemeinen (nicht notwendig regelmäßigen) Tetraeders kann die Grundfläche nach der o. a. Formel berechnet werden. Um die Raumhöhe zu bestimmen, nutzt man die Projektionseigenschaft des Skalarprodukts (vgl. Basiswissen **E4**):

Man bestimmt einen beliebigen Vektor $\vec{n}$, der orthogonal zu $\overrightarrow{AB}$ und $\overrightarrow{AC}$ ist; dann ist die Länge der Raumhöhe gegeben durch $\frac{|\vec{n} * \overrightarrow{AD}|}{|\vec{n}|}$. Daher gilt:

$$V_{Tetraeder} = \frac{1}{6} \cdot \frac{|\vec{n} * \overrightarrow{AD}|}{|\vec{n}|} \cdot \sqrt{|AB|^2 \cdot |AC|^2 - (\overrightarrow{AB} * \overrightarrow{AC})^2}.$$

**Beispiele**

(1) *Flächeninhalt eines Dreiecks:*

Die Punkte A(1|1|−1), B(−3|5|1), C(5|−1|−1) bilden ein Dreieck. Bestimmen Sie dessen Flächeninhalt:

$|\overrightarrow{AB}| = \sqrt{(-4)^2 + 4^2 + 2^2} = \sqrt{36} = 6$ und $|\overrightarrow{AC}| = \sqrt{4^2 + (-2)^2 + 0^2} = \sqrt{20}$,

$\overrightarrow{AB} * \overrightarrow{AC} = -4 \cdot 4 + 4 \cdot (-2) + 2 \cdot 0 = -24$.

Für den Flächeninhalt gilt daher: $A_{\Delta ABC} = \frac{1}{2} \cdot \sqrt{6^2 \cdot (\sqrt{20})^2 - (-24)^2} = \frac{1}{2} \cdot \sqrt{144} = 6$

(2) *Volumen eines Tetraeders:*

Durch den Punkt D(−3|1|−4) wird das Dreieck zu einem (unregelmäßigen) Tetraeder mit der Grundfläche ABC ergänzt. Berechnen Sie das Volumen des Tetraeders.

Da der Flächeninhalt der Grundfläche bereits bekannt ist (siehe (1)), benötigt man noch die Höhe des Tetraeders. Dazu benötigt man einen Normalenvektor zur Grundfläche ABC.

An den Komponenten des Vektors $\overrightarrow{AC}$ kann man ablesen, dass ein zu $\overrightarrow{AC}$ orthogonaler Vektor $\vec{n}$ die Komponenten $\vec{n} = \begin{pmatrix} 1 \\ 2 \\ n_3 \end{pmatrix}$ (oder Vielfache hiervon) haben muss.

Aus dem Skalarprodukt mit dem Vektor $\overrightarrow{AB}$ ergibt sich:

$\overrightarrow{AB} * \vec{n} = \begin{pmatrix} -4 \\ 4 \\ 2 \end{pmatrix} * \begin{pmatrix} 1 \\ 2 \\ n_3 \end{pmatrix} = -4 + 8 + 2n_3 = 0$. Das bedeutet, dass dann $n_3 = -2$ sein muss.

Für die Länge von $\vec{n}$ gilt: $|\vec{n}| = \left|\begin{pmatrix} 1 \\ 2 \\ -2 \end{pmatrix}\right| = \sqrt{1^2 + 2^2 + (-2)^2} = 3$.

Die Höhe der Pyramide ist daher gleich $\frac{|\vec{n} * \overrightarrow{AD}|}{|\vec{n}|} = \frac{2}{3}$.

Daher gilt: $V_{Tetraeder} = \frac{1}{3} \cdot \frac{2}{3} \cdot 6 = \frac{4}{3}$.

## INFO Abstand

### G5 Den Abstand eines Punktes von einer Ebene berechnen

*Idee:* **Lotfußpunktverfahren**

Um den Abstand eines Punktes P von einer Ebene E zu berechnen, benötigt man eine orthogonale Gerade (so genannte Lotgerade) von P durch E. Als Richtungsvektor dieser Lotgeraden verwendet man einen Normalenvektor der Ebene E (vgl. F5). Der Schnittpunkt der Lotgerade mit der Ebene E (vgl. F8) ist der Fußpunkt F des Lotes.
Die Länge dieses Vektors $\overrightarrow{PF}$ (= Betrag des Vektors $\overrightarrow{PF}$) ist dann der Abstand des Punktes P zur Ebene E.

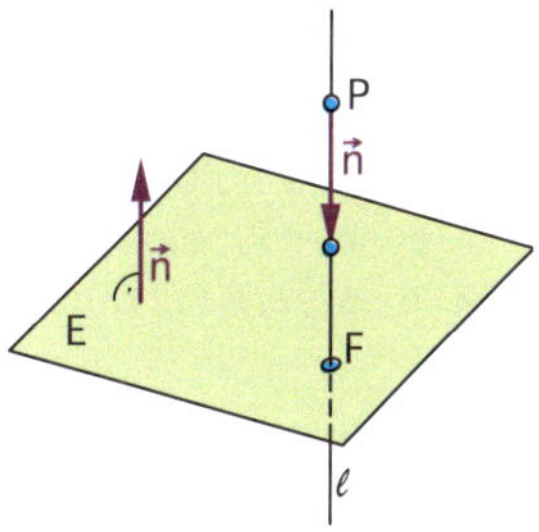


Führt man diese Schritte allgemein durch, setzt geschickt ein und fasst zusammen, erhält man die folgende Abstandsformel, wenn die Ebenengleichung in Koordinatenform (vgl. F6) gegeben ist:

Abstand $(P,E) = \frac{1}{|\vec{n}|} \cdot |\overrightarrow{OP} * \vec{n} - d|$.

*(Forts. nächste Seite)*

*Spezialfall* P = O (Ursprung): Abstand (O, E) = $\frac{|d|}{|\vec{n}|}$.

*Zusatz*: Ist die Ebenengleichung in Hesse'scher Normalenform gegeben (vgl. Basiswissen **F6**), d. h. in der Form E: $\frac{1}{|\vec{n}|} \cdot (\vec{x} * \vec{n} - d) = 0$, dann erhält man den Abstand eines Punktes P unmittelbar durch Einsetzen der Koordinaten von P in die Gleichung der Ebene.

*Zusatz:* **Abstand einer Geraden von einer Ebene**

Aus der Untersuchung der Lage der Geraden zur Ebene (vergleiche **F8**) ergibt sich, ob die Gerade in der Ebene liegt oder die Ebene in einem Punkt geschnitten wird (Abstand null) oder die Gerade parallel zur Ebene liegt. Im letzten Fall wählt man einen Punkt der Geraden aus und bestimmt dessen Abstand zur Ebene.

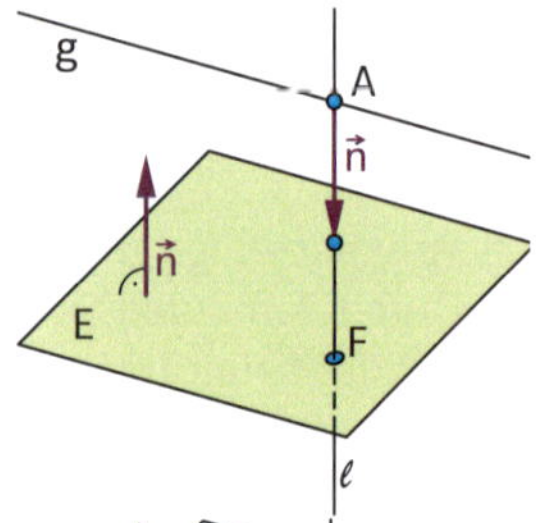


*Zusatz:* **Abstand zweier Ebenen**

Diese Aufgabenstellung ist nur sinnvoll, wenn es sich um zwei Ebenen handelt, die zueinander parallel sind. Den Abstand der beiden Ebenen bestimmt man, indem man irgendeinen Punkt der einen Ebene auswählt und dessen Abstand zu der anderen Ebene bestimmt.

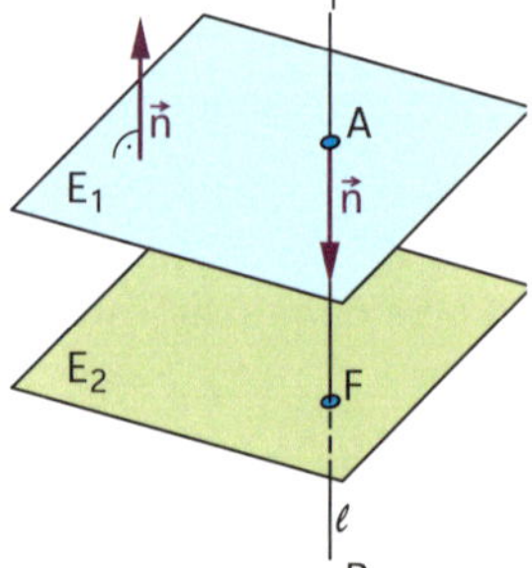


*Zusatz:* **Spiegelung von Punkten an Ebenen**

Das geschilderte Lotfußpunktverfahren nutzt man auch zur Ermittlung der Koordinaten von Punkten, die an einer Ebene E gespiegelt wurden. Dazu wird der Vektor $\overrightarrow{PF}$ vom Lotfußpunkt F abgetragen und der Ortsvektor des Spiegelpunkts berechnet.

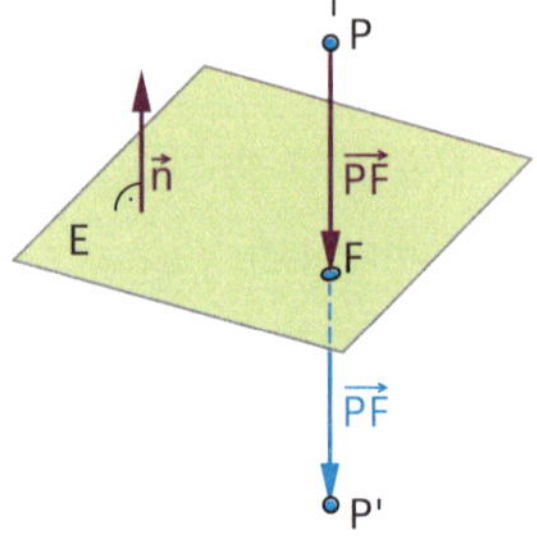


**Beispiele**

(1) *Abstand eines Punktes von einer Ebene:*

Gegeben ist ein Punkt P (3|1|−2) und eine Ebene durch E: $x + 2y - 2z = 1$.
Die Lotgerade l durch P kann wie folgt in Parameterform dargestellt werden:

$$l: \vec{x} = \begin{pmatrix} 3 \\ 1 \\ -2 \end{pmatrix} + r \cdot \begin{pmatrix} 1 \\ 2 \\ -2 \end{pmatrix} = \begin{pmatrix} 3 + r \\ 1 + 2r \\ -2 - 2r \end{pmatrix}.$$

Um den Fußpunkt der Lotgeraden mit der Ebene zu bestimmen, werden die in der Parameterdarstellung enthaltenen Koordinatengleichungen in die Koordinatengleichung der Ebene eingesetzt:

$(3 + r) + 2 \cdot (1 + 2r) - 2 \cdot (-2 - 2r) = 1 \Leftrightarrow 9 + 9r = 1 \Leftrightarrow r = -\frac{8}{9}$.

Daher hat der Punkt F die Koordinaten $F\left(\frac{19}{9}\middle|-\frac{7}{9}\middle|-\frac{2}{9}\right)$ und die Länge des Vektors ist

$$|\overrightarrow{PF}| = \sqrt{\left(3 - \frac{19}{9}\right)^2 + \left(1 + \frac{7}{9}\right)^2 + \left(-2 + \frac{2}{9}\right)^2} = \sqrt{\frac{64}{81} + \frac{256}{81} + \frac{256}{81}} = \sqrt{\frac{576}{81}} = \frac{24}{9} = \frac{8}{3}.$$

Anwenden der o. a. Abstandsformel ergibt: Abstand (P, E) $= \frac{1}{|\vec{n}|} \cdot |\vec{p} * \vec{n} - d| = \frac{1}{3} \cdot |9 - 1| = \frac{8}{3}$

Liegt die Koordinatengleichung der Ebene in der Hesse'schen Normalenform vor, also

E: $\frac{1}{|\vec{n}|} \cdot (\vec{x} * \vec{n} - d)$, dann ist $|PF| = \frac{1}{3} \cdot \left| \begin{pmatrix} 3 \\ 1 \\ -2 \end{pmatrix} * \begin{pmatrix} 1 \\ 2 \\ -2 \end{pmatrix} - 1 \right| = 0.$

(2) *Spiegelung an einer Ebene:*

Gegeben ist eine Ebene E : $x + y - z = 6$ und ein Punkt $P(3|-1|2)$.

Aufstellen der Parameterdarstellung der Lotgeraden: $l: \vec{x} = \begin{pmatrix} 3 \\ -1 \\ 2 \end{pmatrix} + r \cdot \begin{pmatrix} 1 \\ 1 \\ -1 \end{pmatrix}$.

Um den Fußpunkt zu erhalten:
Einsetzen in die Koordinatengleichung der Ebene: $(3 + r) + (-1 + r) - (2 - r) = 6$.
Auflösen nach r: $3r = 6 \Leftrightarrow r = 2$. Das bedeutet: Um vom Punkt P zur Ebene E zu gelangen, muss das 2-Fache des Richtungsvektors abgetragen werden, also muss das 4-Fache dieses Vektors genommen werden, um zum Spiegelpunkt zu gelangen.

Setzt man also statt $r = 2$ den Wert $r = 4$ in die Parameterform der Lotgeraden ein, so erhält man $P'(7|3|-2)$ als Spiegelpunkt.

## INFO Abstand

### G6 Nur LF: Den Abstand eines Punktes von einer Geraden berechnen

*Idee*: Die kürzeste Entfernung eines Punktes P zu einer Geraden g ist durch das Lot vom Punkt auf die Gerade gegeben. Man untersucht also, bei welchem Parameterwert der Verbindungsvektor von P zu einem beliebigen Punkt X der Geraden orthogonal ist zum Richtungsvektor $\vec{u}$ der Geraden, und erhält so den Vektor $\overrightarrow{PF}$ zum Lotfußpunkt F. Die Länge der Strecke PF ist dann der gesuchte Abstand.

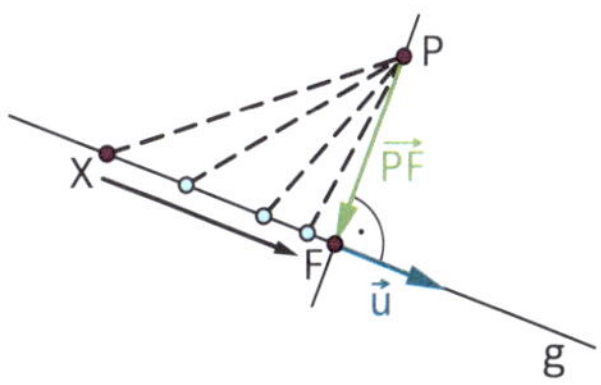


**Allgemeine Darstellung des Verfahrens:**

Gegeben sind $P(p_1|p_2|p_3)$ und g: $\vec{x} = \vec{a} + r \cdot \vec{u}$.

Es gilt: $(\vec{x} - \vec{p}) * \vec{u} = (\vec{a} - \vec{p} + r \cdot \vec{u}) * \vec{u} = 0 \Leftrightarrow (\vec{a} - \vec{p}) * \vec{u} + r \cdot \vec{u} * \vec{u} = 0 \Leftrightarrow r = \frac{(\vec{p} - \vec{a}) * \vec{u}}{|\vec{u}|^2}$.

Wenn man diesen Wert für r in die Parameterform von g einsetzt, erhält man die Koordinaten des Lotfußpunktes F. Um die Länge der Strecke PF zu bestimmen, bestimmt man den zugehörigen Vektor $\overrightarrow{PF} = (\vec{a} - \vec{p}) + r \cdot \vec{u}$ und berechnet dessen Länge

**Beispiele**

(1) *Abstand eines Punktes von einer Geraden:*

$P(3|1|1)$, g: $\vec{x} = \begin{pmatrix} 0 \\ -1 \\ 1 \end{pmatrix} + r \cdot \begin{pmatrix} 2 \\ 1 \\ 0 \end{pmatrix}$; $(\vec{p} - \vec{a}) * \vec{u} = \begin{pmatrix} 3-0 \\ 1-(-1) \\ 1-1 \end{pmatrix} * \begin{pmatrix} 2 \\ 1 \\ 0 \end{pmatrix} = 8$; $|\vec{u}|^2 = 5$; $r = 1{,}6$;

also $\overrightarrow{PF} = (\vec{a} - \vec{p}) + r \cdot \vec{u} = \begin{pmatrix} -3 \\ -2 \\ 0 \end{pmatrix} + 1{,}6 \cdot \begin{pmatrix} 2 \\ 1 \\ 0 \end{pmatrix} = \begin{pmatrix} 0{,}2 \\ -0{,}4 \\ 0 \end{pmatrix}$, $|\overrightarrow{PF}| = \sqrt{0{,}2} \approx 0{,}447$.

(2) *Spiegelung des Punkts P an der Geraden g:*

Wie die Zeichnung zeigt, ergibt sich der Spiegelpunkt P′, indem man im Fußpunkt F des Lotes den Vektor $\overrightarrow{PF}$ abträgt, also vom Punkt P aus das Zweifache dieses Vektors:

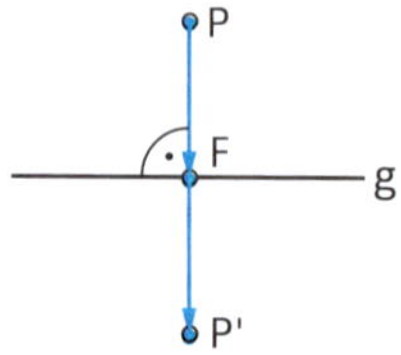


$$\overrightarrow{OP'} = \overrightarrow{OF} + \overrightarrow{FP'} = \overrightarrow{OP} + 2 \cdot \overrightarrow{PF} = \begin{pmatrix} 3 \\ 1 \\ 1 \end{pmatrix} + 2 \cdot \begin{pmatrix} 0{,}2 \\ -0{,}4 \\ 0 \end{pmatrix} = \begin{pmatrix} 3{,}4 \\ 0{,}2 \\ 1 \end{pmatrix}$$

## INFO Abstand

### G7 Nur LF: Den Abstand zweier windschiefer Geraden berechnen

*Idee:* Gesucht ist ein gemeinsames Lot der beiden Geraden. Der Abstand der beiden Geraden ist dann gleich der Entfernung der beiden Fußpunkte P und Q dieses Lotes. Der Verbindungsvektor der beiden Punkte P und Q lässt sich mithilfe der beiden Parameterformen beschreiben:
g: $\vec{x} = \overrightarrow{OA} + r \cdot \vec{u}$ und h: $\vec{x} = \overrightarrow{OB} + s \cdot \vec{v}$.

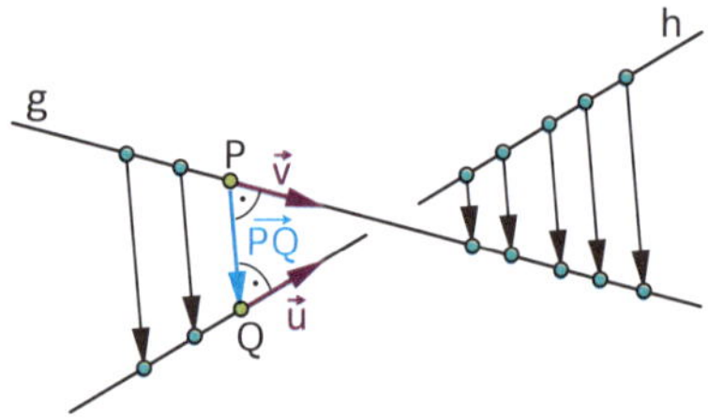


Der Verbindungsvektor der beiden Punkte P und Q , die auf den Geraden g und h liegen, ist:
$\overrightarrow{PQ} = (\overrightarrow{OB} + s \cdot \vec{v}) - (\overrightarrow{OA} + r \cdot \vec{u}) = \overrightarrow{AB} + s \cdot \vec{v} - r \cdot \vec{u}$.

Die Bedingung an $\overrightarrow{PQ}$ ist, dass dieser sowohl orthogonal ist zu g als auch zu h:

$\overrightarrow{PQ} * \vec{u} = 0$ und $\overrightarrow{PQ} * \vec{v} = 0$, also $(\overrightarrow{AB} + s \cdot \vec{v} - r \cdot \vec{u}) * \vec{u} = 0$ und $(\overrightarrow{AB} + s \cdot \vec{v} - r \cdot \vec{u}) * \vec{v} = 0$.

Dies ist ein lineares Gleichungssystem mit zwei Gleichungen sowie den Variablen r und s, das eindeutig lösbar ist (vgl. F11). Mit den so erhaltenen Werten für die Parameter r und s kann man den Vektor $\overrightarrow{PQ}$ und dann dessen Betrag berechnen.

*Zusatz:* **Abstand zweier paralleler Geraden**
Bei Parallelität geht man wie folgt vor: Man wählt den Stützvektor der einen Geraden und berechnet dann den Abstand dieses Punkts von der anderen Geraden (vgl. G6).

**Beispiel** *Abstand zweier windschiefer Geraden:*

g: $\vec{x} = \begin{pmatrix} 2 \\ 1 \\ 1 \end{pmatrix} + r \cdot \begin{pmatrix} 1 \\ -1 \\ 2 \end{pmatrix}$ und h: $\vec{x} = \begin{pmatrix} 1 \\ 0 \\ 1 \end{pmatrix} + s \cdot \begin{pmatrix} -1 \\ 2 \\ 0 \end{pmatrix}$. Für $\overrightarrow{PQ}$ gilt dann: $\overrightarrow{PQ} = \begin{pmatrix} -1 \\ -1 \\ 0 \end{pmatrix} + s \cdot \begin{pmatrix} -1 \\ 2 \\ 0 \end{pmatrix} - r \cdot \begin{pmatrix} 1 \\ -1 \\ 2 \end{pmatrix}$.

Die Orthogonalitätsbedingungen sind:

$$\left(\begin{pmatrix} -1 \\ -1 \\ 0 \end{pmatrix} + s \cdot \begin{pmatrix} -1 \\ 2 \\ 0 \end{pmatrix} - r \cdot \begin{pmatrix} 1 \\ -1 \\ 2 \end{pmatrix}\right) * \begin{pmatrix} 1 \\ -1 \\ 2 \end{pmatrix} = 0 + s \cdot (-3) - r \cdot 6 = 0,$$

$$\left[\begin{pmatrix} -1 \\ -1 \\ 0 \end{pmatrix} + s \cdot \begin{pmatrix} -1 \\ 2 \\ 0 \end{pmatrix} - r \cdot \begin{pmatrix} 1 \\ -1 \\ 2 \end{pmatrix}\right] * \begin{pmatrix} -1 \\ 2 \\ 0 \end{pmatrix} = -1 + s \cdot 5 - r \cdot (-3) = 0.$$

Das Gleichungssystem $-3s - 6r = 0 \wedge 5s + 3r = 1$ hat die Lösungen $r = -\frac{1}{7} \wedge s = \frac{2}{7}$;

$$|\overrightarrow{PQ}| = \left|\begin{pmatrix} -1 \\ -1 \\ 0 \end{pmatrix} + \frac{2}{7} \cdot \begin{pmatrix} -1 \\ 2 \\ 0 \end{pmatrix} - \left(-\frac{1}{7}\right) \cdot \begin{pmatrix} 1 \\ -1 \\ 2 \end{pmatrix}\right| = \left|\begin{pmatrix} -\frac{8}{7} \\ -\frac{4}{7} \\ \frac{2}{7} \end{pmatrix}\right| = \sqrt{\frac{84}{49}} = \sqrt{\frac{12}{7}} \approx 1{,}309.$$

## INFO Vektorprodukt

**G8** <u>Nur LF:</u> **Das Vektorprodukt zur Berechnung von Dreiecksflächen und von Spatvolumina verwenden**

Mithilfe des Vektorprodukts kann man einen zu den beiden Vektoren $\vec{a}$ und $\vec{b}$ einen orthogonalen Vektor berechnen, vgl. Basiswissen **F5**.

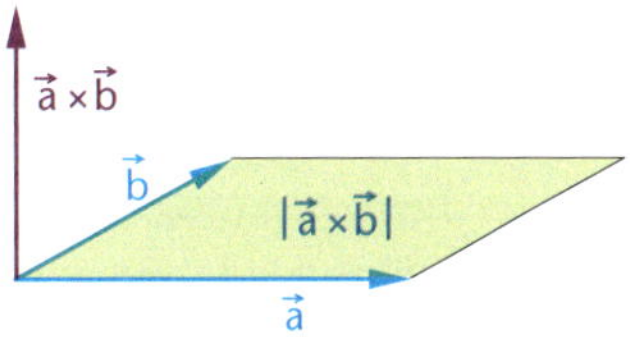


Das Vektorprodukt $\vec{a} \times \vec{b}$ hat folgende geometrische Eigenschaften:

(1) $\vec{a} \times \vec{b}$ ist orthogonal zu $\vec{a}$ und $\vec{b}$.

(2) Der Betrag des Vektorprodukts gibt den Flächeninhalt des von den Vektoren $\vec{a}$, $\vec{b}$ aufgespannten Parallelogramms an; es gilt nämlich:

$|\vec{a} \times \vec{b}| = |\vec{a}| \cdot |\vec{b}| \cdot \sin(\varphi)$, wobei $\varphi$ der von $\vec{a}$, $\vec{b}$ aufgespannte Winkel ist.

(3) Folgerung: Für $\vec{a}, \vec{b} \neq \vec{o}$ gilt: $\vec{a} \cdot \vec{b} = \vec{o} \Leftrightarrow \vec{a}, \vec{b}$ sind Vielfache voneinander.

(4) Wegen der Eigenschaft $|\vec{a} \times \vec{b}| = |\vec{a}| \cdot |\vec{b}| \cdot \sin(\varphi)$ gibt der Betrag des Vektorprodukts den Flächeninhalt des von den Vektoren $\vec{a}$, $\vec{b}$ aufgespannten Parallelogramms an.

Für den Flächeninhalt des von den beiden Vektoren aufgespannten Dreiecks gilt daher: $A_{Dreieck} = \frac{1}{2} \cdot |\vec{a} \times \vec{b}|$.

(5) Für das Volumen eines von den Vektoren $\vec{a}$, $\vec{b}$, $\vec{c}$ aufgespannten Spats gilt:

$V = |(\vec{a} \times \vec{b}) * \vec{c}|$.

Der Vektor $\vec{a} \times \vec{b}$ steht orthogonal zu der von $\vec{a}$, $\vec{b}$ aufgespannten Grundfläche und sein Betrag ist gleich dem Flächeninhalt der Bodenfläche. Bildet man das Skalarprodukt von $\vec{a} \times \vec{b}$ mit dem Vektor $\vec{c}$, dann gilt:

$(\vec{a} \times \vec{b}) * \vec{c} = |\vec{a} \times \vec{b}| \cdot |\vec{c}| \cdot \cos(\varphi)$, wobei $\varphi$ der Winkel zwischen $\vec{a} \times \vec{b}$ und $\vec{c}$ ist.

Der Betrag $|\vec{c}| \cdot \cos(\varphi)$ gibt gerade die Länge der Höhe des Spats an (orthogonale Projektion von $\vec{c}$ auf $\vec{a} \times \vec{b}$, vgl. Basiswissen **G2**).

### Beispiele

(1) *Flächeninhalt eines Dreiecks:* $\vec{u} = \begin{pmatrix} 3 \\ 1 \\ 0 \end{pmatrix}$ und $\vec{v} = \begin{pmatrix} 2 \\ -1 \\ 4 \end{pmatrix}$ spannen ein Parallelogramm auf

mit dem Flächeninhalt: $|\vec{u} \times \vec{v}| = \left|\begin{pmatrix} 4 \\ -12 \\ -5 \end{pmatrix}\right| = \sqrt{16 + 144 + 25} = \sqrt{185} \approx 13{,}60$ FE.

Das von $\vec{u}$ und $\vec{v}$ aufgespannte Dreieck hat den Flächeninhalt $A = \frac{1}{2} \cdot |\vec{u} \times \vec{v}| \approx 6{,}80$ FE.

(2) *Volumen eines Spats:* $\vec{a} = \begin{pmatrix} 1 \\ -2 \\ 1 \end{pmatrix}$, $\vec{b} = \begin{pmatrix} 3 \\ 1 \\ -2 \end{pmatrix}$ und $\vec{c} = \begin{pmatrix} 2 \\ -1 \\ 1 \end{pmatrix}$ spannen einen Spat auf.

Für das Volumen des Spats gilt:

$$V = |(\vec{a} \times \vec{b}) * c| = \left|\left(\begin{pmatrix} 1 \\ -2 \\ 1 \end{pmatrix} \times \begin{pmatrix} 3 \\ 1 \\ -2 \end{pmatrix}\right) * \begin{pmatrix} 2 \\ -1 \\ 1 \end{pmatrix}\right| = \left|\begin{pmatrix} 3 \\ 5 \\ 7 \end{pmatrix} * \begin{pmatrix} 2 \\ -1 \\ 1 \end{pmatrix}\right| = |6 - 5 + 7| = 8 \text{ VE}$$

# H Beschreibende Statistik

## INFO Häufigkeitsverteilung

### H1 Mittelwert und Stichprobenstreuung einer Häufigkeitsverteilung bestimmen

(1) **Häufigkeitsverteilung**
Bei Erhebungen erfasst man, mit welchen **absoluten** oder **relativen Häufigkeiten** die verschiedenen möglichen **Ausprägungen** eines **Merkmals** auftreten. Eine Tabelle, in der jeder Ausprägung eines betrachteten Merkmals die relative Häufigkeit zugeordnet wird und in der die Summe der relativen Häufigkeiten 1 beträgt, wird als **Häufigkeitsverteilung** dieses Merkmals bezeichnet.
Die Häufigkeitsverteilung eines quantitativen Merkmals, also eines Merkmals, dessen Ausprägungen Zahlen sind, lässt sich durch Lage- und Streumaße charakterisieren.

(2) **Arithmetisches Mittel**
Das arithmetische Mittel $\bar{x}$ von m Merkmalswerten $x_1, x_2, \ldots, x_m$, erhält man, indem man die m Zahlen addiert und die Summe durch m teilt:

$$\bar{x} = \frac{1}{m} \cdot (x_1 + x_2 + \ldots + x_m) = \frac{1}{m} \sum_{i=1}^{m} x_i$$

Wenn die verschiedenen Merkmalswerte nicht nur einmal, sondern mit den absoluten Häufigkeiten $H(x_1), H(x_2), \ldots, H(x_m)$ auftreten, dann berechnet man zunächst die Gesamtzahl der Werte $n = H(x_1) + H(x_2) + \ldots + H(x_m)$ und hiermit dann das arithmetische Mittel:

$$\bar{x} = \frac{1}{n} \cdot [H(x_1) \cdot x_1 + H(x_2) \cdot x_2 + \ldots + H(x_m) \cdot x_m] = \frac{1}{n} \sum_{i=1}^{m} H(x_i) \cdot x_i$$

Sind statt der absoluten Häufigkeiten $H(x_1), H(x_2), \ldots, H(x_m)$ die relativen Häufigkeiten $h(x_1), h(x_2), \ldots, h(x_m)$ gegeben, dann berechnet sich das **arithmetische Mittel $\bar{x}$ der Häufigkeitsverteilung** nach der Formel

$$\bar{x} = h(x_1) \cdot x_1 + h(x_2) \cdot x_2 + \ldots + h(x_m) \cdot x_m = \sum_{i=1}^{m} h(x_i) \cdot x_i$$

Man bezeichnet $\bar{x}$ auch als **gewichtetes Mittel** der Merkmalswerte $x_1, x_2, \ldots, x_m$.

(3) **Streuung**
Die mittlere quadratische Abweichung der Daten einer Stichprobe vom Mittelwert $\bar{x}$ wird auch als **empirische Varianz $\bar{s}^2$** bezeichnet.

Für m einzelne Daten: $\bar{s}^2 = \frac{1}{m} \cdot [(x_1 - \bar{x})^2 + (x_2 - \bar{x})^2 + \ldots + (x_m - \bar{x})^2] = \frac{1}{m} \sum_{i=1}^{m} (x_i - \bar{x})^2$

Für eine Häufigkeitsverteilung mit relativen Häufigkeiten $h(x_1), h(x_2), \ldots, h(x_m)$ gilt entsprechend:

$$\bar{s}^2 = (x_1 - \bar{x})^2 \cdot h(x_1) + (x_2 - \bar{x})^2 \cdot h(x_2) + \ldots + (x_m - \bar{x})^2 \cdot h(x_m) = \sum_{i=1}^{m} (x_i - \bar{x})^2 \cdot h(x_i)$$

Die Wurzel $\bar{s}$ aus der empirischen Varianz wird als **empirische Standardabweichung** oder auch als **Stichprobenstreuung** bezeichnet.
Den Term für $\bar{s}^2$ kann man umformen und erhält eine vereinfachte Berechnungsformel:

$$\bar{s}^2 = [x_1^2 \cdot h(x_1) + x_2^2 \cdot h(x_2) + x_3^2 \cdot h(x_3) + \ldots + x_m^2 \cdot h(x_m)] - \bar{x}^2$$

(4) **Perzentile, Quartile, Boxplots**
Man kann das Streuverhalten einer Datenmenge auch dadurch beschreiben, dass Perzentile der Datenmenge bestimmt werden: Dazu ordnet man die Werte der Datenmenge und untersucht, welche Daten kleiner oder gleich einem bestimmten Anteil P % der gesamten Datenmenge sind.

*(Forts. nächste Seite)*

Es ist auch üblich, für eine Datenmenge den kleinsten Wert (0 %-Perzentil), das untere Quartil (25 %-Perzentil), den Median (50 %-Perzentil), das obere Quartil (75 %-Perzentil) und den größten Wert (100 %-Perzentil) anzugeben und in Form eines sogenannten Boxplots darzustellen. Dann benutzt man den Median als Lagemaß und den Quartilabstand (= oberes Quartil – unteres Quartil) als Streuungsmaß für die Häufigkeitsverteilung.

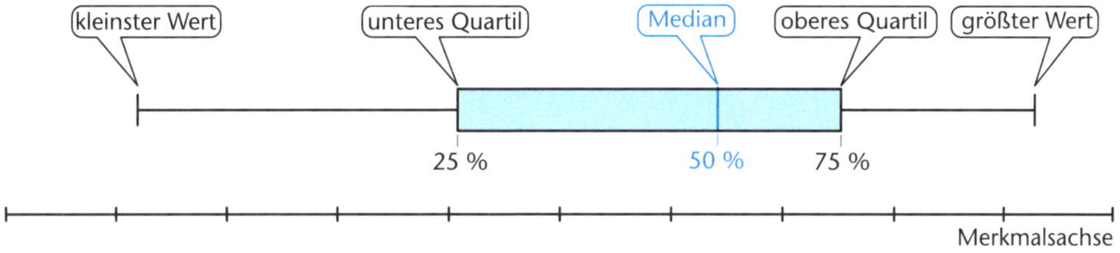


**Beispiele**

(1) *Arithmetisches Mittel einer Häufigkeitsverteilung mit absoluten Häufigkeiten:*
In einem Kurs wurde erfasst, wie viele Schüler/innen Geschwister haben:

| Anzahl k der Geschwister | 0 | 1 | 2 | 3 |
|---|---|---|---|---|
| absolute Häufigkeit H (k) der Schüler/innen mit k Geschwistern | 11 | 9 | 4 | 1 |

Insgesamt sind in der Häufigkeitverteilung mit absoluten Häufigkeiten $n = 11 + 9 + 4 + 1 = 25$ Daten erfasst; das arithmetische Mittel ist daher

$\overline{x} = \frac{1}{25} \cdot (11 \cdot 0 + 9 \cdot 1 + 4 \cdot 2 + 1 \cdot 3) = \frac{20}{25} = 0{,}8.$

Im Mittel haben die Schüler/innen des Kurses also 0,8 Geschwister.

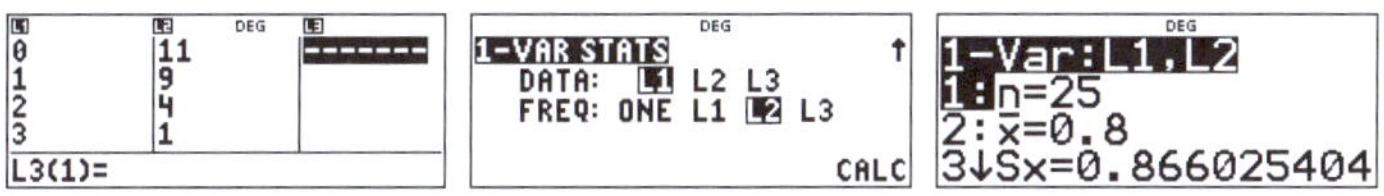


(2) *Arithmetisches Mittel einer Häufigkeitsverteilung mit relativen Häufigkeiten:*
In einer großen Stichprobe wurde die Anzahl der nicht-volljährigen Kinder in Haushalten erfasst:

| Anzahl k der Kinder | 0 | 1 | 2 | 3 | 4 | 5 |
|---|---|---|---|---|---|---|
| relative Häufigkeit h (k) der Familien mit k Kindern | 48,3 % | 21,1 % | 21,3 % | 6,9 % | 1,8 % | 0,6 % |

Wäre dies beispielsweise eine Stichprobe vom Umfang n = 1000 gewesen, dann hätte man das arithmetische Mittel wie in (1) berechnen können:

$\overline{x} = \frac{1}{1000} \cdot (483 \cdot 0 + 211 \cdot 1 + 213 \cdot 2 + 69 \cdot 3 + 18 \cdot 4 + 6 \cdot 5) = \frac{946}{1000} = 0{,}946.$

Im Mittel sind in den erfassten Haushalten etwa 0,95 Kinder. Die empirische Standardabweichung $\overline{s}$ beträgt hier ungefähr 1,1.

*Hinweis*: Die Angabe n = 1 im WTR ist so zu deuten: Die Summe der eingegebenen relativen Häufigkeiten ist 1 (= 100 %); dies ist eine wichtige Kontrollmöglichkeit für die Dateneingabe. Die empirische Standardabweichung wird im WTR als σx bezeichnet.

# I Wahrscheinlichkeitsrechnung

## INFO Baumdigramme

### I1 Mehrstufige Zufallsversuche mithilfe von Baumdiagrammen beschreiben

Mehrstufige Zufallsversuche lassen sich mithilfe eines Baumdiagramms darstellen.
Zu jedem möglichen Ergebnis des Zufallsversuchs gehört ein Pfad im Baumdiagramm.
Je nach Fragestellung kann es sinnvoll sein, mehrere Ergebnisse zu einem Ereignis zusammenzufassen und nur ein reduziertes Baumdiagramm zu zeichnen.

**Beispiel** *Darstellung des 3-fachen Würfelns mithilfe eines Baumdiagramms*

Interessiert man sich beim dreifachen Würfeln nur dafür, ob Augenzahl 6 auftritt, so ist die Darstellung in einem reduzierten Baumdiagramm zweckmäßig, in dem die Ergebnisse Augenzahl 1, 2, 3, 4, 5 zum Ereignis *Keine 6* zusammengefasst werden.

Betrachtet man das Ereignis *Mindestens eine 6 in drei Würfen*, so kann man das zugehörige Baumdiagramm noch weiter reduzieren und die Pfade nur jeweils beim Ereignis keine 6 weiter fortsetzen.

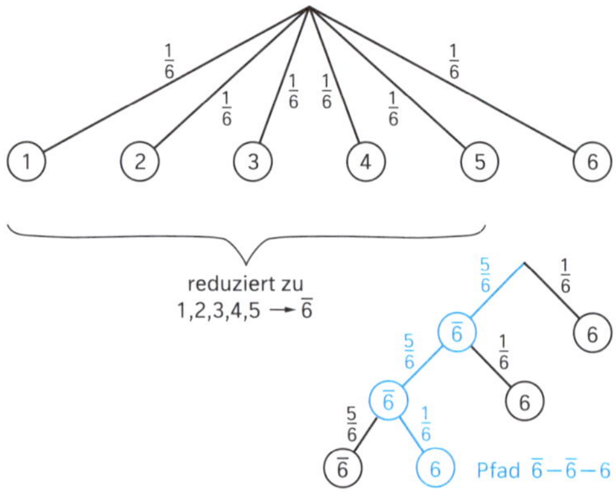


## INFO Kombinatorik

### I2 Die Anzahl der Möglichkeiten mithilfe der Grundregel der Kombinatorik bestimmen

(1) Die **Grundregel der Kombinatorik** besagt: Besteht ein Zufallsversuch aus k Stufen und ist die Anzahl der möglichen Ergebnisse auf den einzelnen Stufen gleich $m_1, m_2, \ldots, m_k$, dann hat der Zufallsversuch ingesamt $m_1 \cdot m_2 \cdot \ldots \cdot m_k$ verschiedene mögliche Ergebnisse. Diese Grundregel kann man mithilfe von Baumdiagrammen veranschaulichen.

(2) Die Grundregel der Kombinatorik lässt sich bei der Untersuchung von Ziehvorgängen anwenden:
Beim k-fachen Ziehen aus einer Urne mit n unterscheidbaren Kugeln sind folgende Fälle zu unterscheiden:
- Beim **Ziehen mit Zurücklegen** (mit Wiederholung) gibt es $n^k$ verschiedene Möglichkeiten.
- Beim **Ziehen ohne Zurücklegen** (ohne Wiederholung) gibt es $n \cdot (n-1) \cdot \ldots \cdot (n-k+1)$ verschiedene Möglichkeiten.
- Beim **Ziehen mit einem Griff** gibt es $\binom{n}{k} = \frac{n \cdot (n-1) \cdot \ldots \cdot (n-k+1)}{k \cdot (k-1) \cdot \ldots \cdot 1} = \frac{n!}{k! \cdot (n-k)!}$ verschiedene Möglichkeiten.*)

*Sonderfall* beim Ziehen ohne Zurücklegen: Für das vollständige Leeren einer Urne mit n Kugeln gibt es n! Möglichkeiten; hierdurch werden die n Kugeln in eine Reihenfolge gebracht.

Konsequenz: Es gibt n! Möglichkeiten, n Dinge anzuordnen.

(3) Für **Stichprobennahmen** ergibt sich aus (2)
Nimmt man in einer Gesamtheit vom Umfang n eine Stichprobe vom Umfang k,

so sind $\binom{n}{k} = \frac{n \cdot (n-1) \cdot \ldots \cdot (n-k+1)}{k \cdot (k-1) \cdot \ldots \cdot 1}$ verschiedene Stichproben dieser Art möglich.

Bei Stichprobennahmen handelt es sich um einen Ziehvorgang ohne Zurücklegen (vergleiche Zähler des Bruchs), bei dem aber die Reihenfolge der Ziehung keine Rolle spielt (vergleiche Nenner des Bruchs); daher könnte die Ziehung auch mit einem Griff erfolgen. Die natürlichen Zahlen $\binom{n}{k}$ werden auch als **Binomialkoeffizienten** bezeichnet.

*)Für das Produkt aufeinander folgender natürlicher Zahlen $n \cdot (n-1) \cdot \ldots \cdot 3 \cdot 2 \cdot 1$ schreibt man kurz: n! (n Fakultät) – Sonderfälle: 0! = 1, 1! = 1.

**Beispiele**

(1) Stehen auf einer Speisekarte drei verschiedene Vorspeisen, vier verschiedene Hauptgerichte und zwei Desserts, dann kann man insgesamt $3 \cdot 4 \cdot 2 = 24$ verschiedene Essen zusammenstellen, darstellbar durch ein Baumdiagramm mit drei Verzweigungen auf der 1. Stufe, vier auf der 2. Stufe, zwei auf der 3. Stufe.

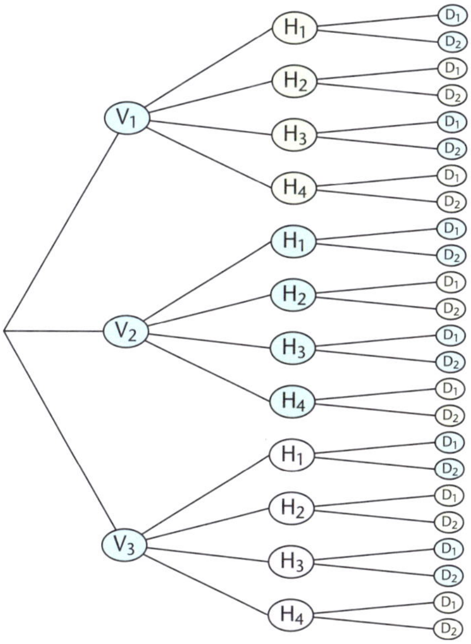


(2) In einer Klasse mit 30 Schülern/innen kann man fünf Freikarten auf verschiedene Arten verteilen:
- Man wählt 5 Schüler/innen mithilfe eines Glücksrads aus (Ziehen mit Wiederholung): $30^5$ Möglichkeiten.
- Man wählt 5 Schüler/innen durch einzelnes Ziehen von Namenszetteln aus (Ziehen ohne Wiederholung): $30 \cdot 29 \cdot 28 \cdot 27 \cdot 26$ Möglichkeiten.
- Man zieht fünf Namenszettel auf einmal: $\binom{30}{5} = \frac{30 \cdot 29 \cdot 28 \cdot 27 \cdot 26}{5 \cdot 4 \cdot 3 \cdot 2 \cdot 1}$ Möglichkeiten.

(3) Beim Lottospiel 6 aus 49 kreuzt man 6 Zahlen an – hierfür gibt es
$\binom{49}{6} = 13\,983\,816$ Möglichkeiten.

(4) Anwendung von (3):
Die Wahrscheinlichkeit, vier Zahlen richtig getippt zu haben, berechnet sich zu
$\frac{\binom{6}{4}\binom{43}{2}}{\binom{49}{6}} = \frac{13545}{13\,983\,816}$, denn es gibt 6 Gewinnzahlen, von denen 4 auf dem Tippzettel vorkommen, und 43 Nicht-Gewinnzahlen, von denen 2 auf dem Tippzettel vorkommen.

## INFO Pfadregeln

### I3 Wahrscheinlichkeiten mithilfe der Pfadregeln berechnen

Zur Berechnung von Pfadwahrscheinlichkeiten dienen die folgenden Regeln:

- **Pfadmultiplikationsregel:** Die Wahrscheinlichkeit eines Pfades ist gleich dem Produkt der Wahrscheinlichkeiten längs dieses Pfades.
- **Pfadsummenregel:** Gehören zu einem Ereignis mehrere Pfade, so ist die Wahrscheinlichkeit des Ereignisses gleich der Summe der Wahrscheinlichkeiten aller zum Ereignis gehörenden Pfade. Die Summe der Wahrscheinlichkeiten nach einer Verzweigung ist immer gleich 1.
- **Komplementärregel:** Kennt man die Wahrscheinlichkeit eines Ereignisses E, so kennt man auch die Wahrscheinlichkeit des Gegenereignisses $\overline{E}$:
  $P(\overline{E}) + P(E) = 1$, also gilt $P(\overline{E}) = 1 - P(E)$.

**Beispiel** *Anwendung der Komplementärregel beim 3-fachen Würfeln*

Das Gegenereignis zu E: *Mindestens einmal 6 in drei Würfen* ist $\overline{E}$: *Keine 6 in drei Würfen*.
Aus der Komplementärregel folgt dann für die Wahrscheinlichkeit von E:

$$P(E) = 1 - P(\overline{E}) = 1 - \left(\frac{5}{6}\right)^3 = 1 - \frac{125}{216} = \frac{91}{216}.$$

*Hinweis*: In Aufgabenstellungen, in denen das Wort „mindestens“ vorkommt, kann man oft die Komplementärregel anwenden.

## INFO Bedingte Wahrscheinlichkeiten

### I4 Bedingte Wahrscheinlichkeiten mithilfe von Vierfeldertafeln oder umgekehrten Baumdiagrammen bestimmen

In einer **Vierfeldertafel** wird erfasst, mit welchen absoluten oder relativen Häufigkeiten zwei Merkmalsausprägungen zweier Merkmale auftreten und in welcher Kombination dies geschieht. Besitzt ein Merkmal mehr als zwei interessierende Ausprägungen, so wird die Vierfeldertafel zu einer **Mehrfeldertafel** erweitert.
Die Daten aus der Vierfeldertafel lassen sich auf zwei Arten in einem zweistufigen Baumdiagramm wiedergeben (auf der 1. Stufe wird das eine, auf der 2. Stufe das andere Merkmal betrachtet).
Umgekehrt lassen sich mit den Daten aus einem Baumdiagramm sowohl eine Vierfeldertafel als auch das andere **(„umgekehrte“) Baumdiagramm** entwickeln.

**Beispiel** *Darstellung von statistischen Daten als Baumdiagramm bzw. Mehrfeldertafel*

Bei einer Wahl in einer Stadt treten drei Kandidaten X, Y, Z an. Es wird in zwei Bezirken, der Oberstadt (O) und der Unterstadt (U) gewählt. Die Daten werden aufgeschlüsselt in einer Mehrfeldertafel dargestellt. Anstelle der absoluten Häufigkeiten könnten auch relative Häufigkeiten (h) angegeben werden.

| Wahl | X | Y | Z | gesamt |
|---|---|---|---|---|
| O | $H(X \cap O) = 1400$ | $H(Y \cap O) = 1100$ | $H(Z \cap O) = 500$ | $H(O) = 3000$ |
| U | $H(X \cap U) = 600$ | $H(Y \cap U) = 700$ | $H(Z \cap U) = 700$ | $H(U) = 2000$ |
| gesamt | $H(X) = 2000$ | $H(Y) = 1800$ | $H(Z) = 1200$ | $H(\Omega) = 5000$ |

Da keiner der drei Kandidaten eine absolute Mehrheit der Stimmen erreichen konnte, wird in einem weiteren Wahlgang eine Stichwahl zwischen X und Y durchgeführt

Wahl nach Bezirken

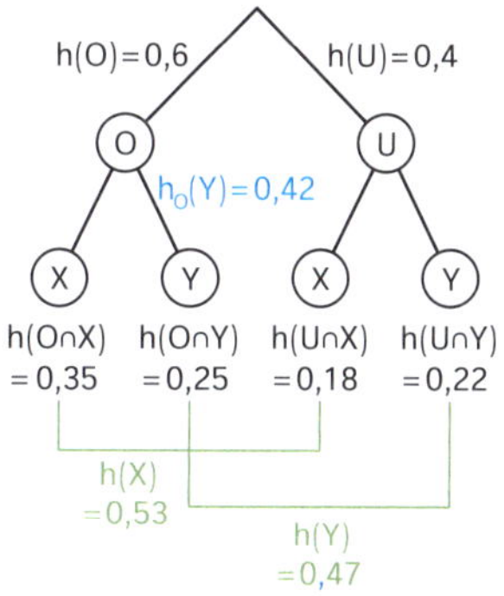


Vierfeldertafel

| Wahl | X | Y | ges. |
|---|---|---|---|
| O | $h(X \cap O) = 35\%$ | $h(Y \cap O) = 25\%$ | $h(O) = 60\%$ |
| U | $h(X \cap U) = 18\%$ | $h(Y \cap U) = 22\%$ | $h(U) = 40\%$ |
| ges. | $h(X) = 53\%$ | $h(Y) = 47\%$ | $h(\Omega) = 1$ |

Wahl nach Kandidaten

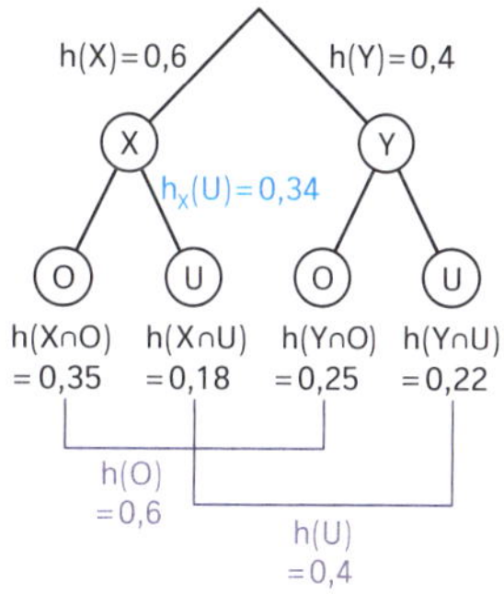


Wählt man irgendeine Person zufällig aus der betrachteten Gesamtheit aus, so lassen sich die relativen Häufigkeiten als Wahrscheinlichkeiten auffassen. Bei den Darstellungen in den Vier- oder Mehrfeldertafeln sowie den Baumdiagrammen ändert sich dann nur die Bezeichnung (P(X) statt h(X) usw.)

*Hinweis*: Die Wahrscheinlichkeiten auf der 2. Stufe der Baumdiagramme sind **bedingte Wahrscheinlichkeiten,** die nicht mit den Pfadwahrscheinlichkeiten verwechselt werden dürfen! Bedingte Wahrscheinlichkeiten lassen sich mithilfe der Pfadregeln aus dem Baumdiagramm ermitteln oder als Quotienten innerhalb der Zeilen oder Spalten der zugehörigen Vier- oder Mehrfeldertafeln.

Für die Wahrscheinlichkeit, dass jemand aus der Oberstadt Kandidat Y gewählt hat, gilt z. B.:

$$P(O) \cdot P_O(Y) = P(O \cap Y), \text{ also } P_O(Y) = \frac{P(O \cap Y)}{P(O)} = \frac{0{,}25}{0{,}6} = 0{,}41\overline{6} \approx 42\,\%.$$

Für die Wahrscheinlichkeit, dass jemand, der Kandidat X gewählt hat, in der Unterstadt lebt, gilt:

$$P(X) \cdot P_X(U) = P(X \cap U), \text{ also } P_X(U) = \frac{P(X \cap U)}{P(X)} = \frac{0{,}18}{0{,}53} \approx 0{,}3396 \approx 34\,\%.$$

## INFO Satz von Bayes

### I5 Bedingte Wahrscheinlichkeiten mithilfe des Satzes von Bayes bestimmen

Ist A ein Ereignis, das von Interesse ist, und B eine Bedingung, unter der man das Ereignis A betrachtet, dann kann man die bedingte Wahrscheinlichkeit $P_B(A)$ für das **Ereignis A unter der Bedingung B** mithilfe des Satzes von Bayes unmittelbar berechnen:

$P(B) = P(A \cap B) + P(\overline{A} \cap B) = P(A) \cdot P_A(B) + P(A) \cdot P_{\overline{A}}(B)$, also

$$P_B(A) = \frac{P(A \cap B)}{P(B)} = \frac{P(A) \cdot P_A(B)}{P(A) \cdot P_A(B) + P(\overline{A}) \cdot P_{\overline{A}}(B)}.$$

**Beispiel** *Anwendung der Formel des Satzes von Bayes*

*Hinweis*: Mithilfe der Formel des Satzes von Bayes kann man bedingte Wahrscheinlichkeiten direkt berechnen, ohne auf Vierfeldertafel oder Baumdiagramm (vgl. **I3**) zurückzugreifen.

Gegebene Infos (siehe Beispiel zu **I4**):
$P(O) = 0{,}6$; $P(U) = 0{,}4$; $P_O(Y) = 0{,}42$, also $P_O(X) = 0{,}58$; $P_U(X) = \frac{0{,}18}{0{,}4} = 0{,}45$,
also $P_U(Y) = 0{,}55$.

Gesucht wird die bedingte Wahrscheinlichkeit, dass ein Wähler von Kandidat X aus der Unterstadt kommt. Nach der Formel des Satzes von Bayes gilt:

$$P_X(U) = \frac{P(X \cap U)}{P(X)} = \frac{P(U) \cdot P_U(X)}{P(X \cap U) + P(X \cap O)} = \frac{P(U) \cdot P_U(X)}{(P(U) \cdot P_U(X) + P(O) \cdot P_O(X)} = \frac{0{,}4 \cdot 0{,}45}{0{,}4 \cdot 0{,}45 + 0{,}6 \cdot 0{,}58} \approx 0{,}34 = 34\,\%.$$

Die Wähler von Kandidat X kommen aus der Unterstadt und der Oberstadt. Fasst man diese Anteile zusammen, dann spricht man von der totalen Wahrscheinlichkeit für das Ereignis X:
$P(X) = P(X \cap U) + P(X \cap O) = P(U) \cdot P_U(X) + P(O) \cdot P_O(X) = 0{,}53$.

## INFO Stochastische Unabhängigkeit

### I6 Überprüfen, ob zwei Ereignisse stochastisch voneinander abhängig oder unabhängig sind

Zwei Ereignisse A und B sind **stochastisch voneinander unabhängig**, wenn die Bedingung $P(A) \cdot P(B) = P(A \cap B)$ erfüllt ist, andernfalls sind die beiden Ereignisse **stochastisch voneinander abhängig**.

**Beispiel** *Wahlanalyse*

$P(X) = 0{,}6$; $P(U) = 0{,}4$; also $P(X) \cdot P(U) = 0{,}24$, aber $P(X \cap U) = 0{,}18$.
Die beiden Ereignisse sind also stochastisch voneinander abhängig (d. h., die Stimmenanteile des Kandidaten X hängen vom Wohnort der Wähler/innen ab).

# J Wahrscheinlichkeitsverteilungen

## INFO Wahrscheinlichkeitsverteilungen

### J1 Wahrscheinlichkeitsverteilungen einer (diskreten) Zufallsgröße bestimmen

Zufallsgrößen sind Funktionen, die jedem Ergebnis eines Zufallsversuchs eine (reelle) Zahl zuordnen. Ist die Anzahl der Funktionswerte dieser Funktion endlich, z. B. $k = 0, 1, 2, ..., n$ (oder abzählbar unendlich, z. B. $k = 1, 2, 3, ...$), so spricht man von einer diskreten Zufallsgröße.

Wahrscheinlichkeitsverteilungen sind Funktionen, durch die den möglichen Werten einer Zufallsgröße Wahrscheinlichkeiten zugeordnet werden. Elementare Wahrscheinlichkeitsverteilungen kann man als Liste oder in Form einer Tabelle notieren.
Besondere Wahrscheinlichkeitsverteilungen (wie die Binomialverteilung in J3), die gewissen Gesetzmäßigkeiten genügen, lassen sich auch mithilfe eines Funktionsterms beschreiben.

Die Summe aller Wahrscheinlichkeiten einer Wahrscheinlichkeitsverteilung muss immer 1 ergeben.

**Beispiele**

(1) *Diskrete Wahrscheinlichkeitsverteilung mit endlich vielen Werten:*

Wenn das rechts abgebildete Glücksrad anhält, dann weist der Zeiger auf einen der Sektoren mit der Beschriftung 0, 1, 2 oder 3. Mögliche Werte („Realisierungen") der Zufallsgröße sind also die in den Sektoren aufgeführten Zahlenwerte $k = 0, 1, 2, 3$.
Im Sachkontext könnte dies etwa bedeuten: Ist X: *Ausgezahlter Betrag (in €)*, dann entspricht dies je nach Ergebnis einer Auszahlung von 0 €, 1 €, 2 € oder 3 €.

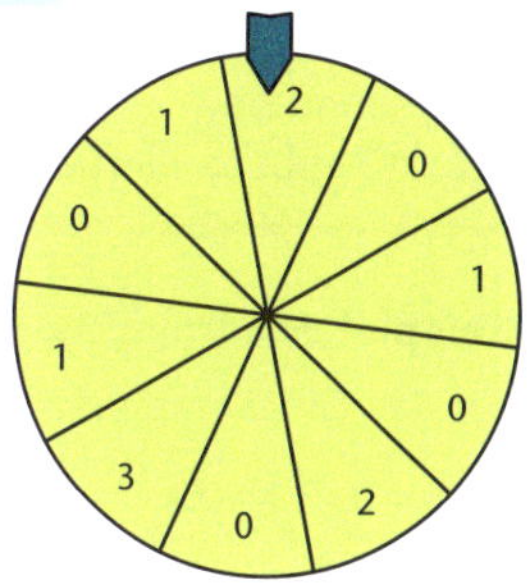


| k | P(X = k) |
|---|---|
| 0 | $\frac{4}{10}$ |
| 1 | $\frac{3}{10}$ |
| 2 | $\frac{2}{10}$ |
| 3 | $\frac{1}{10}$ |

Die in der Tabelle enthaltene Zuordnung Werte der Zufallsgröße → zugehörige Wahrscheinlichkeit ist eine Wahrscheinlichkeitsverteilung, denn es gilt:

$$P(X = 0) + P(X = 1) + P(X = 2) + P(X = 3)$$
$$= \frac{4}{10} + \frac{3}{10} + \frac{2}{10} + \frac{1}{10} = 1.$$

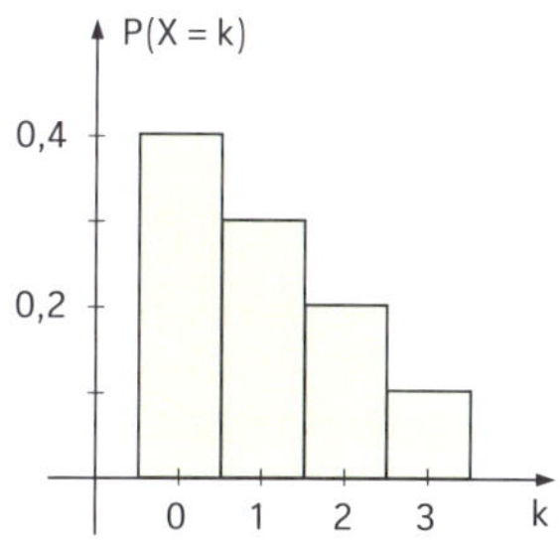


Die Wahrscheinlichkeitsverteilung kann mithilfe eines **Histogramms** (siehe rechts) veranschaulicht werden.

(2) *Diskrete Wahrscheinlichkeitsverteilung mit abzählbar unendlich vielen Werten:*

Bei der Zufallsgröße Y: *Anzahl der Drehungen des Glücksrads bis zum ersten Anhalten beim Sektor „3"* kann die „3" zum ersten Mal bei der 1., 2., 3., ... Drehung auftreten, d. h. $k = 1, 2, 3, 4, ...$

| k | 1 | 2 | 3 | 4 | ... |
|---|---|---|---|---|---|
| P(Y = k) | $\frac{1}{10}$ | $\frac{9}{10} \cdot \frac{1}{10}$ | $\left(\frac{9}{10}\right)^2 \cdot \frac{1}{10}$ | $\left(\frac{9}{10}\right)^3 \cdot \frac{1}{10}$ | ... |

## INFO Kenngrößen einer Zufallsgröße

### J2 Kenngrößen (Erwartungswert, Varianz und Standardabweichung) einer (diskreten) Zufallsgröße berechnen

Der **Erwartungswert E(X) einer Zufallsgröße** ist der gewichtete Mittelwert aller Werte $a_1, a_2, \ldots, a_n$, welche die Zufallsgröße annehmen kann. Statt E(X) ist auch die Bezeichnung $\mu$ üblich:

$$E(X) = \mu = a_1 \cdot P(X = a_1) + a_2 \cdot P(X = a_2) + \ldots + a_n \cdot P(X = a_n) = \sum_{i=1}^{n} a_i \cdot P(X = a_i).$$

Die **Varianz V(X) einer Zufallsgröße** ist die mittlere quadratische Abweichung der Werte $a_1, a_2, \ldots, a_n$ der Zufallsgröße vom Erwartungswert der Zufallsgröße:

$$V(X) = (a_1 - \mu)^2 \cdot P(X = a_1) + (a_2 - \mu)^2 \cdot P(X = a_2) + \ldots + (a_n - \mu)^2 \cdot P(X = a_n)$$
$$= \sum_{i=1}^{n} (a_i - \mu)^2 \cdot P(X = a_i).$$

Dies kann auch notiert werden in der Form $V(X) = E((X - E(X))^2)$ (= Erwartungswert der quadratischen Abweichungen vom Erwartungswert).

Die Quadratwurzel aus der Varianz heißt **Standardabweichung** $\sigma$ der Zufallsgröße X:

$\sigma = \sqrt{V(X)}$.

Für besondere Wahrscheinlichkeitsverteilungen (wie beispielsweise die Binomialverteilung, vgl. J3) gibt es einfache Formeln zur Berechnung dieser Kenngrößen.

**Beispiel** *Erwartungswert und Varianz einer diskreten Zufallsgröße*

Für das Glücksrad im Beispiel zu J1 gilt für den Erwartungswert der Zufallsgröße X:

$$E(X) = 0 \cdot P(X = 0) + 1 \cdot P(X = 1) + 2 \cdot P(X = 2) + 3 \cdot P(X = 3) = 0 \cdot \frac{4}{10} + 1 \cdot \frac{3}{10} + 2 \cdot \frac{2}{10} + 3 \cdot \frac{1}{10} = 1.$$

Der Erwartungswert der Zufallsgröße X: *Ausgezahlter Betrag (in €)* ist 1.

Ein Glücksspiel, bei dem die erwartete Auszahlung dem Spieleinsatz entspricht, wird als **fair** bezeichnet.

Ein fairer Einsatz für das Drehen des Glücksrads wäre also 1 €.

$$V(X) = \sum_{i=0}^{3} (i - 1)^2 \cdot P(X = i) = (-1)^2 \cdot \frac{4}{10} + 0^2 \cdot \frac{3}{10} + 1^2 \cdot \frac{2}{10} + 2^2 \cdot \frac{1}{10} = 1, \quad \sigma = \sqrt{V(X)} = \sqrt{1} = 1.$$

Varianz und Standardabweichung sind bei diesem Glücksrad ebenfalls 1.

## INFO Bernoulli-Versuche

**J3 Wesentliche Eigenschaften von Bernoulli-Versuchen erläutern und Wahrscheinlichkeiten von Ereignissen mithilfe der Bernoulli-Formel oder der Optionen eines TR bestimmen**

Ein Zufallsversuch wird als **Bernoulli-Versuch** bezeichnet, wenn folgende Bedingungen erfüllt sind:

(1) Man entscheidet nur, ob ein bestimmtes Ergebnis („Erfolg") eintritt oder nicht („Misserfolg"), d. h., bei einem Bernoulli-Versuch betrachtet man immer nur zwei mögliche Ausgänge.

(2) Ob auf einer Stufe ein Erfolg oder ein Misserfolg auftritt, hängt nicht von den Ergebnissen anderer Stufen ab, so dass sich bei einer Wiederholung des Versuchs die Wahrscheinlichkeit für einen Erfolg nicht verändert.

Die **Erfolgswahrscheinlichkeit** wird üblicherweise mit p bezeichnet; die **Misserfolgswahrscheinlichkeit** mit $q = 1 - p$.

Zu einem n-stufigen Bernoulli-Versuch (**Bernoulli-Kette**) gehört die Zufallsgröße X: *Anzahl der Erfolge*. Diese gibt also an, auf wie vielen Stufen des n-stufigen Zufallsversuchs ein Erfolg aufgetreten ist. Mögliche Werte der Zufallsgröße sind 0, 1, …, n.

Das Baumdiagramm einer n-stufigen Bernoulli-Kette enthält insgesamt $2^n$ Pfade, da es auf jeder der n Stufen jeweils zwei Verzweigungen gibt.

Die Wahrscheinlichkeitsverteilung der Zufallsgröße X: *Anzahl der Erfolge* wird als **Binomialverteilung** bezeichnet.

Die Wahrscheinlichkeit für genau k Erfolge in n Versuchen kann mithilfe der sog. **Bernoulli-Formel** berechnet werden:
$P(X = k) = \binom{n}{k} \cdot p^k \cdot (1 - p)^{n-k}$.

Der **Binomialkoeffizient** $\binom{n}{k}$ („n über k") gibt die Anzahl der Möglichkeiten an, dass in insgesamt n Versuchen k Erfolge auftreten.
Für die Berechnung des Binomialkoeffizienten gilt:

$$\binom{n}{k} = \frac{n!}{k! \cdot (n - k)!} = \frac{n \cdot (n - 1) \cdot \ldots \cdot (n - k + 1)}{k \cdot (k - 1) \cdot \ldots \cdot 2 \cdot 1}$$

### Beispiele

(1) *Bernoulli-Ketten erkennen und berechnen:*
Typische Zufallsversuche, die man als Bernoulli-Versuche modellieren kann, sind
- Münzwürfe (dabei ist es egal, welche Seite man als Erfolg ansieht und ob die Münze evtl. gezinkt ist),
- Ziehen mit Zurücklegen aus einer Urne mit Kugeln oder einem gemischten Kartenstapel – es muss gewährleistet sein, dass vor jeder Ziehung die gleichen Voraussetzungen bestehen,
- mehrfaches Drehen eines Glücksrads,
- Werfen einer bestimmten Augenzahl mit einem Würfel.

Betrachtet man beim Würfeln z. B. das Auftreten der Augenzahl 6 als Erfolg, so gilt jedes der übrigen Würfelergebnisse als Misserfolg. Da der Würfel „kein Gedächtnis hat", geht man also davon aus, dass sich während des Würfelns die Erfolgswahrscheinlichkeit $p = \frac{1}{6}$ nicht verändert, d. h., es handelt sich also um einen Bernoulli-Versuch.

Beim 5-fachen Würfeln ist die Zufallsgröße X: *Anzahl der Sechsen* binomialverteilt mit den Parametern $n = 5$ und $p = \frac{1}{6}$.

Die Wahrscheinlichkeit für $k = 0, 1, \ldots, 5$ Erfolge (Sechsen) ist $P(X = k) = \binom{5}{k} \cdot \left(\frac{1}{6}\right)^k \cdot \left(\frac{5}{6}\right)^{(5-k)}$.

$P(X = 0) = \binom{5}{0} \cdot \left(\frac{1}{6}\right)^0 \cdot \left(\frac{5}{6}\right)^5 - 0 = \left(\frac{5}{6}\right)^5 \approx 0{,}402$

$P(X = 1) = \binom{5}{1} \cdot \left(\frac{1}{6}\right)^1 \cdot \left(\frac{5}{6}\right)^4 = 5 \cdot \frac{1}{6} \cdot \left(\frac{5}{6}\right)^4 \approx 0{,}402$

$P(X = 2) = 10 \cdot \frac{1}{36} \cdot \left(\frac{5}{6}\right)^3 \approx 0{,}161$

$P(X = 3) = \binom{5}{3} \cdot \left(\frac{1}{6}\right)^3 \cdot \left(\frac{5}{6}\right)^2 \approx 0{,}032$

$P(X = 4) = \binom{5}{4} \cdot \left(\frac{1}{6}\right)^4 \cdot \left(\frac{5}{6}\right)^1 \approx 0{,}0032$

$P(X = 5) = \binom{5}{5} \cdot \left(\frac{1}{6}\right)^5 \cdot \left(\frac{5}{6}\right)^0 = \left(\frac{1}{6}\right)^5 \approx 0{,}00013$

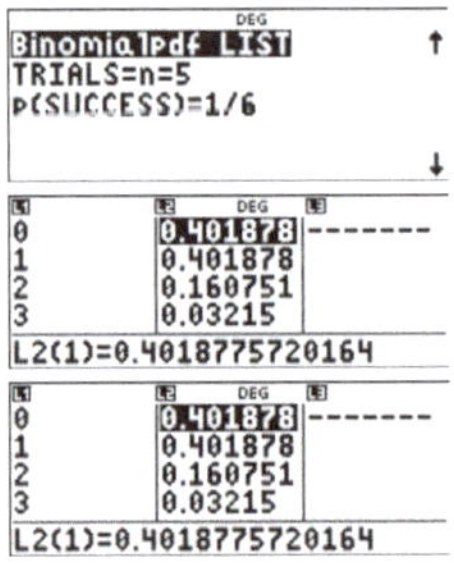


Zeichnet man ein vollständiges Baumdiagramm zu diesem 5-stufigen Bernoulli-Versuch, dann besteht es aus $2^5 = 32$ Pfaden. Davon enthalten z. B. $\binom{5}{2} = 10$ der 32 Pfade genau zweimal eine „6“ (nämlich auf den Stufen (1 und 2) oder (1 und 3) oder (1 und 4) oder (1 und 5) oder (2 und 3) oder (2 und 4) oder (2 und 5) oder (3 und 4) oder (3 und 5) oder (4 und 5).

(2) *Wahrscheinlichkeiten bei Binomialverteilungen mit dem TR bestimmen:*
Bei Menschen unterscheidet man die Blutgruppen 0, A, B sowie AB. In Deutschland haben etwa 41 % der Menschen Blutgruppe 0 und gelten damit als „Universal-Spender“.

An einem Aktionstag kommen 80 Spender in ein Blutspendezentrum, was wie folgt als 80-stufiger Bernoulli-Versuch modelliert werden kann: Die Zufallsgröße X: Anzahl der Blutspender mit Blutgruppe 0 kann als binomialverteilt angesehen werden mit den Parametern $n = 80$ und $p = 0{,}41$.

Die Berechnung der Wahrscheinlichkeiten verschiedener Ereignisse kann mit dem TR erfolgen:

Genau 25 Spender haben Blutgruppe 0:
$P(X = 25) \approx 1{,}9\,\%$

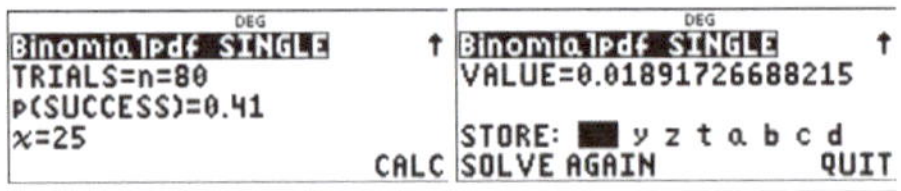


Höchstens 20 Spender haben Blutgruppe 0:
$P(X \leq 20) \approx 0{,}2\,\%$

Mindestens 30 Spender haben Blutgruppe 0:
$P(X \geq 30) \approx 77{,}2\,\%$

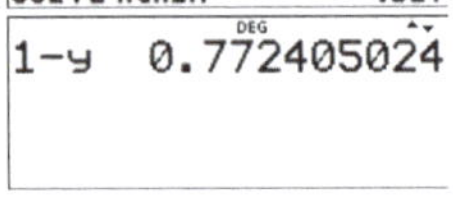


Mehr als 31, aber weniger als 39 Spender haben Blutgruppe 0: $P(31 < X < 39) = P(32 \leq X \leq 38) \approx 51{,}6\,\%$

*Hinweis*: Eine Modellierung mithilfe einer Binomialverteilung könnte in diesem Beispiel problematisch sein, wenn man nicht ausschließen kann, dass unter den erfassten Personen auch miteinander verwandte Personen sind, die – nicht zufällig – gleiche Blutgruppen besitzen.

(3) *Modellierungen – Ziehen mit bzw. ohne Zurücklegen:*
Im Sachzusammenhang muss stets geprüft werden, ob bei einem Vorgang eventuell ein *Ziehen ohne Zurücklegen* vorliegt:

Beim Ziehen aus einer Lostrommel mit n Losen, von denen k Gewinne sind, verändert sich nach jeder Ziehung die Anzahl der Lose und der Anteil der Gewinnlose. In einem Baumdiagramm wird dies dadurch deutlich, dass sich die Wahrscheinlichkeiten auf jeder Stufe ändern. Die Modellierung muss hier mithilfe der sog. **hypergeometrischen Verteilung** erfolgen.

Wenn jedoch das Verhältnis Umfang der Grundgesamtheit zum Umfang der Stichprobe groß ist, können Wahrscheinlichkeiten näherungsweise mithilfe des Modells Ziehen mit Zurücklegen, also mit einem Binomialansatz, berechnet werden.

| Man gewinnt bei einem Glücksrad mit Wahrscheinlichkeit $p = 0{,}1$.<br>X: *Anzahl der Gewinne*<br>(Modell: Binomialverteilung) | 2 von 20 Losen sind Gewinnlose (also 10 %), $n = 3$ Lose werden gekauft<br>X: *Anzahl der Gewinne*<br>(Ziehen ohne Zurücklegen) | 20 von 200 Losen sind Gewinnlose (also 10 %), $n = 3$ Lose werden gekauft<br>X: *Anzahl der Gewinne*<br>(Ziehen ohne Zurücklegen) |
|---|---|---|
| $P(X = 0) \approx 72{,}9\%$ | $P(X = 0) \approx 71{,}6\%$ | $P(X = 0) \approx 72{,}8\,\%$ |
| $P(X = 1) \approx 24{,}3\%$ | $P(X = 1) \approx 26{,}8\%$ | $P(X = 1) \approx 24{,}5\,\%$ |
| $P(X = 2) \approx 2{,}7\%$ | $P(X = 2) \approx 1{,}6\%$ | $P(X = 2) \approx 2{,}6\,\%$ |
| $P(X = 3) \approx 0{,}1\%$ | $P(X = 3) = 0{,}0\%$ | $P(X = 3) \approx 0{,}09\,\%$ |

## INFO Mindestwerte

### J4 Mindestwerte von n bzw. von p zu einer vorgegebenen Mindestwahrscheinlichkeit ermitteln

Häufig interessiert man sich für Fragestellungen der folgenden Art:
(1) Wie oft muss ein Bernoulli-Versuch mindestens durchgeführt werden, damit mit einer **Mindestwahrscheinlichkeit** M mindestens ein Erfolg eintritt?
(2) Wie groß muss die Erfolgswahrscheinlichkeit p eines Bernoulli-Versuchs mindestens sein, damit in n Versuchen mit einer Mindestwahrscheinlichkeit M mindestens ein Erfolg eintritt?
(3) Wie oft muss ein Bernoulli-Versuch mindestens durchgeführt werden, damit mit einer Mindestwahrscheinlichkeit M mindestens k Erfolge eintreten?

Als Ansatz für die Lösung der Fragestellungen (1) und (2) wird die Komplementärregel I3 angewandt:
Das Gegenereignis von *Mindestens ein Erfolg* ist das Ereignis *Kein Erfolg*, d. h., statt der Wahrscheinlichkeit $P(X \geq 1)$ wird $P(X = 0) = (1 - p)^n = q^n$ betrachtet.

Aus $P(X \geq 1) \geq M$, also $1 - P(X = 0) \geq M$ und somit $(1 - p)^n \leq 1 - M$ folgt
bei (1): $n \geq \frac{\log(1 - M)}{\log(1 - p)}$ und bei (2): $p \geq 1 - \sqrt[n]{1 - M}$.

Aufgaben vom Typ (3) müssen durch systematische Suche mithilfe des TR gelöst werden.

**Beispiele**

(1) *Mindestversuchszahl n für mindestens einen Erfolg:*
Eine ältere Maschine arbeitet nicht mehr ganz präzise, so dass 3% der Werkstücke mit Mängeln behaftet sind. Gesucht ist die Anzahl an Werkstücken, die mindestens geprüft werden muss, um mit mindestens M = 99%iger Wahrscheinlichkeit mindestens ein mangelhaftes Werkstück zu finden.

X: *Anzahl der mangelhaften Werkstücke* ist binomialverteilt mit $p = 0{,}03$ und es soll gelten $P(X \geq 1) \geq 0{,}99$.

Anwenden der Komplementärregel ergibt $P(X = 0) = (1 - p)^n \leq 0{,}01 = 1 - M$, also $n \geq \frac{\log(0{,}01)}{\log(0{,}97)} \approx 151{,}2$. Dabei spielt es keine Rolle, welche Logarithmusfunktion verwendet wird.

*Antwort*: Es müssen also mindestens 152 Werkstücke geprüft werden, um mit mindestens 99%iger Wahrscheinlichkeit mindestens ein mangelhaftes Werkstück zu finden.

Der TR bietet als Lösungsmöglichkeiten die Berechnung mithilfe der Logarithmen oder mithilfe der Wertetabelle der Funktion $f(x) = 0{,}97^x$::

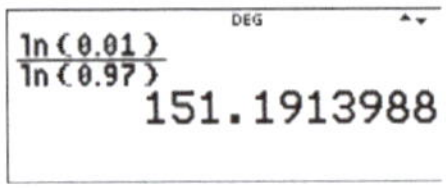

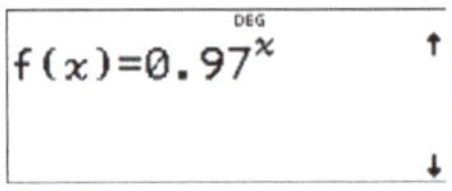

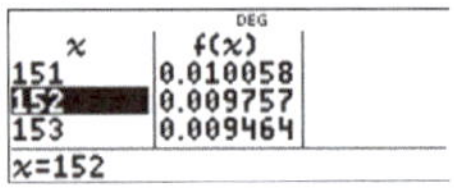


(2) *Mindesterfolgswahrscheinlichkeit p für mindestens einen Erfolg:*
Überraschungskalender mit 24 Türchen werden industriell zufällig mit Täfelchen verschiedener Schokoladensorten befüllt. Gesucht ist die Mindesterfolgswahrscheinlichkeit p, mit der eine bestimmte Sorte in dem Vorratsbehälter enthalten sein muss, damit diese Sorte mit mindestens M = 95 %iger Wahrscheinlichkeit mindestens einmal im Kalender zu finden ist.
X: *Anzahl der Schokotäfelchen einer bestimmten Sorte* ist binomialverteilt mit $n = 24$, $P(X \geq 1) \geq 0{,}95$.

Mit der Komplementärregel ist $P(X=0) = (1-p)^n \leq 0{,}05 = 1 - M$, also $p \geq 1 - \sqrt[24]{0{,}05} \approx 11{,}73\,\%$.

In dem Vorratsbehälter, aus dem die Schokotäfelchen zufällig zum Füllen der Überraschungskalender entnommen werden, muss die bestimmte Sorte also mindestens mit einem Anteil von 11,8 % enthalten sein, damit mit mindestens 95%iger Wahrscheinlichkeit mindestens ein Schokotäfelchen der Sorte im 24er-Kalender zu finden ist.

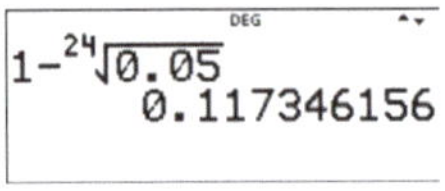

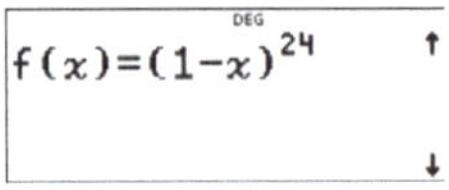

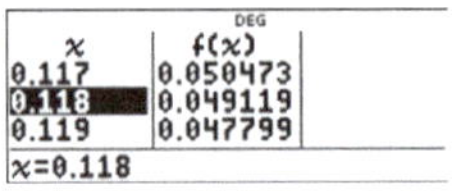


(3) *Berechnung für mindestens k Erfolge:*
Für eine Erhebung werden 500 Personen benötigt;
erfahrungsgemäß sind jedoch nur 75 % der befragten Personen zu Auskünften bereit. Gesucht ist die Anzahl der Personen, die befragt werden sollte, um mit mindestens M = 95%iger Wahrscheinlichkeit mindestens 500 auskunftsbereite Personen zu finden.

X: *Anzahl auskunftsbereiter Personen* ist binomialverteilt mit $p = 0{,}75$; $k \geq 500$;
$P_n(X \geq 500) \geq 0{,}95 = M$.

Aus der Wertetabelle der Binomialverteilung kann man ablesen:
$P_{691}(X \geq 500) \approx 0{,}949 < 0{,}9$; $P_{692}(X \geq 500) \approx 0{,}955 > 0{,}95$.

Es müssen also mindestens 692 Personen befragt werden.

## INFO Kenngrößen einer Binomialverteilung

### J5 Die Kenngrößen Erwartungswert, Varianz und Standardabweichung einer binomialverteilten Zufallsgröße berechnen

Die Verteilung einer binomialverteilten Zufallsgröße X: *Anzahl der Erfolge* wird durch die Kenngrößen **Erwartungswert E(X), Varianz V(X)** und **Standardabweichung σ** charakterisiert. Die Berechnung dieser Kenngrößen kann mithilfe einfacher Formeln erfolgen:

$E(X) = \mu = n \cdot p, \qquad V(X) = \sigma^2 = n \cdot p \cdot (1 - p)$, also $\sigma = \sqrt{n \cdot p \cdot (1 - p)}$.

Die Standardabweichung ist ein Maß für die Streuung der Werte um den Erwartungswert. Im Vergleich zur Versuchszahl n wächst σ weniger stark (nämlich mit $\sqrt{n}$) an, d. h., bei einer Vervierfachung der Versuchszahl wird die „Breite" der Streuung nur etwa doppelt so breit.

**Beispiele**

(1) *Berechnung der Kenngrößen einer binomialverteilten Zufallsgröße:*
Beim 100-fachen Münzwurf zählt die Zufallsgröße X: *Anzahl der Wappen*.
X ist also binomialverteilt mit n = 100 und p = 0,5. Es gilt also:
$E(X) = \mu = n \cdot p = 100 \cdot 0{,}5 = 50$; $V(X) = n \cdot p \cdot (1 - p) = 100 \cdot 0{,}5 \cdot 0{,}5 = 25$; $\sigma = \sqrt{25} = 5$.

Die Wahrscheinlichkeit, dass die Anzahl der Wappen um höchstens zwei Standardabweichungen vom Erwartungswert abweicht, beträgt:
$P(\mu - 2\sigma \le X \le \mu + 2\sigma) = P(40 \le X \le 60) \approx 0{,}9648$.

*Hinweis*: Falls σ > 3, darf nach der sog. Laplace-Faustregel auch die Normalverteilung zur Approximation der Binomialverteilung genutzt werden (vgl. J7).

(2) *Bestimmung der Parameter n und p einer Binomialverteilung aus gegebenen Kenngrößen μ und σ:*
Aus den Angaben über die Kenngrößen einer Binomialverteilung $\mu = 25{,}2$ und $\sigma^2 = 17{,}64$ kann man die zugrundeliegenden Parameter n und p erschließen:

Aus $\mu = n \cdot p$ und $\sigma^2 = n \cdot p \cdot (1 - p) = \mu \cdot (1 - p)$ folgt $\frac{\sigma^2}{\mu} = \frac{17{,}64}{25{,}2} = 0{,}7 = 1 - p$, also $p = 0{,}3$,

und weiter $n = \frac{\mu}{p} = \frac{25{,}2}{0{,}3} = 84$.

## INFO Normalverteilung

### J6 Wahrscheinlichkeiten normalverteilter Zufallsgrößen bestimmen

Eine Funktion f heißt **Dichtefunktion einer stetigen Zufallsgröße X,** wenn folgende Eigenschaften erfüllt sind:

(1) Für alle $x \in \mathbb{R}$ gilt: $f(x) \ge 0$. (2) $P(a \le X \le b) = \int_a^b f(x)\,dx$ (3) $\int_{-\infty}^{+\infty} f(x)\,dx = 1$

Eine stetige Zufallsgröße X heißt **normalverteilt** mit den Parametern μ und σ, wenn ihre zugehörige Dichtefunktion $\varphi_{\mu,\sigma}$ gegeben ist durch

$$\varphi_{\mu,\sigma}(x) = \frac{1}{\sigma \cdot \sqrt{2\pi}} \cdot \exp\left(-\frac{1}{2} \cdot \left(\frac{x-\mu}{\sigma}\right)^2\right).$$

Die Dichtefunktion für den Sonderfall μ = 0 und σ = 1 wird auch als Gauss'sche Dichtefunktion φ oder Dichtefunktion der Standard-Normalverteilung bezeichnet; sie ist definiert durch $\varphi(x) = \frac{1}{\sqrt{2\pi}} \cdot e^{-\frac{x^2}{2}}$.

**Beispiele**

(1) *Wahrscheinlichkeitsberechnungen:*

Die Körpergröße kann näherungsweise mithilfe einer normalverteilten Zufallsgröße modelliert werden. Im Rahmen eines Mikrozensus ergab sich für die Körpergröße von 18- bis 20-jährigen Frauen ein Mittelwert von 1,68 m bei einer Standardabweichung von 6,5 cm.

X: *Körpergröße 18- bis 20-jähriger Frauen (in cm)* ist normalverteilt mit $\mu = 168$ und $\sigma = 6{,}5$.

Dann gilt für die Wahrscheinlichkeit, mit der eine zufällig ausgewählte Frau dieser Altersgruppe ...

... kleiner als 1,65 m ist: $P(X < 165) = \int_{-\infty}^{165} \varphi_{168;\,6,5}(x)\,dx = \Phi_{168;\,6,5}(165) \approx 32{,}2\,\%$

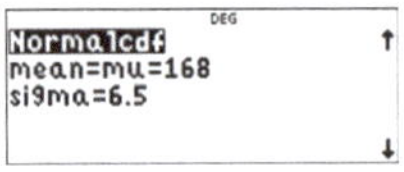

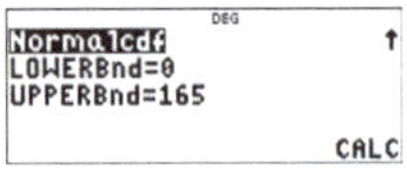

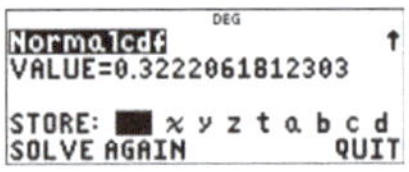


... größer als 1,80 m ist: $P(X > 180) = \int_{180}^{+\infty} \varphi_{168;\,6,5}(x)\,dx = 1 - \Phi_{168;\,6,5}(180) \approx 3{,}2\,\%$

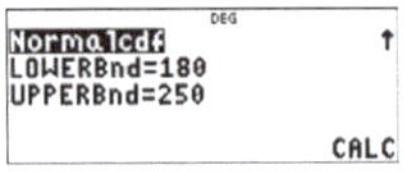

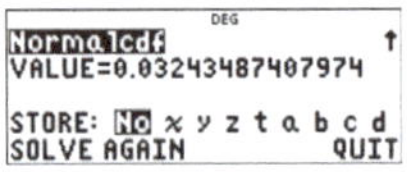


... zwischen 1,70 m und 1,75 m ist:

$$P(170 \le X \le 175) = \int_{170}^{175} \varphi_{168;\,6,5}(x)\,dx$$

$$= \Phi_{168;\,6,5}(175) - \Phi_{168;\,6,5}(170) \approx 23{,}8\,\%$$

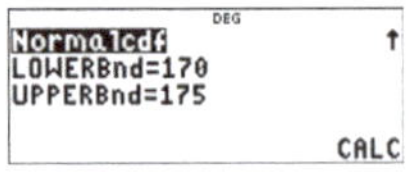

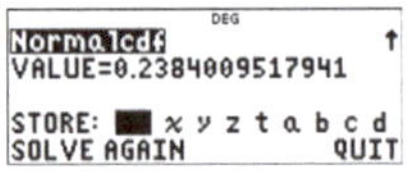


(2) *Klasseneinteilungen:*

Viele Messgrößen wie die Körpergröße in Beispiel 1 sind – mathematisch idealisiert – zwar stetig, werden in der Praxis durch Messgeräte aber nur diskret erfasst (Körpergrößen z. B. in ganzen Zentimetern oder Millimetern), so dass tatsächlich *Klassen* gebildet werden.

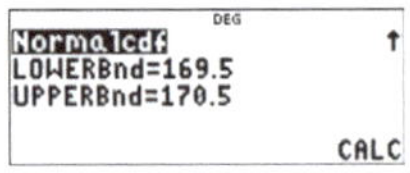

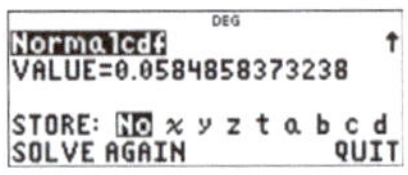


Die Angabe *Die Körpergröße beträgt 1,70 m* bedeutet – wenn nichts anderes angegeben wird – dass die Körpergröße der betr. Person mindestens 1,695 m, aber kleiner als 1,705 m ist.

*Hinweis*: Eigentlich müsste diese Klassenbildung auch bei den Wahrscheinlichkeitsberechnungen in Beispiel 1 beachtet werden. Dass dies bei den o. a. Rechnungen nicht erfolgt ist, entspricht den Musterlösungen der letztjährigen Abituraufgaben.

(3) *Perzentilbestimmung mithilfe der inversen Normalverteilung:*

Mithilfe der **inversen Normalverteilung** kann man sog. **Perzentilwerte** $P_z$ bestimmen, für die gilt, dass z % der Verteilung unterhalb dieses Schwellenwertes liegen.

Will im Kontext von Beispiel 1 ein Textilunternehmen eine passende Kollektion für „mittelgroße" Frauen der Zielgruppe herausbringen, so kann hierzu $P_{25} \approx 163{,}6$ (unteres Quartil) und $P_{75} \approx 172{,}4$ (oberes Quartil) als Schwellenwerte bestimmt werden.

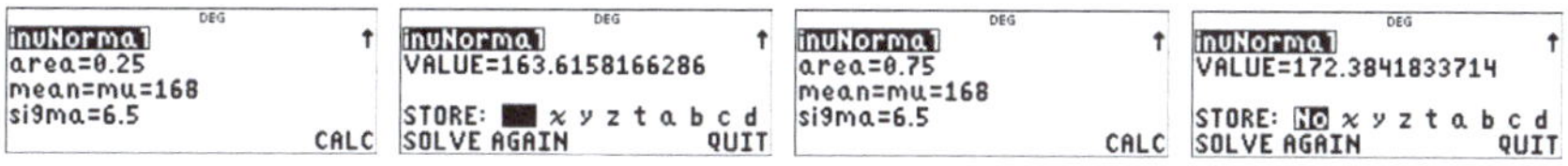


Berücksichtigt man die Klassenbildung aus Beispiel 2, dann ergibt sich aus dieser Modellierung, dass man etwa die Hälfte der Zielgruppe Frauen erfasst, deren Körpergröße 1,64 m; 1,65 m; ..., 1,72 m ist.

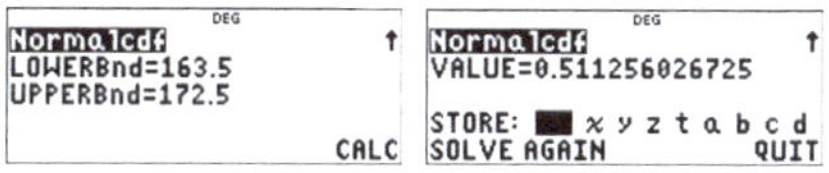


(4) *Standardisierung normalverteilter Zufallsgrößen:*

Geht man von der Zufallsgröße X zur standardisierten Zufallsgröße $\frac{X-\mu}{\sigma}$ über, dann werden die Grenzen a und b durch die Grenzen $\frac{a-\mu}{\sigma}$ bzw. $\frac{b-\mu}{\sigma}$ ersetzt. Der Erwartungswert einer standardisierten Zufallsgröße ist $\mu = 0$, die Standardabweichung ist $\sigma = 1$.

Im Falle einer standardisierten Zufallsgröße kann man bei der Gauss'schen Integralfunktion den Index weglassen (also $\Phi$ statt $\Phi_{0,1}$ schreiben, vgl. auch den zugehörigen Rechnerbefehl):

$$P(a \le X \le b) = \int_a^b \varphi_{\mu,\sigma}(x)\,dx = \Phi_{\mu,\sigma}(b) - \Phi_{\mu,\sigma}(a) = \Phi\left(\frac{b-\mu}{\sigma}\right) - \Phi\left(\frac{a-\mu}{\sigma}\right).$$

## K Beurteilende Statistik

### INFO Prognosen

**K1 Prognosen im Hinblick auf zu erwartende absolute Häufigkeiten treffen und damit die Signifikanz von Abweichungen bewerten**

Beim sogenannten **Schluss von der Gesamtheit auf die Stichprobe** ist der Anteil in der Gesamtheit (d. h. die Erfolgswahrscheinlichkeit für einen auszuführenden Bernoulli-Versuch) bekannt. Es soll eine **Schätzung (Prognose)** gemacht werden, welche Ergebnisse in der Stichprobe (d. h. bei wiederholter Durchführung des Zufallsversuchs) auftreten werden.

- **Punktschätzung:** Der Erwartungswerts $\mu = n \cdot p$ wird bestimmt; er gibt die zu erwartende Anzahl von Erfolgen an.
- **Intervallschätzung:** Eine symmetrische Umgebung um den Erwartungswert wird bestimmt, in der die zu erwartete Anzahl von Erfolgen mit großer Sicherheit liegen wird. Hierzu können der TR oder die Sigma-Regeln (siehe J7) genutzt werden. In der Regel wird eine Sicherheitswahrscheinlichkeit von 95 % gewählt.

Stichprobenergebnisse, die innerhalb der 95 %-Umgebung von $\mu$ liegen, bezeichnet man als **verträglich mit p**. Ergebnisse, die außerhalb der 95 %-Umgebung von $\mu$ liegen, bezeichnet man als **signifikant abweichend**. Die Komplementärwahrscheinlichkeit zur Sicherheitswahrscheinlichkeit (beispielsweise 95 %) wird als **Signifikanzniveau** (also 5 %) bezeichnet.

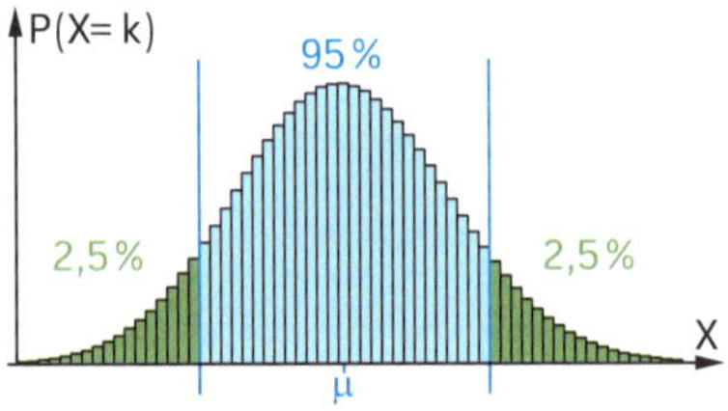


*Hinweis*: An späterer Stelle werden auch Stichprobenergebnisse betrachtet, die vom Erwartungswert *signifikant nach oben* bzw. *signifikant nach unten* abweichen. Damit sind Ergebnisse gemeint, die einem Bereich am oberen bzw. am unteren Ende der Binomialverteilung liegen, vgl. die beiden folgenden Grafiken.

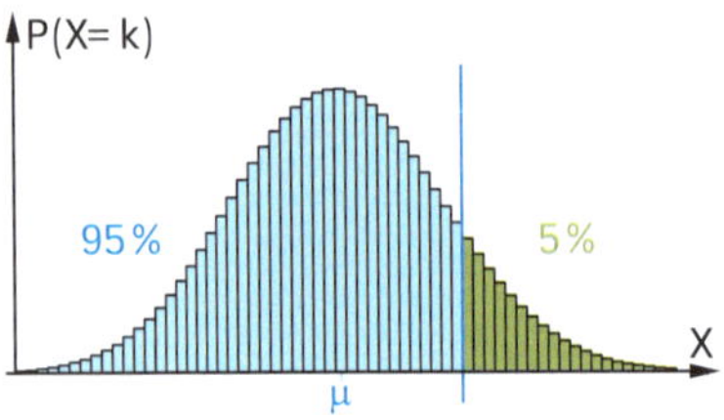


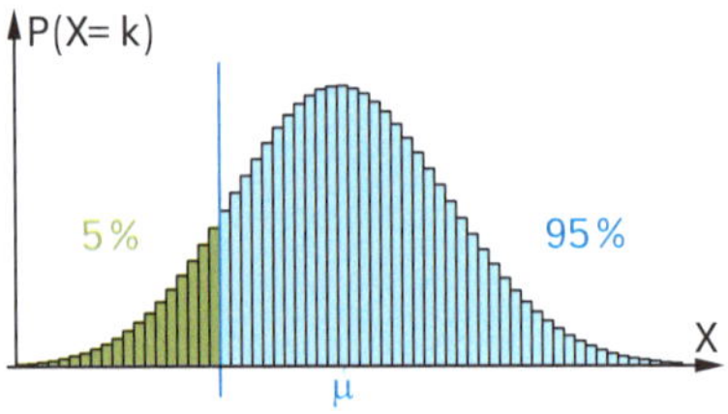


**Beispiel** *Schätzung absoluter Häufigkeiten*

Für den 500-fachen Münzwurf ($n = 500$, $p = 0,5$) gilt:

**Punktschätzung:** $\mu = n \cdot p = 500 \cdot 0,5 = 250$. Wir erwarten, dass ca. 250-mal Wappen auftritt.

**Intervallschätzung:** Mithilfe der Wahrscheinlichkeitsverteilung der Zufallsgröße X: *Anzahl Wappen* ermitteln wir die 95 %-Umgebung um den Erwartungswert:
Dazu suchen wir diejenigen Schwellenwerte, bei denen in der kumulierten Binomialverteilung die Wahrscheinlichkeit von 2,5 % bzw. von 97,5 % überschritten wird.

| k | $P(X \leq k)$ | |
|---|---|---|
| 227 | 0,022032 | < 2,5 % |
| 228 | 0,027185 | > 2,5 % |
| … | | |
| 271 | 0,972815 | < 97,5 % |
| 272 | 0,97796 | > 97,5 % |

Damit das Schätzintervall eine Wahrscheinlichkeit von *mindestens* 95 % umfasst, muss als untere Grenze $k_u = 228$ gewählt werden und als obere Grenze $k_o = 272$. Die Bereiche unterhalb von $k_u$ (k = 0, 1, ..., 227) bzw. oberhalb von $k_o$ (k = 273, 274, ..., 500) haben *insgesamt* eine Wahrscheinlichkeit von *höchstens* 5 %.

**Signifikante Abweichung:** Wenn in 500 Münzwürfen weniger als 228-mal Wappen oder mehr als 272-mal Wappen auftritt, dann ist dieses ein signifikant abweichendes Ergebnis.

## INFO Entscheidungsregel

### K2 Mithilfe einer Entscheidungsregel von der Stichprobe auf die Gesamtheit schließen

Eine **Entscheidungsregel** ist eine Vorschrift, durch die angegeben wird, wie ein Stichprobenergebnis hinsichtlich der zugrundeliegenden Erfolgswahrscheinlichkeit zu bewerten ist.

Dabei unterscheidet man *zweiseitige* und *einseitige* Entscheidungsregeln; im ersten Fall werden zwei kritische Werte (Schwellenwerte) festgelegt, im zweiten Fall ein kritischer Wert.
- Weicht ein Stichprobenergebnis **signifikant** vom Erwartungswert ab, dann geht man zukünftig davon aus, dass der Anteil p in der Gesamtheit nicht so ist wie vermutet.
- Im anderen Fall hält man das Stichprobenergebnis für **mit p verträglich,** sieht sich also nicht veranlasst, an einer bestimmten Zusammensetzung der Grundgesamtheit zu zweifeln.

Mithilfe einer solchen Entscheidungsregel schließt man also vom Ergebnis einer Stichprobe auf die Gesamtheit, die dem Zufallsversuch zugrunde liegt.

### Beispiele

(1) *Überprüfen, ob ein Anteil sich verändert hat (zweiseitige Fragestellung):*
Im vergangenen Jahr hatte ein bestimmter Autohersteller einen Marktanteil von 24 %. Um zu überprüfen, ob in diesem Jahr eine Veränderung eingetreten ist, sollen die nächsten 500 Neuzulassungen ausgewertet werden. Eine Entscheidungsregel könnte lauten:

*Wenn in der Stichprobe vom Umfang n = 500 weniger als 102 oder mehr als 139 neu zugelassene Fahrzeuge des Autoherstellers sind, dann kann man davon ausgehen, dass sich der Marktanteil des Herstellers verändert hat; andernfalls sieht man keinen Anlass, den Marktanteil von 24 % in Frage zu stellen.*

| $a \le X \le b$ | $P(a \le X \le b)$ | |
|---|---|---|
| $0 \le X \le 101$ | 0,02473 | < 0,025 |
| $0 \le X \le 102$ | 0,03174 | > 0,025 |
| $139 \le X \le 500$ | 0,02779 | > 0,025 |
| $140 \le X \le 500$ | 0,02192 | < 0,025 |
| $102 \le X \le 139$ | 0,95335 | > 0,95 |

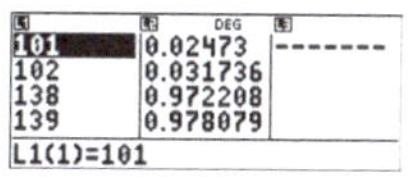


Stichprobenergebnisse innerhalb des Intervalls [102 ; 139] werden als verträglich mit p = 0,24 angesehen, Ergebnisse außerhalb des Intervalls als signifikant abweichend vom Erwartungswert μ = 120.

(2) *Überprüfen, ob eine Maßnahme notwendig ist (einseitige Fragestellung):*

Ein Unternehmen strebt für ihre Produkte einen Bekanntheitsgrad in der Bevölkerung von mindestens 50 % an. Die Firmenleitung überlegt daher, ob eine Imagekampagne durchgeführt werden soll. Als Entscheidungsregel wird festgelegt:

*Wenn von 800 zufällig ausgewählten Personen weniger als 377 das Produkt kennen, soll eine besondere Imagekampagne durchgeführt werden; andernfalls hält man diese für überflüssig.*

Wenn der Bekanntheitsgrad p in der Bevölkerung (genau) gleich 50 % ist, dann erwartet man, dass ca. 400 das Produkt kennen, und das Ereignis $0 \leq X \leq 376$ tritt nur mit einer Wahrscheinlichkeit von 4,8 % ein. Stichprobenergebnisse im Intervall [0 ; 376] sind dann also signifikant nach unten abweichend vom Erwartungswert $\mu = 400$.

Wenn der Bekanntheitsgrad p etwas größer ist, z. B. $p = 0{,}51$, dann beträgt die Wahrscheinlichkeit für das Ereignis $0 \leq X \leq 376$ sogar nur 1,3 %.

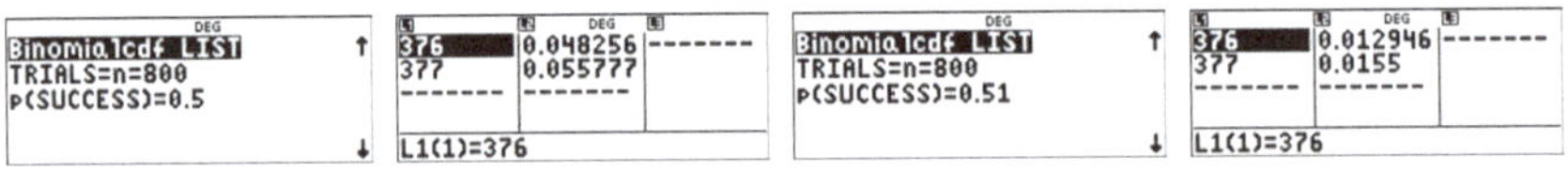


Es gilt: Je größer der tatsächliche Bekanntheitsgrad ist, desto geringer ist diese Wahrscheinlichkeit. Ergebnisse oberhalb von 376 gelten daher als verträglich mit $p \geq 0{,}5$.

## INFO Fehler 1. und 2. Art

**K3 Mögliche Fehler bei der Anwendung einer Entscheidungsregel beschreiben und zugehörige Wahrscheinlichkeiten bestimmen können** (teilweise nur LF)

Wendet man eine (vorgegebene) Entscheidungsregel an, dann können Fehler auftreten.

**Fehler 1. Art:** Das Stichprobenergebnis weicht zufällig signifikant vom Erwartungswert ab, obwohl dem Zufallsversuch die angegebene Erfolgswahrscheinlichkeit p zugrunde liegt. Gemäß der Entscheidungsregel geht man im Folgenden fälschlicherweise davon aus, dass dem Zufallsversuch die angegebene Erfolgswahrscheinlichkeit p *nicht* zugrunde liegt.
Die Wahrscheinlichkeit α, dass zufällig eine solche signifikante Abweichung vorliegt, obwohl die angegebene Erfolgswahrscheinlichkeit richtig ist, ist daher höchstens so groß wie das vorgegebene Signifikanzniveau.

nur LF: **Fehler 2. Art:** Das Stichprobenergebnis weicht zufällig nicht signifikant vom Erwartungswert ab. Dann sieht man sich gemäß der Entscheidungsregel fälschlicherweise nicht veranlasst daran zu zweifeln, dass dem Zufallsversuch die angegebene Erfolgswahrscheinlichkeit p zugrunde liegt.

Die Wahrscheinlichkeit β für einen Fehler 2. Art kann man nur berechnen, wenn die tatsächliche Erfolgswahrscheinlichkeit p bekannt ist

**Beispiele**

(1) *Überprüfen, ob ein Anteil sich verändert hat (zweiseitige Fragestellung):*

Liegt dem o. a. Zufallsversuch tatsächlich eine Erfolgswahrscheinlichkeit von $p = 0{,}24$ zugrunde, dann hat der Bereich zwischen den kritischen Werten $k_u = 102$ und $k_o = 139$ eine Wahrscheinlichkeit von $P(102 \le X \le 139) \approx 0{,}953$.

Aufgrund der Entscheidungsregel kann es daher mit einer Wahrscheinlichkeit von $\alpha = P(X < 102) + P(X > 139) \approx 0{,}0247 + 0{,}0219 \approx 4{,}7\,\% \le 5\,\%$ zu einem Fehler 1. Art kommen: Liegt das Stichprobenergebnis im Intervall [0; 101] oder im Intervall [140; 500], dann geht man fälschlicherweise davon aus, dass der Marktanteil sich verändert hat, obwohl dies nicht der Fall ist.

Beträgt der tatsächliche Marktanteil beispielsweise $p = 0{,}2$, dann ist die Wahrscheinlichkeit $\beta$ für einen Fehler 2. Art, also dafür, dass das Stichprobenergebnis *nicht* signifikant abweicht, gleich $\beta = P_{p=0,2}(102 \le X \le 139) \approx 42{,}9\,\%$. Obwohl also der Marktanteil nicht 24 % beträgt, sieht man fälschlicherweise keinen Anlass, daran zu zweifeln.

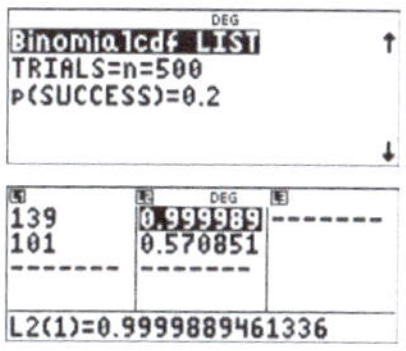


Analog ergibt sich im Fall, dass der Marktanteil beispielsweise bei $p = 0{,}3$ liegt, die Wahrscheinlichkeit $\beta = P_{p=0,3}(102 \le X \le 139) \approx 15{,}3\,\%$.

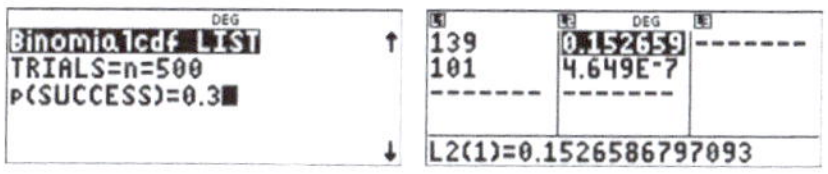


(2) *Überprüfen, ob eine Maßnahme notwendig ist (einseitige Fragestellung):*

Wenn der Bekanntheitsgrad p in der Bevölkerung (genau) 50 % beträgt, dann kommt dem Bereich $0 \le X \le 376$ eine Wahrscheinlichkeit von $\alpha \approx 4{,}8\,\%$ zu. Wenn der Bekanntheitsgrad p größer als 50 % ist, dann ist diese Wahrscheinlichkeit sogar noch kleiner (s. o.).

Aufgrund der Entscheidungsregel kommt es daher mit einer Wahrscheinlichkeit von höchstens 4,8 % (also $\alpha \le 0{,}048$) zu einem Fehler 1. Art: Wenn in der Stichprobe weniger als 377 das Produkt kennen, geht man fälschlicherweise davon aus, dass der Bekanntheitsgrad kleiner ist als 50 %, und führt eine Imagekampagne durch, obwohl sie nicht notwendig ist.

Ist der tatsächliche Bekanntheitsgrad beispielsweise $p = 0{,}45$, dann ist die Wahrscheinlichkeit $\beta$ für einen Fehler 2. Art, also dafür, dass das Stichprobenergebnis zufällig im Intervall [377; 800] liegt, immerhin noch 12,1 %. Obwohl der Bekanntheitsgrad geringer als 50 % ist, sieht man fälschlicherweise keinen Anlass für eine notwendige Imagekampagne.

## INFO Zweiseitiger Hypothesentest

**K4** Nur LF: **Die prinzipielle Vorgehensweise bei einem zweiseitigen Hypothesentest erläutern (Annahme- und Verwerfungsbereich bestimmen, Entscheidungsregeln festlegen, Fehler 1. und 2. Art beschreiben)**

Man hat eine Hypothese über den Anteil in der Gesamtheit (d. h., man glaubt, die Erfolgswahrscheinlichkeit p zu kennen); dann bestimmt man einen Bereich (eine symmetrische Umgebung um den Erwartungswert), in dem das Ergebnis der Stichprobe mit hoher Wahrscheinlichkeit liegen wird.

Dieser Bereich wird als **Annahmebereich A** der Hypothese bezeichnet. Wenn ein Stichprobenergebnis im Annahmebereich einer Hypothese liegt, dann sieht man keinen Grund, die Hypothese zu verwerfen.

Liegt das Ergebnis außerhalb der Umgebung des Erwartungswerts, dem sog. **Verwerfungsbereich V** der Hypothese, dann bezweifelt man die Richtigkeit der Hypothese und verwirft sie.

Ist der Verwerfungsbereich der Hypothese bestimmt, kann man entsprechend die Entscheidungsregel formulieren.

### Beispiel *Zweiseitiger Hypothesentest*

**Hypothese:** Eine gegebene Münze ist eine Laplace-Münze (d. h. dem Zufallsversuch liegt $p = 0,5$ zugrunde).

Die zu testende Hypothese wird mit $H_0$ bezeichnet: $H_0$: $p = 0,5$.

Die **Gegenhypothese** lautet dann:
Die Münze ist gezinkt: $H_1$: $p \neq 0,5$.

Zur Überprüfung der Hypothese wird die Münze 500-mal geworfen.

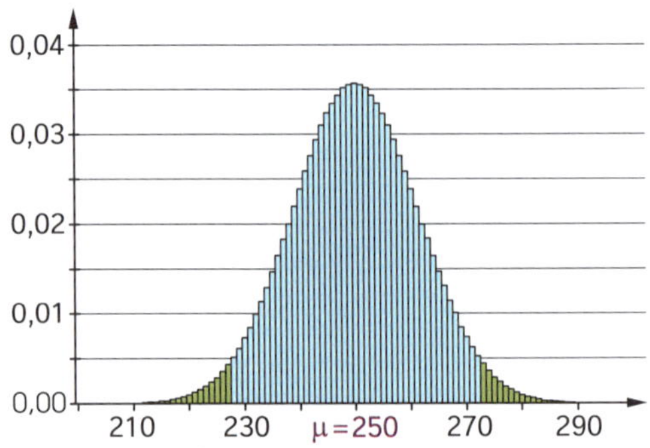


Der Annahmebereich der Hypothese $p = 0,5$ wird ermittelt: Mit einer Wahrscheinlichkeit von mindestens 95 % liegt die Anzahl X der Wappen im Intervall $A = [228; 272]$. Hieraus ergibt sich der Verwerfungsbereich $V = [0; 227] \cup [273; 500]$ und entsprechend die Entscheidungsregel: *Verwirf die Hypothese $H_0$: $p = 0,5$, wenn beim 500-fachen Münzwurf weniger als 228-mal oder mehr als 272-mal Wappen auftreten.*

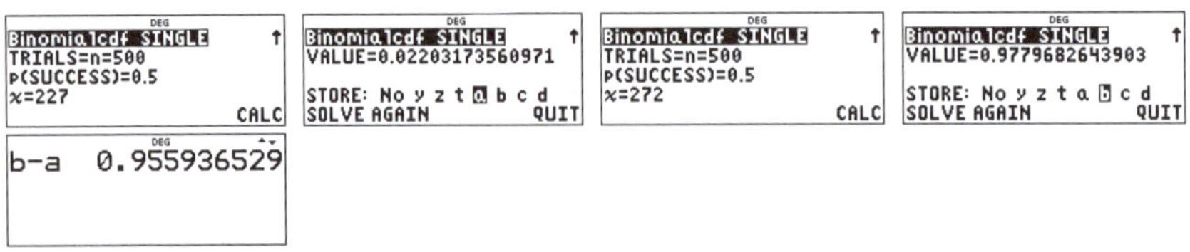


**Fehler 1. Art:** Das Stichprobenergebnis liegt zufällig im Verwerfungsbereich, obwohl es sich um eine Laplace-Münze mit $p = 0,5$ für Wappen handelt. Die Wahrscheinlichkeit $\alpha$ für einen Fehler 1. Art ergibt sich aus dem Signifikanzniveau: $\alpha \leq 0,05$.

**Fehler 2. Art:** Das Stichprobenergebnis liegt zufällig im Annahmebereich, obwohl es sich *nicht* um eine Laplace-Münze mit $p = 0,5$ für Wappen handelt.

Wenn die zugrunde liegende Erfolgswahrscheinlichkeit beispielsweise $p = 0{,}45$ beträgt, dann ergibt sich für die Wahrscheinlichkeit eines Fehlers 2. Art:
$\beta = P(228 \leq X \leq 272) \approx 41{,}05\,\%$.

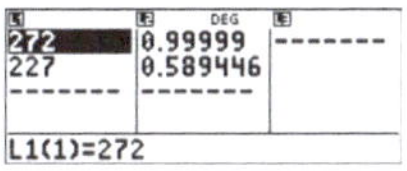


## INFO Einseitiger Hypothesentest

**K5 Die prinzipielle Vorgehensweise bei einem einseitigen Hypothesentest erläutern (Standpunkt klären, Annahme- und Verwerfungsbereich bestimmen, Entscheidungsregeln festlegen)**

Beim einseitigen Hypothesentest wird nicht gefragt, ob ein Stichprobenergebnis vom Erwartungswert nach oben *oder* nach unten signifikant abweicht (vgl. K4). Man betrachtet also nicht die Alternativen $p = p_0$ gegen $p \neq p_0$, sondern stellt als Alternativen gegeneinander:
$p < p_0$ gegen $p \geq p_0$ oder $p > p_0$ gegen $p \leq p_0$.

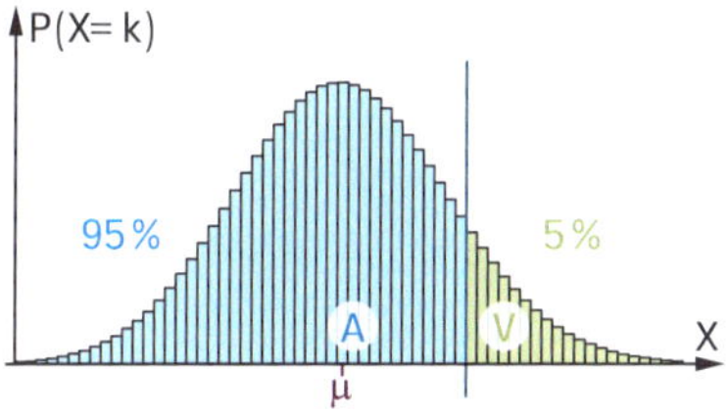


Die Hypothese $p < p_0$ wird verworfen bei extrem großen Stichprobenergebnissen.

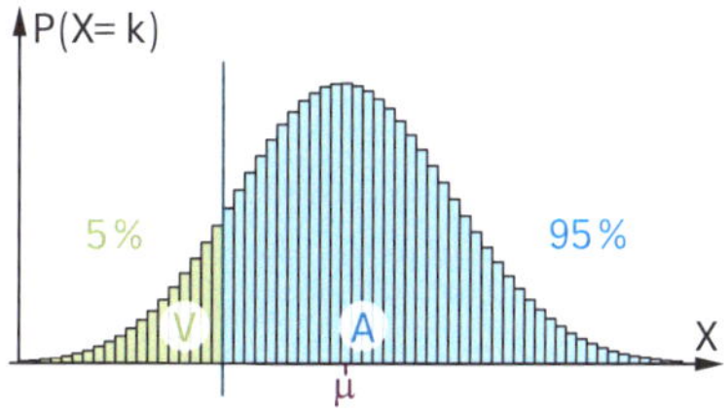


Die Hypothese $p > p_0$ wird verworfen bei extrem kleinen Stichprobenergebnissen

Wenn ein Stichprobenergebnis im **Annahmebereich A** einer Hypothese liegt, dann sieht man keinen Grund, die Hypothese zu verwerfen. Liegt das Ergebnis außerhalb der Umgebung des Erwartungswerts, dem sog. **Verwerfungsbereich V** der Hypothese, dann bezweifelt man die Richtigkeit der Hypothese und verwirft sie. Ist der Verwerfungsbereich der Hypothese bestimmt, kann man entsprechend die **Entscheidungsregel** formulieren.

Grundsätzlich können zu einem Sachverhalt zwei gegensätzliche Standpunkte eingenommen werden, die zu unterschiedlichen Hypothesen gehören und somit zu unterschiedlichen Entscheidungsregeln führen. Wenn man einen Standpunkt hat, der den eigenen Interessen entspricht, ist das Vorgehen klar. Wenn man unbedingt eine bestimmte Hypothese „statistisch beweisen" will, geht man vom logischen Gegenteil dieser Hypothese aus und testet diese.

Von einem gewählten Standpunkt geht man nur ab, wenn in der Kontrollstichprobe extreme Ergebnisse auftreten. Was *extrem* ist, wird durch die (vorgegebene) Wahrscheinlichkeit $\alpha$ für einen Fehler 1. Art festgelegt.

Anders als beim zweiseitigen Hypothesentest bestimmt man zunächst den Verwerfungsbereich, also diejenigen Stichprobenergebnisse, die man als *extrem abweichend* ansieht. Hieraus ergibt sich dann der Annahmebereich als Restmenge und die Entscheidungsregel.

## Beispiele

(1) *Hypothesentest mit zwei möglichen Standpunkten:*

Verlernen Jugendliche die ursprünglich angeborene Linkshändigkeit? Von 6- bis 10-jährigen Kindern weiß man, dass etwa 11 % bevorzugt die linke Hand benutzen.

*1. möglicher Standpunkt:* $p < 0{,}11$ – man geht davon aus, dass der Anteil abgenommen hat; von diesem Standpunkt lässt man sich nur abbringen, wenn in der Kontrollstichprobe **extrem große** Anteile von Linkshändern vorkommen.
*2. möglicher Standpunkt:* $p \geq 0{,}11$ – man geht davon aus, dass der Anteil gleich geblieben oder sogar größer geworden ist; von diesem Standpunkt lässt man sich nur abbringen, wenn in der Kontrollstichprobe **extrem kleine** Anteile von Linkshändern vorkommen.

**Test der Hypothese $H_0$: $p < 0{,}11$**

Für eine Stichprobe vom Umfang $n = 1000$ und $p = 0{,}11$ sind bzgl. eines Signifikanzniveaus von 5 % alle Stichprobenergebnisse als extrem anzusehen, die oberhalb von $k = 126$ liegen, denn $P(X > 126) = P(127 \leq X \leq 1000) \approx 0{,}0499 \leq 0{,}05$.

Für kleinere Werte von p, beispielsweise für $p = 0{,}105$, ist die Wahrscheinlichkeit für den Verwerfungsbereich $V = [127\,;1000]$ kleiner als 5 %.

Die Entscheidungsregel lautet also:
*Verwirf die Hypothese $p < 0{,}11$, falls in der Stichprobe mehr als 126 Jugendliche sind, die bevorzugt ihre linke Hand benutzen.*

**Fehler 1. Art:** Das Stichprobenergebnis liegt zufällig im Verwerfungsbereich, obwohl der Anteil der Linkshänder abgenommen hat. Die Wahrscheinlichkeit $\alpha$ für einen Fehler 1. Art ergibt sich aus dem Signifikanzniveau: $\alpha \leq 0{,}05$.

**Fehler 2. Art:** Das Stichprobenergebnis liegt zufällig im Annahmebereich $A = [0\,;126]$, obwohl der Anteil der Linkshänder nicht abgenommen hat.
Wenn der tatsächliche Anteil beispielsweise $p = 0{,}12$ beträgt, dann ergibt sich für die Wahrscheinlichkeit eines Fehlers 2. Art: $\beta = P(0 \leq X \leq 126) \approx 73{,}9\,\%$.

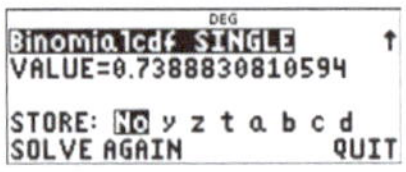


**Test der Hypothese $H_0$: $p \geq 0{,}11$**

Für eine Stichprobe vom Umfang $n = 1000$ und $p = 0{,}11$ sind bzgl. eines Signifikanzniveaus von $\alpha \leq 5\,\%$ alle Stichprobenergebnisse als extrem anzusehen, die unterhalb von $k = 94$ liegen, denn $P(X < 94) = P(0 \leq X \leq 93) \approx 0{,}0452 < 0{,}05$.

Für größere Werte von p, beispielsweise $p = 0{,}115$, ist die Wahrscheinlichkeit für den Verwerfungsbereich $V = [0\,;\,93]$ kleiner als $\alpha = 0{,}05$.

Die Entscheidungsregel lautet also:
*Verwirf die Hypothese $p \geq 0{,}11$, falls in der Stichprobe weniger als 94 Jugendliche sind, die bevorzugt ihre linke Hand benutzen.*

**Fehler 1. Art:** Das Stichprobenergebnis liegt zufällig im Verwerfungsbereich, obwohl der Anteil der Linkshänder gleichgeblieben oder sogar zugenommen hat. Die Wahrscheinlichkeit $\alpha$ für einen Fehler 1. Art ergibt sich aus dem Signifikanzniveau: $\alpha \leq 0{,}05$.

**Fehler 2. Art:** Das Stichprobenergebnis liegt zufällig im Annahmebereich $A = [94;1000]$, obwohl der Anteil der Linkshänder abgenommen hat.

Wenn der tatsächliche Anteil beispielsweise $p = 0{,}09$ beträgt, dann ergibt sich für die Wahrscheinlichkeit eines Fehlers 2. Art: $\beta = P(94 \leq X \leq 1000) \approx 34{,}5\,\%$.

(2) *Skeptischer Standpunkt beim Hypothesentest:*

Ein Arzneimittelhersteller wirbt für ein neues Medikament mit dem Hinweis, dass es eine bessere Heilungschance hat als die bisher auf dem Markt befindlichen; deren Heilungschance ist 60 %.

Zum Testen der Behauptung des Herstellers nimmt man einen *skeptischen Standpunkt* ein, d. h., man testet die Hypothese $p \leq 0{,}6$ (das neue Medikament ist *höchstens* so gut wie die bisherigen).

Von seinem skeptischen Standpunkt lässt man sich nur abbringen, wenn in einer Kontrollstichprobe signifikante Abweichungen *nach oben* eintreten.

Konkretes Rechenbeispiel: Für $n = 400$ und das (sinnvollerweise niedrigere) Signifikanzniveau $\alpha \leq 0{,}01$ ergibt sich die Entscheidungsregel:
*Verwirf die Hypothese $p \leq 0{,}6$, falls in der Stichprobe mehr als 263 Patienten geheilt werden.*

**Fehler 1. Art:** Das Stichprobenergebnis liegt zufällig im Verwerfungsbereich $V = [264;400]$, obwohl das neue Medikament nicht besser ist als die bisherigen. Die Wahrscheinlichkeit $\alpha$ für einen Fehler 1. Art ergibt sich aus dem Signifikanzniveau: $\alpha \leq 0{,}01$.

**Fehler 2. Art:** Das Stichprobenergebnis liegt zufällig im Annahmebereich $A = [0;263]$, obwohl das neue Medikament besser ist als die bisherigen.

# Vorbereitung auf die mündliche Prüfung

## Aufgabe 1

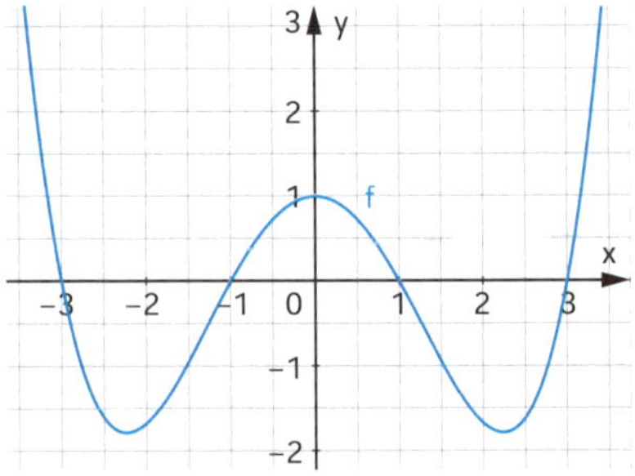


Die Abbildung zeigt den Graphen einer ganzrationalen Funktion 4. Grades f.

a) Erläutern Sie: Mithilfe der Achsenschnittpunkte des Graphen kann man den Funktionsterm bestimmen. **C1 B1**

b) Begründen Sie, dass die Funktion gegeben ist durch die Gleichung $f(x) = \frac{1}{9} \cdot (x^4 - 10x^2 + 9)$.

c) Bestimmen Sie einen Zahlenterm für den Inhalt der Fläche, die der Graph mit der x-Achse im Intervall $[-1\,;\,+1]$ einschließt. **D1 D2**

d) Skizzieren Sie den Graphen einer trigonometrischen Funktion g, die die gleichen Achsenschnittpunkte hat wie die Funktion f. Bestimmen Sie deren Funktionsgleichung. **B10**

### Lösung

a) Mithilfe der Nullstellen kann man die Linearfaktoren des Funktionsterms aufstellen. Aus dem Funktionswert an der Stelle $x = 0$ kann man den Streckungsfaktor bestimmen.

b) Aus dem Produkt der Linearfaktoren ergibt sich in einem ersten Ansatz der Funktionsterm $f(x) = a \cdot (x+3)(x+1)(x-1)(x-3)$. Durch Umformen erhält man hieraus mithilfe der dritten binomischen Formel $f(x) = a \cdot (x^2 - 1)(x^2 - 9)$ und durch Ausmultiplizieren den in der Aufgabenstellung angegebenen Klammerterm $(x^4 - 10x^2 + 9)$. Wegen $f(0) = 1$ ergibt sich dann $f(0) = a \cdot (0 - 0 + 9) = a \cdot 9 = 1$, also $a = \frac{1}{9}$.

c) Eine Stammfunktion F für f ist gegeben durch $F(x) = \frac{1}{9} \cdot \left(\frac{1}{5}x^5 - \frac{10}{3}x^3 + 9x\right)$. Nach dem Hauptsatz der Differenzial- und Integralrechnung und wegen der Achsensymmetrie des Graphen zur y-Achse ergibt sich daher für den Flächeninhalt

$$\int_{-1}^{+1} f(x)\,dx = \left[\frac{1}{9} \cdot \left(\frac{1}{5}x^5 - \frac{10}{3}x^3 + 9x\right)\right]_{-1}^{+1} = 2 \cdot \left[\frac{1}{9} \cdot \left(\frac{1}{5}x^5 - \frac{10}{3}x^3 + 9x\right)\right]_{0}^{+1} = \frac{2}{9} \cdot \left(\frac{1}{5} - \frac{10}{3} + 9\right).$$

d) Da der Graph der ganzrationalen Funktion f symmetrisch zur y-Achse ist, bietet sich ein Ansatz mithilfe einer Kosinusfunktion an: $f(x) = a \cdot \cos(b \cdot (x - c)) + d$.
Da der gesuchte Graph weder nach oben oder unten noch nach rechts oder links verschoben ist, gilt $c = 0$ und $d = 0$.
Da der gesuchte Graph ebenfalls durch den Schnittpunkt $(0\,;\,1)$ mit der y-Achse verlaufen soll, gilt für die Amplitude: $a = 1$.
Da die Nullstellen jeweils den Abstand 2 voneinander haben, ergibt sich eine Periodenlänge von 4 Einheiten und hieraus der Streckungsfaktor $b = \frac{\pi}{2}$ in Richtung der x-Achse und somit der Funktionsterm $f(x) = \cos\left(\frac{\pi}{2}x\right)$.

*Hinweis*: Ein Ansatz mithilfe einer Sinusfunktion $f(x) = a \cdot \sin(b \cdot (x - c)) + d$ ergibt abweichend für c den Wert $c = 1$, also $f(x) = \sin\left(\frac{\pi}{2} \cdot (x+1)\right)$, da der Graph der (in x-Richtung gestreckten) Sinusfunktion um 1 Einheit nach links verschoben werden muss.

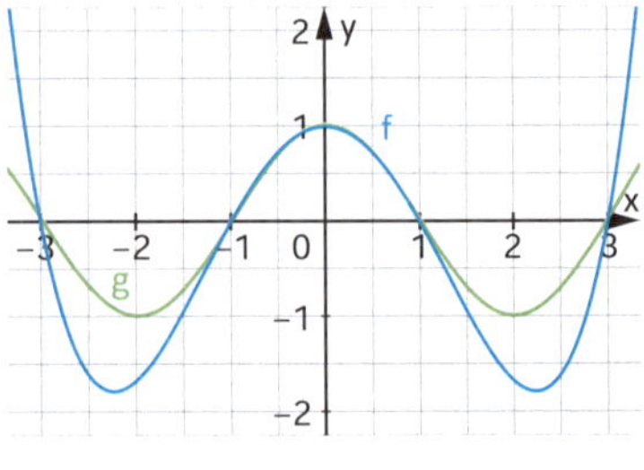

### Aufgabe 2

Die folgende Abbildung zeigt die Geschwindigkeit (in m/s) eines Modellfahrzeugs während der ersten 10 Sekunden einer Fahrt.

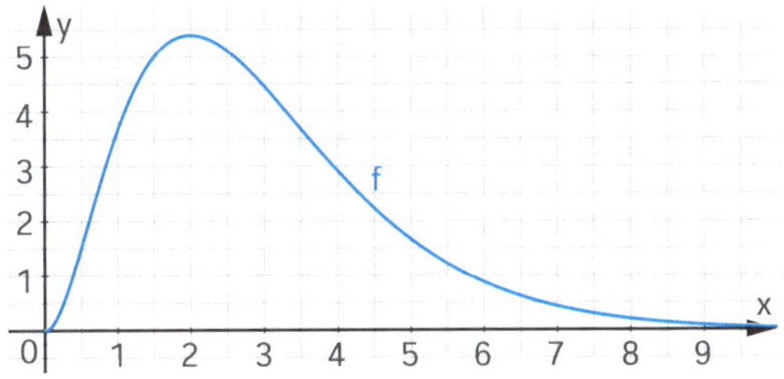


a) Beschreiben Sie den Bewegungsablauf mit Worten.

Die Bewegung kann mithilfe der Modellfunktion f mit $f(x) = 10x^2 \cdot e^{-x}$ beschrieben werden.

b) Zu welchem Zeitpunkt ist die Geschwindigkeit maximal? Welche Geschwindigkeit hat das Fahrzeug in diesem Moment? **B6**

c) Wie könnte man die Zeitpunkte der größten Geschwindigkeitsänderung bestimmen? **B7**

d) Zeigen Sie, dass $F(x) = -10 \cdot (x^2 + 2x + 2) \cdot e^{-x}$ eine Stammfunktion für f(x) ist. **D1** **D3**

Welche für den Vorgang interessierende Größe könnte man mithilfe dieser Stammfunktion berechnen?

**Lösung**

a) Nach dem Start (Geschwindigkeit = 0 m/s) wächst die Geschwindigkeit immer stärker, dann (nach dem Wendepunkt der Kurve) wächst sie weniger stark, aber immer noch weiter bis zu einer maximalen Geschwindigkeit, dann wird das Modellfahrzeug langsamer. Nach dem zweiten Wendepunkt wird die Abnahme der Geschwindigkeit immer geringer, bis das Fahrzeug nach ungefähr 10 s praktisch stehen bleibt.

b) Bestimmung des Maximums mithilfe der 1. Ableitung der Modellierungsfunktion:

$f'(x) = 10 \cdot 2x \cdot e^{-x} + 10 \cdot x^2 \cdot e^{-x} \cdot (-1) = 10 \cdot (2x - x^2) \cdot e^{-x}$.

Notwendige Bedingung für das Vorliegen eines Hochpunkts ist

$f'(x) = 10 \cdot (2x - x^2) \cdot e^{-x} = 0 \quad \Leftrightarrow \quad 2x - x^2 = 0 \quad \Leftrightarrow \quad x \cdot (2 - x) = 0 \quad \Leftrightarrow \quad x = 0 \vee x = 2$.

Wegen des Vorzeichenwechsels von + (steigend) nach – (fallend) der 1. Ableitung liegt an der Stelle $x = 2$ ein Hochpunkt vor.

Es gilt: $f(2) = 10 \cdot 2^2 \cdot e^{-2} = 40 \cdot e^{-2} \approx 5{,}4$ m/s.

c) Die Zeitpunkte maximaler Geschwindigkeitsänderung erhält man mithilfe der Nullstellen der 2. Ableitung:

$f''(x) = 10 \cdot (2 - 2x - 2x + x^2) \cdot e^{-x} = 10 \cdot (2 - 4x + x^2) \cdot e^{-x}$, d. h. mithilfe der Lösungen der quadratischen Gleichung $x^2 - 4x + 2 = 0$.

d) Der Nachweis kann dadurch erfolgen, dass man die angegebene Funktion F ableitet:
$F'(x) = -10 \cdot (2x + 2 - x^2 - 2x - 2) \cdot e^{-x} = -10 \cdot (-x^2) \cdot e^{-x} = f(x)$.

Beispielsweise kann man berechnen, welche Strecke das Modellfahrzeug nach 10 s zurückgelegt hat:

$$\int_0^{10} f(x)\,dx = \left[-10 \cdot (x^2 + 2x + 2) \cdot e^{-x}\right]_0^{10}.$$

## Aufgabe 3

a) Erläutern Sie, warum der abgebildete Graph durch die Funktionsgleichung $f(x) = 2 \cdot \sin\left(2 \cdot \left(x - \frac{\pi}{2}\right)\right) + 2$ beschrieben werden kann. **B10 B2 B3**

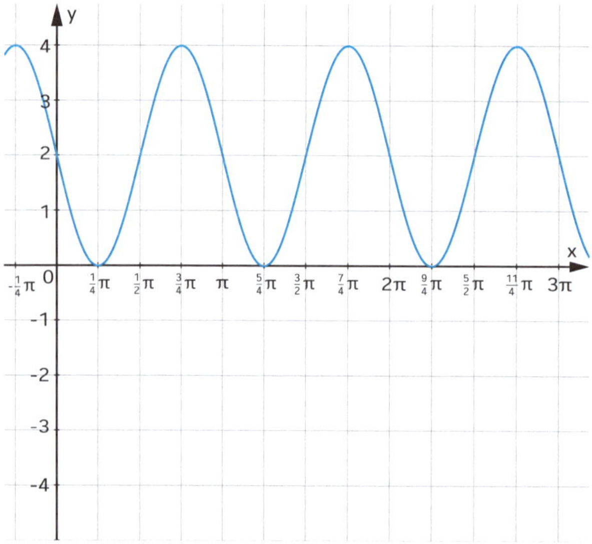


b) Berechnen Sie die Steigung des Graphen an der Stelle $x = 0$.

c) Skizzieren Sie den Graphen der Ableitungsfunktion von f in das o. a. Koordinatensystem. **A2**

d) Geben Sie begründet ein Intervall $[a ; b]$ sowie eine Konstante c an, sodass gilt

$$\int_a^b (f(x) - c)\,dx = 0\,.$$ **B2 D2**

### Lösung

a) Betrachtet man allgemein die Koeffizienten a, b, c, d in der allgemeinen Funktionsgleichung $f(x) = a \cdot \sin(b \cdot (x - c)) + d$, dann ergibt sich im Einzelnen aus der Abbildung:

- Die Periodenlänge beträgt π (z. B. ablesbar zwischen der Lage benachbarter Hochpunkte); hieraus ergibt sich der Faktor $b = 2$ (Streckungsfaktor in Richtung der x-Achse).
- Die Amplitude beträgt 2 Einheiten (halber Abstand zwischen den y-Werten von Tief- und Hochpunkten); hieraus ergibt sich der Faktor $a = 2$ (Streckungsfaktor in Richtung der y-Achse). Der Graph der Sinusfunktion ist um $d = 2$ Einheiten nach oben verschoben und um $c = \frac{\pi}{2}$ nach rechts.

b) Die Ableitungsfunktion $f'(x) = 2 \cdot \cos\left(2 \cdot \left(x - \frac{\pi}{2}\right)\right) \cdot 2$ hat an der Stelle $x = 0$ den Wert $f'(0) = 4 \cdot \cos\left(2 \cdot \left(0 - \frac{\pi}{2}\right)\right) = 4 \cdot \cos(-\pi) = -4$.

c) Aus Teilaufgabe b) ergeben sich die maximalen Steigungen des Graphen von f, also die Funktionswerte +4 bzw. − 4 in den Hoch- und Tiefpunkten des Graphen von f'.

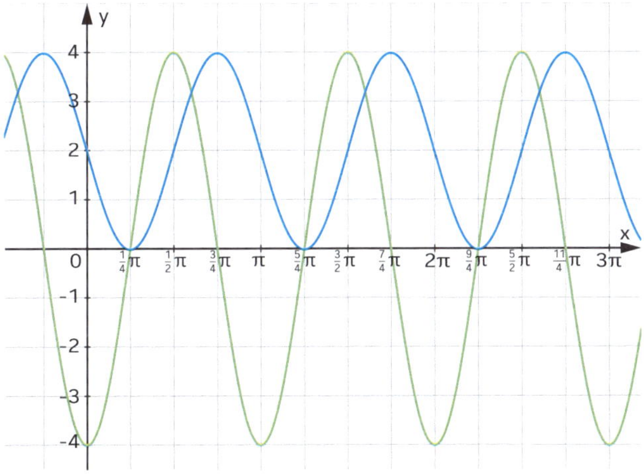


d) Verschiebt man den Graphen von f um 2 Einheiten nach unten, dann wird die o. a. Verschiebung um d = 2 aufgehoben. Dann ist der nach unten verschobene Graph punktsymmetrisch zu seinen Nullstellen und das Integral über eine Periodenlänge bei dieser Funktion ergibt dann den Wert null.

Daher gilt: $\int_{\pi/2}^{3\pi/2} (f(x) - 2)\,dx = 0$.

### Aufgabe 4 (ohne WTR)

Die Abbildung zeigt den Graphen einer Funktion f.

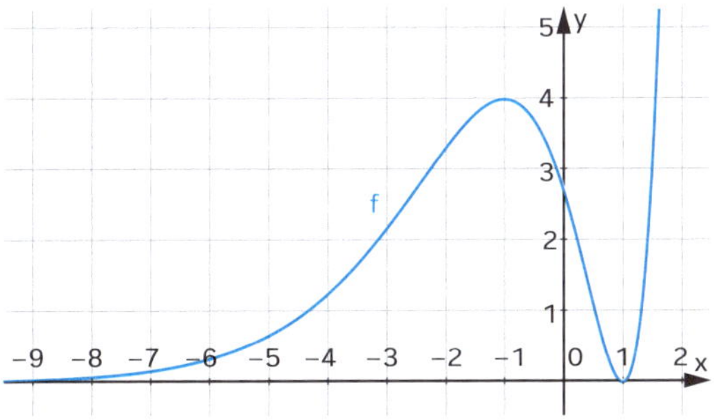


a) Es gilt f(0) = e. Bestimmen Sie näherungsweise einen Wert für f'(0). **A5**

b) Gilt $\int_{-1}^{+1} f(x)\,dx > 4$ oder $\int_{-1}^{+1} f(x)\,dx < 4$? **D2**

c) Beschreiben Sie den qualitativen Verlauf der Funktion $F(x) = \int_{+1}^{x} f(t)\,dt$ links und rechts von der Stelle $x = +1$. Begründen Sie: Der Graph von $F(x)$ hat an der Stelle $x = +1$ eine Sattelstelle. **B6**

d) Der oben abgebildete Graph hat die Funktionsgleichung $f(x) = (x - 1)^2 \cdot e^{x+1}$. Welche Funktionsgleichungen erhält man, wenn man den Graphen um 1 Einheit nach links bzw. nach rechts verschiebt? **B2**

e) In der folgenden Abbildung ist zusätzlich zum Graphen von f auch der Graph von $g(x) = (x - 1) \cdot e^{x+1}$ eingetragen. An den Stellen $x = -1$ und $x = +1$ liegen bei beiden Graphen besondere Punkte vor. Welche Eigenschaften vermuten Sie (keine Rechnung verlangt)? **B4** **B6** **B7**

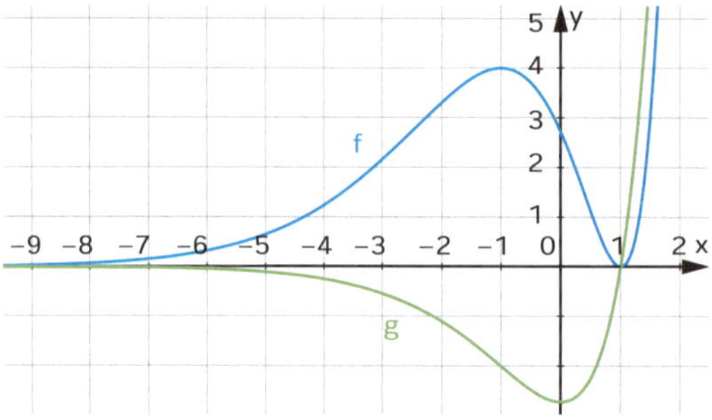


**Lösung**

a) Durch Einzeichnen einer Tangente findet man eine Steigung von ungefähr $-e$.

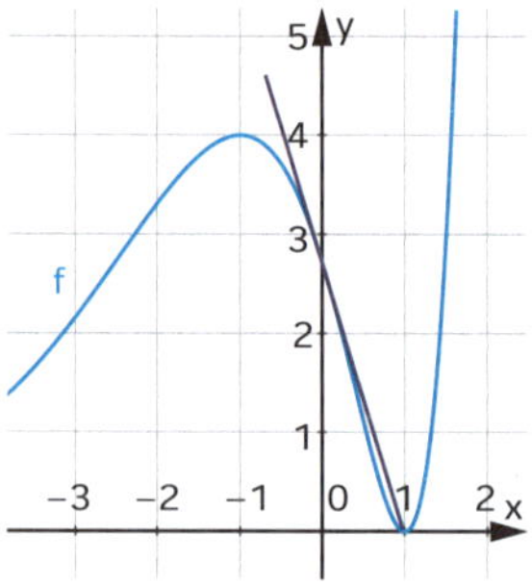


b) Verbindet man die Punkte $P(-1|4)$ und $Q(1|0)$ miteinander, dann kann man ablesen, dass das Flächenstück oberhalb der Verbindungslinie größer ist als das Flächenstück unterhalb. Das heißt: Das Flächenstück unter dem Graphen von $f(x)$ im Intervall $[-1; +1]$ hat einen größeren Flächeninhalt als das rechtwinklige Dreieck PQR, wobei $R(-1|0)$.

Der Flächeninhalt des Dreiecks PQR

ist $\frac{1}{2} \cdot 2 \cdot 4 = 4$, also gilt:

$$\int_{-1}^{+1} f(x)\,dx > 4.$$

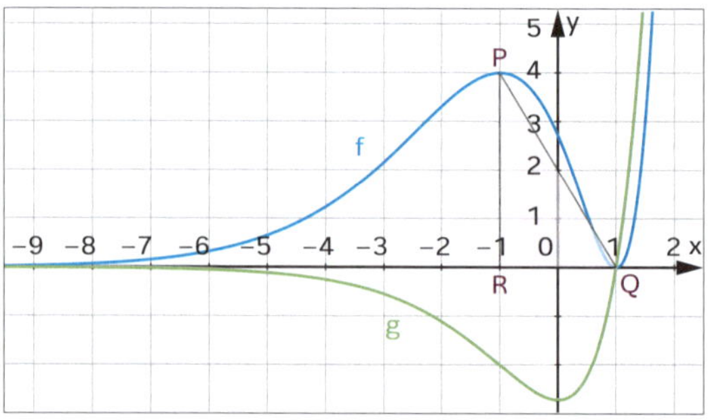

c) Die Funktion $F(x) = \int_{+1}^{x} f(t)\,dt$ hat an der Stelle $x = +1$ eine Nullstelle, denn $F(1) = \int_{+1}^{+} f(t)\,dt = 0$.

Geht man von $x = +1$ nach links, dann ergeben sich negative Werte für das Integral, da der Graph von $f(x)$ oberhalb der x-Achse liegt, aber die obere Integrationsgrenze unterhalb der unteren Integrationsgrenze liegt. Geht man von $x = +1$ nach rechts, dann ergeben sich positive Werte für das Integral.

An der Stelle $x = +1$ hat $f(x)$ einen Tiefpunkt mit $f(1) = 0$, außerdem gilt $f'(1) = 0$ und $f'(x)$ hat einen VZW von – nach + an der Stelle $x = 1$. Somit gilt:

$F'(1) = f(1) = 0$ und $F''(1) = f'(1) = 0$ mit VZW von $F''(x)$ an der Stelle $x = 1$, d.h., $F(x)$ hat an der Stelle $x = 1$ einen Wendepunkt mit horizontaler Tangente, also einen Sattelpunkt.

d) Verschieben des Graphen von $f(x) = (x-1)^2 \cdot e^{x+1}$ um 1 Einheit nach rechts bedeutet:

Die Variable x durch $x-1$ ersetzen, also $f^*(x) = ((x-1)-1)^2 \cdot e^{(x-1)+1} = (x-2)^2 \cdot e^x$.

Verschieben des Graphen von $f(x) = (x-1)^2 \cdot e^{x+1}$ um 1 Einheit nach links bedeutet:

Die Variable x durch $x+1$ ersetzen, also $f^{**}(x) = ((x+1)-1)^2 \cdot e^{(x+1)+1} = x^2 \cdot e^{x+2}$.

e) Doppelte Nullstelle von $f(x)$ und einfache Nullstelle von $g(x)$ an der Stelle $x = +1$, Hochpunkt von $f(x)$ und Wendepunkt von $g(x)$ an der Stelle $x = -1$.

## Aufgabe 5

Die folgende Grafik zeigt, wie sich die Füllmenge einer Talsperre im Laufe des letzten Jahres verändert hat (Füllmenge in Millionen Kubikmeter; Zeitangaben: $t = 0 \triangleq 1$. Januar, $t = 1 \triangleq 1$. Februar usw., die ungleiche Länge der einzelnen Monate soll nicht beachtet werden).

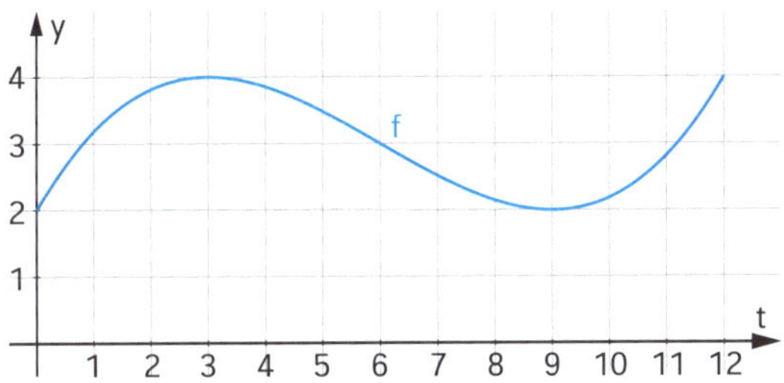


Die Entwicklung kann näherungsweise mithilfe der Modellfunktion f beschrieben werden, wobei

$f(t) = \frac{1}{54}t^3 - \frac{1}{3}t^2 + \frac{3}{2}t + 2.$

a) Beschreiben Sie die Entwicklung der Füllmenge im Laufe des Jahres mit Worten. Welche Rechnungen wären notwendig, um Ihre Aussagen bzgl. der Zeitpunkte der größten und der kleinsten Füllmenge zu bestätigen? **B6**

b) Bestimmen Sie die Zeitpunkte des Jahres, in denen sich die Füllmenge am stärksten verändert hat. **B7**

c) Welche Füllmenge hätte sich am Jahresende ergeben, wenn sich der Wasserstand entsprechend der Änderungsrate vom 1. Juli weiterentwickelt hätte? (Lösung auch zeichnerisch möglich) **A4**

d) Welche Bedeutung hat die Gleichung $f(t+1) = f(t) - 1$ in der hier beschriebenen Anwendungssituation? Warum hat diese Gleichung in diesem Fall keine Lösung?

**Lösung**

a) Die Füllmenge wuchs bis zum 1. April und fiel dann bis zum 1. Oktober. Am 1. Juli war der Zeitpunkt der größten Abnahme. Am 1. Januar lag die gleiche Füllmenge vor wie am 1. Oktober, und am 1. April die gleiche Füllmenge wie am 31. Dezember.
Zum Nachweis müssen die Funktionswerte für die angegebenen Zeitpunkte berechnet werden. Für das lokale Maximum bzw. Minimum muss nachgewiesen werden, dass die notwendige Bedingung erfüllt ist:

$$f'(t) = \frac{1}{18}t^2 - \frac{2}{3}t + \frac{3}{2} = \frac{1}{18} \cdot (t^2 - 12t + 27) = \frac{1}{18} \cdot (t-3)(t-9) = 0$$

und dass an den Stellen $t = 3$ bzw. $t = 9$ tatsächlich ein VZW von $f'(t)$ vorliegt.

b) Gesucht sind Extremwerte von $f'(t)$. Es gilt $f''(t) = \frac{1}{9}t - \frac{2}{3}$. Eine Nullstelle der 2. Ableitung liegt vor, wenn $t = 6$; die 2. Ableitung hat dort einen VZW, d. h. tatsächlich liegt hier ein Wendepunkt des Graphen. Die Änderungsrate am 1. Juli beträgt:

$$f'(6) = \frac{1}{18} \cdot 36 - \frac{2}{3} \cdot 6 + \frac{3}{2} = 2 - 4 + 1{,}5 = -0{,}5.$$

Der Betrag der Änderungsrate am 1. Januar und am 31. Dezember ist jedoch größer:

$$f'(0) = 1{,}5 \text{ und } f'(12) = \frac{1}{18} \cdot 144 - \frac{2}{3} \cdot 12 + \frac{3}{2} = 8 - 8 + 1{,}5 = 1{,}5.$$

c) Gesucht ist die lineare Funktion $g(t)$, deren Graph durch den Punkt $(6 \mid f(6))$ verläuft und deren Steigung durch $f'(6)$ gegeben ist:

$$f(6) = \frac{1}{54} \cdot 6^3 - \frac{1}{3} \cdot 6^2 + \frac{3}{2} \cdot 6 + 2 = 4 - 12 + 9 + 2 = 3 \text{ und } f'(6) = -0{,}5 \text{ (vgl. Teilaufgabe b).}$$

Die Gleichung der Tangentenfunktion ist also $g(t) = -0{,}5 \cdot (t-6) + 3 = -0{,}5t + 6$. Diese Gerade schneidet die t-Achse bei $t = 12$, d. h., am Jahresende wäre bei fortgesetzt gleicher Entwicklung die Talsperre leer gewesen.

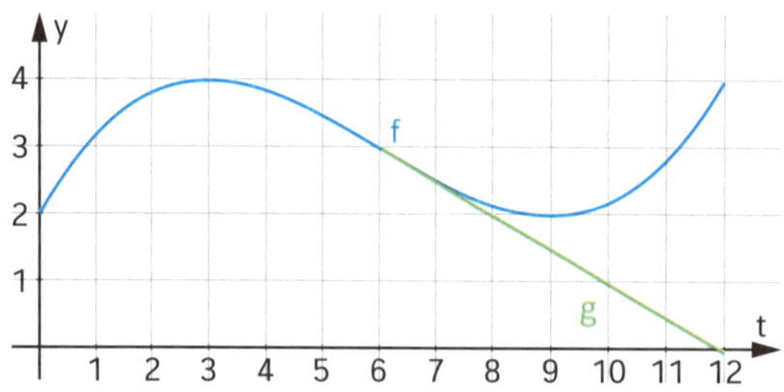


d) Die Gleichung $f(t+1) = f(t) - 1$ besagt: Gesucht ist ein Zeitpunkt t während des Jahres, für den gilt, dass einen Monat später (also zum Zeitpunkt $t + 1$) die Füllmenge 1 Million Kubikmeter geringer ist als zum Zeitpunkt t (also $f(t) - 1$). Da in Teilaufgabe c) herausgefunden wurde, dass die betraglich größte negative Änderungsrate gleich −0,5 beträgt, besitzt die Gleichung keine Lösung – die Abnahme der Füllmenge innerhalb eines Zeitraums von einem Monat war im betrachteten Jahr stets kleiner als 0,5 Mio. $m^3$.

### Aufgabe 6

Eine Ebene E ist gegeben durch die Parameterdarstellung E: $\vec{x} = \vec{a} + r \cdot \vec{u} + s \cdot \vec{v}$ mit $A(1 \mid -1 \mid 2)$ und $\vec{u} = \begin{pmatrix} 1 \\ 0 \\ 2 \end{pmatrix}$ sowie $\vec{v} = \begin{pmatrix} 1 \\ 1 \\ -1 \end{pmatrix}$.

a) Zeigen Sie: Der Punkt $P(2{,}25 \mid -0{,}5 \mid 3)$ liegt in dem von den Vektoren $\vec{u}$ und $\vec{v}$ aufgespannten Parallelogramm mit Eckpunkt A. Liegt es auch in dem von $\vec{u}$ und $\vec{v}$ aufgespannten Dreieck? **F3**

b) Geben Sie eine Bedingung für die Komponenten eines Vektors $\vec{w}$ an, der zu $\vec{u}$ orthogonal ist, und bestimmen Sie hiermit einen Normalenvektor zur Ebene E. Bestimmen Sie eine Koordinatengleichung der Ebene E. **E4 F5 F6**

c) Begründen Sie, warum die Gerade g mit g: $\vec{x} = \vec{b} + r \cdot \vec{u}$ mit $B(1\,;1\,;1)$ parallel zur Ebene E verläuft. Wie kann man den Abstand der Geraden von der Ebene berechnen? **F5 F8**

d) Bestimmen Sie den Schnittpunkt T der Gerade g mit der $x_1x_2$-Ebene. Unter welchem Winkel schneidet die Gerade g diese Koordinatenebene? **F4 G1**

### Lösung

a) Der Punkt P liegt genau dann im angegebenen Parallelogramm, wenn die Parameterwerte r und s die Ungleichung $0 \le r,s \le 1$ erfüllen. Gilt außerdem $0 \le r + s \le 1$, dann liegt der Punkt in dem angegebenen Dreieck. Wenn der Punkt P in der Ebene liegt, hat das lineare Gleichungssystem mit drei Gleichungen und zwei Variablen eine Lösung:

$$\begin{pmatrix} 1 \\ -1 \\ 2 \end{pmatrix} + r \cdot \begin{pmatrix} 1 \\ 0 \\ 2 \end{pmatrix} + s \cdot \begin{pmatrix} 1 \\ 1 \\ -1 \end{pmatrix} = \begin{pmatrix} 2{,}25 \\ -0{,}5 \\ 3 \end{pmatrix} \quad \Leftrightarrow \quad \begin{vmatrix} r + s = 1{,}25 \\ s = 0{,}5 \\ 2r - s = 1 \end{vmatrix} \quad \Leftrightarrow \quad \begin{vmatrix} r = 0{,}75 \\ s = 0{,}5 \\ r = 0{,}75 \end{vmatrix}.$$

Der Punkt liegt also in dem von den Vektoren $\vec{u}$ und $\vec{v}$ aufgespannten Parallelogramm, aber nicht in dem am Punkt A liegenden Dreieck.

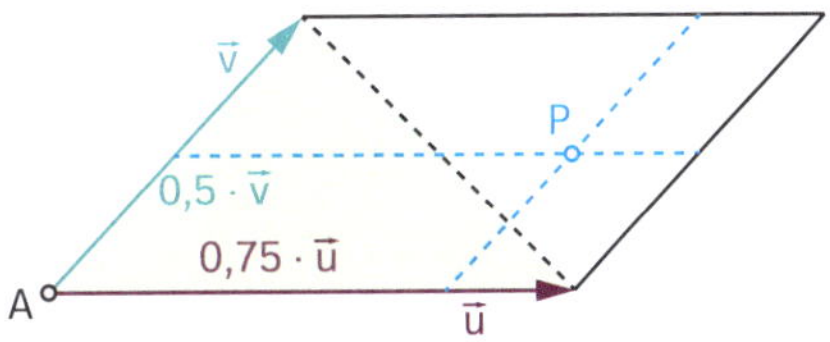


b) Für die Komponenten $w_1$, $w_2$, $w_3$ von $\vec{w}$ muss gelten:
$1 \cdot w_1 + 2 \cdot w_3 = 0$, also $w_3 = -0{,}5 \cdot w_1$. Da auch der Vektor $\vec{v}$ orthogonal zu $\vec{w}$ sein soll, muss auch die Gleichung $w_1 + w_2 - w_3 = 0$ erfüllt sein. Ersetzt man $w_3$ in dieser Gleichung durch $-0{,}5 \cdot w_1$, dann ergibt sich die Bedingung $1{,}5\,w_1 + w_2 = 0$, also $w_2 = -1{,}5\,w_1$.

Wählt man beispielsweise $w_1 = 2$, dann ergibt sich $\vec{w} = \begin{pmatrix} 2 \\ -3 \\ -1 \end{pmatrix}$ als Normalenvektor der Ebene E.

Einsetzen der Koordinaten des Punkts A in die Koordinatengleichung $2x_1 - 3x_2 - x_3 = d$ ergibt dann
$d = 2 \cdot 1 + (-3) \cdot (-1) + (-1) \cdot 2 = 3$, also E: $2x_1 - 3x_2 - x_3 = 3$.

c) Da der Richtungsvektor $\vec{u}$ der Geraden orthogonal ist zum Normalenvektor $\vec{w}$ der Ebene, liegt g parallel zur Ebene E.

*Hinweis*: Die Punktprobe $2 \cdot 1 - 3 \cdot 1 - 1 \neq 3$ zeigt, dass der Punkt B nicht in der Ebene E liegt und daher auch nicht die Gerade g. Dass der Punkt B nicht in der Ebene E liegt, ergibt sich aber auch automatisch aus der folgenden Berechnung des Abstands von B zu E.

Die Lotgerade h der Ebene E, die vom Punkt B ausgeht, kann durch die Parameterdarstellung $h: \vec{x} = \begin{pmatrix} 1 \\ 1 \\ 1 \end{pmatrix} + t \cdot \begin{pmatrix} 2 \\ -3 \\ -1 \end{pmatrix} = \begin{pmatrix} 1+2t \\ 1-3t \\ 1-t \end{pmatrix}$ beschrieben werden.

Der Schnittpunkt S dieser Geraden mit der Ebene E erfüllt die Koordinatengleichung der Ebene, d. h., es gilt: $2 \cdot (1+2t) - 3 \cdot (1-3t) - 1 \cdot (1-t) = 3$, also $2 + 4t - 3 + 9t - 1 + t = 3$ oder $14t = 5$, d. h. $t = \frac{5}{14}$.

Der Schnittpunkt S hat daher die Darstellung $\vec{s} = \begin{pmatrix} 1 + \frac{10}{14} \\ 1 - \frac{15}{14} \\ 1 - \frac{5}{14} \end{pmatrix} = \begin{pmatrix} \frac{24}{14} \\ -\frac{1}{14} \\ \frac{9}{14} \end{pmatrix}$,

der Verbindungsvektor ist $\overrightarrow{BS} = \begin{pmatrix} \frac{10}{14} \\ -\frac{15}{14} \\ -\frac{5}{14} \end{pmatrix}$ und dessen Länge ist gleich

$|\overrightarrow{BS}| = \sqrt{\left(\frac{10}{14}\right)^2 + \left(-\frac{15}{14}\right)^2 + \left(-\frac{5}{14}\right)^2} = \frac{\sqrt{350}}{14} = \frac{5 \cdot \sqrt{14}}{14}$.

Dies ist der Abstand des Punktes B von der Ebene E.

d) Für den Schnittpunkt T der Gerade $g: \vec{x} = \begin{pmatrix} 1 \\ 1 \\ 1 \end{pmatrix} + t \cdot \begin{pmatrix} 1 \\ 0 \\ 2 \end{pmatrix} = \begin{pmatrix} 1+t \\ 1 \\ 1+2t \end{pmatrix}$ mit der $x_1x_2$-Ebene gilt:

Die $x_3$-Koordinate ist gleich null, d. h., es gilt $1 + 2t = 0$, also $t = -0{,}5$. Der Schnittpunkt T hat die Koordinaten T (0,5 ; 1 ; 0). Für den Winkel $\alpha$ zwischen dem Richtungsvektor $\vec{u} = \begin{pmatrix} 1 \\ 0 \\ 2 \end{pmatrix}$ der Geraden und dem Normalenvektor $\vec{e} = \begin{pmatrix} 0 \\ 0 \\ 1 \end{pmatrix}$ der $x_1\,x_2$-Ebene gilt:

$\cos(\alpha) = \frac{\begin{pmatrix} 1 \\ 0 \\ 2 \end{pmatrix} * \begin{pmatrix} 0 \\ 0 \\ 1 \end{pmatrix}}{\sqrt{5} \cdot 1} = \frac{2}{\sqrt{5}}$, also $\alpha \approx 26{,}6°$, d. h. der gesuchte Winkel zwischen Gerade und Ebene ist der Ergänzungswinkel hierzu, also 63,4°.

*Hinweis*: Den gesuchten Winkel kann man auch direkt bestimmen, indem man die Gleichung $\sin(\alpha^*) = \frac{2}{\sqrt{5}}$ löst.

### Aufgabe 7

Eine Gerade g ist gegeben durch die Parameterdarstellung $g: \vec{x} = \begin{pmatrix} 1 \\ 1 \\ 0 \end{pmatrix} + r \cdot \begin{pmatrix} -2 \\ 1 \\ 2 \end{pmatrix}$.

a) Bestimmen Sie Schnittpunkte der Geraden mit den Koordinatenebenen. **F4**

b) Bestimmen Sie Punkte auf der Geraden g, die vom Punkt P(1 ; 1 ; 0) den Abstand 6 haben. **E5** **E3**

c) Bestimmen Sie eine Koordinatengleichung einer Ebene E, die von der Geraden g senkrecht geschnitten wird und den Ursprung enthält. **F6**

d) Zeigen Sie: Der Schnittpunkt T der Geraden g mit der Ebene E hat die Koordinaten $T\left(\frac{7}{9}; \frac{10}{9}; \frac{2}{9}\right)$. Welchen Punkt erhält man, wenn man den Ursprung am Punkt T spiegelt? **F8** **E3**

**Lösung**

a) Um die Schnittpunkte der Gerade $g: \vec{x} = \begin{pmatrix} 1 \\ 1 \\ 0 \end{pmatrix} + r \cdot \begin{pmatrix} -2 \\ 1 \\ 2 \end{pmatrix} = \begin{pmatrix} 1 - 2r \\ 1 + r \\ 2r \end{pmatrix}$ mit den Koordinatenebenen zu bestimmen, müssen die einzelnen Komponenten gleich null gesetzt werden:

$x_2x_3$-Ebene: Die $x_1$-Koordinate ist gleich null, also $r = 0{,}5$; Schnittpunkt ist der Punkt $S_1(0; 1{,}5; 1)$,

$x_1x_3$-Ebene: Die $x_2$-Koordinate ist gleich null, also $r = -1$; Schnittpunkt ist der Punkt $S_2(3; 0; -2)$,

$x_1x_2$-Ebene: Die $x_3$-Koordinate ist gleich null, also $r = 0$; Schnittpunkt ist der Punkt $S_3(1; 1; 0)$.

b) Um diese beiden Punkte zu bestimmen, muss man einen Vektor der Länge 6 von P aus abtragen. Der Richtungsvektor der Geraden hat die Länge $\sqrt{(-2)^2 + 1^2 + 2^2} = 3$, also muss das 2-Fache bzw. das (−2)-Fache des Richtungsvektors von P aus abgetragen werden. Damit erhält man für $r = 2$ den Punkt (−3 ; 3 ; 4) und für $r = -2$ den Punkt (5 ; −1 ; −4).

c) Ein Normalenvektor der Ebene ist durch den Richtungsvektor der Geraden gegeben, d. h., eine Koordinatengleichung der Ebene lautet $-2x_1 + x_2 + 2x_3 = d$; da der Ursprung in dieser Ebene liegen soll, ergibt sich $d = 0$, d. h., eine Koordinatengleichung der gesuchten Ebene ist $E: -2x_1 + x_2 + 2x_3 = 0$.

d) Die Koordinaten des Schnittpunkts T der Geraden mit der Ebene erhält man durch Einsetzen der Parameterdarstellungen der einzelnen Komponenten in die Koordinatengleichung der Ebene:

$$-2 \cdot (1 - 2r) + 1 \cdot (1 + r) + 2 \cdot (2r) = 0 \quad \Leftrightarrow \quad -2 + 4r + 1 + r + 4r = 0 \quad \Leftrightarrow \quad 9r = 1 \quad \Leftrightarrow \quad r = \frac{1}{9},$$

also $\vec{t} = \begin{pmatrix} 1 - \frac{2}{9} \\ 1 + \frac{1}{9} \\ \frac{2}{9} \end{pmatrix} = \begin{pmatrix} \frac{7}{9} \\ \frac{10}{9} \\ \frac{2}{9} \end{pmatrix}$.

Den Spiegelpunkt O* erhält man, indem man vom Punkt T aus den Vektor $\vec{t} = \begin{pmatrix} \frac{7}{9} \\ \frac{10}{9} \\ \frac{2}{9} \end{pmatrix}$ abträgt, also verdoppelt, d. h. $O^*\left(\frac{14}{9}; \frac{20}{9}; \frac{4}{9}\right)$.

### Aufgabe 8

Eine Ebene E ist gegeben durch die Punkte A(1 | −1 | −1), B(−1 | 2 | 1) und C(3 | 0 | 1).

a) Bestimmen Sie eine Parameterdarstellung der Ebene E. **F3**

b) Bestimmen Sie den Schnittpunkt S der Ebene mit der $x_1$-Achse. **F4**

c) Bestimmen Sie eine Parameterdarstellung der Schnittgeraden g der Ebene E mit der $x_1x_2$-Ebene.

d) Zeigen Sie: $\vec{n} = \begin{pmatrix} 1 \\ 2 \\ -2 \end{pmatrix}$ ist ein Normalenvektor der Ebene E. **F8**

Bestimmen Sie den Schnittwinkel zwischen der Ebene E und der $x_1x_3$-Ebene. **G3**

**Lösung**

a) $E: \vec{x} = \begin{pmatrix} 1 \\ -1 \\ -1 \end{pmatrix} + r \cdot \begin{pmatrix} -1-1 \\ 2-(-1) \\ 1-(-1) \end{pmatrix} + s \cdot \begin{pmatrix} 3-1 \\ 0-(-1) \\ 1-(-1) \end{pmatrix} = \begin{pmatrix} 1 \\ -1 \\ -1 \end{pmatrix} + r \cdot \begin{pmatrix} -2 \\ 3 \\ 2 \end{pmatrix} + s \cdot \begin{pmatrix} 2 \\ 1 \\ 2 \end{pmatrix} = \begin{pmatrix} 1-2r+2s \\ -1+3r+s \\ -1+2r+2s \end{pmatrix}$

b) Für Punkte der $x_1$-Achse gilt: $x_2 = 0$ und $x_3 = 0$, d. h. zu lösen ist das lineare Gleichungssystem

$$\left| \begin{matrix} -1+3r+s=0 \\ -1+2r+2s=0 \end{matrix} \right| \Leftrightarrow \left| \begin{matrix} 3r+s=1 \\ 2r+2s=1 \end{matrix} \right| \Leftrightarrow \left| \begin{matrix} -6r-2s=-2 \\ 2r+2s=1 \end{matrix} \right| \Leftrightarrow \left| \begin{matrix} 3r+s=1 \\ -4r=-1 \end{matrix} \right| \Leftrightarrow \left| \begin{matrix} s=1-3r=\frac{1}{4} \\ r=\frac{1}{4} \end{matrix} \right|$$

Setzt man diese Parameterwerte ein, so ergibt sich S (1 ; 0 ; 0).

c) Die $x_1x_2$-Ebene lässt sich mithilfe der Koordinatengleichung $x_3 = 0$ beschreiben. Die gemeinsamen Punkte der beiden Ebenen erfüllen beide Gleichungen, d. h. es muss gelten $-1 + 2r + 2s = 0$, also $s = 0{,}5 - r$. Ersetzt man den Parameter s in der Parameterdarstellung der Ebene E, dann ergibt sich eine Parameterdarstellung der Schnittgeraden:

$$g: \vec{x} = \begin{pmatrix} 1-2r+2\cdot(0{,}5-r) \\ -1+3r+(0{,}5-r) \\ -1+2r+2\cdot(0{,}5-r) \end{pmatrix} = \begin{pmatrix} 2-4r \\ -0{,}5+2r \\ 0 \end{pmatrix} = \begin{pmatrix} 2 \\ -0{,}5 \\ 0 \end{pmatrix} + r \cdot \begin{pmatrix} -4 \\ 2 \\ 0 \end{pmatrix}.$$

d) Es muss gezeigt werden, dass das Skalarprodukt des Normalenvektors mit den beiden Richtungsvektoren der Ebene jeweils null ergibt:

$$\begin{pmatrix} -2 \\ 3 \\ 2 \end{pmatrix} * \begin{pmatrix} 1 \\ 2 \\ -2 \end{pmatrix} = -2+6-4 = 0 \text{ und } \begin{pmatrix} 2 \\ 1 \\ 2 \end{pmatrix} * \begin{pmatrix} 1 \\ 2 \\ -2 \end{pmatrix} = 2+2-4 = 0.$$

Der Vektor $\vec{m} = \begin{pmatrix} 0 \\ 1 \\ 0 \end{pmatrix}$ ist ein Normalenvektor der $x_1x_3$-Ebene. Somit ergibt sich für den Winkel zwischen den beiden Ebenen (= Winkel zwischen den Normalenvektoren der beiden Ebenen):

$$\cos(\alpha) = \frac{\left|\begin{pmatrix} 1 \\ 2 \\ -2 \end{pmatrix} * \begin{pmatrix} 0 \\ 1 \\ 0 \end{pmatrix}\right|}{\sqrt{9} \cdot 1} = \frac{2}{3}, \text{ d. h. } \alpha \approx 48{,}2°.$$

## Aufgabe 9

In einem Ziehungsgefäß sind 4 rote und 8 grüne Kugeln, die nacheinander mit Zurücklegen gezogen werden.

a) Bestimmen Sie einen Term für die Wahrscheinlichkeit, dass beim 4-fachen Ziehen
(1) alle gezogenen Kugeln grün sind, **I2 J3**
(2) genauso viele grüne wie rote Kugeln gezogen werden. **J3**

b) Das Zufallsexperiment wird 24-mal durchgeführt. Die Zufallsvariable X gibt an, wie oft eine rote Kugel gezogen wurde. Bestimmen Sie **J3 J5**
(1) den Erwartungswert der Zufallsvariable,
(2) die Wahrscheinlichkeit, dass genau 8 rote Kugeln gezogen werden,
(3) die Wahrscheinlichkeit, dass mehr grüne als rote Kugeln gezogen werden.

c) Bei dem folgenden Histogramm einer Binomialverteilung mit $n = 24$ kann man ablesen, dass das Maximum der Verteilung bei $X = 8$ liegt. Kann man sicher sein, dass hier die Wahrscheinlichkeitsverteilung der Zufallsvariable X dargestellt wird? **J5**

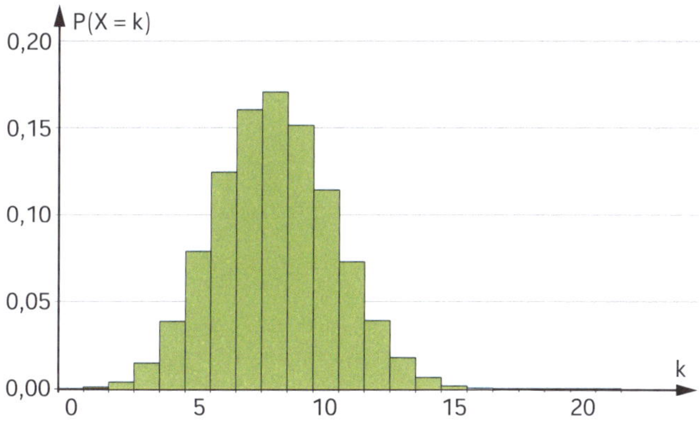


d) Geben Sie jeweils einen Term für die Wahrscheinlichkeit des Ereignisses $P(X = 7)$ und $P(X = 8)$ an (gemäß der BERNOULLI-Formel).

Zeigen Sie mithilfe dieser beiden Terme, dass gilt: $P(X = 7) \cdot \frac{17}{16} = P(X = 8)$. **J3**

### Lösung

a) (1) $\left(\frac{8}{12}\right)^4 = \left(\frac{2}{3}\right)^4 = \frac{16}{81}$

(2) $6 \cdot \left(\frac{8}{12}\right)^2 \cdot \left(\frac{4}{12}\right)^2 = 6 \cdot \left(\frac{2}{3}\right)^2 \cdot \left(\frac{1}{3}\right)^2 = \frac{24}{81}$

Dies kann auch mithilfe des TR berechnet werden:
Binomialverteilung mit $n = 4$ und $p = \frac{1}{3}$: $P(X = 2) \approx 0{,}296$.

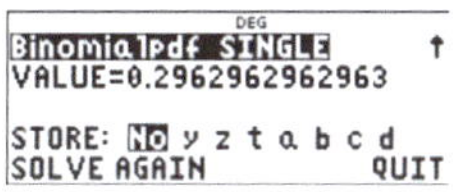

b) Betrachtet wird ein 24-stufiger Bernoulli-Versuch mit $p = \frac{1}{3}$.

(1) $\mu = 24 \cdot \frac{1}{3} = 8$

(2) $P(X = 8) = \text{binompdf}(24, \frac{1}{3}, 8) \approx 0{,}171$

(3) „mehr grüne als rote Kugeln" bedeutet „weniger rote als grüne", also $X < 12$;
$P(X < 12) = P(X \leq 11) = \text{binomcdf}(24, \frac{1}{3}, 11) \approx 0{,}932$

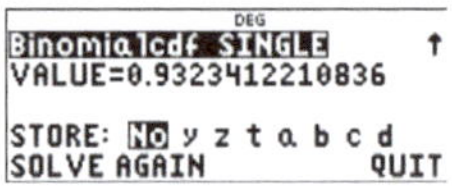


c) Das Maximum der Verteilung liegt zwar bei $X = 8$, es könnte also die Darstellung der Wahrscheinlichkeitsverteilung mit $n = 24$ und $p = \frac{1}{3}$ sein, aber aus der Lage des Maximums kann man nur ablesen, dass gilt: $7 < \mu < 9$, d. h. $7 < 24p < 9$, also $\frac{7}{24} < p < \frac{9}{24}$.

d) $P(X = 7) = \binom{24}{7} \cdot \left(\frac{1}{3}\right)^7 \left(\frac{2}{3}\right)^{17} = \frac{24 \cdot 23 \cdot \ldots \cdot 18}{7 \cdot 6 \cdot \ldots \cdot 1} \cdot \left(\frac{1}{3}\right)^7 \left(\frac{2}{3}\right)^{17}$

$P(X = 8) = \binom{24}{8} \cdot \left(\frac{1}{3}\right)^8 \left(\frac{2}{3}\right)^{16} = \frac{24 \cdot 23 \cdot \ldots \cdot 17}{8 \cdot 7 \cdot \ldots \cdot 1} \cdot \left(\frac{1}{3}\right)^8 \left(\frac{2}{3}\right)^{16}$

Um den Faktor zu bestimmen, muss der Quotient $\frac{P(X = 8)}{P(X = 7)}$ gebildet werden:

$$\frac{P(X = 8)}{P(X = 7)} = \frac{24 \cdot 23 \cdot \ldots \cdot 17}{8 \cdot 7 \cdot \ldots \cdot 1} \cdot \frac{7 \cdot 6 \cdot \ldots \cdot 1}{24 \cdot 23 \cdot \ldots \cdot 18} \cdot \frac{\frac{1}{3}}{\frac{2}{3}} = \frac{17}{8} \cdot \frac{1}{2} = \frac{17}{16}$$

## Aufgabe 10

Die Brötchen aus einer Großbäckerei haben ein durchschnittliches Gewicht von 41 g bei einer Standardabweichung von 1,5 g. Das Gewicht eines Brötchens kann näherungsweise mithilfe einer normalverteilten Zufallsvariable X beschrieben werden. Die folgende Grafik zeigt die zugehörige Glockenkurve. Veranschaulichen Sie das Ergebnis Ihrer Überlegungen in den Teilaufgaben a) und b) jeweils durch Schraffuren der zughörigen Flächen unter der Glockenkurve.

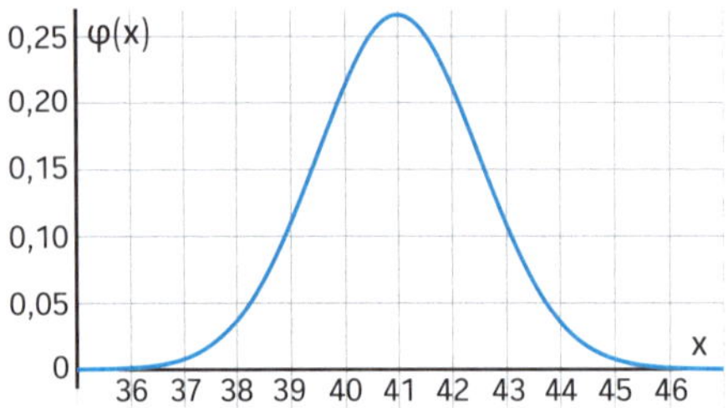

a) Bestimmen Sie die Wahrscheinlichkeit, dass ein zufällig ausgewähltes Brötchen mehr als 40 g wiegt. **J6**

b) Bestimmen Sie ein zum Erwartungswert symmetrisch liegendes Intervall, in dem das Gewicht eines Brötchens mit einer Wahrscheinlichkeit von 50 % liegt. **J6**

c) Mit welcher Wahrscheinlichkeit hat ein zufällig ausgewähltes Brötchen ein Gewicht von genau 39 g?
Wenn man im Alltag davon spricht, dass ein Brötchen ein Gewicht von 39 g hat, dann meint man üblicherweise damit, dass das Gewicht im Intervall [ 38,5 g; 39,5 g [ liegt. Mit welcher Wahrscheinlichkeit ist dies der Fall? **J6**

d) Der Brötchenlieferant garantiert, dass die ausgelieferten Brötchen mindestens ein Gewicht von 37,5 g haben. Zeigen Sie, dass man mit einer Wahrscheinlichkeit von ca. 1 % ein Brötchen findet, das dieser Angabe nicht entspricht. Wie groß ist die Wahrscheinlichkeit, dass man beim Kauf von 20 Brötchen mindestens ein Brötchen mit Untergewicht findet? **J6** **J3**

e) Die folgende Grafik zeigt die Glockenkurve des normalverteilten Gewichts von Körnerbrötchen. Erläutern Sie, wie man in dieser Grafik den Erwartungswert und die Standardabweichung ablesen kann. **J6**

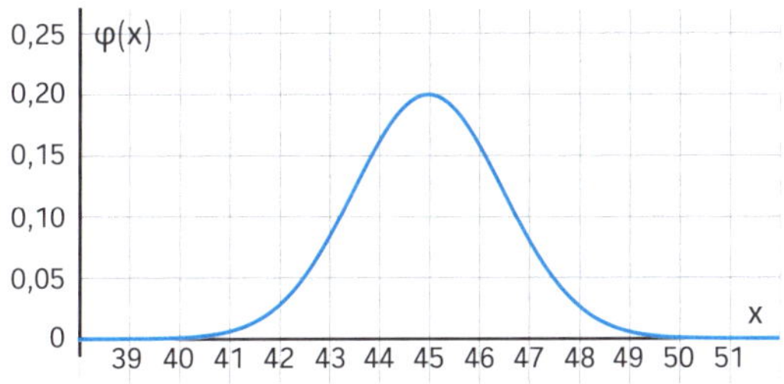


**Lösung**

a) $P(X > 40) = \text{normcdf}(41{,}1.5{,}40{,}\infty) \approx 74{,}75\,\%$.

Ungefähr drei Viertel aller Brötchen haben ein Mindestgewicht von 40 g.

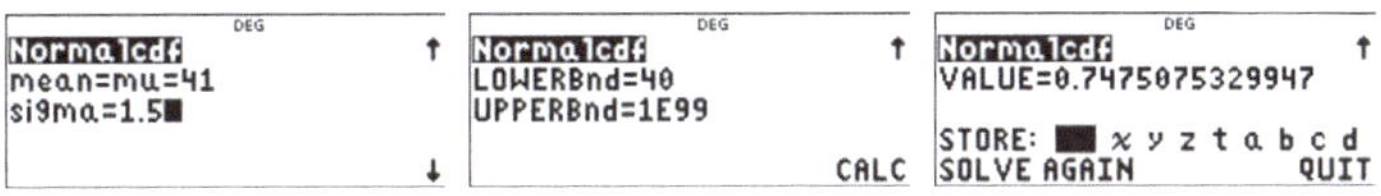


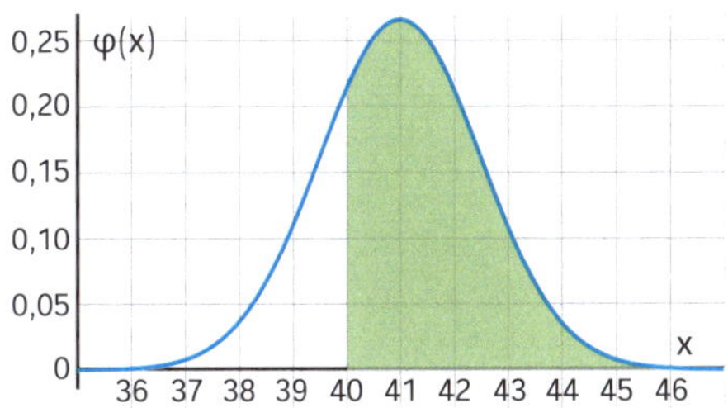

b) Unterhalb eines zum Erwartungswert symmetrisch liegenden 50 %-Intervalls liegen 25 % der Ergebnisse, d. h., mithilfe des WTR muss der zugehörige Wert k gesucht werden, sodass gilt: $P(X \leq k) = 0{,}25$.

Es ergibt sich, dass ein Brötchen mit einer Wahrscheinlichkeit von ca. 25 % ein Gewicht von weniger als 40 g hat. Daher ist das gesuchte symmetrische Intervall gleich [40 g ; 42 g].

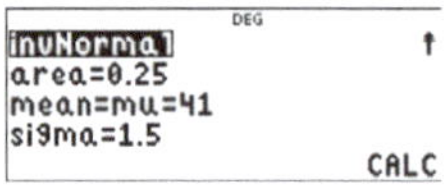


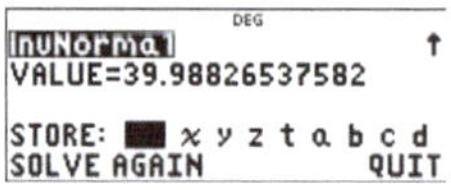


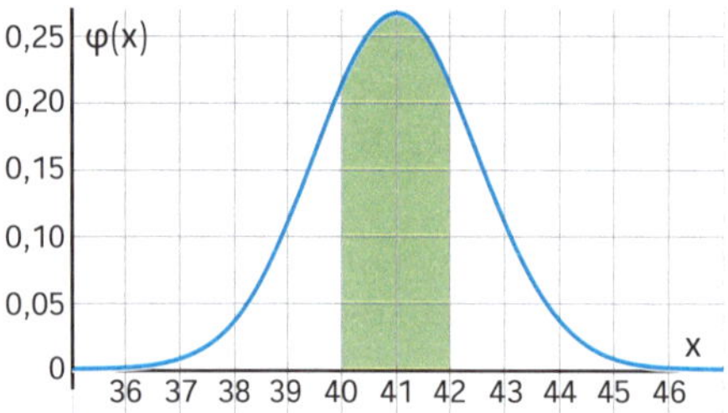


c) Bei normalverteilten Zufallsvariablen gilt für jeden Wert k, dass $P(X = k) = 0$. Für die Intervallwahrscheinlichkeit zu einem Gewicht von 39 g ergibt sich $P(38.5 \leq X < 39{,}5) = \text{normcdf}(41{,}1.5{,}38.5{,}39{,}5) \approx 11{,}1\,\%$.

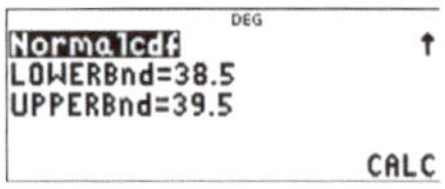


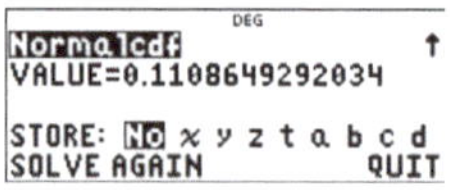


d) Zu zeigen ist: $P(X < 37{,}5\text{ g}) \approx 0{,}01$, vgl. Screenshot.

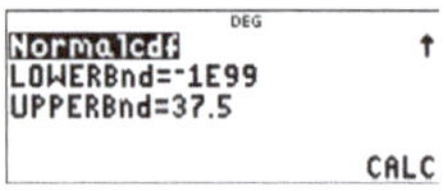


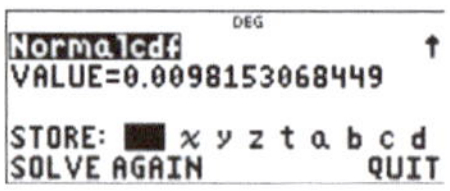


Betrachtet wird nunmehr ein 20-stufiger Bernoulli-Versuch mit Zufallsvariable Y: *Anzahl der Brötchen mit Untergewicht* (Erfolgswahrscheinlichkeit $p = 0{,}01$). Dann gilt: $P(Y \geq 1) = 1 - P(Y = 0) = 1 - 0{,}9920 \approx 18{,}2\,\%$.

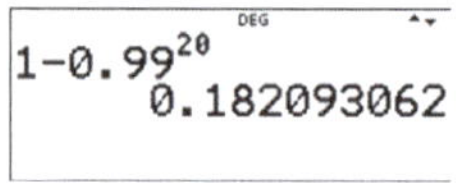


e) Der Erwartungswert μ der normalverteilten Zufallsvariablen liegt beim Maximum / der Symmetrieachse der Glockenkurve, die Wendepunkte der Glockenkurve liegen bei $\mu - \sigma$ und $\mu + \sigma$. Daher ergibt sich hier: $\mu \approx 45$ g und $\sigma \approx 2$ g.

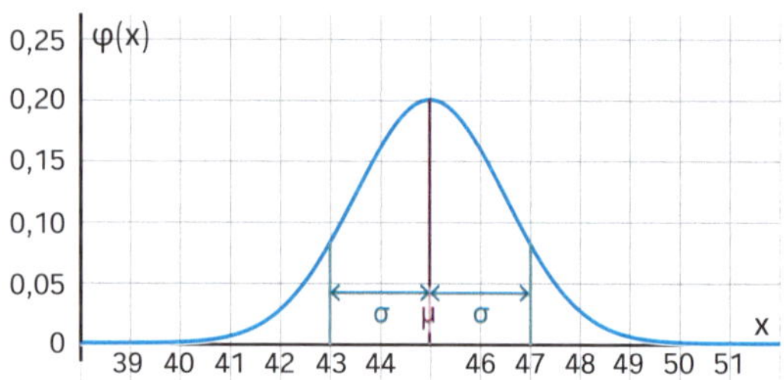

### Aufgabe 11

Die folgende Grafik zeigt einen Ausschnitt einer Auswertung der WHO bzgl. der Körpergröße von 2- bis 3-jährigen Mädchen.

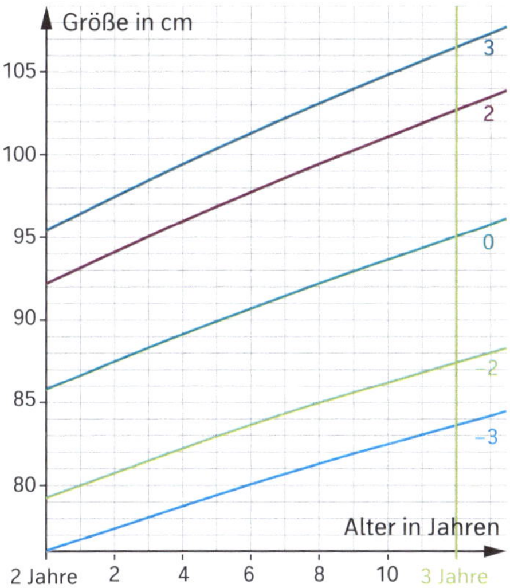


a) Erläutern Sie, was in der Grafik dargestellt ist. Erklären Sie auch die Beschriftung an den Kurven (−3, −2, 0, 2, 3). An welcher Eigenschaft kann man ablesen, dass der Ansatz einer Normalverteilung bzgl. der Körperlängen gerechtfertigt ist? **J6**

b) Erläutern Sie, wie man aus der Grafik den Erwartungswert $\mu$ und die Standardabweichung $\sigma$ der näherungsweise normalverteilten Zufallsvariable X: *Körpergröße von 3-jährigen Mädchen* ermitteln kann. Zeigen Sie: $\mu \approx 95$ cm, $\sigma \approx 3{,}84$ cm. **J6**

c) Mit welcher Wahrscheinlichkeit ist ein 3-jähriges Mädchen größer als 100 cm? **J6**

d) In den Kindergärten einer Gemeinde werden die Körpergrößen der Kinder gemessen, wenn diese drei Jahre alt werden. Dabei wurden im letzten Jahr die in der Tabelle enthaltenen Anzahlen festgestellt. Vervollständigen Sie die Tabelle. **I4** **I5**

| | Körpergröße | | |
|---|---|---|---|
| | unter 100 cm | mind. 100 cm | gesamt |
| Mädchen | 112 | | 126 |
| Jungen | | 21 | |
| gesamt | 232 | | |

Ein Kind aus dieser Stichprobe wird zufällig ausgewählt.

(1) Es ist ein Mädchen. Bestimmen Sie Wahrscheinlichkeit, dass es eine Körpergröße von mindestens 100 cm hat.

(2) Es hat eine Körpergröße von mindestens 100 cm. Bestimmen Sie die Wahrscheinlichkeit, dass es ein Mädchen ist.

**Lösung**

a) An der mittleren Kurve lässt sich die durchschnittliche Körpergröße der Kinder ablesen (Median), wobei 0 so viel bedeutet wie $\mu + 0 \cdot \sigma$. Entsprechend geben die anderen Kurven Auskunft über die zu den Werten $\mu - 3\sigma$, $\mu - 2\sigma$, $\mu + 2\sigma$ und $\mu + 3\sigma$ gehörenden Körpergrößen. Da die äußeren Kurven symmetrisch zu der mittleren Kurve verlaufen, kann man von einer zugrunde liegenden symmetrischen Verteilung ausgehen, für die daher ein Normalverteilungsansatz gemacht werden kann.

b) Wie in a) erläutert, gehört die mittlere Kurve zum Erwartungswert $\mu$. Bei 3-Jährigen kann man hier den Wert $\mu = 95$ cm ablesen.

Zu $\mu + 2\sigma$ gehört die Körpergröße 102,7 cm, also $\sigma \approx \frac{7{,}7}{2} = 3{,}85$;

zu $\mu + 3\sigma$ gehört die Körpergröße 106,5 cm, also $\sigma \approx \frac{11{,}5}{3} \approx 3{,}83$ cm.

c) Mithilfe des WTR ergibt sich $P(X > 100) = \text{norm}(95, 3.84, 100, \infty) \approx 0{,}096 = 9{,}6\,\%$.

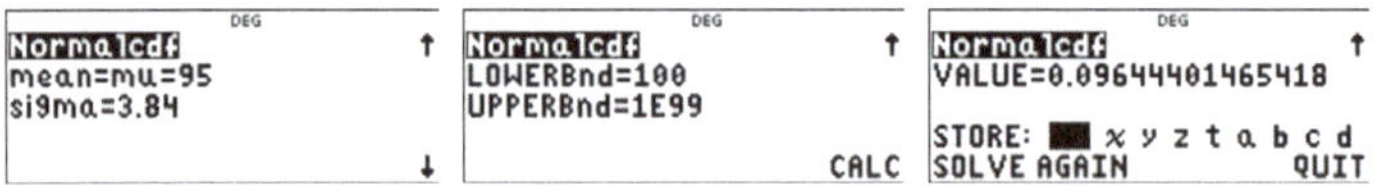


d) Die Vierfeldertafel mit den ergänzten Daten ist:

| | Körpergröße | | |
|---|---|---|---|
| | unter 100 cm | mind. 100 cm | gesamt |
| Mädchen | 112 | 14 | 126 |
| Jungen | 120 | 21 | 141 |
| gesamt | 232 | 35 | 267 |

Die gesuchten bedingten Wahrscheinlichkeiten sind

$P_{\text{Mädchen}}(\text{Körpergröße mind. 100 cm}) = \frac{14}{126} \approx 0{,}111$,

$P_{\text{Körpergröße unter 100 cm}}(\text{Mädchen}) = \frac{112}{232} \approx 0{,}483$.

# Hilfsmittelfreie Aufgaben

(*Lösungen ab Seite 136*)

### Aufgabe A1

Das Rechteck A(0 | 0), B(2 | 0), C(2 | 4), D(0 | 4) wird durch den Graphen der Funktion f mit $f(x) = 4 - x^2$ geteilt.

(1) Fertigen Sie eine Skizze an.
(2) Geben Sie den Funktionsterm in der Form $f(x) = k \cdot (x - a) \cdot (x - b)$ mit $a, b \in \mathbb{R}$ an.
(3) Ermitteln Sie die Flächeninhalte der beiden Teilflächen und bestimmen Sie jeweils den Anteil, den die beiden Teilflächen an der Gesamtfläche des Rechtecks ABCD besitzen. **D2**
(4) Bestimmen Sie die Anteile der Teilflächen des Dreiecks BCD, das durch den Graphen von f unterteilt wird.

### Aufgabe A2

(1) Skizzieren Sie den Graphen der Funktion f mit $f(x) = x^3 - 4x$.
(2) Berechnen Sie $\int_0^2 f(x)\,dx$. **D2**
(3) Begründen Sie, dass $\int_{-2}^2 f(x)\,dx = 0$ gilt.
(4) Geben Sie einen Term an, mit dem sich der Inhalt der Fläche korrekt berechnen lässt, die vom Graphen der Funktion f und der x-Achse im Intervall $[-2; 2]$ eingeschlossen wird.

### Aufgabe A3

Die Funktion f ist gegeben durch $f(x) = x^3$.

(1) Zeigen Sie, dass die Tangente t im Punkt P (1 | 1) an den Graphen der Funktion f durch die Gleichung $t(x) = 3x - 2$ beschrieben werden kann. **A3**
(2) Zeigen Sie, dass die Tangente t und der Graph von f auch den Punkt P (– 2 | – 8) gemeinsam haben.
(3) Fertigen Sie zu (1), (2) eine Skizze an.
(4) Bestimmen Sie den Flächeninhalt des Dreiecks, das durch die y-Achse, die x-Achse und die Tangente eingeschlossen wird.
(5) Bestimmen Sie den Flächeninhalt der Fläche, die von den Graphen von f und t eingeschlossen wird.

### Aufgabe A4

(1) Zeigen Sie, dass die Gerade g mit $g(x) = -x$ den Graphen der Funktion f mit $f(x) = -x^3 + x$ im Ursprung senkrecht schneidet. **A3**
(2) Zeigen Sie, dass die Graphen von f und g auch die Punkte $P_1(-\sqrt{2} \mid \sqrt{2})$ und $P_2(\sqrt{2} \mid -\sqrt{2})$ gemeinsam haben.
(3) Fertigen Sie eine Skizze an.
(4) Begründen Sie, warum die beiden von den Graphen von f und g eingeschlossenen Flächenstücke gleich groß sind. **A2**
(5) Bestimmen Sie den Flächeninhalt der beiden Flächenstücke.

## Aufgabe A5

(1) Die Abbildung zeigt den Graphen der Funktion f mit $f(x) = a \cdot (x - b)^2 \cdot e^x$, a, b > 0.

Ermitteln Sie die Parameterwerte a und b. Begründen Sie Ihre Ansätze. **A1** **A2**

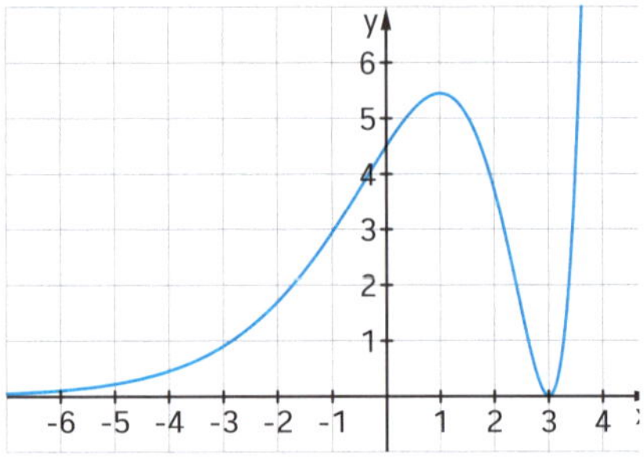


(2) Begründen Sie: Wenn man den Flächeninhalt der Fläche ermitteln will, die von dem Graphen von f und der x-Achse eingeschlossen wird, macht es wenig Sinn,

das Integral $\int_{-1}^{2} (3x^2 + 2x)\,dx$ zu berechnen. **D1**

(3) Berechnen Sie $\int_{-1}^{2} (3x^2 + 2x)\,dx$.

## Aufgabe A6

(1) Gegeben ist eine Funktion f mit $f(x) = 3x^3 + 3x^2$. Berechnen Sie die Nullstellen des Funktionsgraphen. **B4**
(2) Die Abbildung rechts zeigt den Verlauf des Graphen. Zeichnen Sie die Lage der y-Achse in die Abbildung ein und markieren Sie die Einheiten auf der x-Achse.
(3) Skizzieren Sie in der Abbildung den Graphen der Ableitungsfunktion von f und einer zugehörigen Stammfunktion. **A5**
(4) Berechnen Sie den Flächeninhalt der vom Graphen von f und der x-Achse eingeschlossenen Fläche. **D2**

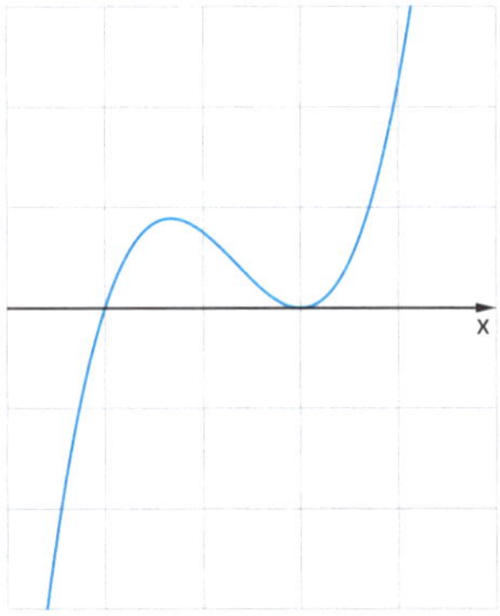


## Aufgabe A7

Gegeben ist die Funktionenschar $f_k$ mit $f_k(x) = e^{-x+k}$; $k \in \mathbb{R}$.

(1) Berechnen Sie, an der welcher Stelle die Funktion/Funktionen den Wert 1 annimmt.
(2) Zeigen Sie, dass die Tangente an der Stelle x = k die Gleichung $t_k: y = -x + 1 + k$ besitzt. **A4**
(3) Begründen Sie die Gültigkeit der folgenden Gleichung:

$$\int_a^b f_k(x)\,dx = f_k'(b) - f_k'(a)$$

**A2** **A3** **D1** **D2**

### Aufgabe A8

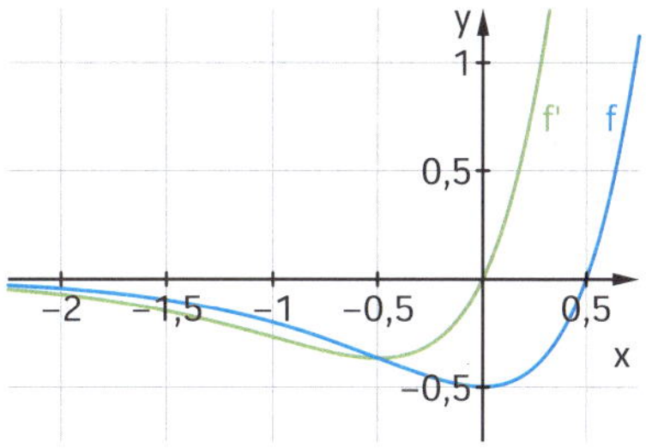


Betrachtet wird die Funktion f mit $f(x) = (x - 0{,}5) \cdot e^{2x}$.

(1) Begründen Sie mithilfe des Graphen der Ableitungsfunktion, dass die Funktion f an der Stelle $x = 0$ ein lokales Minimum besitzt. **B6**

(2) Zeigen Sie, dass die Funktion F mit $F(x) = (0{,}5x - 0{,}5) \cdot e^{2x}$ eine Stammfunktion von f ist. **D1**

(3) Berechnen Sie den Flächeninhalt zwischen dem Graphen der Funktion f und der x-Achse

im Intervall von 0,5 bis 1, **D2** im Intervall von $-\infty$ bis 0. **D5**

### Aufgabe A9

Ein Tankwagen wird mit Heizöl gefüllt. Der zeitliche Verlauf der Zulaufgeschwindigkeit kann im nebenstehenden Diagramm abgelesen werden.

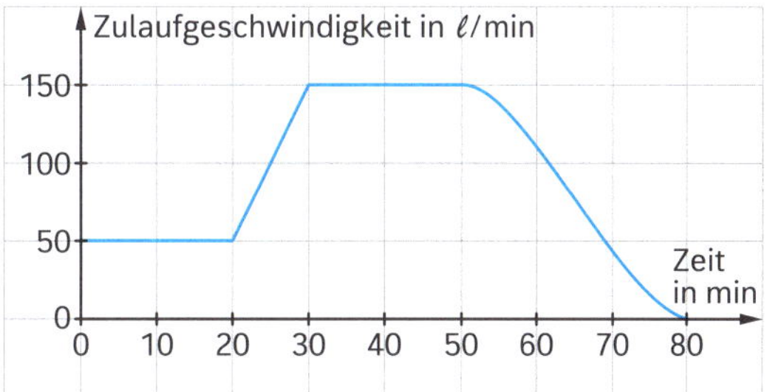


(1) Berechnen Sie, wie viel Öl in den ersten 50 Minuten näherungsweise in den Tankwagen geflossen sind. **D3**

(2) Beschreiben Sie eine Möglichkeit zur Berechnung der zugeflossenen Ölmenge im Zeitraum von 50 bis 80 Minuten und berechnen Sie einen Näherungswert dafür.

### Aufgabe A10

Die Abbildung rechts zeigt den Graphen einer Stammfunktion einer ganzrationalen Funktion f. Welche Eigenschaften lassen sich für den Graphen der Funktion f und für den Graphen der Ableitungsfunktion f′ aus dem abgebildeten Graphen ablesen? **B5** **B6**

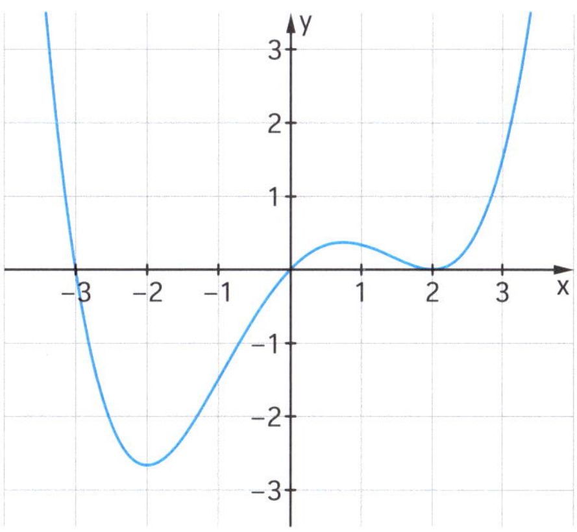

### Aufgabe A11

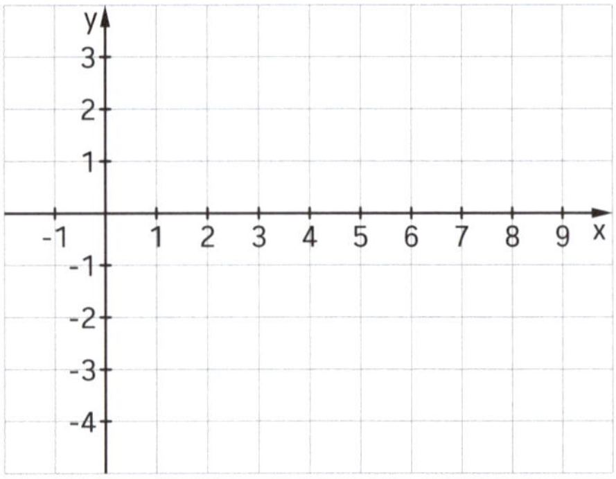


(1) Gegeben ist die Funktion f mit $f(x) = \ln(x)$. Bestimmen Sie die Gleichung der Tangente an den Graphen von f im Punkt $(1\,|\,f(1))$ und skizzieren sie den Graphen von f und die Tangente in der Abbildung. **A1** **A3**

(2) Geben Sie diejenige Stammfunktion der Funktion g mit $g(x) = \frac{1}{x}$ an, deren Graph durch den Punkt $(1\,|\,1)$ verläuft, und skizzieren Sie deren Graphen in der Abbildung. **D1**

### Aufgabe A12

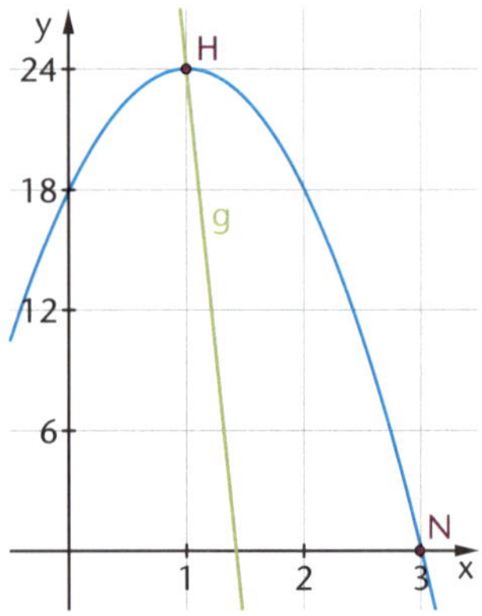


Gegeben ist die Funktion f mit $f(x) = -6\,x^2 + 12x + 18$ und $x \in \mathbb{R}$. Die Abbildung zeigt den Graphen von f, der durch die Punkte $H(1\,|\,24)$ und $N(3\,|\,0)$ verläuft.

(1) Zeigen Sie, dass $\int_0^1 f(x)\,dx = 22$ gilt. **D3**

(2) Die Fläche, die der Graph von f im ersten Quadranten mit den Koordinatenachsen einschließt, hat den Inhalt 54. Eine Gerade g, die durch den Punkt H verläuft, teilt diese Fläche in zwei Teilflächen gleichen Inhalts.

Bestimmen Sie rechnerisch die Stelle, an der die Gerade g die x-Achse schneidet.

### Aufgabe G1

Eine Ebene E wird aufgespannt durch die Vektoren $\vec{u} = \begin{pmatrix} 2 \\ 1 \\ 0 \end{pmatrix}$ und $\vec{v} = \begin{pmatrix} -1 \\ 0 \\ 1 \end{pmatrix}$; sie enthält den Punkt $P(-1\,|\,2\,|\,1)$. Eine Gerade g ist gegeben durch g: $\vec{x} = \begin{pmatrix} 1 \\ -2 \\ 3 \end{pmatrix} + t \cdot \begin{pmatrix} 1 \\ -2 \\ 1 \end{pmatrix}$.

(1) Geben Sie eine Parameterdarstellung der Ebene E an. **F3**
(2) Zeigen Sie, dass die Gerade g die Ebene E im Punkt P senkrecht schneidet. Geben Sie eine Koordinatengleichung der Ebene E an. **F1** **E4** **F6**
(3) Bestimmen Sie zwei Punkte auf der Geraden, die vom Schnittpunkt P die gleiche Entfernung haben. **G6**

### Aufgabe G2

Die Punkte $A(1\,|\,1\,|\,1)$, $B(4\,|\,3\,|\,-1)$, $C(5\,|\,6\,|\,-4)$ sowie der Punkt D bilden das Parallelogramm ABCD.

(1) Bestimmen Sie die Koordinaten des Punktes D. **E1**
(2) Bestimmen Sie die Seitenlängen des Parallelogramms. **E3**
(3) Zeigen Sie: Die Diagonalen des Parallelogramms schneiden sich nicht im rechten Winkel. **E2**
(4) Bestimmen Sie die Koordinaten des Schnittpunkts der Diagonalen.

### Aufgabe G3

Eine Gerade g ist gegeben durch g: $\vec{x} = \begin{pmatrix} 1 \\ -2 \\ 1 \end{pmatrix} + t \cdot \begin{pmatrix} 1 \\ 2 \\ -2 \end{pmatrix}$.

(1) Bestimmen Sie die Spurpunkte $S_{xy}$, $S_{xz}$, $S_{yz}$ der Geraden g mit den Koordinatenebenen. **F4**

(2) Bestimmen Sie die Länge der Strecke $S_{xz}S_{yz}$. **E5**

(3) Eine Gerade h besitzt nur die Spurpunkte $S_{xy}$ und $S_{yz}$.
Erläutern Sie die geometrische Lage der Geraden h. **F4**
Geben Sie die Parameterdarstellung einer Geraden h an, die nur in der x-y-Ebene einen Spurpunkt besitzt. Begründen Sie ihre Lösung. **F1**

### Aufgabe G4

Gegeben ist der Vektor $\vec{u} = \begin{pmatrix} -3 \\ 4 \\ 8 \end{pmatrix}$.

(1) Geben Sie einen Vektor $\vec{v} = \begin{pmatrix} a \\ 2 \\ 7 \end{pmatrix}$ an, der die gleiche Länge hat wie der Vektor $\vec{u}$. **E3**

(2) Geben Sie einen Vektor $\vec{w} = \begin{pmatrix} a \\ -3 \\ 6 \end{pmatrix}$ an, der orthogonal zu Vektor $\vec{u}$ ist. **E2**

Betrachten Sie drei Vektoren $\vec{u}$, $\vec{v}$ und $\vec{w}$ mit den Eigenschaften aus den Teilaufgaben (1) und (2). Erläutern Sie, um welches besonderes Viereck es sich handelt, das von

(3) $\vec{u}$ und $\vec{v}$ (4) $\vec{u}$ und $\vec{w}$

aufgespannt wird.

### Aufgabe G5

(1) Geben Sie eine Parameterdarstellung einer Ebene mit den geforderten Eigenschaften an:
(i) $E_1$ verläuft durch den Punkt P(3|2|1) und ist parallel zur x-y-Ebene.
(ii) $E_2$ schneidet von den Koordinatenachsen nur die y-Achse und zwar bei $y = 6$. **F3**

(2) Der Punkt A(4|2|4) wird zunächst an der Ebene $E_1$, dann an Ebene $E_2$ gespiegelt. Bestimmen Sie die Koordinaten des Spiegelpunkts A″ nach der zweiten Spiegelung. **E1**

(3) Der Punkt A(4|2|4) wird an der Ebene mit der Gleichung $x - y + z = 3$ gespiegelt. Bestimmen Sie die Koordinaten des Spiegelpunkts A′. **G5**

### Aufgabe G6

(1) Das lineare Gleichungssystem $\begin{vmatrix} -1 + 2r = 4 - s \\ 1 = 5 - 2s - t \\ -3 + r = 2 + 2t \end{vmatrix}$ ergibt sich aus einer Schnittpunktberechnung zweier geometrischer Objekte. Benennen Sie die beiden Objekte und geben Sie für beide eine mögliche Parameterdarstellung an. **F11**

(2) Bestimmen Sie die Lösungsmenge des linearen Gleichungssystems.

(3) Ein lineares Gleichungssystem besteht aus zwei Gleichungen mit drei Variablen. Ein Taschenrechner gibt als Lösungsmenge an: $\{c + 1 ; -c ; c\}$.
Erläutern Sie diese Lösung. **F8**

## Aufgabe S1

(1) Bei einem Glücksspiel gewinnt man mit Wahrscheinlichkeit $p = 0{,}25$.
Ordnen Sie den folgenden Ereignissen den richtigen Term zur Berechnung der Wahrscheinlichkeit zu: **H2** **I2**

$E_1$: In 5 Spielen gewinnt man mindestens 4-mal.

$E_2$: In 5 Spielen hat man mehr Spiele, in denen man gewinnt, als Spiele, in denen man verliert.

$E_3$: In 5 Spielen gewinnt man öfter als erwartet.

$P_1 = 10 \cdot 0{,}25^3 \cdot 0{,}75^2 + 5 \cdot 0{,}25^4 \cdot 0{,}75 + 0{,}25^5$

$P_2 = 1 - (0{,}75^5 + 5 \cdot 0{,}75^4 \cdot 0{,}25)$

$P_3 = 5 \cdot 0{,}75^4 \cdot 0{,}25 + 0{,}75^5$

$P_4 = 1 - (0{,}25^5 + 5 \cdot 0{,}25^4 \cdot 0{,}75)$

$P_5 = 10 \cdot 0{,}75^3 \cdot 0{,}25^2 + 5 \cdot 0{,}75^4 \cdot 0{,}25 + 0{,}75^5$

$P_6 = 5 \cdot 0{,}25^4 \cdot 0{,}75 + 0{,}25^5$

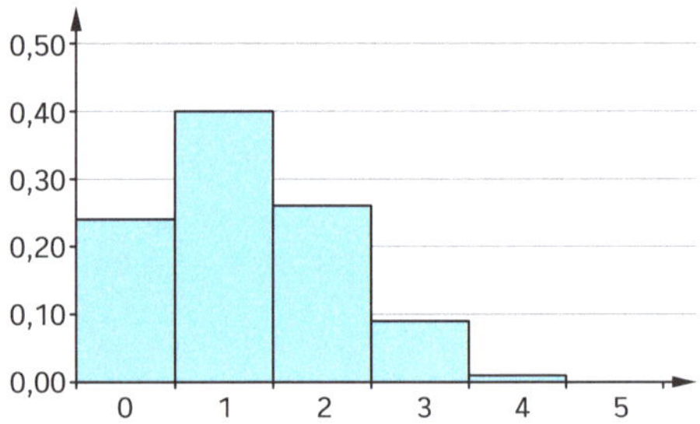


(2) Das Histogramm zeigt die Binomialverteilung mit $n = 5$ und $p = 0{,}25$. Ermitteln Sie mithilfe der Grafik ungefähre Werte für die Wahrscheinlichkeiten der Ereignisse $E_1$, $E_2$, $E_3$.

## Aufgabe S2

Bei einem Spiel wird das abgebildete Glücksrad zweimal gedreht. Der Zeiger kann auf einem der weiß (w), blau (b) oder grün (g) gefärbten Sektoren stehen bleiben.

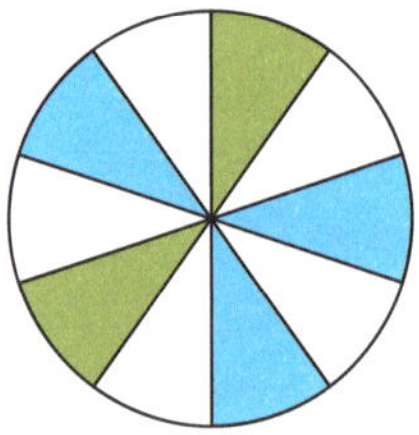

(1) Stellen Sie die möglichen Abläufe des Zufallsversuchs mithilfe eines Baumdiagramms dar.

(2) Bestimmen Sie die Wahrscheinlichkeit für das Ereignis
E: *Das Rad bleibt zweimal hintereinander auf einem Sektor mit gleicher Färbung stehen*. **I1**

(3) Der Spielveranstalter plant für das Spiel einen Einsatz von a € und es soll 2 € ausgezahlt werden, wenn das Ereignis E eintritt. Bestimmen Sie den Wert von a, bei dem das angebotene Spiel fair ist. **J2**

(4) Als das Interesse an dem Spiel nachlässt, verändert der Spielveranstalter die Regeln. Es bleibt bei der Regel, dass 2 € ausgezahlt werden, wenn der Zeiger zweimal auf einem Sektor gleicher Farbe stehen bleibt. Wenn dies nicht der Fall ist, darf der Spielteilnehmer das Rad noch einmal drehen, und er erhält seinen Einsatz zurück, wenn dann der Zeiger hintereinander auf drei verschieden gefärbten Sektoren stehen geblieben ist.
Überprüfen Sie, ob diese Spielregel für die Teilnehmer interessanter ist.

### Aufgabe S3

(1) Die Zufallsvariable X ist binomialverteilt mit $n = 12$ und $p = 0{,}3$. Entscheiden Sie begründet, welches der folgenden drei Histogramme zu der Verteilung gehört. J2 J3

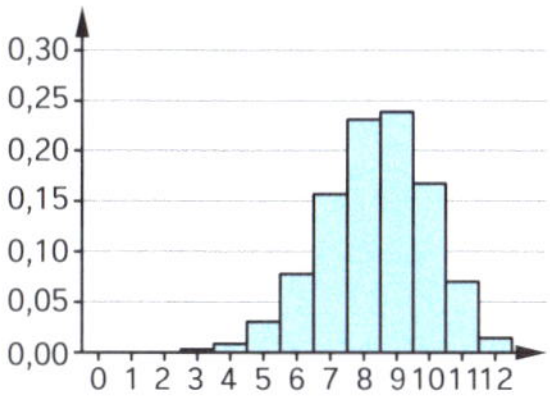

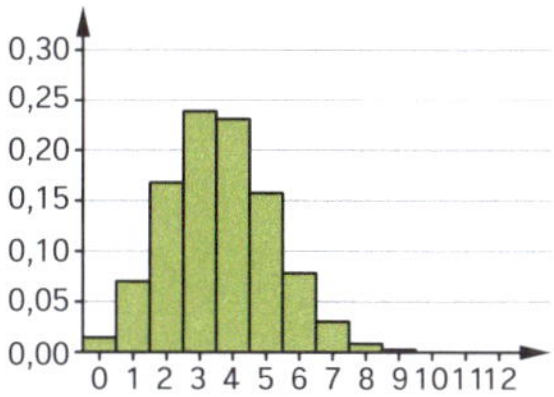

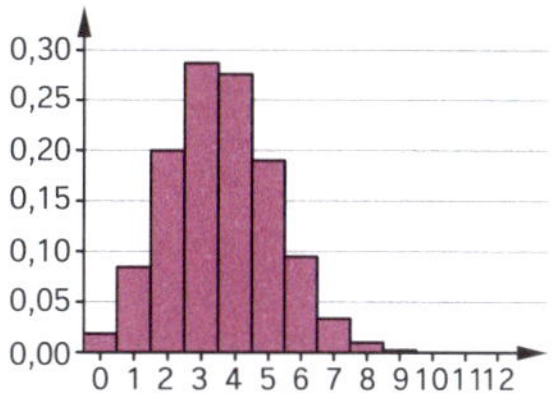

(2) Von einer Binomialverteilung sind die Parameter $\mu = 20$ und $\sigma = 2$ bekannt. Welche Stufenzahl n und welche Erfolgswahrscheinlichkeit p liegen dem Versuch zugrunde? J2

### Aufgabe S4

Die n gleich großen Sektoren eines Glücksrads sind schwarz bzw. grün gefärbt. Die Wahrscheinlichkeit für grün wird mit g bezeichnet.

(1) Das Glücksrad wird zweimal gedreht. Die Wahrscheinlichkeit, dass der Zeiger genau einmal auf einem grünen Sektor und einmal auf einem schwarzen Sektor stehen bleibt, beträgt $\frac{3}{8}$.
Bestimmen Sie alle Werte von g, die diese Bedingung erfüllen. Was lässt sich über die Anzahl n der Sektoren sagen? I2

(2) Ein anderes Glücksrad – ebenfalls mit gleich großen grünen und schwarzen Sektoren – wird ebenfalls zweimal gedreht. Die Zufallsgröße X gibt an, wie oft der Zeiger auf grün stehen bleibt. Es gilt: $P(X = 0) = 4 \cdot P(X = 2)$. Ermitteln Sie eine mögliche Gesamtzahl n an Sektoren für das Glücksrad sowie den Anteil an grünen Sektoren daran. J3

### Aufgabe S5

In der Tabelle rechts ist – auf zwei Dezimalstellen genau – die kumulierte Wahrscheinlichkeitsverteilung einer binomialverteilten Zufallsgröße X erfasst. J3

| k | $P(X \le k)$ |
|---|---|
| 0 | 0,09 |
| 1 | 0,39 |
| 2 | 0,76 |
| 3 | 0,96 |
| 4 | 1 |

(1) Berechnen Sie $P(X > 3)$ und $P(2 \le X \le 4)$.

(2) Zeichnen Sie ein Histogramm der zugehörigen Binomialverteilung.

(3) Bestimmen Sie den Erwartungswert μ und die Erfolgswahrscheinlichkeit p für dieses Bernoulli-Experiment.

### Aufgabe S6

Die Abbildung rechts zeigt den Graphen der Dichtefunktion einer normalverteilten Zufallsvariablen X.

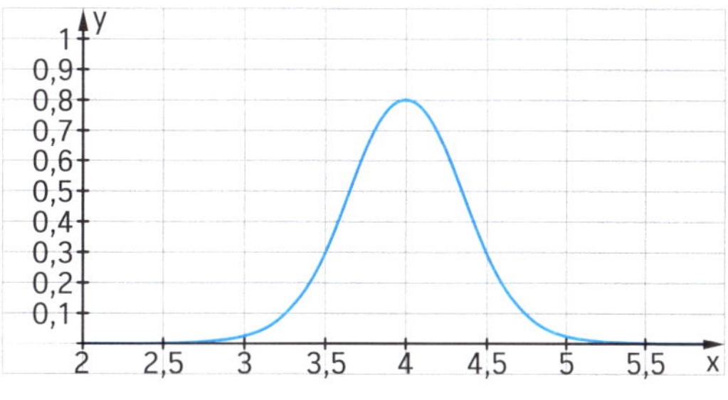

(1) Entnehmen Sie der Grafik die (ungefähren) Werte von $\mu$ und $\sigma$. I8

(2) Welche Wahrscheinlichkeit hat das Ereignis I8

(i) $P(X = 4)$ (ii) $P(X \leq 4{,}5)$ (iii) $P(X > 3)$?

(3) Für welche Werte von X gilt

(i) $P(X \leq k) \approx 0{,}9$ (ii) $P(X > k) \approx 0{,}16$?

# Lösungen zu hilfsmittelfreien Aufgaben

**Lösung A1**

(1)

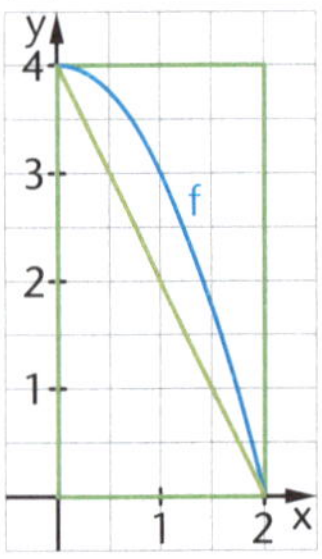


(2) $f(x) = (-1) \cdot (x - 2) \cdot (x + 2)$

(3) Das Rechteck ABCD hat einen Flächeninhalt von $2 \cdot 4 = 8$ FE. Der Flächeninhalt des Flächenstücks des Flächenstücks unterhalb des Graphen von f ist

$$\int_0^2 4 - x^2\,dx - 4 = \left[4x - \frac{x^3}{3}\right]_0^2 = 8 - \frac{8}{3} = \frac{16}{3}\text{ FE.}$$

Der Anteil dieses Flächenstücks unter dem Graphen von f an der Gesamtfläche des Rechtecks beträgt daher $\frac{\frac{16}{3}}{8} = \frac{16}{24} = \frac{2}{3}$; das Flächenstück oberhalb des Graphen entsprechend einen Anteil von $\frac{1}{3}$.

(4) Das Dreieck BCD hat den Flächeninhalt $\frac{1}{2} \cdot 8$ FE $= 4$ FE; das Flächenstück oberhalb des Graphen von f hat den Flächeninhalt $8 - \frac{16}{3} = \frac{8}{3}$ FE, das zwischen der Strecke BD und dem Graphen liegende Flächenstück entsprechend den Flächeninhalt $4 - \frac{8}{3} = \frac{4}{3}$. Der Anteil des zuletzt genannten Flächenstücks an der Dreiecksfläche beträgt also $\frac{\frac{4}{3}}{4} = \frac{4}{12} = \frac{1}{3}$; das Flächenstück oberhalb des Graphen entsprechend einen Anteil von $\frac{2}{3}$.

**Lösung A2**

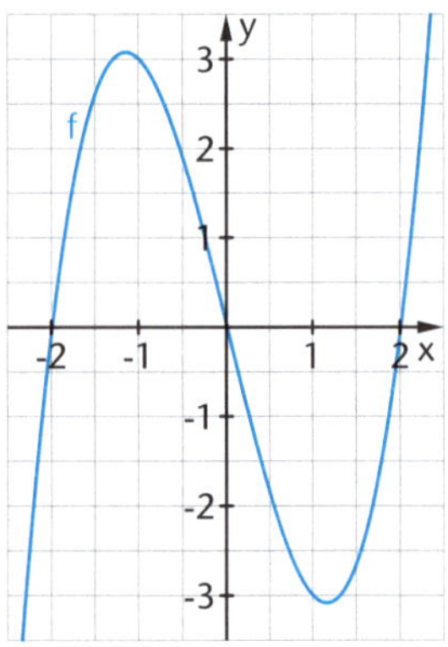


(1) Der Funktionsterm kann in der Form $f(x) = x \cdot (x - 2) \cdot (x + 2)$ notiert werden. Mithilfe der drei Nullstellen $-2$, $0$, $+2$ lässt sich eine Skizze des Graphen anfertigen.

(2) $\int_{-2}^{2} (x^3 - 4x)\,dx = \left[\frac{1}{4}x^4 - 2x^2\right]_0^2 = (4 - 8) - (0 - 0) = -4.$

(3) Wenn das Integral einer Funktion über einem Intervall den Wert null ergibt, muss der Flächeninhalt des Flächenstücks oder der Flächenstücke oberhalb der x-Achse genauso groß sein wie der Flächeninhalt des Flächenstücks oder der Flächenstücke unterhalb der x-Achse. Da der Term der Integrandfunktion nur Potenzen mit ungeraden Exponenten enthält, ist der Graph punktsymmetrisch zum

Ursprung. Und da das Integrationsintervall symmetrisch zum Ursprung liegt, werden zwei gleich große, aber auf verschiedenen Seiten der x-Achse liegende Flächenstücke von Graph und x-Achse eingeschlossen.

(4) Da das Integral über eine Funktion negativ ist, wenn der Graph im Integrationsbereich unterhalb der x-Achse verläuft, müssen Betragsstriche verwendet werden:

$$\int_{-2}^{2} |(x^3 - 4x)|\,dx = 8 \quad \text{oder} \quad \int_{-2}^{0} (x^3 - 4x)\,dx + \left|\int_{0}^{2} (x^3 - 4x)\,dx\right| = 4 + |-4| = 8$$

**Lösung A3**

(1) Die Steigung der Tangente im Punkt $(1\,|\,1)$ ist gegeben durch $f'(1) = 3 \cdot 1^2 = 3$.
Die Tangentengleichung ist daher
$t(x) = 3 \cdot (x - 1) + 1 = 3x - 3 + 1 = 3x - 2$.

(2) Die Punktproben ergeben:
$t(-2) = 3 \cdot (-2) - 2 = -8$ und
$f(-2) = (-2)^3 = -8$.

(3)

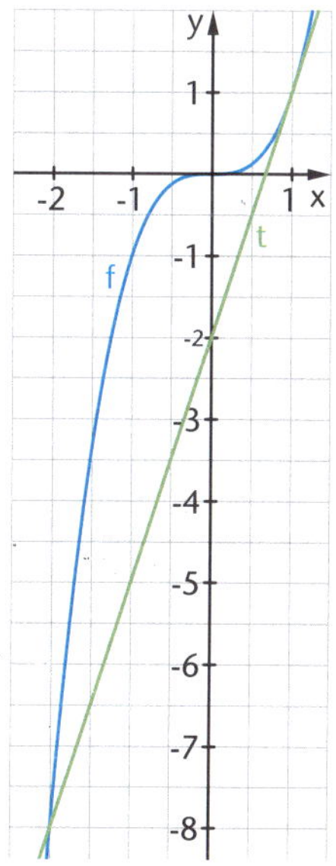


(4) Schnittstelle der Tangente mit der x-Achse:
$3x - 2 = 0 \Leftrightarrow 3x = 2 \Leftrightarrow x = \frac{2}{3}$ = Breite des Dreiecks.

Schnittpunkt der Tangente mit der y-Achse:
Aus $t(0) = -2$ ergibt sich $h = 2$ für die Höhe des Dreiecks.
Hieraus ergibt sich ein Flächeninhalt von
$A_\Delta = \frac{1}{2} \cdot \frac{2}{3} \cdot 2 = \frac{2}{3}$.

(5) Um den Flächeninhalt des Flächenstücks zu bestimmen, berechnet man das Integral über die Differenzfunktion $d(x) = f(x) - t(x)$. Da der Graph von f im Intervall $[-2; 1]$ oberhalb der Tangente verläuft, ergibt sich ein positiver Wert für das Integral:

$$\int_{-2}^{1} (x^3 - (3x - 2))\,dx = \left[\frac{x^4}{4} - \frac{3x^2}{2} + 2x\right]_{-2}^{1} = \left(\frac{1}{4} - \frac{3}{2} + 2\right) - (4 - 6 - 4) = 6{,}75.$$

**Lösung A4**

(1) Steigung $m_1$ des Graphen der Funktion f im Ursprung: $f'(x) = -3x^2 + 1$, also $m_1 = f'(0) = 1$.
Die Steigung der Geraden g ist $m_2 = -1$, das Produkt der beiden Steigungen ist also $m_1 \cdot m_2 = -1$, d. h., die Gerade g schneidet den Graphen von f im rechten Winkel.

(2) Punktproben ergeben:
$f(-\sqrt{2}) = -(-\sqrt{2})^3 + (-\sqrt{2}) = 2\sqrt{2} - \sqrt{2} = \sqrt{2}$
$= g(-\sqrt{2})$,
$f(\sqrt{2}) = -\sqrt{2^3} + \sqrt{2} = -2\sqrt{2} + \sqrt{2} = -\sqrt{2} = g(\sqrt{2})$.

(3)

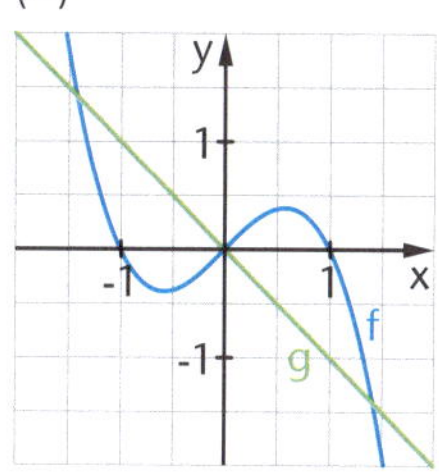

(4) Beide Graphen sind punktsymmetrisch zum Ursprung, da in den Funktionstermen nur Potenzen mit ungeraden Exponenten auftreten; daher kann man auch die beiden Flächenstücke durch Punktspiegelung am Ursprung jeweils ineinander überführen.

(5) Um den Flächeninhalt eines Flächenstücks zu bestimmen, berechnet man das Integral über die Differenzfunktion $d(x) = f(x) - g(x)$ für das Intervall $[0; \sqrt{2}]$:

$$\int_0^{\sqrt{2}} ((-x^3 + x) - (-x))\,dx = \int_0^{\sqrt{2}} (-x^3 + 2x)\,dx = \left[-\frac{x^4}{4} + x^2\right]_0^{\sqrt{2}} = -1 + 2 = 1.$$

**Lösung A5**

(1) Aus der einzigen Nullstelle mit $f(3) = 0$ ergibt sich $a \cdot (3 - b) \cdot e^3 = 0 \;\Leftrightarrow\; b = 3$ (wegen $a > 0$), und aus $f(0) = 4{,}5$ folgt $f(0) = 4{,}5 = a \cdot (0 - 3)^2 \cdot 1 = 9a \;\Leftrightarrow\; a = 0{,}5$.

(2) Der Graph der quadratischen Funktion ist eine nach oben geöffnete Parabel, welche die x-Achse an den Stellen $x = 0$ und $x = \frac{2}{3}$ schneidet:
$3x^2 + 2x = 0 \Leftrightarrow x \cdot (3x + 2) = 0 \Leftrightarrow x = 0 \vee x = -\frac{2}{3}$, d. h. ein Teil der zwischen Graph und x-Achse eingeschlossenen Fläche liegt unterhalb der x-Achse und geht negativ bei der Berechnung des Integrals ein.

(3) $\int_{-1}^{2} (3x^2 + 2x)\,dx = [x^3 + x^2]_{-1}^{2} = (8 + 4) - (-1 + 1) = 12$

**Lösung A6**

(1) Nullstellen: $f(x) = 0 \;\Leftrightarrow\; 3x^3 + 3x^2 = 3x^2(x+1) = 0$
$\Leftrightarrow\; x = 0 \vee x = -1$

(2) siehe rechts

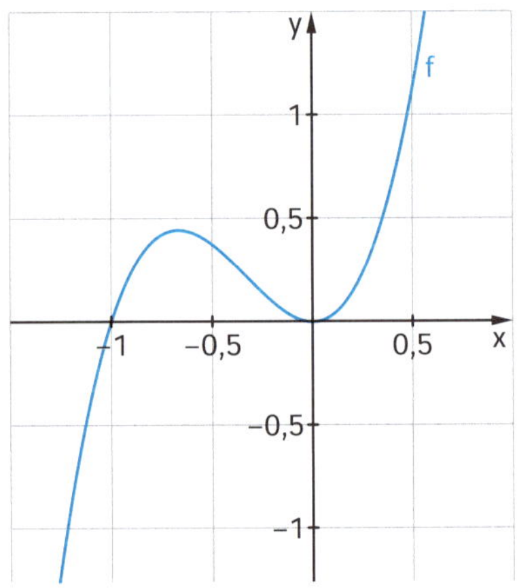


(3) Verlauf der Ableitungsfunktion

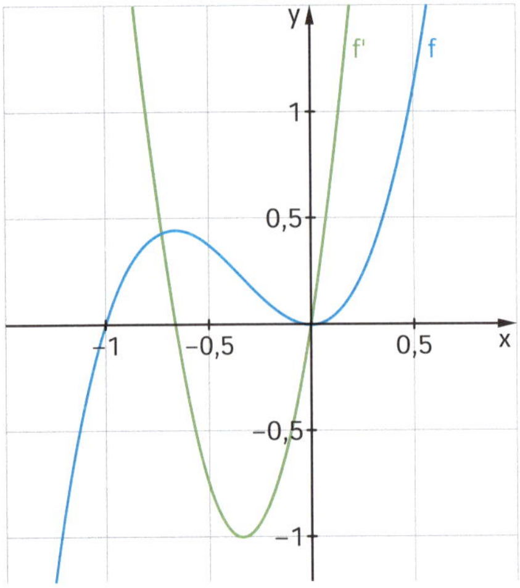


Verlauf einer Stammfunktion

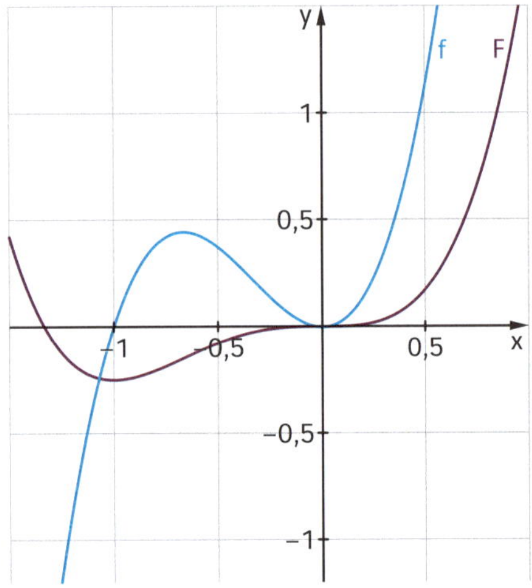

*Lösungshinweise*:
Ableitungsfunktion: Extremstellen von f sind Nullstellen von f′ mit Vorzeichenwechsel. Wendestellen von f sind Extrema von f'.
Stammfunktion: Extremstellen von F sind Nullstellen von f mit Vorzeichenwechsel (ohne Vorzeichenwechsel: Stellen mit Sattelpunkt). Wendestellen von F sind Extrema von f.

(4) $\int_{-1}^{0} (3x^3 + 3x^2)\,dx = \left[\frac{3}{4}x^4 + x^3\right]_{-1}^{0} = 0 - \left(\frac{3}{4}\cdot(-1)^4 + (-1)^3\right) = 0 - \left(\frac{3}{4} - 1\right) = \frac{1}{4}$

**Lösung A7**

(1) $f(x) = 1 \quad \Leftrightarrow \quad e^{-x+k} = 1 \qquad | \ln$
$\Leftrightarrow -x + k = \ln(1)$
$\Leftrightarrow -x + k = 0$
$\Leftrightarrow x = k$

(2) $f'(x) = -e^{-x+k}, \quad m = f'(k) = -e^{-x+k} = -e^0 = -1$
Einsetzen von m und der Koordinaten des Berührpunkts der Tangente $(k\,|\,1)$ zur Bestimmung des y-Achsenabschnitts: $k = -1 \cdot 1 + b \Leftrightarrow b = 1 + k$
Die Tangentengleichung lautet somit: $y = -x + 1 + k$

*Alternativ* genügt es, die Steigung $f'(k)$ zu berechnen und die Punktprobe mit der gegebenen Tangentengleichung durchzuführen:
$t(k) = -k + 1 + k = 1 = f(k)$

(3) Nach dem Hauptsatz der Differential- und Integralrechnung gilt: $\int_a^b f(x)\,dx = F(b) - F(a)$
Es ist also zu zeigen, dass Stammfunktion und Ableitungsfunktion der Funktion übereinstimmen.
Allgemein gilt: $F(x) = \frac{1}{m} e^{m\cdot x+b}$ ist eine Stammfunktion für $f(x) = e^{m\cdot x+b}$, also hier:

$f(x) = e^{-x+k}$ führt zu $F(x) = -e^{-x+k}$, d. h. $F_k(x) = f_k'(x)$ gilt (vgl. b).

Also ist die gegebene Gleichung korrekt.

*Alternativer Lösungsweg*: Man bildet mehrfach die Ableitung von f und erkennt, dass das sich die Ableitungen nur durch das alternierend auftretende negative Vorzeichen unterscheiden.

**Lösung A8**

(1) An der Stelle $x = 0$ hat die Ableitungsfunktion f′ eine Nullstelle mit Vorzeichenwechsel von – nach +, d. h. an der Stelle $x = 0$ liegt ein lokales Minimum.

(2) Nachweis der Stammfunktion durch Ableiten von F(x) gemäß Produkt- und Kettenregel:

$F(x) = (0{,}5\,x - 0{,}5)\,e^{2x}$,
$F'(x) = (0{,}5\,x - 0{,}5)\cdot 2\cdot e^{2x} + 0{,}5\cdot e^{2x} = (1\,x - 1)\,e^{2x} + 0{,}5\cdot e^{2x} = (1\,x - 1{+}0{,}5)\,e^{2x} = (x - 0{,}5)\,e^{2x}$
$= f(x)$

(3) (i) $\int_{0,5}^{1} (x - 0{,}5)\,e^{2x}\,dx = \left[(0{,}5\,x - 0{,}5)\,e^{2x}\right]_{0,5}^{1} = 0 - (0{,}25 - 0{,}5)\,e^1 = 0{,}25\,e.$

Der Flächeninhalt im Intervall von 0,5 bis 1 beträgt folglich $A = 0{,}25\,e$ FE.

(ii) $\int_a^0 (x-0{,}5)\,e^{2x}\,dx = [(0{,}5x-0{,}5)\,e^{2x}]_a^0 = -0{,}5-(0{,}5a-0{,}5)\cdot e^{2a}$

Bildung des Grenzwert für $a \to -\infty$:
$\lim\limits_{a\to-\infty}\left(-0{,}5-(0{,}5a-0{,}5)\cdot e^{2a}\right) = -0{,}5$, da $\lim\limits_{a\to-\infty}\left((0{,}5a-0{,}5)\cdot e^{2a}\right) = 0$.

Der lineare Term strebt gegen $-\infty$ und der exponentielle Term besitzt den Grenzwert 0. Da der exponentielle Term stärker gegen 0 geht als der Betrag des linearen Terms wächst, ergibt sich für das Produkt der Grenzwert 0.

Da Flächeninhalte nicht negativ sein können, gilt: $A = |-0{,}5| = 0{,}5$ FE.

**Lösung A9**

(1) Der dargestellte zeitliche Verlauf der Zulaufgeschwindigkeit wird abschnittweise untersucht. In den ersten 20 Minuten fließen konstant $50\,\frac{\ell}{\text{min}}$ zu, also $20\,\text{min}\cdot 50\,\frac{\ell}{\text{min}} = 1000\,\ell$. Im zweiten Zeitabschnitt fließen 10 Minuten lang im Mittel $100\,\frac{\ell}{\text{min}}$ in den Tank, insgesamt also $10\,\text{min}\cdot 100\,\frac{\ell}{\text{min}} = 1000\,\ell$. (Hier kann auch der Flächeninhalt des Trapezes berechnet werden.) Im dritten Zeitabschnitt kommen noch $20\,\text{min}\cdot 150\,\frac{\ell}{\text{min}} = 3000\,\ell$ hinzu. Insgesamt enthält der Tank nach 50 Minuten $1000\,\ell + 1000\,\ell + 3000\,\ell = 5000\,\ell$.

(2) Zur Berechnung eines Wertes für die im letzten Zeitintervall zugeflossene Ölmenge kann die Bestimmung eines Funktionsterms f(x) für eine ganzrationale Funktion 3. Grades dienen.
Anschließend ist dann das Integral $\int_{50}^{80} f(x)\,dx$ zu berechnen.

Aufgrund der naheliegenden Symmetrie kann aber auch ein näherungsweise linearer Verlauf der Zulaufgeschwindigkeit angenommen werden. Den Flächeninhalt des sich dann ergebenden Dreiecks ist ein Maß für die zugeflossene Ölmenge:

$\frac{1}{2}\cdot 30\,\text{min}\cdot 150\,\frac{\ell}{\text{min}} = 2250\,\ell$.

**Lösung A10**

Der Graph von F hat ein lokales Minimum bei $x \approx -2$, ein lokales Maximum bei $x \approx 0{,}8$ und ein lokales Minimum bei $x = 2$, außerdem eine Links-rechts-Wendestelle bei $x \approx -1$ und eine Rechts-links-Wendestelle bei $x \approx 1{,}4$.

Die Funktion f ist die Ableitungsfunktion der Funktion F. Der Graph von f hat ungefähr bei $x \approx -2$ eine Nullstelle mit VZW von − nach +, ungefähr bei $x = +0{,}8$ eine Nullstelle mit VZW von + nach − und bei $x = +2$ eine Nullstelle mit VZW von − nach +, außerdem ein lokales Maximum bei $x \approx -1$ und ein lokales Minimum bei $x \approx 1{,}4$.

Die Funktion f′ ist die zweite Ableitung von F. Diese hat eine Nullstelle bei $x \approx -1$ mit VZW von + nach − sowie eine Nullstelle bei $x \approx 1{,}4$ mit VZW von − nach +.

**Lösung A11**

(1) Mit $f'(x) = \frac{1}{x}$ erhält man die Steigung der Tangente: $m = f'(1) = 1$.

Die Tangente verläuft durch den Punkt $(1\,|\,0)$. Sie hat daher die Gleichung $t(x) = m \cdot x + b = x - 1$.

(2) Stammfunktionen zu g haben die Funktionsgleichung $G(x) = \ln(x) + c$ mit $c \in \mathbb{R}$. Da der Graph von G durch den Punkt $(1\,|\,1)$ verläuft, gilt $c = 1$. Also ist $G(x) = \ln(x) + 1$ die gesuchte Funktionsgleichung.

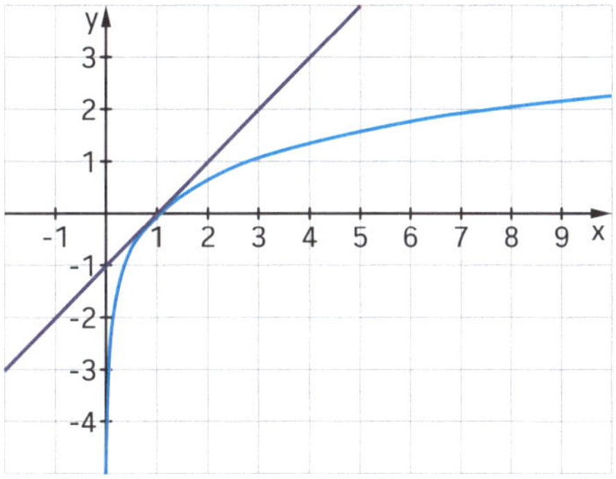


**Lösung A12**

(1) $\int_0^1 (-6x^2 + 12x + 18)\,dx = \left[-2x^3 + 6x^2 + 18x\right]_0^1 = (-2 + 6 + 18) - (0 + 0 + 0) = 22$

*Zusatz*: Nachweis, dass der Flächeninhalt der eingeschlossenen Fläche 54 FE beträgt:

$\int_0^3 (-6x^2 + 12x + 18)\,dx = \left[-2x^3 + 6x^2 + 18x\right]_0^3 = (-54 + 54 + 54) - (0 + 0 + 0) = 54.$

(2) Das Dreieck, das gebildet wird durch den Punkt $H(1\,|\,24)$, den Punkt $(1\,|\,0)$ und den Schnittpunkt der Geraden g mit der x-Achse, hat den Flächeninhalt

$A = \left(\frac{1}{2} \cdot 54\right) - 22 = 5.$

**Lösung G1**

(1) $E: \vec{x} = \begin{pmatrix} -1 \\ 2 \\ 1 \end{pmatrix} + r \cdot \begin{pmatrix} 2 \\ 1 \\ 0 \end{pmatrix} + s \cdot \begin{pmatrix} -1 \\ 0 \\ 1 \end{pmatrix}$

(2) Mithilfe einer Punktprobe zeigt man, dass $P \in g$. Zu lösen ist das lineare Gleichungssystem

$\begin{pmatrix} 1 \\ -2 \\ 3 \end{pmatrix} + t \cdot \begin{pmatrix} 1 \\ -2 \\ 1 \end{pmatrix} = \begin{pmatrix} -1 \\ 2 \\ 1 \end{pmatrix} \Leftrightarrow t \cdot \begin{pmatrix} 1 \\ -2 \\ 1 \end{pmatrix} = \begin{pmatrix} -2 \\ 4 \\ -2 \end{pmatrix} \Leftrightarrow \begin{vmatrix} t = -2 \\ -2t = 4 \\ t = -2 \end{vmatrix} \Leftrightarrow \begin{vmatrix} t = -2 \\ t = -2 \\ t = -2 \end{vmatrix} \Leftrightarrow t = -2.$

Dann muss noch gezeigt werden, dass der Richtungsvektor von g und die Richtungsvektoren von E zueinander orthogonal sind, d. h. dass die Skalarprodukte jeweils gleich null sind:

$\begin{pmatrix} 1 \\ -2 \\ 1 \end{pmatrix} * \begin{pmatrix} 2 \\ 1 \\ 0 \end{pmatrix} = 1 \cdot 2 + (-2) \cdot 1 + 1 \cdot 0 = 0; \quad \begin{pmatrix} 1 \\ -2 \\ 1 \end{pmatrix} * \begin{pmatrix} -1 \\ 0 \\ 1 \end{pmatrix} = 1 \cdot (-1) + (-2) \cdot 0 + 1 \cdot 1 = 0.$

Da die Gerade g die Ebene senkrecht schneidet, ist der Richtungsvektor von g ein Normalenvektor für die Ebene. Daher gilt:

$E: \vec{x} * \begin{pmatrix} 1 \\ -2 \\ 1 \end{pmatrix} = \begin{pmatrix} -1 \\ 2 \\ 1 \end{pmatrix} * \begin{pmatrix} 1 \\ -2 \\ 1 \end{pmatrix} = -1 - 4 + 1 = -4$, also $x - 2y + z = -4$.

(3) Da $P \in g$ gemäß (2), kann g auch durch die Parameterdarstellung

$g\colon \vec{x} = \begin{pmatrix} -1 \\ 2 \\ 1 \end{pmatrix} + t \cdot \begin{pmatrix} 1 \\ -2 \\ 1 \end{pmatrix}$ beschrieben werden.

Setzt man irgendeine reelle Zahl t ein und auch die Gegenzahl $-t$, dann erhält man zwei Punkte der Geraden, die zueinander Spiegelpunkte sind (Punktspiegelung an P), die also gleich weit von P entfernt sind.

**Lösung G2**

(1) $\overrightarrow{BC} = \begin{pmatrix} 5-4 \\ 6-3 \\ -4-(-1) \end{pmatrix} = \begin{pmatrix} 1 \\ 3 \\ -3 \end{pmatrix}$, d. h. $\overrightarrow{OD} = \overrightarrow{OA} + \overrightarrow{AD} = \overrightarrow{OA} + \overrightarrow{BC} = \begin{pmatrix} 1 \\ 1 \\ 1 \end{pmatrix} + \begin{pmatrix} 1 \\ 3 \\ -3 \end{pmatrix} = \begin{pmatrix} 2 \\ 4 \\ -2 \end{pmatrix}$,

also $D(2\,|\,4\,|\,-2)$.

(2) $\overrightarrow{AB} = \begin{pmatrix} 4-1 \\ 3-1 \\ -1-1 \end{pmatrix} = \begin{pmatrix} 3 \\ 2 \\ -2 \end{pmatrix}$, also $|\overrightarrow{AB}| = |\overrightarrow{DC}| = \sqrt{\begin{pmatrix} 3 \\ 2 \\ -2 \end{pmatrix} * \begin{pmatrix} 3 \\ 2 \\ -2 \end{pmatrix}} = \sqrt{9+4+4} = \sqrt{17}$ und

$|\overrightarrow{AD}| = |\overrightarrow{BC}| = \sqrt{\begin{pmatrix} 1 \\ 3 \\ -3 \end{pmatrix} * \begin{pmatrix} 1 \\ 3 \\ -3 \end{pmatrix}} = \sqrt{1+9+9} = \sqrt{19}$.

(3) $\overrightarrow{AC} = \begin{pmatrix} 5-1 \\ 6-1 \\ -4-1 \end{pmatrix} = \begin{pmatrix} 4 \\ 5 \\ -5 \end{pmatrix}$; $\overrightarrow{DB} = \begin{pmatrix} 4-2 \\ 3-4 \\ -1-(-2) \end{pmatrix} = \begin{pmatrix} 2 \\ -1 \\ 1 \end{pmatrix}$; $\begin{pmatrix} 4 \\ 5 \\ -5 \end{pmatrix} * \begin{pmatrix} 2 \\ -1 \\ 1 \end{pmatrix} = 8-5-5 = -2 \neq 0$.

Da das Skalarprodukt der beiden Diagonalenvektoren ungleich null ist, gilt, dass sich die Diagonalen nicht im rechten Winkel schneiden.

(4) Wegen der Punktsymmetrie von Parallelogrammen ist der Schnittpunkt der Diagonalen gleich dem Mittelpunkt der beiden Diagonalen, also gleich dem Mittelpunkt M der Strecken AC und BD. Aus den Koordinaten der Punkte A und C ergibt sich
$M\left(\tfrac{1}{2}\cdot(1+5)\,\middle|\,\tfrac{1}{2}\cdot(1+6)\,\middle|\,\tfrac{1}{2}\cdot(1+(-4))\right) = (3\,|\,3{,}5\,|\,-1{,}5)$.

**Lösung G3**

(1) Spurpunkte der Geraden mit den Koordinatenebenen sind Punkte, bei denen eine der drei Koordinaten gleich null ist. Zu lösen sind also drei Gleichungssysteme:

$$\begin{pmatrix} 1 \\ -2 \\ 1 \end{pmatrix} + t \cdot \begin{pmatrix} 1 \\ 2 \\ -2 \end{pmatrix} = \begin{pmatrix} 0 \\ b \\ c \end{pmatrix} \Leftrightarrow \left| \begin{matrix} t = -1 \\ b = -2 + 2t \\ c = 1 - 2t \end{matrix} \right| \Leftrightarrow \left| \begin{matrix} t = -1 \\ b = -4 \\ c = 3 \end{matrix} \right|,$$

d. h. die Gerade g schneidet die y-z-Ebene im Punkt $S_{yz}(0\,|\,-4\,|\,3)$.

$$\begin{pmatrix} 1 \\ -2 \\ 1 \end{pmatrix} + t \cdot \begin{pmatrix} 1 \\ 2 \\ -2 \end{pmatrix} = \begin{pmatrix} a \\ 0 \\ c \end{pmatrix} \Leftrightarrow \left| \begin{matrix} a = 1 + t \\ t = 1 \\ c = 1 - 2t \end{matrix} \right| \Leftrightarrow \left| \begin{matrix} a = 2 \\ t = 1 \\ c = -1 \end{matrix} \right|,$$

d. h. die Gerade g schneidet die x-z-Ebene im Punkt $S_{xz}(2\,|\,0\,|\,-1)$.

$$\begin{pmatrix}1\\-2\\1\end{pmatrix}+t\cdot\begin{pmatrix}1\\2\\-2\end{pmatrix}=\begin{pmatrix}a\\b\\0\end{pmatrix}\Leftrightarrow\left|\begin{matrix}a=1+t\\b=2t-2\\t=0{,}5\end{matrix}\right|\Leftrightarrow\left|\begin{matrix}a=1{,}5\\b=-1\\t=0{,}5\end{matrix}\right|,$$

d. h. die Gerade g schneidet die x-y-Ebene im Punkt $S_{xy}(1{,}5\,|-1\,|\,0)$.

(2) $\sqrt{(0-2)^2+(-4-0)^2+(3-(-1))^2}=\sqrt{4+16+16}=6$

(3) Wenn eine Gerade nur die x-y-Ebene und die y-z-Ebene schneidet, dann muss sie parallel zur x-z-Ebene verlaufen.

Wenn die Gerade h nur einen Spurpunkt $(a\,|\,b\,|\,0)$ mit der x-y-Ebene hat, dann verläuft sie parallel zur z-Achse und kann mithilfe der Parameterdarstellung

$\vec{x}=\begin{pmatrix}a\\b\\0\end{pmatrix}+r\cdot\begin{pmatrix}0\\0\\1\end{pmatrix}$ beschrieben werden.

**Lösung G4**

(1) Der Vektor $\vec{u}$ hat die Länge $|\vec{u}|=\sqrt{(-3)^2+4^2+8^2}=\sqrt{89}$. Die Länge des Vektors $\vec{v}$ ist $|\vec{v}|=\sqrt{a^2+2^2+7^2}=\sqrt{a^2+53}$. Die Bedingung ist für $a=6$ bzw. für $a=-6$ erfüllt.

(2) $\vec{u}*\vec{w}=\begin{pmatrix}-3\\4\\8\end{pmatrix}*\begin{pmatrix}a\\-3\\6\end{pmatrix}=-3a-12+48=0\Leftrightarrow 3a=36\Leftrightarrow a=12.$

(3) Da beide Vektoren die gleiche Länge besitzen, handelt es sich um eine Raute.
Da für das Skalarprodukt gilt: $\vec{u}*\vec{v}=\begin{pmatrix}-3\\4\\8\end{pmatrix}*\begin{pmatrix}a\\2\\7\end{pmatrix}=-3a+8+56=\mp18+8+56\neq0,$
handelt es sich nicht um ein Quadrat.

(4) Da die beiden Vektoren orthogonal zueinander sind, handelt es sich um ein Rechteck.
Da $|\vec{w}|=\left|\begin{pmatrix}12\\2\\7\end{pmatrix}\right|=\sqrt{12^2+2^2+7^2}\neq\sqrt{89}$, handelt es sich nicht um ein Quadrat.

**Lösung G5**

(1) (i) $E_1$ kann beispielsweise aufgespannt werden durch die Richtungsvektoren, die parallel zu der x-Achse bzw. y-Achse liegen:

$E_1\colon \vec{x}=\begin{pmatrix}3\\2\\1\end{pmatrix}+r\cdot\begin{pmatrix}1\\0\\0\end{pmatrix}+s\cdot\begin{pmatrix}0\\1\\0\end{pmatrix}$

(ii) $E_2$ liegt parallel zur x-z-Ebene; als Richtungsvektoren kommen daher die Vektoren in Frage, welche x-Achse bzw. die z-Achse bestimmen.

$E_2\colon \vec{x}=\begin{pmatrix}0\\6\\0\end{pmatrix}+r\cdot\begin{pmatrix}1\\0\\0\end{pmatrix}+s\cdot\begin{pmatrix}0\\0\\1\end{pmatrix}$

(2) Da $E_1$ parallel zur x-y-Ebene liegt, verändert sich durch Spiegelung nur die $x_3$-Koordinate. Der Abstand von A zu $E_1$ beträgt 3 LE und $E_1$ liegt in z-Richtung auf der Höhe 1, damit besitzt der Spiegelpunkt A' die Koordinaten $(4|2|1-3)$, also $A'(4|2|-2)$.

$E_2$ liegt parallel zur x-z-Ebene, wodurch die x- und die z-Koordinate von A' unverändert bleiben. Da für die Punkte auf $E_2$ gilt, dass $y = 6$, beträgt der Abstand von A' zur Ebene $E_2$ in y-Richtung $6 - 2 = 4$ LE. Durch die Spiegelung an $E_2$ beträgt die y-Koordinate von A'' also $6+4 = 10$. Somit ergibt sich $A''(4|10|-2)$.

(3) $\vec{n} = \begin{pmatrix} 1 \\ -1 \\ 1 \end{pmatrix}$ ist ein Normalenvektor der Ebene.

Die Gerade mit g: $\vec{x} = \begin{pmatrix} 4 \\ 2 \\ 4 \end{pmatrix} + r \cdot \begin{pmatrix} 1 \\ -1 \\ 1 \end{pmatrix}$ verläuft durch A und trifft senkrecht auf die Spiegelebene. Man benötigt nun den Vektor von A auf die Ebene. Den zugehörigen Parameterwert erhält man aus dem Schnittansatz.
Zeilenweises Ablesen und Einsetzen ergibt:
$(4 + 1\,r) - (2 - 1\,r) + (4 + 1\,r) = 3 \quad \Leftrightarrow \quad 6 + 3r = 3 \quad \Leftrightarrow \quad r = -1.$

Den Spiegelpunkt A' hat den gleichen Abstand zur Ebene wie Punkt A, d. h., die Strecke von A zu A' ist doppelt so lang. Daher errechnet man den Ortsvektor des Spiegelpunkts durch folgende Gleichung:

$$\overrightarrow{OA'} = \begin{pmatrix} 4 \\ 2 \\ 4 \end{pmatrix} + 2 \cdot (-1) \cdot \begin{pmatrix} 1 \\ -1 \\ 1 \end{pmatrix} = \begin{pmatrix} 2 \\ 4 \\ 2 \end{pmatrix}.$$

Der Spiegelpunkt ist also $A'(2|4|2)$.

**Lösung G6**

(1) Das lineare Gleichungssystem kann aus der Schnittpunktberechnung einer Gerade mit einer Ebene entstanden sein – die Gerade hat dabei die Parameterdarstellung

$\vec{x} = \begin{pmatrix} -1 \\ 1 \\ -3 \end{pmatrix} + r \cdot \begin{pmatrix} 2 \\ 0 \\ 1 \end{pmatrix}$, die Ebene die Parameterdarstellung $\vec{x} = \begin{pmatrix} 4 \\ 5 \\ 2 \end{pmatrix} + s \cdot \begin{pmatrix} -1 \\ -2 \\ 0 \end{pmatrix} + t \cdot \begin{pmatrix} 0 \\ -1 \\ 2 \end{pmatrix}$.

(2) Durch elementare Umformungen ergibt sich

$$\left|\begin{matrix} -1 + 2r = 4 - s \\ 1 = 5 - 2s - t \\ -3 + r = 2 + 2t \end{matrix}\right| \Leftrightarrow \left|\begin{matrix} 2r + s = 5 \\ 2s + t = 4 \\ r - 2t = 5 \end{matrix}\right| \Leftrightarrow \left|\begin{matrix} 2r + s = 5 \\ -4r + t = -6 \\ r - 2t = 5 \end{matrix}\right| \Leftrightarrow \left|\begin{matrix} 2r + s = 5 \\ -4r + t = -6 \\ -7r = -7 \end{matrix}\right| \Leftrightarrow \left|\begin{matrix} s = 3 \\ t = -2 \\ r = 1 \end{matrix}\right|$$

1. Schritt: umordnen, 2. Schritt: 2-Faches der 1. Zeile zur 2. Zeile addieren,
3. Schritt: 2-Faches der 2. Zeile zur 3. Zeile addieren, 4. Schritt: Einsetzen der Lösung für r

(3) Das lineare Gleichungssystem besitzt unendlich viele Lösungen, die sich in der Form

$\vec{x} = \begin{pmatrix} c + 1 \\ -c \\ c \end{pmatrix} = \begin{pmatrix} 1 \\ 0 \\ 0 \end{pmatrix} + c \cdot \begin{pmatrix} 1 \\ -1 \\ 1 \end{pmatrix}$, $c \in \mathbb{R}$, darstellen lassen.

(Geometrische Veranschaulichung: Die beiden Gleichungen können als Koordinatengleichungen von zwei Ebenen interpretiert werden; die Lösung ist eine Parameterdarstellung der Schnittgerade.)

**Lösung S1**

(1) Mithilfe der Zufallsgröße X: *Anzahl der Erfolge* ergibt sich

$P(E_1) = P(X \geq 4) = P(X = 4) + P(X = 5) = 5 \cdot 0{,}25^4 \cdot 0{,}75 + 0{,}25^5 = P_6$

$P(E_2) = P(X \geq 3) = P(X = 3) + P(X = 4) + P(X = 5)$

$= 10 \cdot 0{,}25^3 \cdot 0{,}75^2 + 5 \cdot 0{,}25^4 \cdot 0{,}75 + 0{,}25^5 = P_1$

$\mu = 5 \cdot 0{,}25 = 1{,}25$, also

$P(E_3) = P(X \geq 2) = 1 - P(X \leq 1) = 1 - (P(X = 0) + P(X = 1))$

$= 1 - (0{,}75^5 + 5 \cdot 0{,}75^4 \cdot 0{,}25) = P_2$

(2) Im Histogramm kann man ablesen: $P(X = 0) \approx 0{,}24$; $P(X = 1) \approx 0{,}40$; $P(X = 2) \approx 0{,}26$; $P(X = 3) \approx 0{,}09$; $P(X = 4) \approx 0{,}01$; $P(X = 5) \approx 0$.

Hieraus ergibt sich:

$P(E_1) = P(X = 4) + P(X = 5) \approx 0{,}01$,

$P(E_2) = P(X = 3) + P(X = 4) + P(X = 5) \approx 0{,}10$,

$P(E_3) = 1 - (P(X = 0) + P(X = 1)) \approx 1 - 0{,}64 = 0{,}36$.

**Lösung S2**

(1)

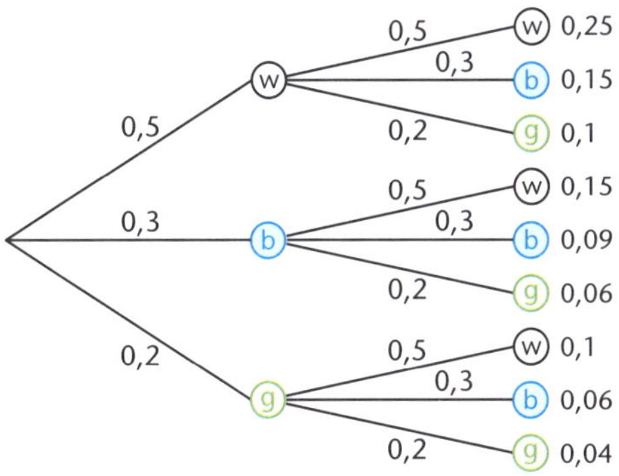


(2) $P(E) = 0{,}5^2 + 0{,}3^2 + 0{,}2^2 = 0{,}38$

(3) Zufallsgröße X: *Auszahlung in €*

$E(X) = 0{,}38 \cdot 2 + 0{,}62 \cdot 0 = 0{,}76 = a$. Das Spiel ist fair, wenn der Einsatz pro Spiel 0,76 € beträgt.

(4) Die Wahrscheinlichkeit für das Ereignis „drei verschieden gefärbte Sektoren" ist $6 \cdot (0{,}5 \cdot 0{,}3 \cdot 0{,}2) = 0{,}18$.

Im Mittel wird dann ausgezahlt: $E(X) = 0{,}38 \cdot 2\,€ + 0{,}18 \cdot 1\,€ + 0{,}44 \cdot 0\,€ = 0{,}94\,€$.

Im Mittel werden pro Spiel 0,94 € ausgezahlt, d.h. der Spielbetreiber hat im Mittel nur noch einen Gewinn von 0,06 € pro Spiel.
Da der mittlere Gewinn des Spielbetreibers deutlich geringer geworden ist, wird das Spiel für die Teilnehmer interessanter sein.

**Lösung S3**

(1) Infrage kommt nur das mittlere Histogramm.

Die Grafik links passt nicht zu n = 12 und p = 0,3, denn das Maximum der Verteilung muss bei $\mu = 12 \cdot 3 = 3{,}6$ liegen (also bei k = 3 oder bei k = 4).

Die Grafik rechts passt nicht, weil die Summe aller Wahrscheinlichkeiten gleich 1 sein muss, was hier deutlich übertroffen wird.

(2) Wegen $\mu = n \cdot p$ und $\sigma^2 = n \cdot p \cdot (1 - p)$ gilt $\frac{\sigma^2}{\mu} = 1 - p$, also hier $1 - p = \frac{2^2}{20} = 0{,}2$,

also p = 0,8. Hieraus folgt dann $n = \frac{\mu}{p} = \frac{20}{0{,}8} = 25$.

**Lösung S4**

(1) Die Wahrscheinlichkeit für das Ereignis $E = \{sg, gs\}$ beträgt $2 \cdot g \cdot (1 - g)$. Aus der Bedingung $2 \cdot g \cdot (1 - g) = \frac{3}{8}$ ergibt sich durch Umformung $g - g^2 = \frac{3}{16}$, also $g^2 - g + \frac{1}{4} = \frac{1}{4} - \frac{3}{16}$ und weiter $\left(g - \frac{1}{2}\right)^2 = \frac{1}{16}$, d. h. $g = \frac{1}{4}$ oder $g = \frac{3}{4}$.

Ein Viertel der Sektoren muss daher grün gefärbt sein und drei Viertel schwarz oder umgekehrt. Die Anzahl der Sektoren muss ein Vielfaches von 4 betragen, also 4, 8, 12, 16, ...

(2) Für das Ereignis *0-mal grün* gilt: $P(X = 0) = (1 - g)^2$, für das Ereignis 2-mal grün gilt: $P(X = 2) = g^2$, d. h. es gilt die Gleichung $(1 - g)^2 = 4g^2$, also

$1 - 2g + g^2 = 4g^2 \Leftrightarrow 3g^2 + 2g = 1 \Leftrightarrow g^2 + \frac{2}{3}g = \frac{1}{3} \Leftrightarrow \left(g + \frac{1}{3}\right)^2 = \frac{4}{9}$, d. h. $g = \frac{1}{3}$

(die zweite Lösung der quadratischen Gleichung entfällt im Sachzusammenhang).

Ein Drittel der Sektoren muss also grün gefärbt sein, d. h. die Anzahl der Sektoren muss ein Vielfaches von 3 betragen, also 3, 6, 9, 12, ...

**Lösung S5**

(1) $P(X > 3) = 1 - P(X \leq 3) = 1 - 0{,}96 = 0{,}04$

$P(2 \leq X \leq 4) = P(X \leq 4) - P(X \leq 1) = 1 - 0{,}39 = 0{,}61$

(2) Für das Histogramm benötigt man die Verteilung von $P(X = k)$, die sich iterativ aus der gegebenen Tabelle errechnen lässt.

| k | P(X = k) |
|---|---|
| 0 | $P(X \leq 0) \approx P(X = 0) \approx 0{,}09$ |
| 1 | $P(X = 1) = P(X \leq 1) - P(X = 0) \approx 0{,}39 - 0{,}09 = 0{,}3$ |
| 2 | $P(X = 2) = P(X \leq 2) - P(X \leq 1) \approx 0{,}76 - 0{,}39 = 0{,}37$ |
| 3 | $P(X = 3) = P(X \leq 3) - P(X \leq 2) \approx 0{,}96 - 0{,}76 = 0{,}2$ |
| 4 | $P(X = 4) = P(X > 3) = 0{,}04$ (siehe (1)) |

*Hinweis*: Zur Probe sollte man die errechneten Wahrscheinlichkeiten summieren.

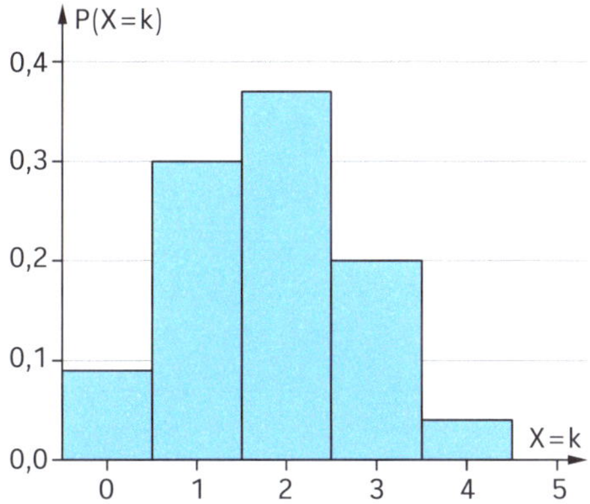


(3) Für den Erwartungswert μ gilt:

$$E(X) = 0 \cdot P(X = 0) + 1 \cdot P(X = 1) + 2 \cdot P(X = 2) + 3 \cdot P(X = 3) + 4 \cdot P(X = 4)$$
$$= 0 + 1 \cdot 0{,}3 + 2 \cdot 0{,}37 + 3 \cdot 0{,}2 + 4 \cdot 0{,}04 = 1{,}8$$

Für Binomialverteilungen gilt: $\mu = n \cdot p$, und da $n = 4$, ergibt sich:

$$1{,}8 = 4 \cdot p \quad \Leftrightarrow \quad p = \frac{9}{20} = 0{,}45$$

*Hinweis*: Alternativ kann der Wert von p auch aus der Beziehung $P(X = 4) = p^4 \approx 0{,}04$ bestimmt werden. Es folgt $p^2 \approx 0{,}2$ und weiter $p \approx 0{,}45$.

Eine Kontrollrechnung mit p = 0,45 ergibt die kumulierten Wahrscheinlichkeiten (auf 6 Dezimalstellen genau): 0,091506; 0,390981; 0,758519; 0,958994; 1.

**Lösung S6**

(1) $\mu = 4$ (Lage der Symmetrieachse), $\sigma \approx 0{,}5$ (Lage der Wendepunkte des Graphen)

(2) (i) $P(X = 4) = 0$ (ii) $P(X \le 4{,}5) = P(X \le \mu + \sigma) \approx 0{,}84$
(iii) $P(X > 3) = P(X > \mu - 2\sigma) \approx 0{,}977$

(3) (i) $P(X \le \mu + 1{,}28\,\sigma) \approx 0{,}9$; also $k \approx 4 + 1{,}28 \cdot 0{,}5 \approx 4{,}64$
(ii) $P(X > \mu + \sigma) \approx 0{,}16$; also $k \approx 4{,}5$

# Komplexere Trainingsaufgaben

## Aufgabe 1 Funktionsuntersuchung

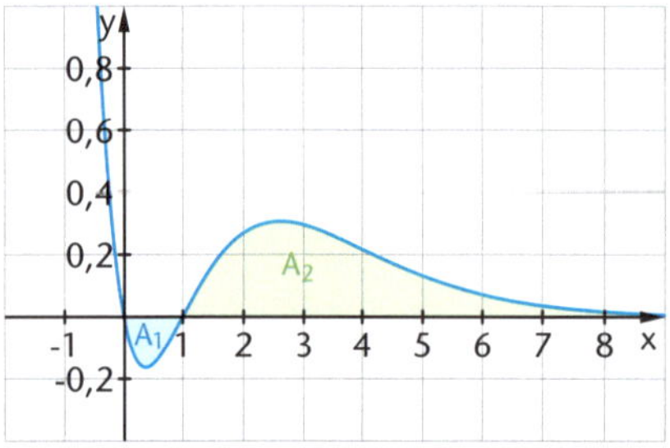


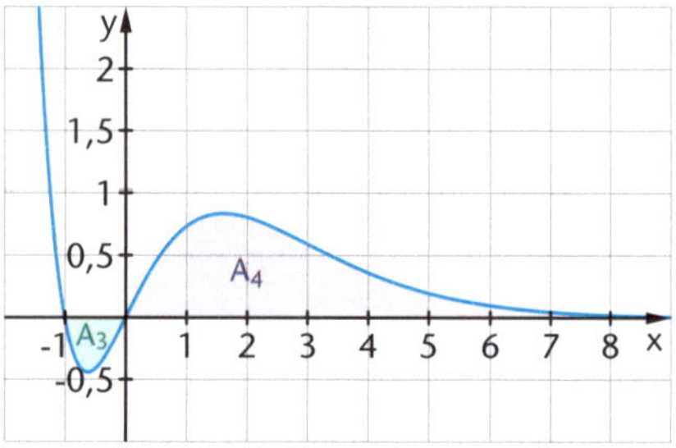


a) Die beiden Abbildungen zeigen die Graphen der Funktionen f und g mit
$f(x) = x \cdot (x-1) \cdot e^{-x}$ und $g(x) = x \cdot (x+1) \cdot e^{-x}$

(1) Ordnen Sie die beiden Funktionsgleichungen den Abbildungen begründet zu. Beschreiben Sie – ohne Rechnung – den Verlauf der Graphen; geben Sie Gemeinsamkeiten und Unterschiede an. **B4**

(2) Jemand behauptet: Man erhält den Graphen der einen Funktion aus dem Graphen der anderen Funktion durch eine Verschiebung in Richtung der x-Achse und gleichzeitiger Streckung in Richtung der y-Achse.

Beweisen Sie die Behauptung aus (2) mithilfe geeigneter algebraischer Umformungsschritte. **B2**

b) (1) Die beiden Funktionen gehören zu einer Funktionenschar $f_a$ mit
$f_a(x) = x \cdot (x-a) \cdot e^{-x}$.

Zeigen Sie, dass die Funktionen dieser Schar an den Stellen
$x = \frac{1}{2} \cdot (a+2) \pm \frac{1}{2} \cdot \sqrt{a^2+4}$ eine waagerechte Tangente besitzen. **A3** **B6**

(2) Begründen Sie mithilfe des Terms $\frac{1}{2} \cdot (a+2) \pm \frac{1}{2} \cdot \sqrt{a^2+4}$ aus Teilaufgabe (1), dass alle Funktionen dieser Schar einen Hoch- und einen Tiefpunkt besitzen. **B6**

(3) Ermitteln Sie konkret für $a = 1$ und für $a = -1$ die Lage der Hoch- und Tiefpunkte (vergleichen Sie zur Kontrolle Ihre Rechenergebnisse mit den o. a. Graphen). **B6**

c) (1) Weisen Sie nach, dass die Funktion F mit $F(x) = -(x^2+x+1) \cdot e^{-x}$ eine Stammfunktion für die Funktion ist. **A3** **D1**

(2) Um eine Stammfunktion G der Funktion g mit $g(x) = x \cdot (x+1) \cdot e^{-x}$ zu finden, kann man den Ansatz $G(x) = -(x^2 + bx + c) \cdot e^{-x}$ machen.
Bestimmen Sie geeignete Koeffizienten b und c. **D1** **C2** **A2**

(3) nur LF: Stammfunktionen für die Funktion $f_a$ sind alle vom Typ
$F_a(x) = -(x^2 + bx + c) \cdot e^{-x}$.
Bestimmen Sie geeignete Koeffizienten b und c, sodass gilt $F_a' = f_a$. **C2**

d) (1) Bestimmen Sie den Flächeninhalt des Flächenstücks, das der Graph von f im Intervall $[0;1]$ mit der x-Achse einschließt. **D2**

(2) nur LF: Bestimmen Sie den Flächeninhalt des Flächenstücks, das der Graph von $f(x) = f_1(x) = x \cdot (x-1) \cdot e^{-x}$ im Intervall $[1;+\infty[$ mit der x-Achse einschließt. **B8** **D5**

(3) nur LF: Betrachten Sie allgemein für $a > 0$ die Funktionenschar $f_a(x) = x \cdot (x-a) \cdot e^{-x}$.
In Teilaufgabe b) (3) wurde gezeigt, dass $F_a(x) = -(x^2 + (2-a)x + (2-a)) \cdot e^{-x}$ eine Stammfunktion für $f_a$ ist.
Für welchen Parameterwert a ist das Flächenstück oberhalb der x-Achse genau so groß wie das Flächenstück unterhalb der x-Achse?
Führen Sie eine Kontrollrechnung mithilfe der numerischen Integration durch. **B9**

**Lösung**

a) (1) An den Nullstellen kann man ablesen: Die Nullstellen von $f(x) = x \cdot (x-1) \cdot e^{-x}$ liegen bei $x = 0$ und bei $x = 1$; die Nullstellen von $g(x) = x \cdot (x+1) \cdot e^{-x}$ liegen bei $x = 0$ und $x = -1$. Daher ist links der Graph von f und rechts der Graph von g abgebildet. Beide Graphen verlaufen nur zwischen den beiden Nullstellen im negativen Bereich, ansonsten oberhalb der x-Achse. Sie sind zunächst streng monoton fallend bis zu einem Tiefpunkt, der zwischen den beiden Nullstellen liegt, dann streng monoton steigend bis zu einem Hochpunkt; danach verlaufen beide Graphen streng monoton fallend mit der x-Achse als Asymptote. Beide Graphen sind zunächst linksgekrümmt bis zu einem Wendepunkt, der zwischen Tief- und Hochpunkt liegt, dann rechtsgekrümmt bis zu einem weiteren Wendepunkt, danach wieder linksgekrümmt. Bei beiden Graphen haben die Nullstellen den Abstand 1 Einheit; allerdings sind die Funktionswerte der beiden Extrempunkte bei g weiter von der x-Achse entfernt als bei f.

(2) Verschiebt man den Graphen von f um 1 Einheit nach links, dann muss im Funktionsterm die Variable x durch $(x+1)$ ersetzt werden:
$f(x+1) = (x+1) \cdot ((x+1)-1) \cdot e^{-(x+1)} = (x+1) \cdot x \cdot e^{-x-1} = (x+1) \cdot x \cdot e^{-x} \cdot e^{-1} = e^{-1} \cdot g(x)$
d. h. $g(x) = e \cdot f(x+1)$.
Damit ist gezeigt, dass der Graph von g aus dem Graphen von f durch Verschiebung um eine Einheit nach links und Streckung mit dem Faktor $e \approx 2{,}718$ in Richtung der y-Achse hervorgeht.

b) (1) $f_a(x) = x \cdot (x-a) \cdot e^{-x} = (x^2 - ax) \cdot e^{-x}$,

$$f_a'(x) = (2x - a) \cdot e^{-x} + (x^2 - ax) \cdot e^{-x} \cdot (-1) = (2x - a - x^2 + ax) \cdot e^{-x}$$
$$= -(x^2 - (a+2) \cdot x + a) \cdot e^{-x}$$

$$f_a'(x) = 0 \Leftrightarrow x^2 - (a+2) \cdot x + a = 0$$
$$\Leftrightarrow x^2 - (a+2) \cdot x + \tfrac{1}{4} \cdot (a+2)^2 = \tfrac{1}{4} \cdot a^2 + a + 1 - a$$
$$\Leftrightarrow \left(x - \tfrac{1}{2} \cdot (a+2)\right)^2 = \tfrac{1}{4} \cdot (a^2 + 4),$$

also $x = \frac{1}{2} \cdot (a+2) \pm \frac{1}{2} \cdot \sqrt{a^2 + 4}$.

(2) Da der Term $a^2 + 4$ nicht null werden kann, hat die quadratische Gleichung in (2) stets zwei Lösungen. Das Vorzeichen der Ableitungsfunktion $f_a'(x) = -(x^2 - (a + 2) \cdot x + a) \cdot e^{-x}$ hängt nur von dem quadratischen Faktor ab, da $e^{-x} > 0$ für beliebige $x \in \mathbb{R}$. Da der Graph von $y = -(x^2 - (a + 2) \cdot x + a)$ eine nach unten geöffnete quadratische Parabel ist, liegt an der kleineren Nullstelle der Ableitungsfunktion [also bei $x = \frac{1}{2} \cdot (a + 2) - \frac{1}{2} \cdot \sqrt{a^2 + 4}$ ] ein VZW von – nach + statt vor, d. h. dort befindet sich ein lokales Minimum, und an der größeren Nullstelle [also bei $x = \frac{1}{2} \cdot (a + 2) + \frac{1}{2} \cdot \sqrt{a^2 + 4}$] ein VZW von + nach – statt, d. h. dort befindet sich ein lokales Maximum der Funktion.

(3) Beim Einsetzen von a = +1 ergeben sich der Tiefpunkt T (0,38 | −0,16) und der Hochpunkt H (2,62 | 0,31),

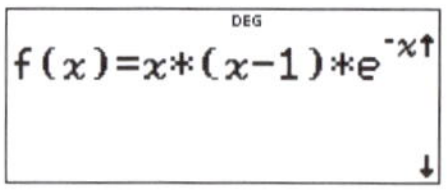

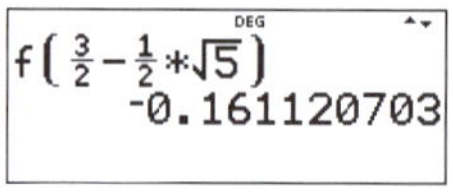

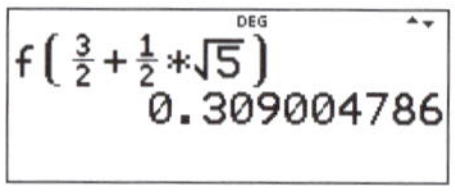


beim Einsetzen von a = −1 entsprechend der Tiefpunkt T (– 0,62 | – 0,44) und der Hochpunkt H (1,62 | 0,84),

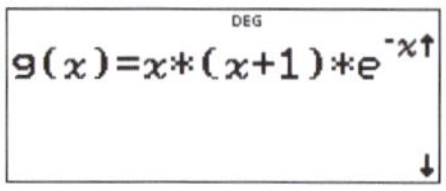

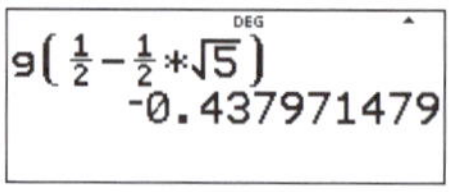

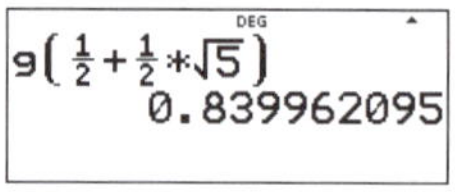


c) (1) Nachweis durch Ableiten gemäß Produkt- und Kettenregel:

$$F'(x) = -(2x + 1) \cdot e^{-x} - (x^2 + x + 1) \cdot e^{-x} \cdot (-1) = (-2x - 1 + x^2 + x + 1) \cdot e^{-x}$$
$$= (x^2 - x) \cdot e^{-x} = x \cdot (x - 1) \cdot e^{-x} = f(x)$$

(2) Bestimmen der Ableitung der Funktion $G(x) = -(x^2 + bx + c) \cdot e^{-x}$ mit Produkt- und Kettenregel:

$$G'(x) = -(2x + b) \cdot e^{-x} - (x^2 + bx + c) \cdot e^{-x} \cdot (-1) = (-2x - b + x^2 + bx + c) \cdot e^{-x}$$

$$= (x^2 + (b - 2) \cdot x + (c - b)) \cdot e^{-x}.$$

Koeffzientenvergleich mit $g(x) = (x^2 + x) \cdot e^{-x}$ ergibt $b - 2 = 1$ und $c - b = 0$, also $b = c = 3$. $G(x) = -(x^2 + 3x + 3) \cdot e^{-x}$ ist also eine Stammfunktion für g.

(3) Koeffizientenvergleich von $F_a'(x) = (x^2 + (b - 2) \cdot x + (c - b)) \cdot e^{-x}$ mit $f_k(x) = x \cdot (x - a) \cdot e^{-x} = (x^2 - ax) \cdot e^{-x}$ ergibt allgemein die Bedingungen $-a = b - 2$ und $c - b = 0$, also $b = 2 - a$ und $c = b = 2 - a$.

Folglich ist $F_a(x) = -(x^2 + (2 - a)x + (2 - a)) \cdot e^{-x}$ eine Stammfunktion für $f_a$.

d) (1) $\int_0^1 f(x)\,dx = [-(x^2+x+1)\cdot e^{-x}]_0^1 = -3\,e^{-1} - (-1) = 1 - \frac{3}{e} \approx -0{,}104$

Das Flächenstück hat ungefähr einen Flächeninhalt von 0,104 FE.

(2) $\int_1^{+\infty} f(x)\,dx = [-(x^2+x+1)\cdot e^{-x}]_1^{+\infty} = 0 - (-3\,e^{-1}) = \frac{3}{e} \approx 1{,}104$

$F(+\infty) = 0$ ergibt sich aus dem asymptotischen Verhalten von Funktionen vom Typ (ganzrationale Funktion) · (Exponentialfunktion).

(3) Betrachtet werden die beiden Intervalle $[0\,;a]$ und $[a\,;+\infty[$.

Für die Integrale soll gelten: $\left|\int_0^a f_a(x)\,dx\right| = -\int_0^a f_a(x)\,dx = \int_a^{+\infty} f_a(x)\,dx.$

Im Einzelnen ist

$$\int_0^a f_a(x)\,dx = -[-(x^2+(2-a)x+(2-a))\cdot e^{-x}]_0^a$$
$$= (a^2+2a-a^2+2-a)\cdot e^{-a} - (2-a) = (a+2)\cdot e^{-a} - (2-a),$$
$$\int_a^{\infty} f_a(x)\,dx = [-(x^2+(2-a)\cdot x+(2-a))\cdot e^{-x}]_a^{\infty}$$
$$= 0 - (-(a^2+(2-a)\cdot a+(2-a))\cdot e^{-a}) = (a+2)\cdot e^{-a}.$$

Die beiden Integrale unterscheiden sich nur um den Summanden $(2-a)$. Damit beide Integrale gleich sind, muss also $a = 2$ sein.

Kontrollrechnung: Für $a = 2$ ist $F_2(x) = -x^2\cdot e^{-x}$ eine Stammfunktion für $f_2(x) = x\cdot(x-2)\cdot e^{-x} = (x^2-2x)\cdot e^{-x}$, denn

$F_2'(x) = (-2x)\cdot e^{-x} + (-x^2)\cdot e^{-x}\cdot(-1) = (-2x+x^2)\cdot e^{-x} = f_2(x).$

## Aufgabe 2 Kettenlinien

Die Graphen der Funktionen vom Typ $f_a(x) = \frac{a}{2}\cdot(e^{ax} + e^{-ax})$ mit $a > 0$ werden als Kettenlinien bezeichnet. Die Abbildung rechts zeigt den Graphen für $a = \frac{1}{2}$.

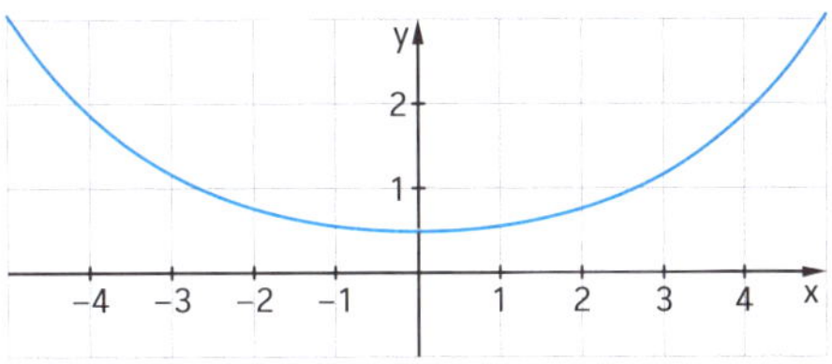


a) Zeigen Sie: Alle Graphen dieses Typs sind achsensymmetrisch zur y-Achse; sie verlaufen durch den Punkt $(0 \mid a)$ als Tiefpunkt und sind linksgekrümmt. **B1 B5 B6 B7**

b) Im Folgenden betrachten wir den rechten Ast des Graphen der Funktion g mit

$g(x) = 2 \cdot f_{\frac{1}{2}}(x) = \frac{1}{2} \cdot (e^{\frac{1}{2}x} + e^{-\frac{1}{2}x})$,

vgl. Abb. rechts.

Eine der Tangenten an den Graphen verläuft durch den Ursprung (0 | 0).

Nur LF: Stellen Sie Bedingungen für die Koordinaten des Berührpunkts auf sowie für die Steigung der Tangenten. **A4**

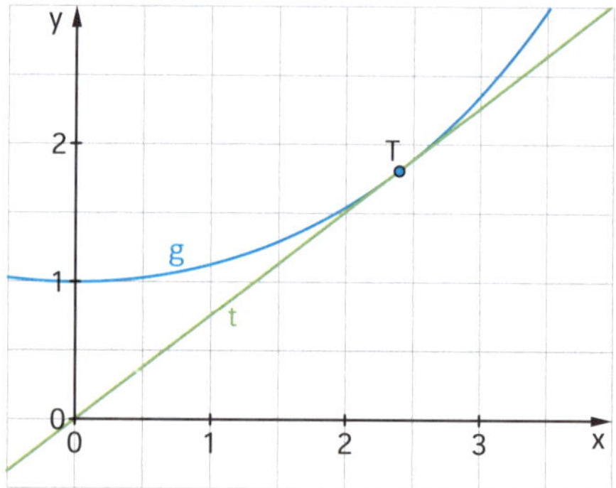


c) Überprüfen Sie: Die Tangente an den Graphen im Punkt T (2,4 | g(2,4)) verläuft ziemlich genau durch den Ursprung. Bestimmen Sie die Gleichung der Tangente.

Die Abbildung rechts zeigt den Ausschnitt aus einem Planungsentwurf (Maßstab: 1 LE = 1 km). Dargestellt sind zwei Landstraßen, die sich im Ursprung des gewählten Koordinatensystems kreuzen; die zugehörigen Modellierungsfunktionen sind

$t_1(x) = 0{,}7544\,x$ und $t_2(x) = -0{,}7544\,x$.

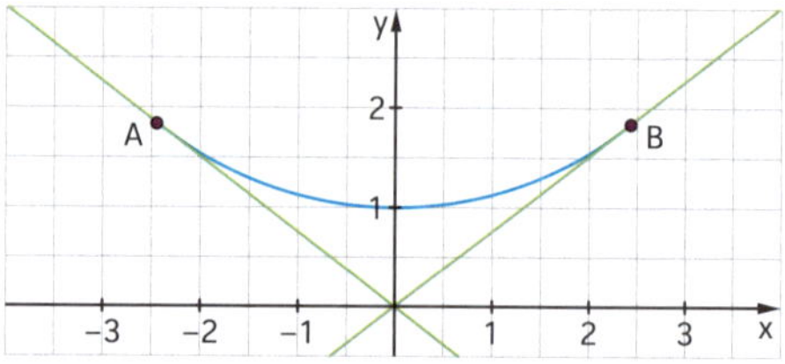


Da die meisten von A kommenden Fahrzeuge an der Kreuzung in Richtung B abbiegen und umgekehrt, soll die Straßenführung dahingehend geändert werden, dass der Straßenverlauf längs der blau eingezeichneten Linie der Modellierungsfunktion g mit

$g(x) = 2 \cdot f_{\frac{1}{2}}(x) = \frac{1}{2} \cdot (e^{\frac{1}{2}x} + e^{-\frac{1}{2}x})$, erfolgt. Die Zufahrt zu und von der Kreuzung soll durch entsprechende Abbiegespuren längs der bisherigen Straßen weiterhin gewährleistet werden.

d) Der Bereich zwischen der alten und neuen Trasse soll gärtnerisch gestaltet werden. Welches Maß muss in der Ausschreibung für die eingeschlossene Fläche angegeben werden? **D2**

e) Untersuchen Sie, welche Änderungen sich bzgl. des Flächenverbrauchs ergeben, wenn man ausgehend von den bestehenden Geraden (also den Tangentenfunktionen $t_1(x) = 0{,}7544\,x$ und $t_2(x) = -0{,}7544\,x$) eine quadratische Funktion p(x) als alternative Modellierungsfunktion für die Straßenverbindung betrachtet. **C2** **D2**

**Lösung**

a) Achsensymmetrie: Zu zeigen ist $f_a(-x) = f_a(x)$ für alle $x \in \mathbb{R}$.

$f_a(-x) = \frac{a}{2} \cdot (e^{a \cdot (-x)} + e^{-a \cdot (-x)}) = \frac{a}{2} \cdot (e^{-ax} + e^{ax}) = f_a(x)$.

Ableitungen:

$f_a'(x) = \frac{a}{2} \cdot (e^{ax} \cdot a + e^{-ax} \cdot (-a)) = \frac{a^2}{2} \cdot (e^{ax} - e^{-ax})$

$f_a''(x) = \frac{a^2}{2} \cdot (e^{ax} \cdot a - e^{-ax} \cdot (-a)) = a^3 \cdot \frac{1}{2} \cdot (e^{ax} + e^{-ax}) = a^3 \cdot f_a(x)$

Tiefpunktbestimmung:

*notwendige Bedingung*: $f_a'(x) = 0 \Leftrightarrow e^{ax} = e^{-ax} \Leftrightarrow ax = -ax \Leftrightarrow 2ax = 0 \Leftrightarrow x = 0$

*hinreichende Bedingung*: $f_a''(0) = a^3 \cdot f_a(0) = a^3 \cdot 1 > 0$, da $a > 0$,

d. h. an der Stelle $x = 0$ liegt ein lokales Minimum vor mit $f_a(0) = a$.

Da $f_a''(x) = a^3 \cdot f_a(x) \geq a^3 \cdot f_a(0) = a^3 > 0$ folgt, dass alle Graphen dieser Funktionenschar linksgekrümmt sind.

b) Für die Tangentengleichung werden benötigt:
- ein Punkt des Graphen, der auf der Tangente liegt; hier ist (0 | 0) vorgegeben, der Berührpunkt B (b | g(b)) ist noch zu bestimmen;
- die Steigung der Tangente an den Graphen im Berührpunkt B (b | g(b)).

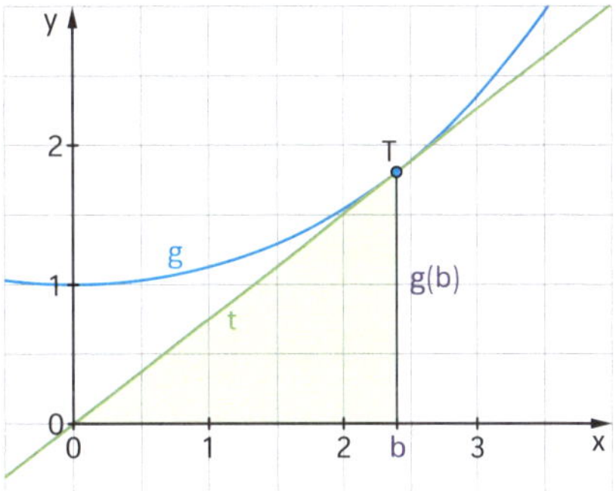


Die Steigung des Graphen ist durch den Wert der 1. Ableitung an der Stelle x = b gegeben, also $g'(b) = \frac{1}{4} \cdot (e^{\frac{1}{2}b} - e^{-\frac{1}{2}b})$.

Da die Tangente durch den Ursprung verläuft, gilt für die Steigung außerdem, dass sie gleich dem Quotienten

$\frac{g(b)}{b} = \frac{\frac{1}{2} \cdot (e^{\frac{1}{2}b} + e^{-\frac{1}{2}b})}{b}$ ist, vgl. das gefärbte Steigungsdreieck in der Abbildung.

Für die gesuchte Stelle b muss also gelten: $\frac{\frac{1}{2} \cdot (e^{\frac{1}{2}b} + e^{-\frac{1}{2}b})}{b} = \frac{1}{4} \cdot (e^{\frac{1}{2}b} - e^{-\frac{1}{2}b})$.

c) Bestimmung der Gleichung der Tangente an den Graphen von g im Punkt T (2,4 | 1,8107):

$g'(x) = \frac{1}{2} \cdot (e^{0,5 \cdot x} \cdot 0,5 + e^{-0,5 \cdot x} \cdot (-0,5)) = \frac{1}{4} \cdot (e^{0,5 \cdot x} - e^{-0,5 \cdot x})$ mit $g'(2,4) \approx 0,7547$, also

gilt für die Tangente mit $t(x) = 0,7547 \cdot (x - 2,4) + 1,8107$:

$t(0) = -0,7547 \cdot 2,4 + 1,8107 \approx -1,8114 + 1,8107 \approx 0,0007$

Berechnung des Funktionswerts g(2,4) mit dem WTR: s. rechts.

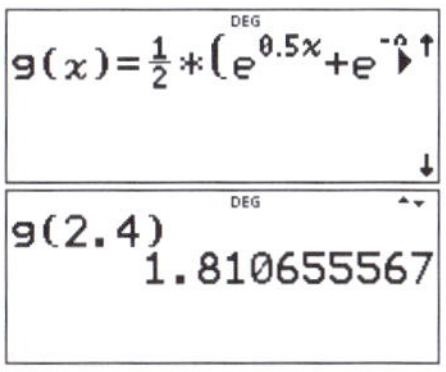


Berechnung der Steigung g'(2,4) mit dem WTR (die Ableitungsfunktion wird hier mit f bezeichnet):

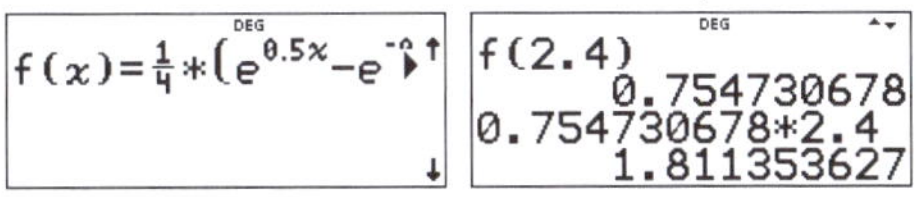


d) Zunächst muss eine Stammfunktion für die Differenzfunktion g(x) – t(x) bestimmt werden: Eine Stammfunktion für $g(x) = \frac{1}{2} \cdot (e^{\frac{1}{2}x} + e^{-\frac{1}{2}x})$ ist $G(x) = e^{\frac{1}{2}x} - e^{-\frac{1}{2}x}$, denn

$G'(x) = e^{\frac{1}{2}x} \cdot \frac{1}{2} - e^{-\frac{1}{2}x} \cdot \left(-\frac{1}{2}\right) = \frac{1}{2} \cdot \left(e^{\frac{1}{2}x} + e^{-\frac{1}{2}x}\right) = g(x)$.

Daher gilt für die zu bestimmende Fläche:

$$2 \cdot \int_0^b (g(x) - t(x))\,dx = 2 \cdot \left[e^{\frac{1}{2}x} - e^{-\frac{1}{2}x} - \frac{1}{2} \cdot 0,7544\,x^2\right]_0^{2,4} \approx 1,69 \text{ FE } (= \text{km}^2)$$

In der Ausschreibung muss eine Fläche von ca. 1,69 km² = 169 ha angegeben werden.

e) Die Funktion p mit $p(x) = r \cdot x^2 + s$ hat die Ableitung $p'(x) = 2r \cdot x$. Da die Steigung der Tangenten vorgegeben ist (Lage der bisherigen Landstraßen), muss gelten: $2r = 0{,}7544$, also $r = 0{,}3772$.

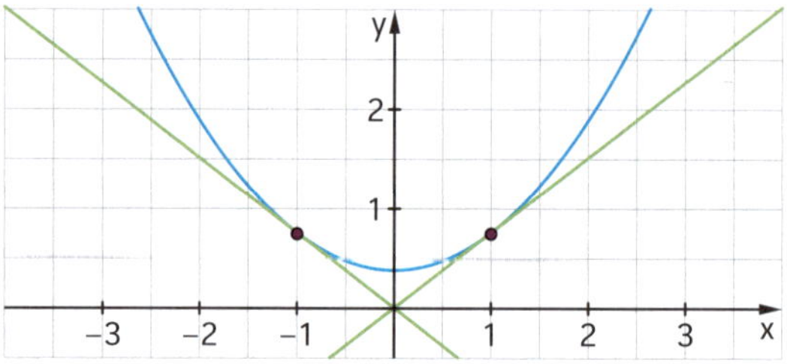


Die quadratische Parabel mit $r = 0{,}3772$ hat an der Stelle $b = 1$ die Steigung $p'(1) = 0{,}7544$ und hat dort mit der Tangente den Punkt $B(1\,|\,0{,}7544)$ gemeinsam.

Aus $p(1) = 0{,}3772 \cdot 1 + s = 0{,}7544$ folgt $s = 0{,}3772$, d. h. die quadratische Parabel hat die Gleichung $p(x) = 0{,}3772 \cdot x^2 + 0{,}3772$, vgl. Grafik.

Für die zu gestaltende Fläche zwischen der alternativ geplanten Straße und den bisherigen geradlinigen Straßen ergibt sich:

$$2 \cdot \int_0^1 (p(x) - t(x))\,dx = 2 \cdot \left[\frac{1}{3} \cdot 0{,}3772\,x^3 + 0{,}3772\,x - \frac{1}{2} \cdot 0{,}7544\,x^2\right]_0^1 \approx 0{,}251.$$

Der Flächenverbrauch für die alternativ geplante Straße ist deutlich geringer, vgl. auch die folgende Grafik.

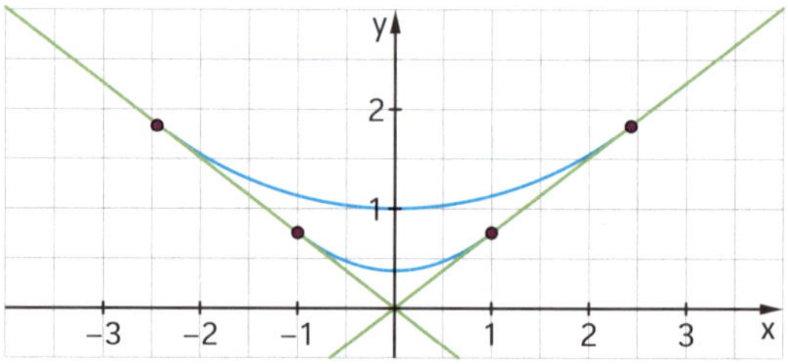


## Aufgabe 3 Warteschlange vor dem Kino

Das Kino *Cinestar* ist sehr beliebt – abends bildet sich vor der Kinokasse eine lange Schlange. Das wiederholt sich an jedem Abend in ähnlicher Weise. Zwei befreundete Personen überlegen sich, wann der günstigste Zeitpunkt ist, sich vor dem Kino zu verabreden und in die Schlange einzureihen. Dazu haben sie einmal gezählt, wie viele Kinobesucher bis zu einem bestimmten Zeitpunkt vor dem Kino ankommen.

| Zeitintervall | angekommene Kinobesucher | Zeitintervall | angekommene Kinobesucher |
|---|---|---|---|
| bis 19.30 Uhr | 0 | bis 19.38 Uhr | 83 |
| bis 19.31 Uhr | 2 | bis 19.39 Uhr | 100 |
| bis 19.32 Uhr | 5 | bis 19.40 Uhr | 116 |
| bis 19.33 Uhr | 12 | bis 19.41 Uhr | 132 |
| bis 19.34 Uhr | 21 | bis 19.42 Uhr | 147 |
| bis 19.35 Uhr | 34 | bis 19.43 Uhr | 161 |
| bis 19.36 Uhr | 49 | bis 19.44 Uhr | 173 |
| bis 19.37 Uhr | 65 | bis 19.45 Uhr | 184 |

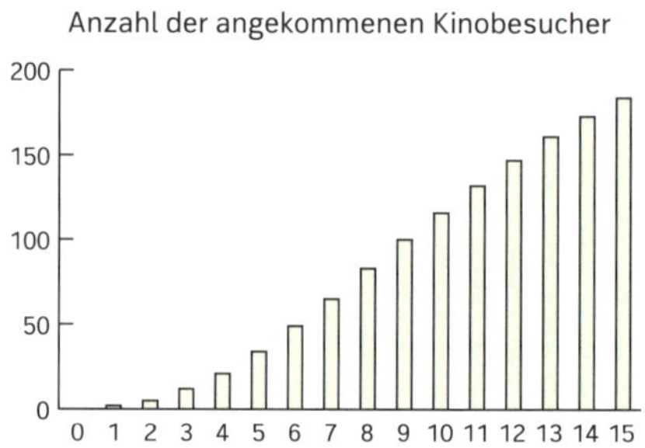

a) Berechnen Sie, wie viele Kinobesucher sich in der Zeit zwischen 19.35 und 19.40 Uhr in der Warteschlange anstellen.

b) Auf Basis der Beobachtungen wird der Besucheransturm (in Besuchern pro Minute) durch die Funktion f mit $f(t) = 2t^2 \cdot e^{-0{,}25t}$ modelliert. Dabei bezeichnet t die Anzahl der Minuten seit Beobachtungsbeginn um 19.30 Uhr (t = 10 steht also für den Zeitpunkt 19.40 Uhr und die davor liegende Minute). **A2 A3**
   (i) Berechnen Sie auf Basis der Modellfunktion, wie groß der Besucheransturm um 19.40 Uhr ist.
   (ii) Bestimmen Sie, wann bei der Modellfunktion der größte Ansturm vorliegt.

c) Mithilfe der Modellfunktion soll eine Vorhersage erstellt werden, wie viele Besucher sich von 19.45–20.00 Uhr sich an der Kasse anstellen. Bestimmen Sie dazu $\int_{15}^{30} f(t)\,dt$. Ermitteln Sie dazu eine Stammfunktion für f mithilfe eines Koeffizientenvergleichs mit dem Ansatz $F(t) = (At^2 + Bt + C) \cdot e^{-0{,}25t}$. **D3 D1**

d) Der Film wird um 20.00 Uhr im großen Saal mit 300 Plätzen gestartet. Beurteilen Sie mithilfe der Modellfunktion, ob alle Personen, die sich an der Kasse angestellt haben, auch tatsächlich Einlass erhalten. **D3**

e) Ab 19.50 Uhr wird der Kinosaal geöffnet (nach der Reinigung im Anschluss an die vorherige Vorstellung). Pro Minute können 30 Gäste eintreten (inkl. Kartenkontrolle).
   Es sei $F_0(t) = \int_0^t f(x)\,dx$ die Integralfunktion von f zur unteren Grenze 0.
   (i) Weisen Sie nach, dass die Anzahl der wartenden Kinogäste nach 19.50 Uhr durch die Funktion g mit $g(t) = F_0(t) - 30(t - 20)$ beschrieben wird. **C3**
   (ii) Untersuchen Sie, wann alle Personen mit Eintrittskarte eingelassen sind. **B4**
   (iii) Begründen Sie, warum die Funktion g den Sachkontext für $t < 20$ nicht sinnvoll beschreiben kann.

**Lösung**

a) Die Anzahl der zwischen 19.35 Uhr und 19.40 Uhr eintreffenden Besucher ergibt sich aus der dokumentierten Liste als Differenz der kumulierten Häufigkeiten bis zum Zeitpunkt 19.40 Uhr und bis zum Zeitpunkt 19.35 Uhr: 116 – 34 = 82.

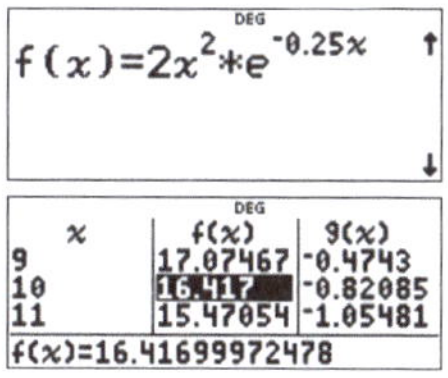


b) (i) Um 19.40 Uhr (d. h. t = 10) beträgt der Besucheransturm
$f(10) = 2 \cdot 10^2 \cdot e^{-0{,}25 \cdot 10} = 200 \cdot e^{-2{,}5} = 16{,}42$
$\approx 16$ Besucher pro Minute.

(ii) Zur Ermittlung des Maximums des Besucherandrangs wird die Ableitungsfunktion bestimmt:
$$f'(t) = 4t \cdot e^{-0{,}25t} - 0{,}5t^2 \cdot e^{-0{,}25t} = (4t - 0{,}5t^2) \cdot e^{-0{,}25t}$$
$$= 0{,}5 \cdot t \cdot (8 - t) \cdot e^{-0{,}25t}$$
$$f''(t) = (4 - t) \cdot e^{-0{,}25t} + (4t - 0{,}5t^2) \cdot e^{-0{,}25t} \cdot (-0{,}25)$$
$$= (4 - 2t + 0{,}125t^2) \cdot e^{-0{,}25t}$$

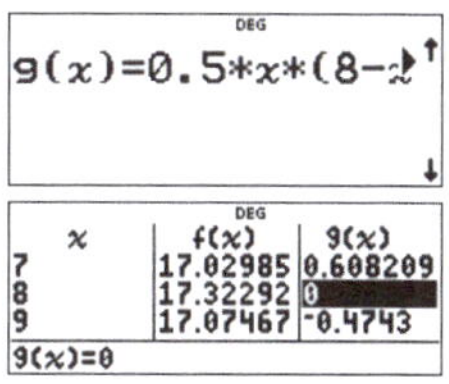


*Notwendige Bedingung*: $f'(t) = 0 \Leftrightarrow t = 0 \lor t = 8$

*Hinreichende Bedingung*: $f''(0) = 4 > 0$ (Minimum), $f''(8) = -4 \cdot e^{-2} < 0$ (Maximum).

Der größte Ansturm liegt um 19.38 Uhr vor und beträgt
$f(8) = 2 \cdot 8^2 \cdot e^{-0,25 \cdot 8} = 17,32 \approx 17$ Besucher pro Minute.

c) Bestimmung einer Stammfunktion mithilfe des Ansatzes
$F(t) = (A t^2 + B t + C) \cdot e^{-0,25t}$.

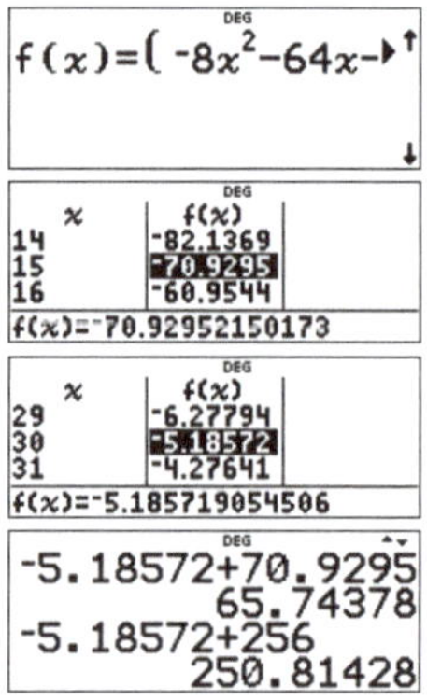


Ableitungsfunktion:
$F'(t) = (2At + B) \cdot e^{-0,25t} + (At^2 + Bt + C) \cdot e^{-0,25t} \cdot (-0,25)$.

Ein Koeffizientenvergleich ergibt $A \cdot (-0,25) = 2 \Leftrightarrow A = -8$
$2A - 0,25B = 0 \Leftrightarrow B = -64$
$B - 0,25C = 0 \Leftrightarrow C = -256$

Eine Stammfunktion von f ist folglich
$F(t) = (-8t^2 - 64t - 256) \cdot e^{-0,25t}$

Berechnung des Integrals: $\int_{15}^{30} f(t)\,dt = [F(t)]_{15}^{30} = F(30) - F(15) = 65,7$.

Zwischen 19.45 und 20.00 Uhr reihen sich 66 Personen in die Warteschlange ein.

d) Bestimmung des Integrals mithilfe der Stammfunktion:

$$\int_0^{30} f(t)\,dt = [F(t)]_0^{30} = F(30) - F(0)$$

$$= (-8 \cdot 30^2 - 64 \cdot 30 - 256) \cdot e^{-7,5} + 256 \approx 251.$$

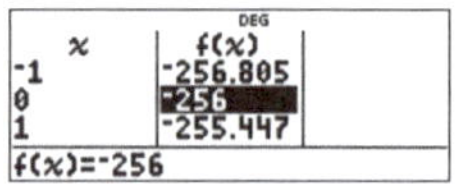


Die Anzahl der Personen, die sich bis 20.00 Uhr an der Kasse angestellt haben, ergibt sich im Rahmen der Modellfunktion als Integral $\int_0^{30} f(t) = 251$.

e) (i) Die Integralfunktion $F_0(t)$ beschreibt, wie viele Kinobesucher sich zum Zeitpunkt t in die Warteschlange eingereiht haben. Dabei gilt $F_0(0) = 0$. Ab 19.50 Uhr (also $t = 20$) betreten 30 Gäste pro Minute den Kinosaal. Also betreten für $t \geq 20$ insgesamt $30 \cdot (t - 20)$ Gäste bis zum Zeitpunkt t den Kinosaal, diese werden von der Anzahl der wartenden Gäste subtrahiert.

(ii) Es gilt $F_0(t) = F(t) - F(0)$, da die Ableitungsfunktion jeweils $f(t)$ ist und $F_0(0) = F(0) - F(0) = 0$ gilt.

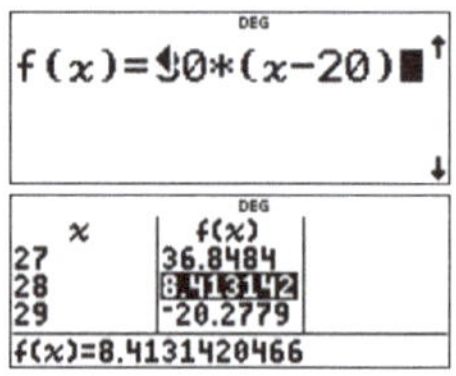


D. h., es gilt

$F_0(t) = (-8t^2 - 64t - 256) \cdot e^{-0,25t} + 256$ und

$g(t) = (-8t^2 - 64t - 256) \cdot e^{-0,25t} + 256 - 30(t - 20)$.

Der Wertetabelle der Funktion g(t) entnehmen wir: Zum Zeitpunkt $t \approx 28$, also etwa um 19.58 Uhr, sind alle Gäste im Kinosaal.

(iii) Die Funktion g ergibt im Kontext für $t < 20$ keinen Sinn, da der Summand $30(t - 20)$ hier einen „negativen Einfluss“ beschreiben würde, d. h., es würde von der Anzahl der wartenden Kinobesucher noch eine negative Größe subtrahiert und damit die Anzahl der wartenden Gäste noch vergrößert werden.

## Aufgabe 4 Verkehrszählungen und Stauprognosen auf der A40

Zur Beobachtung des Verkehrsaufkommens auf den Autobahnen gibt es sogenannte Dauerzählstellen – das sind fest installierte Geräte, die zählen, wie viele Pkw bzw. Lkw in die jeweilige Richtung vorbeifahren. Auf Basis dieser Daten wird die Verkehrsdichte in Pkw pro Stunde ermittelt.

Die untenstehende Tabelle gibt das Verkehrsaufkommen an einem Werktag von der 6. Stunde (5–6 Uhr) bis zur 19. Stunde (18–19 Uhr) an.

| Stunde | 6 | 7 | 8 | 9 | 10 | 11 | 12 | 13 | 14 | 15 | 16 | 17 | 18 | 19 |
|---|---|---|---|---|---|---|---|---|---|---|---|---|---|---|
| Pkw | 742 | 2153 | 4011 | 4347 | 3788 | 3540 | 3553 | 3957 | 4668 | 5259 | 5364 | 5476 | 5412 | 3999 |

a) (1) Bestimmen Sie, wie viele Autos im morgendlichen Berufsverkehr von 7–9 Uhr gezählt wurden.
   (2) Berechnen Sie die durchschnittliche Verkehrsdichte (in Pkw/h) in der Zeit von 14–17 Uhr. **H1**

Im Folgenden soll das Verkehrsaufkommen in der Zeit zwischen 12 Uhr und 20 Uhr näherungsweise durch die Verkehrsdichtefunktion $f(t) = -120\,t^2 + 3840\,t - 25240$ beschrieben werden. Dabei bezeichnet t die Zeit und f(t) die Verkehrsdichte in Pkw/h.)

*Hinweis*: Die Verkehrszählung ist ein diskreter Prozess, der einerseits statistischen Schwankungen unterliegt, aber an vergleichbaren Wochentagen ein sehr stabiles Verhalten zeigt. Die Modellierung durch eine stetige Funktion stellt in dieser Hinsicht eine Vereinfachung dar.

b) Berechnen Sie auf Basis des Modells die Verkehrsdichte um 15 Uhr und um 18 Uhr.

c) Ermitteln Sie, zu welchem Zeitpunkt im Modell die größte Verkehrsdichte vorliegt. **A1 A3 B6**

Mittags kann die Strecke noch frei befahren werden, doch nachmittags entsteht auf Höhe des Zählpunkts ein Stau, wenn auf den drei Fahrspuren mehr als 4000 Pkw pro Stunde fahren (und keine Geschwindigkeitsbegrenzungen vorgenommen werden).

d) (1) Bestimmen Sie die Zeitpunkte $t_1$ und $t_2$, an denen die Verkehrsdichte größer ist als $4000\,\frac{\text{Pkw}}{\text{h}}$. **B5**

   (2) Vom Zeitpunkt $t_1$ an wächst also der Stau. Berechnen Sie auf Basis des o. a. Modells die maximale Staulänge (= Anzahl der Pkw). **D1 D2 D3**

   (3) Interpretieren Sie Ihr Ergebnis und geben Sie die Staulänge in km an (Modellannahmen: Länge eines Pkw: 5 m, Abstand zwischen zwei aufeinander folgender Pkw: 5 m).

Bei erhöhtem Verkehrsaufkommen (also über $4000\,\frac{\text{Pkw}}{\text{h}}$) wird die Höchstgeschwindigkeit auf $80\,\frac{\text{km}}{\text{h}}$ reduziert, dann können sogar 5000 Pkw pro Stunde fahren. Diese Verkehrsdichte wird im Modell um 13 Uhr erreicht.

e) (1) Weisen Sie nach, dass sich die Anzahl der Pkws im Stau durch die Funktion
   $A(t) = -40\,t^3 + 1920\,t^2 - 30240\,t + 156800$
   beschreiben lässt ($t \geq 13$). **D1**

   (2) Skizzieren Sie den Graphen von A(t). Ermitteln Sie den Zeitpunkt, zu dem sich der Stau vollständig aufgelöst hat. Welche Bedeutung hat das lokale Maximum des Graphen? **D2**

**Lösung**

a) (1) Die Stunde 8 beginnt um 7 Uhr und endet um 8 Uhr, die Stunde 9 reicht von 8 bis 9 Uhr. In der 8. Stunde wurden von der Dauerzählstelle 4011 Pkw gezählt, in der 9. Stunde waren es 4387 Pkw. Folglich wurden am ausgewählten Werktag zwischen 7 und 9 Uhr insgesamt 4011 + 4347 = 8358 Pkw gezählt.

(2) Die durchschnittliche Verkehrsdichte im Zeitraum von 14 bis 17 Uhr ergibt sich über das (arithmetische) Mittel der Verkehrszählungen: $\frac{5259 + 5364 + 5476}{3} = \frac{16099}{3} \approx 5366\ [\frac{\text{PkW}}{\text{h}}]$.

Durchschnittlich sind also 5366 Pkw pro Stunde an der Zählstelle in Essen-Kray vorbeigefahren.

b) Berechnung der Funktionswerte: $g(15) = 5360$ und $g(18) = 5000$.

Um 15.00 Uhr liegt folglich eine sehr hohe Verkehrsdichte mit 5360 $\frac{\text{Pkw}}{\text{h}}$ vor, um 18.00 Uhr liegt immer noch eine hohe Verkehrsdichte mit 5000 $\frac{\text{Pkw}}{\text{h}}$ vor.

c) Zur Bestimmung der höchsten Verkehrsdichte wird das Maximum der gegebenen Funktion berechnet. Dazu wird die Ableitungsfunktion gebildet und auf kritische Werte untersucht (d. h. Werte $t_0$ mit $f'(t_0) = 0$):

$f'(t) = -240t + 3840$
$f'(t) = 0 \quad \Leftrightarrow \quad -240t + 3840 = 0 \quad \Leftrightarrow \quad t = 16$

An der Stelle $t = 16$ findet ein Vorzeichenwechsel der Funktion $f'$ von + nach – statt, also liegt an der Stelle ein lokales Maximum vor.

*Alternativ*: $f''(t) = -240$, also $f''(16) < 0$, an der Stelle $t = 16$ liegt also ein lokales Maximum vor. Die Verkehrsdichte beträgt um 16 Uhr: $f(16) = 5480\ \frac{\text{Pkw}}{\text{h}}$.

d) (1) Um die Zeitpunkte zu berechnen, an denen die Verkehrsdichte 4000 $\frac{\text{Pkw}}{\text{h}}$ beträgt, nutzen wir die Option des TR, Funktionswerte von f zu bestimmen.

Auf diese Weise finden wir die beiden – symmetrisch zu $t = 16$ liegenden – Zeitpunkte $t_2 = 12{,}5$ und $t_2 = 19{,}5$, also 12.30 Uhr und 19.30 Uhr.

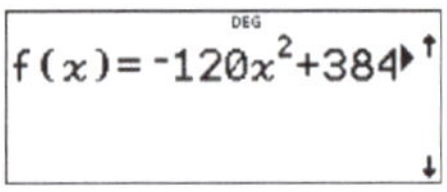

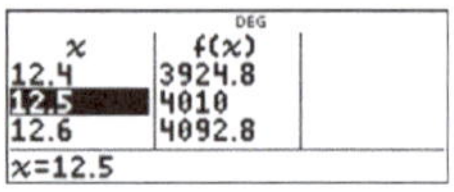

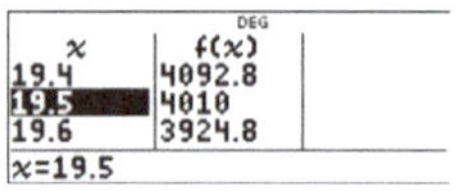


(2) Der Stau entsteht durch den sehr hohen Verkehrsfluss, der über die Autobahn nicht (ab-)fließen kann, es handelt sich also um die Differenz der Verkehrsdichte $f(t)$ zur konstanten Abflussdichte $g(t)$. Dieser Effekt kumuliert sich von 12.30 Uhr bis 19.30 Uhr, so dass unter den Modellannahmen um 19.30 Uhr der maximale Stau erreicht wird. Die maximale Staulänge berechnet sich folglich als Integral über die Differenz der Funktionen f und g mit $g(t) = 4000$:

$$\int_{t_1}^{t_2} (f(t) - g(t))\,dt = \int_{12,5}^{19,5} (-120t^2 + 3840t - 29240)\,dt$$

$$= [-40t^3 + 1920t^2 - 29240t]_{12,5}^{19,5}$$

$$= 6930\ [\text{Pkw}]$$

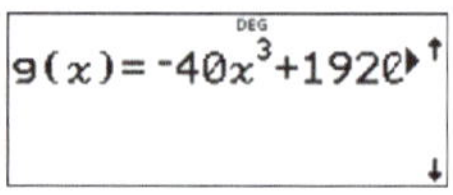

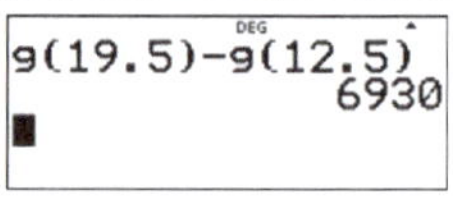


*Hinweis*: Die angegebene Stammfunktion wird im TR mit g bezeichnet.

(3) Ein Pkw benötigt mit seiner Länge und dem Abstand zum vorausfahrenden Fahrzeug etwa 10 m Platz, d. h., 6930 Pkw bilden eine Strecke von 69,3 km. Verteilt man diese auf 3 Fahrbahnen (und berücksichtigt in der Rechnung die Lkw nicht), so ergibt sich eine Staulänge von 23,1 km.

e) (1) Die Staulänge ergibt sich (wie in Teilaufgabe d)) über das Integral über die Differenzfunktion f − h mit $h(t) = 5000$.

| x | f(x) |
|---|---|
| 13.9 | 4950.8 |
| 14 | 5000 |
| 14.1 | 5046.8 |

x=14

| x | f(x) |
|---|---|
| 17.9 | 5046.8 |
| 18 | 5000 |
| 18.1 | 4950.8 |

x=18

Analog zu Teilaufgabe d) werden die Schnittstellen der Funktionsgraphen von f und h bestimmt: Mithilfe des TR ergeben sich $t_1 = 14$ und $t_2 = 18$. In diesem Zeitintervall wächst also der Stau an.

Um die gesuchte Integralfunktion zu bestimmen, muss gemäß Hauptsatz der Differential- und Integralrechnung eine Stammfunktion ermittelt werden. Da eine solche hier angegeben ist, muss nur durch Ableiten nachgewiesen werden, dass die Funktion A eine Stammfunktion von f − h ist.

Es gilt: $A'(t) = -120t^2 + 3840t - 30240$. Dies ist genau der Funktionsterm der Differenzfunktion $f(t) - h(t)$.

Die Staulänge L(t) zum Zeitpunkt t ist dann gleich dem Integral über die Funktion f − h im Intervall zwischen 14 Uhr und dem beliebigen Zeitpunkt t, d. h. $L(t) = A(t) - A(14)$.

$g(x) = -40x^3 + 192$…

| | |
|---|---|
| g(18) | 1280 |
| g(14) | 0 |

Da $A(14) = -40 \cdot 14^3 + 1920 \cdot 14^2 - 30240 \cdot 14 + 156800 = 0$, vereinfacht sich die Differenz $L(t) = A(t) - A(14)$ zu $A(t)$.

*Hinweis*: Für die Berechnung mit dem TR wurde die veränderte Stammfunktion unter g abgespeichert.

(2) Die Funktion A beschreibt die Staulänge. Der Stau beginnt um 14 Uhr (Nullstelle der Funktion A(t)); er ist aufgelöst, wenn die Funktion die nächste Nullstelle hat.

Mithilfe des TR ermittelt man einige Funktionswerte der Funktion A(t), um den Graphen zu skizzieren, vgl. rechts. Um 20 Uhr hat sich also der Stau vollständig aufgelöst.

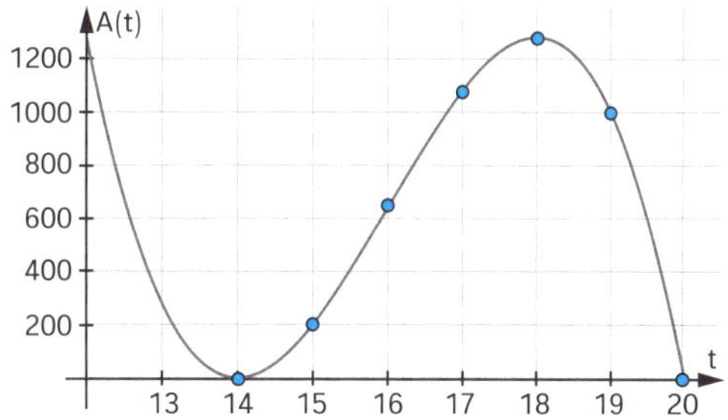


| x | f(x) | g(x) |
|---|---|---|
| 14 | 5000 | 0 |
| 15 | 5360 | 200 |
| 16 | 5480 | 640 |

g(x)=640

| x | f(x) | g(x) |
|---|---|---|
| 17 | 5360 | 1080 |
| 18 | 5000 | 1280 |
| 19 | 4400 | 1000 |

g(x)=1000

*Hinweis*: Das lokale Maximum von A(t) liegt beim Zeitpunkt t = 18, da die Verkehrsdichte bis zu diesem Zeitpunkt über dem Wert 5000 $\frac{\text{Pkw}}{\text{h}}$ liegt.

## Aufgabe 5 Staubecken

Vor einigen Jahrzehnten wurde zur Wasserversorgung eines Dorfs ein kleiner See angelegt, in den ein Bach mündet. Wenn der See bis zum Rand gefüllt ist, läuft das Wasser in dem alten Bachbett weiter.

Allerdings kam es immer wieder vor, dass der See gefüllt war und der Bach nach starken Regenfällen über seine Ufer trat. Um zukünftig in solchen Situationen Schäden zu vermeiden, wird überlegt, ob ein Staubecken oberhalb des Dorfes gebaut werden soll, in das das Wasser bei Bedarf umgeleitet werden kann.

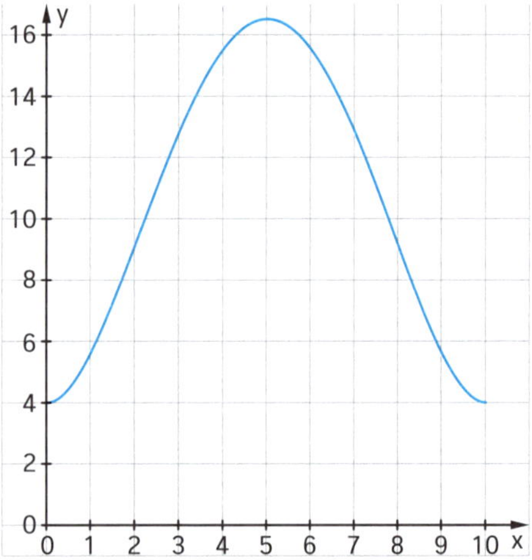


Aus Messungen während eines Zeitraums von zehn Stunden nach einem wolkenbruchartigen Regen ergab sich folgende Modellierungsfunktion für die momentane Durchflussrate an der Übergangsstelle vom See zum Bach:

$f(t) = \frac{1}{50} \cdot (t^4 - 20t^3 + 100t^2 + 200),\ 0 \le t \le 10$

(Angaben von t in Stunden, von f(t) in $100\,m^3/h$).

Während sonst durchschnittlich eine momentane Durchflussrate von $400\ m^3/h$ vorliegt, wuchs diese nach dem Wolkenbruch auf über $1600\ m^3/h$ an.

a) Der Graph der Modellierungsfunktion ist symmetrisch zu einer Parallelen zur y-Achse. Erläutern Sie, wie man dies nachweisen könnte. **B1**

b) Bestimmen Sie rechnerisch den Zeitpunkt, zu dem die Durchflussrate ihr Maximum annimmt und ermitteln Sie diesen maximalen Wert. **B6**

c) Welche Bedeutung haben die beiden Wendepunkte des Graphen im Sachzusammenhang? Bestimmen Sie deren Koordinaten. **B7**

d) (1) Zeigen Sie, dass $F(t) = \frac{1}{250} \cdot t^5 - \frac{1}{10}t^4 + \frac{2}{3}t^3 + 4t$ eine Stammfunktion für f ist. **D1**

(2) Welche zusätzliche Regenmenge müsste das geplante Staubecken in Folge des o. a. Starkregens auffangen können? **D3**

(3) Skizzieren Sie den Graphen von F(t) im Intervall $0 \le t \le 10$.

(4) Welche Bedeutung hat die Wendestelle des Graphen von F? **D1** **B6**

(5) Welche Bedeutung hat der Quotient $\frac{F(5) - F(0)}{5}$ im Sachzusammenhang? **D4**

e) Man plant, dass das Staubecken im Extremfall eine doppelt so große Menge Wasser aufnehmen soll wie nach dem oben modellierten Wolkenbruch. Entwickeln Sie einen Funktionsterm g(t), durch den dann die zugehörige momentane Durchflussrate modelliert werden kann.

**Lösung**

a) Verschiebt man den Graphen um 5 Einheiten nach links, dann ergibt sich ein Graph der achsensysmmetrisch zur y-Achse ist. Der zugehörige Funktionsterm

$f^*(t) = f(t+5) = \frac{1}{50} \cdot ((t+5)^4 - 20\,(t+5)^3 + 100\,(t+5)^2 + 200)$

enthält dann nur noch Potenzen von x mit geraden Exponenten.

*Hinweis*: Die Berechnung des Terms wird nicht verlangt; es ergibt sich $f^*(t) = \frac{1}{50} \cdot (t^4 - 50t^2 + 825)$.

b) $f'(t) = \frac{1}{50} \cdot (4t^3 - 60t^2 + 200t) = \frac{4}{50} \cdot t \cdot (t^2 - 15t + 50)$

$f''(t) = \frac{1}{50} \cdot (12t^2 - 120t + 200) = \frac{6}{25} \cdot \left(t^2 - 10t + \frac{50}{3}\right)$

*notwendige Bedingung*: $f'(t) = 0 \Leftrightarrow t = 0 \vee t^2 - 15t + 50 = 0$
$\Leftrightarrow t = 0 \vee (t - 7{,}5)^2 = 6{,}25$
$\Leftrightarrow t = 0 \vee t = 5 \vee t = 10$

*hinreichende Bedingung*: $f''(0) = 4 > 0$, $f''(5) = -2 < 0$, $f''(10) = 4 > 0$.

An der Stelle $t = 5$ liegt ein lokales (und absolutes) Maximum vor mit $f(5) = 16{,}5$, das ist eine momentane Zuflussrate von $1650\ m^3/h$.

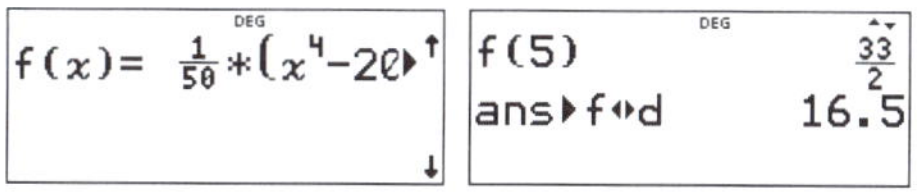


c) *notwendige Bedingung*: $f''(t) = 0 \Leftrightarrow t^2 - 10t + \frac{50}{3} = 0 \Leftrightarrow (t-5)^2 = \frac{25}{3} \Leftrightarrow t = 5 \pm \sqrt{\frac{25}{3}} \approx 5 \pm 2{,}89$

*hinreichende Bedingung*: Da der Graph von $f''(t)$ eine nach oben geöffnete quadratische Parabel ist, liegt an den beiden Nullstellen der 2. Ableitung ein VZW von + nach – bzw. von – nach + vor.

Die Wendepunkte von f haben die Koordinaten $(2{,}11\,|\,9{,}56)$ und $(7{,}89\,|\,9{,}56)$.

Zum Zeitpunkt $t_1 \approx 2{,}11 \approx 2$ Std. 7 Min. nimmt der Zufluss der Regenmenge am stärksten zu, zum Zeitpunkt $t_2 \approx 7{,}89 \approx 7$ Std. 53 Min. nimmt der Zufluss der Regenmenge am stärksten ab.

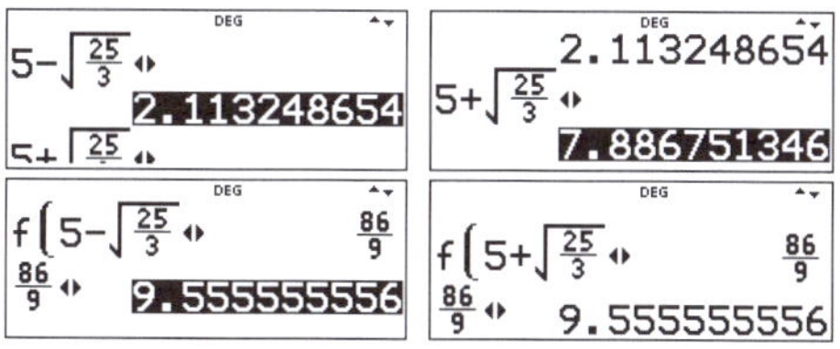


d) (1) Nachweis der Stammfunktion beispielsweise durch Ableiten von

$F(t) = \frac{1}{250} \cdot t^5 - \frac{1}{10}t^4 + \frac{2}{3}t^3 + 4t$:

$F'(t) = \frac{5}{250} \cdot t^4 - \frac{4}{10}t^3 + 2t^2 + 4 = \frac{1}{50} \cdot (t^4 - 20t^3 + 100t^2 + 200) = f(t)$.

(2) Die zusätzliche Regenmenge ergibt sich aus dem Integral der Modellierungsfunktion über dem gesamten Intervall, vermindert um die üblicherweise durchlaufende Wassermenge, also durch Integration der Differenzfunktion f(t) – 4:

$$\int_0^{10} (f(t) - 4)\,dt = \left[\frac{1}{250} \cdot t^5 - \frac{1}{10}t^4 + \frac{2}{3}t^3\right]_0^{10} = \frac{200}{3} \approx 66{,}7.$$

Im betrachteten Zeitraum fließt eine zusätzliche Regenmenge von ca. 6700 $m^3$ in den Bach.

(3)

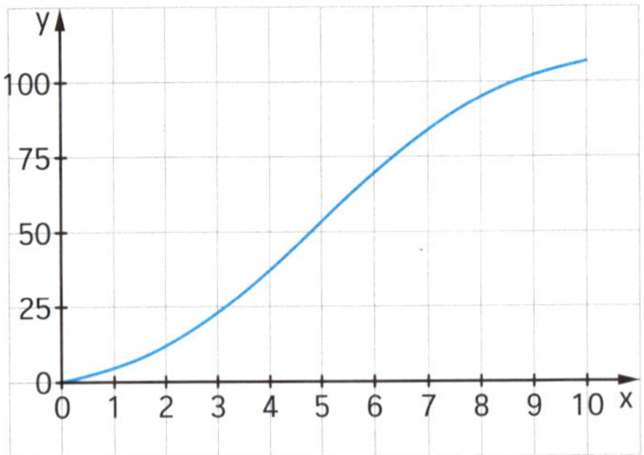


Mit dem WTR (Bezeichnung g(x) für die Stammfunktion von f(x)) erhält man nacheinander die folgenden Werte:

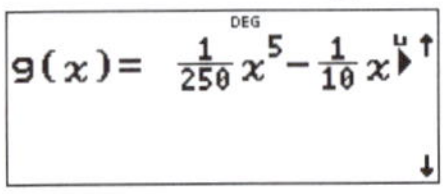


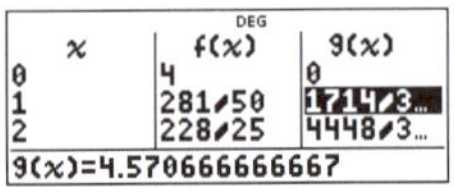


| t | 0 | 1 | 2 | 3 | 4 | 5 | 6 | 7 | 8 | 9 | 10 |
|---|---|---|---|---|---|---|---|---|---|---|---|
| F(t) | 0 | 4,6 | 11,9 | 22,9 | 37,2 | 53,3 | 69,5 | 83,8 | 94,8 | 102,1 | 106,7 |

(4) Die Wendestelle des Graphen von F entspricht dem lokalen Maximum des Graphen von f, d. h. dem Zeitpunkt, zu dem die Intensität des Wasserzuflusses wieder zurückgeht.

(5) Die Differenz F(5) – F(0) gibt an, welche Wassermenge insgesamt im Zeitraum der ersten fünf Stunden vom See in den Bach fließt, der Quotient $\frac{F(5) - F(0)}{5} = \frac{32}{3} \approx 10{,}7$ beschreibt daher die mittlere Zuflussmenge pro Stunde; das sind ca. 1070 $\frac{m^3}{h}$.

e) Die Verdopplung der Regenmenge bezieht sich auf die über die üblichen 400 $\frac{m^3}{h}$ hinausgehende Menge. Verdoppelt wird also die Differenz f(t) – 4, d. h.
$g(t) = 2 \cdot (f(t) - 4) + 4 = 2 \cdot f(t) - 4$,

also $g(t) = \frac{1}{25} \cdot (t^4 - 20t^3 + 100t^2 + 200) - 4 = \frac{1}{25} \cdot (t^4 - 20t^3 + 100t^2 + 100)$.

**Aufgabe 6** **Gezeiten in Cuxhaven**

a) Im Gezeitenkalender für Cuxhaven-Steubenhöft findet man für einen bestimmten Zeitpunkt (Zeitpunkt: 0) die Angabe 3,40 m *Hochwasser* und 6 h 18 min = 6,3 h später die Angabe 0,70 m *Niedrigwasser*. B10

Bestimmen Sie eine geeignete Sinusfunktion, mit deren Hilfe man den Vorgang modellieren kann.

b) Der Zeitpunkt des nächsten Hochwassers ist mit 12 h 6 min = 12,1 h angegeben. Welche Sinusfunktion ergibt sich, wenn man nur die beiden Informationen bzgl. des Hochwassers und den Wasserstand des Niedrigwassers berücksichtigt? B10

c) Betrachten Sie den Graphen der Sinusfunktion mit $y = \sin(x)$. In den „ersten Bogen" des Graphen werde ein Rechteck maximaler Größe eingezeichnet; dabei liegen zwei Eckpunkte des Rechtecks auf der x-Achse und die anderen beiden auf dem Graphen der Sinusfunktion.

(1) Begründen Sie, warum der Flächeninhalt eines solchen Rechtecks beschrieben werden kann durch $A(x) = (\pi - 2x) \cdot \sin(x)$ für $0 \le x \le \frac{\pi}{2}$.

(2) Skizzieren Sie den Graphen von A(x) und bestätigen Sie mithilfe der 1. Ableitung von A(x), dass für $x \approx 0{,}71$ der Flächeninhalt des Rechtecks maximal ist.

(3) Zeigen Sie, dass der Anteil der Fläche des maximalen Rechtecks an der Fläche des ersten Bogens der Sinusfunktion ca. 56 % beträgt.

(4) Betrachten Sie jetzt allgemein eine Funktionsschar von Sinusfunktionen mit $y = \sin(k \cdot x)$, $k \in \mathbb{N}$.
Auch hier soll analog zu oben ein Rechteck in den „ersten Bogen" des betreffenden Sinusgraphen eingezeichnet werden.
Geben Sie den Term an, mit dem der Flächeninhalt dieses Rechtecks berechnet werden kann.
Begründen Sie, dass auch für beliebiges k der Anteil des Flächeninhalts des maximalen Rechteck am Flächeninhalt des Bogens ca. 56 % beträgt.

**Lösung**

a) Wir betrachten eine allgemeine Sinusfunktion f mit $f(x) = a \cdot \sin(b \cdot (x + c)) + d$.
Wenn $H(0\,|\,3{,}4)$ ein Hochpunkt und $T(6{,}3\,|\,0{,}7)$ der folgende Tiefpunkt einer Sinusfunktion sind, dann kann man folgende Eigenschaften ablesen:
Die Mittellinie kann durch $d = \frac{1}{2} \cdot (3{,}4 + 0{,}7) = 2{,}05$ (m) beschrieben werden.
Die Auslenkung gegenüber der Mittellage beträgt $a = 3{,}4 - 2{,}05 = 2{,}05 - 0{,}7 = 1{,}35$ (m).
Die Periodenlänge beträgt $p = 2 \cdot 6{,}3 = 12{,}6$ (h); daher ist $b = \frac{2\pi}{12{,}6} \approx 0{,}499$.
Da der Hochpunkt an der Stelle x = 0 liegt und die Periodenlänge 12,6 beträgt, ist der Graph gegenüber der Ausgangslage um $c = \frac{12{,}6}{4} = 3{,}15$ (nach links) verschoben.
Der gesuchte Graph der Funktion f erfüllt die Funktionsgleichung
$f(x) = 1{,}35 \cdot \sin(0{,}499 \cdot (x + 3{,}15)) + 2{,}05$.

b) Gegeben sind die Hochpunkte $H_1(0|3{,}4)$ und $H_2(12{,}1|3{,}4)$ sowie die Angabe, dass der niedrigste Wasserstand $y = 0{,}7$ m beträgt.
Aus a) übernehmen wir $d = 2{,}05$ (m) und $a = 1{,}35$ (m).
Aus der Lage der Hochpunkte entnehmen wir:
Die Periodenlänge beträgt $p = 12{,}1$ (h); daher ist $b = \frac{2\pi}{12{,}1} \approx 0{,}519$.

Da der Hochpunkt an der Stelle $x = 0$ liegt und die Periodenlänge 12,1 beträgt, ist der Graph gegenüber der Ausgangslage um $c = \frac{12{,}1}{4} = 3{,}025$ (nach links) verschoben.

Der Graph der Funktion f mit $f(x) = 1{,}35 \cdot \sin(0{,}519 \cdot (x + 3{,}025)) + 2{,}05$ erfüllt die Bedingungen.

c) (1) Ein Rechteck, das – wie in der Aufgabenstellung beschrieben – in den ersten Bogen des Graphen von $y = \sin(x)$ hineinpasst, hat die Breite $a = \pi - 2x$ und die Höhe $b = \sin(x)$, d. h., der Flächeninhalt lässt sich berechnen mithilfe der Funktion A mit $A(x) = (\pi - 2x) \cdot \sin(x)$ für $0 \le x \le \frac{\pi}{2}$.

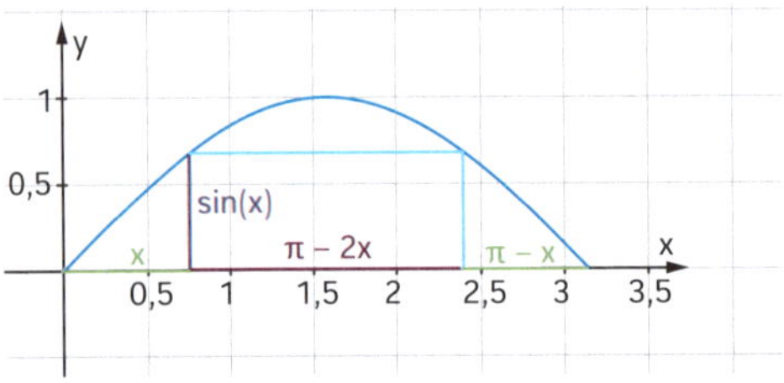


(2) Bestimmung einer Wertetabelle mit Schrittweite $\Delta x = 0{,}1$

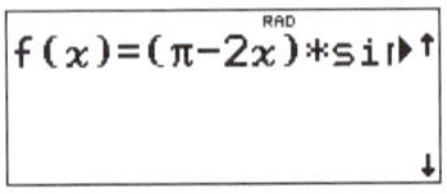


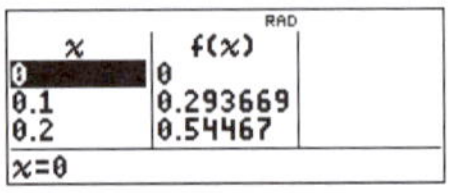


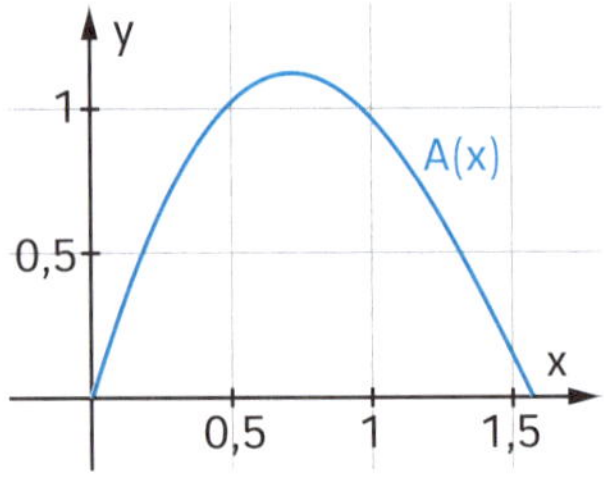


Verfeinerung der Schrittweite zur Bestimmung des Maximums:

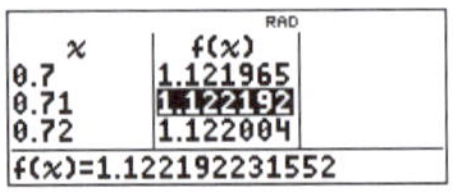


Für die 1. Ableitung gilt: $A'(x) = (-2) \cdot \sin(x) + (\pi - 2x) \cdot \cos(x)$,
$A'(0{,}71) = (-2) \cdot \sin(0{,}71) + (\pi - 1{,}42) \cdot \cos(0{,}71) \approx 0{,}002 \approx 0$

(3) $A(0{,}71) \approx 1{,}122$, vgl. Wertetabelle.

Fläche unter dem Sinus-Bogen: $\int_0^{\pi} \sin(x)\,dx = \left[-\cos(x)\right]_0^{\pi} = 1 - (-1) = 2.$

Anteil der Rechteckfläche: $\frac{1{,}122}{2} = 0{,}561 = 56{,}1\,\%$.

(4) Für beliebiges $k \in \mathbb{N}$ ergibt sich: Die Breite beträgt $a = \frac{\pi}{k} - 2x$ und die Höhe $b = \sin(kx)$, d. h., der Flächeninhalt lässt sich berechnen mit $A(x) = \left(\frac{\pi}{k} - 2x\right) \cdot \sin(kx)$ für $0 \le x \le \frac{\pi}{2k}$.

Dass der Anteil ebenfalls ca. 56 % beträgt, ist plausibel, da der Parameter k angibt, wie stark der Graph der Funktion in Richtung der x-Achse gestaucht wird (Verkürzung des Bogens mit dem Faktor 1/k). Die maximalen Rechtecke werden dann ebenfalls mit dem Streckungsfaktor 1/k gestaucht und ihr Anteil an der Fläche bleibt gleich.

## Aufgabe 7 Getreidesilo

Die folgende Abbildung zeigt in Blau den Füllstand f(t) eines Getreidesilos einer landwirtschaftlichen Genossenschaft im Laufe eines 12-Stunden-Tages (Zeitangaben in Stunden, Füllstand in Volumeneinheiten (VE)). Der unten in Grün eingezeichnete Graph gibt die jeweilige momentane Änderungsrate (in VE/h) wieder.

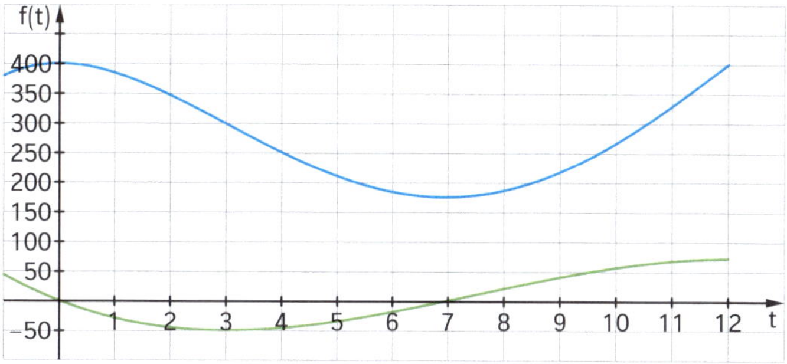


a) (1) Markieren Sie im Graphen den Zeitpunkt im Intervall $0 \leq t \leq 12$, zu dem sich der Füllstand am stärksten ändert. Begründen Sie Ihre Entscheidung. **B7**

(2) Ermitteln Sie die ungefähre mittlere Änderungsrate während der ersten vier Stunden. **A5**

(3) Markieren Sie den ungefähren Zeitpunkt, in dem die Bedingung $f(t_0 + 2) = f(t_0) - 50$ erfüllt ist. Beschreiben Sie mit Worten, was diese Bedingung im Sachzusammenhang bedeutet.

b) Bei einem anderen Getreidesilo kann die Änderungsrate im gleichen Zeitraum mithilfe der Funktion g mit $g(t) = -\frac{1}{3}t^3 + 9t^2 - 42t$ modelliert werden.

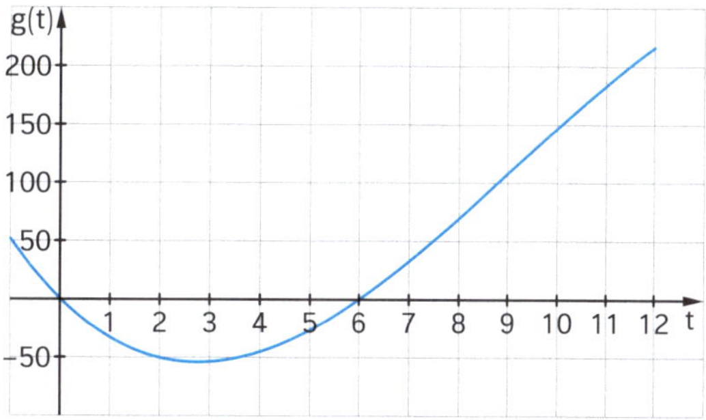


(1) Welche Aussage über den Füllstand des Silos ist richtig, welche ist falsch? Begründen Sie Ihre Antwort. **B6 D4**

(A) Die geringste Füllmenge des Silos ist nach 6 Stunden erreicht.

(B) Nach 12 Stunden ist das Silo stärker gefüllt als zu Beginn.

(C) Nach 6 Stunden ist die Füllmenge genauso groß wie zu Beginn (also zum Zeitpunkt $t = 0$).

(D) Im Intervall $6 \leq t \leq 12$ nimmt die Füllmenge nahezu gleichmäßig (linear) zu.

(2) Zum Zeitpunkt $t = 0$ betrug der Füllstand des Silos 300 VE. Bestimmen Sie eine Funktion G(t), mit der der Füllstand zum Zeitpunkt t mit $0 \leq t \leq 12$ modelliert werden kann. **D1 D4**

(3) Ermitteln Sie mithilfe des WTR den jeweiligen Füllstand nach $t = 1, 2, 3, ..., 12$ Stunden und skizzieren Sie den Graphen.

(4) Ermitteln Sie mithilfe der Skizze aus (3) den Zeitpunkt, zu dem im Silo die gleiche Füllmenge enthalten ist wie zu Beginn.

(5) Angenommen, man hätte – anders als in (2) – bzgl. der Füllmenge die Information, dass nach 6 Stunden 300 VE im Silo enthalten sind. Wie berechnet man dann die Füllmenge zu Beginn? Bestimmen Sie diese. **D1 D4**

**Lösung**

a) (1) Gesucht sind die Wendepunkte von f(t), also die Extrempunkte von f′(t); diese liegen bei $t = 3$ und bei $t = 12$. Da der Betrag des Funktionswerts f′(3) kleiner ist als der an der Stelle $t = 12$, also $|f'(3)| < |f'(12)|$, liegt die stärkste Änderung zum Zeitpunkt $t = 12$ vor.

*Hinweis*: Die folgende Berechnung der Nullstellen der 2. Ableitung (notwendige Bedingung) ist in der Aufgabenstellung nicht verlangt, aber zur Kontrolle möglich: $f''(t) = 0 \Leftrightarrow -x^2 + 15x - 36 = 0 \Leftrightarrow (x - 7{,}5)^2 = 20{,}25 \Leftrightarrow x = 3 \vee x = 12$.

(2) $\frac{f(4) - f(0)}{4 - 0} \approx \frac{250 - 400}{4} = -37{,}5$ (VE/h)

(3) Gesucht ist ein Zeitpunkt $t_0$, für den gilt, dass die Füllmenge um 50 VE größer ist als 2 Stunden danach; ein solcher Zeitpunkt liegt also in dem Bereich, in dem der Graph streng monoton fällt. Es gilt $t_0 \approx 4{,}5$, vgl. Grafik.

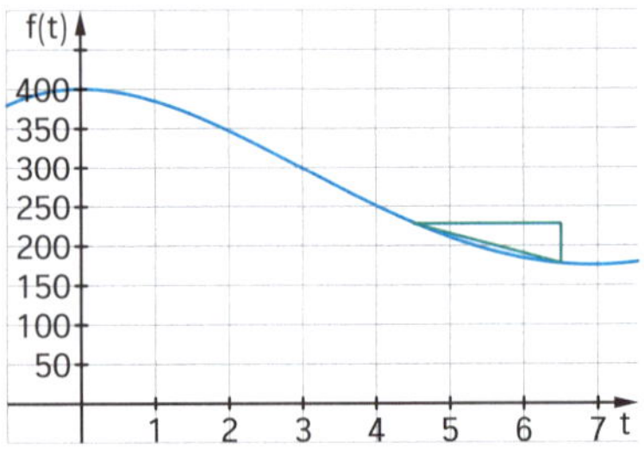


b) (1) Aussage A ist richtig, da während der ersten 6 Stunden die Änderungsrate negativ ist, die Füllmenge also ständig verringert wird.
Aussage B ist richtig, denn die Gesamtänderung ist positiv (Fläche oberhalb der t-Achse, also für $6 \leq t \leq 12$, ist größer als die Fläche unterhalb der t-Achse, also $0 \leq t \leq 6$).
Aussage C ist falsch, vgl. Aussage A.
Aussage D ist falsch, denn wenn die Änderungsrate für größer werdendes t näherungsweise linear wächst bedeutet dies, dass die Füllmenge quadratisch wächst.

(2) Gesucht ist eine Stammfunktion G von g mit $G(0) = 300$:

Aufleiten von $g(t) = -\frac{1}{3}t^3 + 9t^2 - 42t$: $G(t) = -\frac{1}{12}t^4 + 3t^3 - 21t^2 + C$.

Da $G(0) = 300$, ist die gesuchte Stammfunktion gegeben durch

$G(t) = -\frac{1}{12}t^4 + 3t^3 - 21t^2 + 300$.

(3) Mithilfe des WTR werden die gewünschten Funktionswerte berechnet und im Koordinatensystem eingetragen, danach der Graph skizziert.

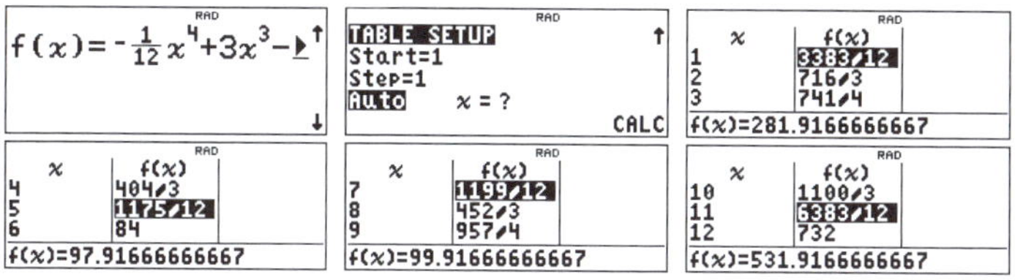


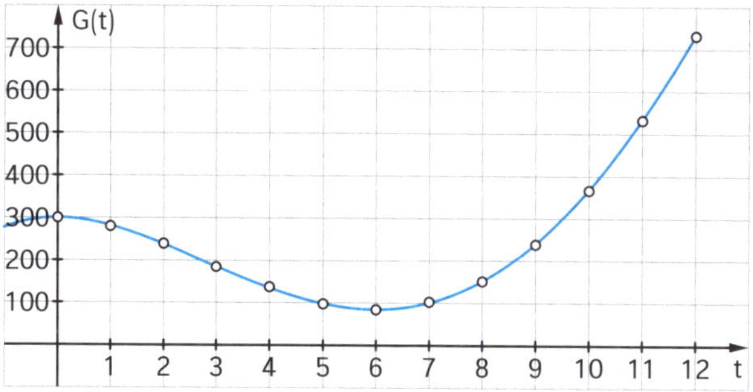


(4) Der Grafik ist zu entnehmen, dass ungefähr nach $9\frac{1}{2}$ Stunden die ursprüngliche Füllmenge wieder erreicht ist.

(5) Gesucht ist eine Stammfunktion $G(t) = -\frac{1}{12}t^4 + 3t^3 - 21t^2 + C$ mit $G(6) = 300$.

Durch Einsetzen von $t = 6$ kann die Integrationskonstante C ermittelt werden.

Mithilfe des WTR erhält man $G(6) = G_0(6) + C = -216 + C$, also $C = 516$. Die Füllmenge zu Beginn betrug 516 VE.

*Hinweis*: Im WTR wird $G_0(t)$ als g(x) definiert.

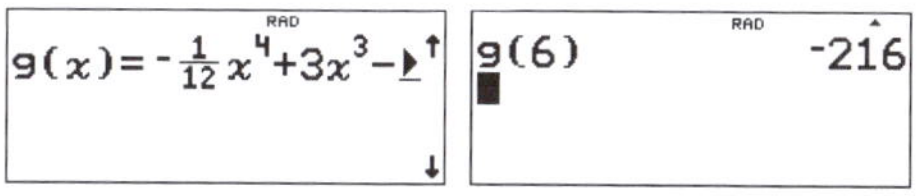

## Aufgabe 8 Marienkirche in Dortmund

Die Turmspitze der Marienkirche in Dortmund hat eine quadratische Grundfläche ABCD (die Seitenlänge werde mit 8 m angenommen), auf der vier senkrecht gemauerte gleichseitige Dreiecke stehen; die vierteiligen Dachflächen der Turmspitze sind rautenförmig.

Ein lokales Koordinatensystem ist so festgelegt, dass die Straßenebene durch $z = 0$ bestimmt ist und die Ecken A, B, C, D folgende Koordinaten haben:
$A(-4|-4|z)$, $B(+4|-4|z)$, $C(+4|+4|z)$ und $D(-4|+4|z)$, mit $z > 0$.

Die Turmspitze liegt 42,50 m über dem Straßenniveau.

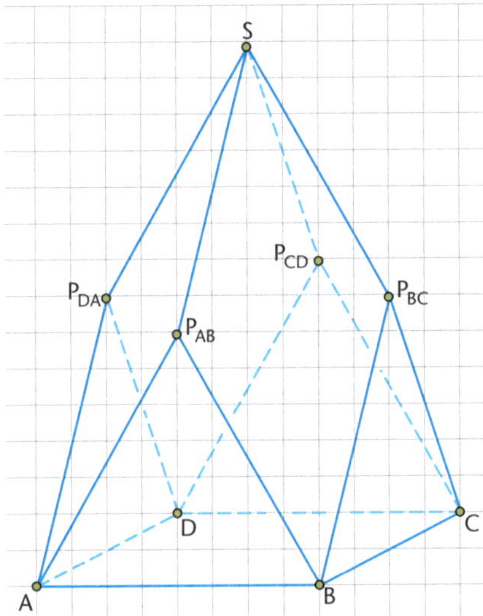


a) Bestimmen Sie die Koordinaten der oberen Eckpunkte $P_{AB}$, $P_{BC}$, $P_{CD}$, $P_{DA}$ der gleichseitigen Dreiecke zunächst in Abhängigkeit von z sowie die Koordinaten der Turmspitze S (auf der das Kreuz steht). Geben Sie die Koordinaten der Eckpunkte der Grundfläche auch numerisch an. (Angaben mit 2 Dezimalstellen). [Kontrollergebnis: $z = 28{,}64$] **E1**

*Aus der Formelsammlung:*
Für die Höhe h im gleichseitigen Dreieck mit Seitenlänge a gilt: $h = \frac{a}{2} \cdot \sqrt{3}$.

b) Bestimmen Sie die Gleichung für die Dachfläche, die den Punkt A enthält, in Parameterform. **F3**

c) Das Kreuz auf der Turmspitze soll durch vier Laserstrahler so beleuchtet werden, dass der Strahl genau über die zum Kreuz führenden Dachkanten führt und diese zusätzlich beleuchtet. Die Laserstrahler sollen ebenerdig montiert werden.
Berechnen Sie, in welcher Entfernung von der Turmmitte die Strahler zu montieren sind, und bestimmen Sie den Winkel α, den die Strahlen gegenüber dem Straßenniveau haben. Führen Sie Ihre Untersuchungen für einen der vier Laserstrahler durch. **F1 F4 G1**

d) Berechnen Sie die Innenwinkel β und γ der Rauten und die Neigung δ der rautenförmigen Dachflächen gegenüber dem Grundniveau. **G2**

e) Bestimmen Sie das Volumen des Dachraums der Turmspitze oberhalb des Quadrats ABCD (die Dicke der Mauern und des Dachs werden vernachlässigt). **G4**

f) Die Statik der Dachkonstruktion soll durch Stützbalken verstärkt werden. Diese verbinden die Mitten der Rauten mit dem jeweils gegenüberliegenden Eckpunkt des Grundquadrats ABCD. Bestimmen Sie die Länge dieser Balken (die sich im Innern der Kirchturmspitze gegenseitig durchdringen) sowie deren Neigungswinkel ε mithilfe der Methoden der Vektorgeometrie. **E5 G1**

**Lösung**

a) Koordinaten der oberen Eckpunkte der gleichseitigen Dreiecke: Für die Höhe h im gleichseitigen Dreieck gilt: $h = \frac{a}{2} \cdot \sqrt{3}$, also hier $h = \frac{8}{2} \cdot \sqrt{3} = 4 \cdot \sqrt{3} \approx 6{,}93$ m.

Die oberen Eckpunkte der Dreiecke haben daher die Koordinaten $P_{AB}(0\,|-4\,|\,z+6{,}93)$, $P_{BC}(4\,|\,0\,|\,z+6{,}93)$, $P_{CD}(0\,|\,4\,|\,z+6{,}93)$, $P_{DA}(-4\,|\,0\,|\,z+6{,}93)$.

Die Turmspitze S liegt dann noch einmal 6,93 m höher, wie sich aus der Rautenform der Dachflächen ergibt.
Da die Turmspitze über der Mitte des Quadrats ABCD liegt, gilt für deren Koordinaten: $S(0\,|\,0\,|\,42{,}50)$.

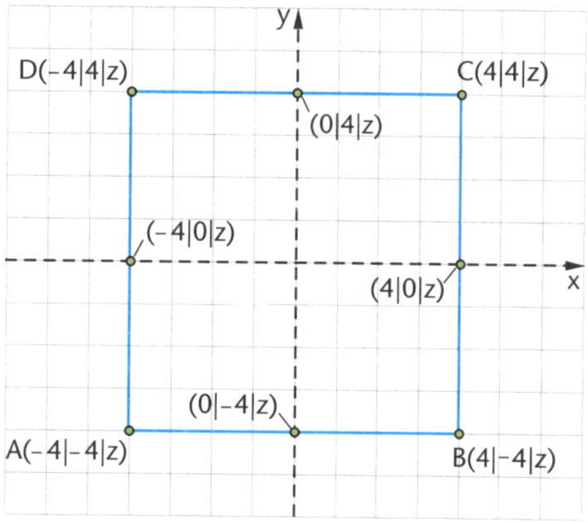


Da sich für die eigentliche Turmspitze eine Höhe von $2 \cdot 6{,}93\text{ m} = 13{,}86$ m ergibt, muss gelten:
$z = 42{,}50 - 13{,}86 = 28{,}64$.

Es gilt also: $A(-4\,|-4\,|\,28{,}64)$, $B(+4\,|-4\,|\,28{,}64)$, $C(+4\,|+4\,|\,28{,}64)$ und $D(-4\,|+4\,|\,28{,}64)$ sowie
$P_{AB}(0\,|-4\,|\,35{,}57)$, $P_{BC}(4\,|\,0\,|\,35{,}57)$, $P_{CD}(0\,|\,4\,|\,35{,}57)$, $P_{DA}(-4\,|\,0\,|\,35{,}57)$.

b) Die Dachflächen-Ebene wird aufgespannt durch die beiden Vektoren, die vom Eckpunkt A ausgehen und zu je zwei benachbarten Punkten $P_{AB}$ und $P_{DA}$ führen.
Für die Ebene, die den Punkt A enthält, gilt also:

$$E_A: \vec{x} = \overrightarrow{OA} + r \cdot \overrightarrow{AP_{DA}} + s \cdot \overrightarrow{AP_{AB}} = \begin{pmatrix} -4 \\ -4 \\ 28{,}64 \end{pmatrix} + r \cdot \begin{pmatrix} -4-(-4) \\ 0-(-4) \\ 35{,}57-28{,}64 \end{pmatrix} + s \cdot \begin{pmatrix} 0-(-4) \\ -4-(-4) \\ 35{,}57-28{,}64 \end{pmatrix} =$$

$$= \begin{pmatrix} -4 \\ -4 \\ 28{,}68 \end{pmatrix} + r \cdot \begin{pmatrix} 0 \\ 4 \\ 6{,}93 \end{pmatrix} + s \cdot \begin{pmatrix} 4 \\ 0 \\ 6{,}93 \end{pmatrix}.$$

c) Gesucht wird die Gerade, die sich aus der Verlängerung z. B. der Strecke zwischen $P_{AB}$ und S ergibt, also:

$$g_{AB}: \vec{x} = \overrightarrow{OP_{AB}} + r \cdot \overrightarrow{P_{AB}S} = \begin{pmatrix} 0 \\ -4 \\ 35{,}57 \end{pmatrix} + r \cdot \begin{pmatrix} 0-0 \\ 0-(-4) \\ 42{,}50-35{,}57 \end{pmatrix}$$

$$= \begin{pmatrix} 0 \\ -4 \\ 35{,}57 \end{pmatrix} + r \cdot \begin{pmatrix} 0 \\ 4 \\ 6{,}93 \end{pmatrix}.$$

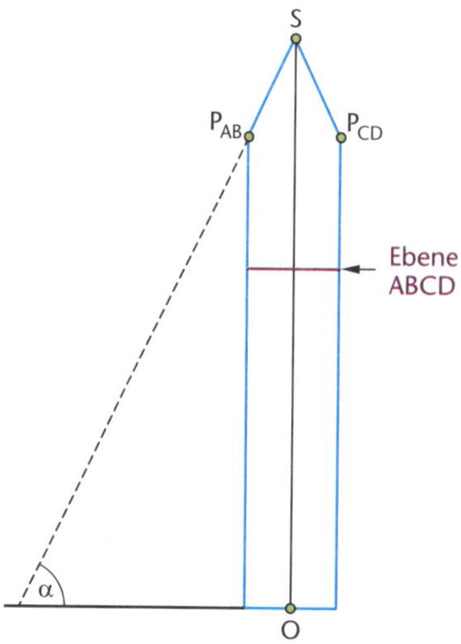


Diese Gerade schneidet die $x_1$-$x_2$-Ebene genau dann, wenn $x_3 = 0$, also wenn
$35{,}57 + 6{,}93 \cdot r = 0$, d. h. für $r \approx -5{,}133$.
Einsetzen dieses Parameterwerts in der Geradengleichung ergibt die Koordinaten des Montagepunkts des Laserstrahlers:

$$\vec{x} = \begin{pmatrix} 0 \\ -4 \\ 35{,}57 \end{pmatrix} + (-5{,}133) \cdot \begin{pmatrix} 0 \\ 4 \\ 6{,}93 \end{pmatrix} = \begin{pmatrix} 0 \\ -24{,}532 \\ 0 \end{pmatrix}.$$

Der Laserstrahler müsste ca. 24,53 m von der Turmmitte entfernt montiert werden.

Der zu bestimmende Winkel α wird bestimmt durch den Richtungsvektor der Geraden und einen Vektor, der vom Montagepunkt des Laserstrahlers auf den Ursprung des Koordinatensystems weist:

$$\cos(\alpha) = \frac{\left|\begin{pmatrix} 0 \\ 24{,}53 \\ 0 \end{pmatrix} * \begin{pmatrix} 0 \\ 4 \\ 6{,}93 \end{pmatrix}\right|}{24{,}53 \cdot \sqrt{4^2 + 6{,}93^2}} \approx \frac{98{,}12}{196{,}28} \approx 0{,}500 \Rightarrow \alpha \approx 60{,}0°.$$

Alternativ ist auch eine Argumentation möglich, dass das Dreieck $P_{AB}P_{CD}S$ gleichseitig ist und daher in diesem Dreieck, also auch am Montagepunkt, ein Winkel von 60° auftritt.

d) Innenwinkel β der Rauten = Winkel zwischen den Richtungsvektoren der Ebene $E_A$:

$$\cos(\beta) = \frac{\left|\begin{pmatrix} 0 \\ 4 \\ 6{,}93 \end{pmatrix} * \begin{pmatrix} 4 \\ 0 \\ 6{,}93 \end{pmatrix}\right|}{\sqrt{4^2 + 6{,}93^2} \cdot \sqrt{4^2 + 6{,}93^2}} \approx \frac{48{,}0249}{64{,}0249} \approx 0{,}7501 \Rightarrow \beta \approx 41{,}4°.$$

Der Komplementärwinkel der Raute ist $\gamma = 180° - \beta = 180° - 41{,}4° = 138{,}6°$.

Neigungswinkel δ der Dachfläche = Winkel zwischen einem Normalenvektor der Ebene, die durch ABCD geht (parallel zur $x_1$-$x_2$-Ebene) und zu einem Normalenvektor der Ebene $E_A$:

$$\cos(\delta) = \frac{\left|\begin{pmatrix} 0 \\ 0 \\ 1 \end{pmatrix} * \begin{pmatrix} 6{,}93 \\ 6{,}93 \\ -4 \end{pmatrix}\right|}{\sqrt{1^2} \cdot \sqrt{6{,}93^2 + 6{,}93^2 + (-4^2)}} \approx \frac{4}{10{,}5854} \approx 0{,}3779 \Rightarrow \delta \approx 67{,}8°,$$

denn offensichtlich ist der Vektor $\vec{n_1} = \begin{pmatrix} 6{,}93 \\ 6{,}93 \\ -4 \end{pmatrix}$ ein Normalenvektor zu den beiden

Richtungsvektoren der Ebene, da gilt $\begin{pmatrix} 0 \\ 4 \\ 6{,}93 \end{pmatrix} * \begin{pmatrix} 6{,}93 \\ 6{,}93 \\ -4 \end{pmatrix} = 0$ und $\begin{pmatrix} 4 \\ 0 \\ 6{,}93 \end{pmatrix} * \begin{pmatrix} 6{,}93 \\ 6{,}93 \\ -4 \end{pmatrix} = 0$.

e) Man betrachtet getrennt das Volumen des Körpers bis zu den Punkten $P_{AB}$, $P_{BC}$, $P_{CD}$, $P_{DA}$ und der darauf sitzenden quadratischen Pyramide mit Seitenlänge $4\sqrt{2}$ und der Höhe 6,93 m. Der untere Teilkörper ergibt sich, wenn man vom Volumen eines Quader mit quadratischer Grundfläche (Seitenlänge 8 m) und Höhe 6,93 m die Volumina von vier Pyramiden subtrahiert, deren Grundfläche rechtwinklig ist (Kathetenlänge 4 m) und deren Höhe 6,93 m.

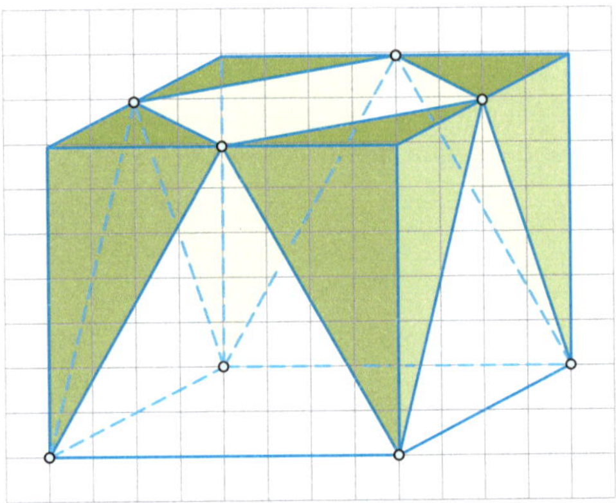

Insgesamt ergibt sich:

$$V = 8^2 \cdot 6{,}93 - 4 \cdot \left(\frac{1}{3} \cdot \frac{1}{2} \cdot 4^2 \cdot 6{,}93\right) + \frac{1}{3} \cdot (4\sqrt{2})^2 \cdot 6{,}93 \approx 443{,}5 \text{ m}^3.$$

f) Einer der Balken verbindet den Mittelpunkt $M_A(-2\,|\,-2\,|\,35{,}57)$ der Strecke $P_{DA}P_{AB}$ mit dem gegenüber liegenden Punkt $C(+4\,|\,+4\,|\,28{,}64)$. Die Länge dieses Balkens, also die Länge des Vektors $\overrightarrow{CM_A} = \begin{pmatrix} -6 \\ -6 \\ 6{,}93 \end{pmatrix}$, ist $\sqrt{(-6)^2 + (-6)^2 + 6{,}93^2} \approx 10{,}96$ m.

Der Neigungswinkel $\varepsilon$ des Balkens ergibt sich aus dem Winkel zwischen dem Vektor $\overrightarrow{CM_A} = \begin{pmatrix} -6 \\ -6 \\ 6{,}93 \end{pmatrix}$ und dem Verbindungsvektor $\overrightarrow{CA} = \begin{pmatrix} -8 \\ -8 \\ 0 \end{pmatrix}$ von C nach A:

$$\cos(\varepsilon) = \frac{\begin{pmatrix} -6 \\ -6 \\ 6{,}93 \end{pmatrix} * \begin{pmatrix} -8 \\ -8 \\ 0 \end{pmatrix}}{\sqrt{(-6)^2 + (-6)^2 + 6{,}93^2} \cdot \sqrt{(-8)^2 + (-8)^2 + 0^2}} \approx \frac{96}{123{,}948} \approx 0{,}7745 \Rightarrow \varepsilon \approx 39{,}2°.$$

## Aufgabe 9 Tower Bridge in London

Die 1894 eröffnete Tower Bridge ist eine Klappbrücke über die Themse in London. Die beiden beweglichen und gleichlangen Brückenteile sind hochklappbar, so dass auch große Schiffe die Themse befahren können. Die beiden Türme bilden Gegenwichte zu den klappbaren Brückenteilen. Oberhalb der Fahrbahn befinden sich zwischen den Türmen Fußgängerstege, die dauerhaften Fußgängerverkehr erlauben.

*Alle Angaben in Längeneinheiten (LE). Eine Längeneinheit entspricht ca. 2 Metern in der Realität.*

Die Punkte $A(10\,|\,1\,|\,2)$, $B(15\,|\,-3\,|\,3)$ und $C(20\,|\,8\,|\,-1)$ liegen in der Ebene $E_1$, in der die Fahrbahn der Brücke verläuft.

a) Geben Sie die Gleichung der Ebene in Parameterform an. **F3**

b) Zeigen Sie, dass die Ebene $x + 5y + 15z = 45$ zur Beschreibung der Fahrbahn geeignet ist. **F7 F5 F6**

c) Bestimmen Sie die Spurpunkte der Ebene $E_1$. **F4**

d) Zeigen Sie, dass die Punkte $T_1(30\,|\,0\,|\,1)$ und $T_2(0\,|\,6\,|\,1)$ in der Ebene $E_1$ liegen. **F3**

e) $T_1$ und $T_2$ stellen die Punkte auf der Fahrbahn dar, in denen die beiden Türme stehen. Untersuchen Sie, in welcher Höhe die Fußgängerstege mindestens verlaufen, damit diese bei einer vollständig senkrecht geklappten Fahrbahn nicht beschädigt werden. **E5**

f) Das im Punkt $T_1$ einmündende Fahrbahnteil wird hochgeklappt und durch die Gerade g beschrieben, die durch den Punkt $P(15\,|\,3\,|\,20)$ verläuft.
Bestimmen Sie die Größe des Winkels, um den die Fahrbahn hochgeklappt wurde. **G1**

g) Der Vektor $\vec{v} = \begin{pmatrix} 4 \\ 20 \\ 60 \end{pmatrix}$ steht im Punkt $T_1$ senkrecht zur Ebene $E_1$.
Berechnen Sie die Koordinaten der Spitze des Brückenturms, wenn diese sich in 28 LE Höhe genau über $T_1$ befindet. **E5 F1**

h) Zeigen Sie, dass die Fußgängerstege in der Ebene $E_2$: $0{,}2x + y + 3z = 63$ liegen und in einer Höhe von etwa 17 LE über der Fahrbahn verlaufen. **F10 G5**

i) Bestimmen Sie eine Gleichung der Ebene $E_0$, die die Oberfläche der Themse beschreibt, die 4,5 LE unterhalb der Fahrbahn fließt. **F10 G5**

j) Die Gerade g beschreibt die hochgeklappte Brücke bei einem bestimmten Winkel und verläuft durch die Punkte $T_1$ und Q(10|4|12). Bestimmen Sie, wie breit ein Schiff auf der Themse höchstens sein darf, das bei einer solchen Brückenposition die Brücke passiert. **E5 F1 G6**

**Lösung**

a) Parameterform durch die 3 Punkte mit A als Aufpunkt:

$$\overrightarrow{AB} = \begin{pmatrix} 5 \\ -4 \\ 1 \end{pmatrix}; \overrightarrow{AC} = \begin{pmatrix} 10 \\ 7 \\ -3 \end{pmatrix}; E_1: \vec{x} = \begin{pmatrix} 10 \\ 1 \\ 2 \end{pmatrix} + r \cdot \begin{pmatrix} 5 \\ -4 \\ 1 \end{pmatrix} + s \cdot \begin{pmatrix} 10 \\ 7 \\ -3 \end{pmatrix}$$

b) Ermittlung eines Normalenvektors:

$$\vec{n} = \overrightarrow{AB} \times \overrightarrow{AC} = \begin{pmatrix} 5 \\ -4 \\ 1 \end{pmatrix} \times \begin{pmatrix} 10 \\ 7 \\ -3 \end{pmatrix} = \begin{pmatrix} 5 \\ 25 \\ 75 \end{pmatrix} = 5 \cdot \begin{pmatrix} 1 \\ 5 \\ 15 \end{pmatrix} = 5 \cdot \vec{n}_1$$

Rechnet man mit $\vec{n}_1$ weiter, ergibt sich E: $\begin{pmatrix} 1 \\ 5 \\ 15 \end{pmatrix} * \vec{x} = \begin{pmatrix} 1 \\ 5 \\ 15 \end{pmatrix} * \begin{pmatrix} 10 \\ 1 \\ 2 \end{pmatrix}$

$\Rightarrow$ E: $x + 5y + 15z = 10 + 5 + 30 = 45$.

*Alternative*: Punktprobe von A, B, C mit der angegebenen Koordinatengleichung, da eine Ebene durch 3 Punkte eindeutig festgelegt ist.

c) Spurpunkte:

Bestimmen der Parameterform mithilfe der Ebenengleichung:

$$\begin{pmatrix} x \\ 0 \\ 0 \end{pmatrix} = \begin{pmatrix} 10 \\ 1 \\ 2 \end{pmatrix} + r \cdot \begin{pmatrix} 5 \\ -4 \\ 1 \end{pmatrix} + s \cdot \begin{pmatrix} 10 \\ 7 \\ -3 \end{pmatrix}.$$

Die beiden unteren Zeilen beschreiben ein LGS für die Parameter r und s:

$$\left| \begin{matrix} -4r + 7s = -1 \\ r - 3s = -2 \end{matrix} \right| \Leftrightarrow \left| \begin{matrix} -5s = -9 \\ r - 3s = -2 \end{matrix} \right| \Leftrightarrow \left| \begin{matrix} s = \frac{9}{5} \\ r = \frac{17}{5} \end{matrix} \right|.$$

Einsetzen in die obere Zeile ergibt: $x = 45$.

Für $\begin{pmatrix} 0 \\ y \\ 0 \end{pmatrix}$ erhält man analog: $r = -2$; $s = 0$; $y = 9$. Für $\begin{pmatrix} 0 \\ 0 \\ z \end{pmatrix}$: $r = -\frac{4}{3}$; $s = -\frac{3}{5}$, $z = 3$.

Die Spurpunkte lauten also: $S_x(45|0|0)$; $S_y(0|9|0)$; $S_z(0|0|3)$.

Bestimmen der Spurpunkte mithilfe der Koordinatenform:

$S_x(x|0|0)$: $x + 5 \cdot 0 + 15 \cdot 0 = 45 \Leftrightarrow x = 45$, also $S_x(45|0|0)$

$S_y(0|y|0)$: $0 + 5y + 15 \cdot 0 = 45 \Leftrightarrow y = 9$, also $S_y(0|9|0)$

$S_z(0|0|z)$: $0 + 5 \cdot 0 + 15 \cdot z = 45 \Leftrightarrow z = 3 \Rightarrow S_z(0|0|3)$

d) Punktprobe:
Parameterform: Einsetzen der Ortsvektoren von $T_1$ und $T_2$ in die Parameterform von $E_1$ ergibt ein LGS mit drei Gleichungen und zwei Variablen:

$$T_1: \begin{pmatrix} 30 \\ 0 \\ 1 \end{pmatrix} = \begin{pmatrix} 10 \\ 1 \\ 2 \end{pmatrix} + r \cdot \begin{pmatrix} 5 \\ -4 \\ 1 \end{pmatrix} + s \cdot \begin{pmatrix} 10 \\ 7 \\ -3 \end{pmatrix} \Leftrightarrow \left| \begin{array}{l} 30 = 10 + 5r + 10s \\ 0 = 1 - 4r + 7s \\ 1 = 2 + 1r - 3s \end{array} \right| \Leftrightarrow \left| \begin{array}{l} r = 2 \\ s = 1 \end{array} \right|$$

$T_1$ liegt also in $E_1$. Für $T_2$ erhält man auf gleichem Weg: $r = -\frac{8}{5}$; $s = -\frac{1}{5}$; $T_2$ liegt also in $E_1$.

Koordinatenform: Einsetzen der Punktkoordinaten in die Koordinatenform vou $E_1$;
- $T_1(30|0|1)$: $30 + 5 \cdot 0 + 15 \cdot 1 = 45$ (wahre Aussage); $T_1$ liegt in $E_1$.
- $T_2(0|6|1)$: $30 \cdot 0 + 5 \cdot 6 + 15 \cdot 1 = 45$ (wahre Aussage); $T_2$ liegt in $E_1$.

e) Gemäß Aufgabentext sind beide Brückenteile gleich lang. Ein Brückenteil ist also halb so lang wie die Strecke $\overline{T_1T_2}$.

$$\overrightarrow{T_1T_2} = \overrightarrow{OT_2} - \overrightarrow{OT_1} = \begin{pmatrix} 0 \\ 6 \\ 1 \end{pmatrix} - \begin{pmatrix} 30 \\ 0 \\ 1 \end{pmatrix} = \begin{pmatrix} -30 \\ 6 \\ 0 \end{pmatrix}; \ \frac{1}{2} \cdot \left\| \begin{pmatrix} -30 \\ 6 \\ 0 \end{pmatrix} \right\| = \frac{1}{2} \cdot \sqrt{30^2 + 6^2 + 0^2} = \frac{1}{2} \cdot 6 \cdot \sqrt{26} \approx 15{,}3$$

(nach oben gerundet). Die Fußgängerbrücke muss mindestens in einer Höhe von $2 \cdot 15{,}3 = 30{,}6$ m verlaufen (1 LE ≙ 2 m).

f) Berechnung des Winkels zwischen den Vektoren $\overrightarrow{T_1T_2}$ und $\overrightarrow{T_1P} = \begin{pmatrix} 15 \\ 3 \\ 20 \end{pmatrix} - \begin{pmatrix} 30 \\ 0 \\ 1 \end{pmatrix} = \begin{pmatrix} -15 \\ 3 \\ 19 \end{pmatrix}$:

$$\cos(\alpha) = \frac{\left|\overrightarrow{T_1T_2} * \overrightarrow{T_1P}\right|}{\left|\overrightarrow{T_1T_2}\right| \cdot \left|\overrightarrow{T_1P}\right|} = \frac{\left| \begin{pmatrix} -30 \\ 6 \\ 0 \end{pmatrix} * \begin{pmatrix} -15 \\ 3 \\ 19 \end{pmatrix} \right|}{6 \cdot \sqrt{26} \cdot \sqrt{15^2 + 3^2 + 19^2}} = \frac{468}{6 \cdot \sqrt{26} \cdot \sqrt{595}} \Rightarrow \alpha \approx 51{,}2°.$$

Das Brückenteil wurde um 51,2° (zur Fahrbahn) hochgeklappt.

g) $\overrightarrow{OS} = \overrightarrow{OT_1} + t \cdot \vec{v}$ mit $|t \cdot \vec{v}| = 28$; $|\vec{v}| = \sqrt{4^2 + 20^2 + 60^2} = 4 \cdot \sqrt{251}$.

Zu lösen ist also: $t \cdot 4\sqrt{251} = 28 \Leftrightarrow t \approx 0{,}44$, also $\overrightarrow{OS} \approx \overrightarrow{OT_1} + 0{,}44 \cdot \vec{v} \approx \begin{pmatrix} 31{,}8 \\ 8{,}8 \\ 27{,}4 \end{pmatrix}$.

Die Spitze des Turms liegt im Punkt $S(31{,}8|8{,}8|27{,}4)$.

h) Die Fußgängerstege müssen parallel zur Fahrbahnebene verlaufen und einen Abstand von 17 LE zur Fahrbahn besitzen.
- Parallelität von $E_1$ und $E_2$: $\overrightarrow{n_1} \parallel \overrightarrow{n_2}$.

  Es gilt $\overrightarrow{n_1} = 5 \cdot \overrightarrow{n_2}$, da $\begin{pmatrix} 1 \\ 5 \\ 15 \end{pmatrix} = 5 \cdot \begin{pmatrix} 0{,}2 \\ 1 \\ 3 \end{pmatrix}$. Damit sind $E_1$ und $E_2$ parallel.

- Die Höhe über der Fahrbahn ergibt sich aus dem Abstand der parallelen Ebenen $E_1$ und $E_2$:

  $E_2$: $0{,}2x + y + 3z = 63 \quad \Leftrightarrow \quad x + 5y + 15z = 315$.

$d = \frac{|315 - 45|}{\left\| \begin{pmatrix} 1 \\ 5 \\ 15 \end{pmatrix} \right\|} = \frac{270}{\sqrt{251}} \approx 17$ (LE); der Abstand von $E_1$ und $E_2$ beträgt 17 LE (ca. 34 m).

i) $E_0$ besitzt den gleichen Normalenvektor wie $E_1$: $\vec{n}_1 = \begin{pmatrix} 1 \\ 5 \\ 15 \end{pmatrix}$. Die Koordinatenform lautet also: $x + 5y + 15z = c_0$.

Es gilt: $d = \frac{|c_1 - c_0|}{|\vec{n}_1|}$, also $4{,}5 = \frac{|45 - c_0|}{\sqrt{251}}$; da $c_0 < c_1$, gilt $|45 - c_0| > 0$ und man erhält $c_0 \approx 26{,}3$.

Die Themse fließt also in der Ebere $E_0$: $x + 5y + 15z \approx 26{,}3$.

j) Lösungsskizze: siehe rechts.

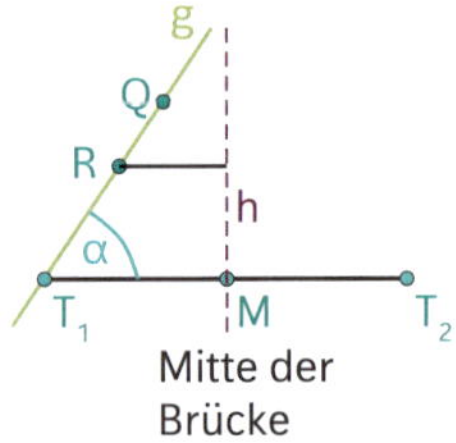


(1) Zuerst bestimmt man, in welchem Punkt R auf g das Brückenteil endet.

$\overrightarrow{OM} = \frac{1}{2}(\overrightarrow{OT_1} + \overrightarrow{OT_2}) = \frac{1}{2}\left(\begin{pmatrix} 30 \\ 0 \\ 1 \end{pmatrix} + \begin{pmatrix} 0 \\ 6 \\ 1 \end{pmatrix}\right) = \begin{pmatrix} 15 \\ 3 \\ 1 \end{pmatrix}$,

$|\overrightarrow{OM}| = \sqrt{15^2 + 9^2 + 1^2} = \sqrt{307}$.

Das Brückenteil ist also $\sqrt{307}$ LE lang.

(2) $\overrightarrow{OR} = \overrightarrow{OT_1} + t \cdot \overrightarrow{T_1Q}$ mit $t \cdot |\overrightarrow{T_1Q}| = \sqrt{307}$.

$|\overrightarrow{T_1Q}| = \left|\begin{pmatrix} -20 \\ 4 \\ 11 \end{pmatrix}\right| = \sqrt{537} \Rightarrow t = \frac{\sqrt{307}}{\sqrt{537}} \approx 0{,}76$.

$\overrightarrow{OR} = \begin{pmatrix} 30 \\ 0 \\ 1 \end{pmatrix} + 0{,}76 \cdot \begin{pmatrix} -20 \\ 4 \\ 11 \end{pmatrix} = \begin{pmatrix} 14{,}8 \\ 3{,}04 \\ 9{,}36 \end{pmatrix}$.

(3) Gesucht ist der Abstand des Punkts R zur Geraden h (durch M).

- Aufstellen der Ebenengleichung einer Ebene $E_R$, die zu h orthogonal verläuft und den Punkt R enthält. Der Richtungsvektor von h ist der Normalenvektor der gesuchten Ebene $E_R$.

  $h: \vec{x} = \overrightarrow{OM} + t \cdot \vec{n}_1 = \begin{pmatrix} 15 \\ 3 \\ 1 \end{pmatrix} + t \cdot \begin{pmatrix} 1 \\ 5 \\ 15 \end{pmatrix}$,

  $E_R: \begin{pmatrix} 1 \\ 5 \\ 15 \end{pmatrix} * \vec{x} = \begin{pmatrix} 1 \\ 5 \\ 15 \end{pmatrix} * \begin{pmatrix} 14{,}8 \\ 3{,}04 \\ 9{,}36 \end{pmatrix} = 170{,}4 \Leftrightarrow x + 5y + 15z = 170{,}4$.

- Bestimmung des Schnittpunkts S von $E_R$ und h durch Einsetzen des Terms für h in die Ebenengleichung $1 \cdot (15 + t) + 5 \cdot (3 + 5t) + 15 \cdot (1 + 15t) = 170{,}4$

  $\Leftrightarrow 45 + 251t = 170{,}4 \Leftrightarrow t \approx 0{,}5$ und damit $\overrightarrow{OS} = \begin{pmatrix} 15 \\ 3 \\ 1 \end{pmatrix} + 0{,}5 \cdot \begin{pmatrix} 1 \\ 5 \\ 15 \end{pmatrix} = \begin{pmatrix} 15{,}5 \\ 5{,}5 \\ 8{,}5 \end{pmatrix}$.

(4) Abstand von R zu S:

$|\overrightarrow{RS}| = \left|\begin{pmatrix} 15{,}5 \\ 5{,}5 \\ 8{,}5 \end{pmatrix} - \begin{pmatrix} 14{,}8 \\ 3{,}04 \\ 9{,}36 \end{pmatrix}\right| = \left|\begin{pmatrix} 0{,}7 \\ 2{,}46 \\ -0{,}86 \end{pmatrix}\right| = \sqrt{7{,}2812} \approx 2{,}7$ LE.

Die Öffnung der Brücke ist doppelt so weit,d. h. 5,4 LE. Dies entspricht ca. 10,8 m.

Ein die Brücke passierendes Schiff muss schmaler als 10,8 Meter sein.

## Aufgabe 10 Atomium

In der belgischen Hauptstadt Brüssel steht das als Wahrzeichen für die Weltausstellung 1958 gebaute Atomium. Es stellt eine Vergrößerung der Elementarzelle eines Eisenkristalls dar und zeigt somit die Anordnung von neun Eisenatomen zueinander. Die Eisenatome werden durch Kugeln symbolisiert, die Verbindungsstreben stellen das sogenannte Gitter dar, das die geometrische Anordnung der Atome zueinander verdeutlich. Hier handelt es sich um einen Würfel, in dessen Zentrum ein Eisenatom sitzt. Im Inneren einiger der Kugeln befinden sich ein Restaurant und mehrere Ausstellungsräume. Das Atomium ist eine der bekanntesten Sehenswürdigkeiten der Stadt.

Von den Eckpunkten des Atomiums sind die Koordinaten der Kugeln A(4 | 0 | 3), C(0 | 5 | 0), F(−3 | 0 | 4) und H(1 | 5 | 7) bekannt. Die Kugel B liegt im Ursprung eines dreidimensionalen Koordinatensystems, dessen x-y-Ebene nicht dem Erdboden entspricht. Die mit H bezeichnete Kugel befindet sich – bezogen auf den Erdboden – senkrecht über B.

a) Bestimmen Sie die Koordinaten der Eckpunkte D, E und G. **E1**

b) Geben Sie die Koordinaten der Kugel im Zentrum des Atomiums an. **E3**

c) Berechnen Sie den Winkel, den eine Außenkante des Atomiums und eine diese Außenkante schneidende Diagonale des Atomiums einschließen. **G1**

d) Die Kugeln und Verbindungsrohre des Atomiums sollen mit einem neuen Schutzanstrich versehen werden. Die Rohre haben einen Durchmesser von 3 Längeneinheiten (LE). Die Kugeln an den Eckpunkten werden zur Vereinfachung als punktförmig angenommen, dafür werden 15 % mehr Farbe als für die Rohre benötigt bestellt.

Bestimmen Sie die benötigte Menge an Farbe, wenn man für 5 Flächeneinheiten (FE) einen Liter Farbe benötigt. **E5**

e) Wie oben angegeben, befindet sich die Kugel H – bezogen auf den Erdboden – senkrecht über der Kugel B.
Eine Parameterdarstellung der Fläche, die den Erdboden bestimmt, kann daher dadurch ermittelt werden, dass man irgendwelche zwei (nicht kollineare) Vektoren als Richtungsvektoren für die Bodenebene sucht, die senkrecht zu BH sind.

Geben Sie zwei solcher Vektoren an und stellen Sie damit eine mögliche Parameterdarstellung der Bodenebene auf. **E4 F3 F11**

f) Erläutern Sie, dass der Erdboden im gewählten Koordinatensystem durch die Ebene mit der Gleichung $E_{Erdboden}: x + 5y + 7z = 0$ beschrieben werden kann. **F6**

g) Geben Sie eine Parameterdarstellung der Ebene $E_{Erdboden}$ an. **F3 F7**

h) Über die Kugel im Punkt H fällt paralleles Sonnenlicht mit der Richtung $\vec{u} = \begin{pmatrix} 10 \\ 7 \\ -15 \end{pmatrix}$ ein.

Berechnen Sie die Koordinaten des Schattenpunkts auf dem Erdboden und in welchem Winkel der Lichtstrahl auf den Erdboden trifft. Bestimmen Sie zudem die Länge des Schattens auf dem Erdboden. **F1 F8 E5**

Anlässlich des 65. Geburtstags des Atomiums im Jahre 2023 wird eine Lasershow geplant. Als Projektionsfläche sollen die Außenflächen des Atomiums dienen, die für diesen Zweck mit Planen abgehängt werden. Einer der Laserstrahlen soll im Mittelpunkt der Außenfläche ABCD unter einem Winkel von 90° auftreffen; der zugehörige Projektor soll auf dem Erdboden montiert werden.

i) Berechnen Sie, welchen Abstand dieser Projektor zum Mittelpunkt der Außenfläche ABCD besitzt und in welchem Winkel zum Erdboden der Projektor eingestellt werden muss. **F5 F8 G3 G5**

**Lösung**

a) Da B im Ursprung liegt, sind alle von B ausgehenden Vektoren gleich den Ortvektoren der Endpunkte, d. h. $\overrightarrow{BA} = \overrightarrow{OA}$ usw.

Berechnung der Ortsvektoren der Punkte D, E, G:

$$\overrightarrow{OD} = \overrightarrow{BD} = \overrightarrow{BA} + \overrightarrow{AD} = \overrightarrow{BA} + \overrightarrow{BC} = \begin{pmatrix} 4 \\ 0 \\ 3 \end{pmatrix} + \begin{pmatrix} 0 \\ 5 \\ 0 \end{pmatrix} = \begin{pmatrix} 4 \\ 5 \\ 3 \end{pmatrix}, \text{ also } D(4|5|3).$$

$$\overrightarrow{OE} = \overrightarrow{BE} = \overrightarrow{BA} + \overrightarrow{AE} = \overrightarrow{BA} + \overrightarrow{BF} = \begin{pmatrix} 4 \\ 0 \\ 3 \end{pmatrix} + \begin{pmatrix} -3 \\ 0 \\ 4 \end{pmatrix} = \begin{pmatrix} 1 \\ 0 \\ 7 \end{pmatrix}, \text{ also } E(1|0|7).$$

$$\overrightarrow{OG} = \overrightarrow{BG} = \overrightarrow{BC} + \overrightarrow{CG} = \overrightarrow{BC} + \overrightarrow{BF} = \begin{pmatrix} 0 \\ 5 \\ 0 \end{pmatrix} + \begin{pmatrix} -3 \\ 0 \\ 4 \end{pmatrix} = \begin{pmatrix} -3 \\ 5 \\ 4 \end{pmatrix}, \text{ also } G(-3|5|4).$$

b) Die Mittelkugel liegt im Mittelpunkt der Strecke BH:

$$\overrightarrow{OM} = \frac{1}{2} \cdot \left(\overrightarrow{OB} + \overrightarrow{OH}\right) = \frac{1}{2} \cdot \begin{pmatrix} 1 \\ 5 \\ 7 \end{pmatrix} = \begin{pmatrix} 0{,}5 \\ 2{,}5 \\ 3{,}5 \end{pmatrix}, \text{ also } M(0{,}5|2{,}5|3{,}5).$$

c) Es stehen eine Vielzahl an Kanten und Diagonalen zur Auswahl, da durch den symmetrischen Körper an jeder Ecke der gleiche Winkel zur Diagonale entsteht. Exemplarisch wird hier der Winkel ∢HBC berechnet:

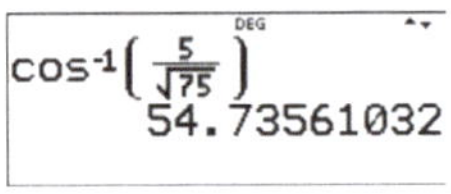


$$\cos(\alpha) = \frac{|\overrightarrow{BH} * \overrightarrow{BC}|}{|\overrightarrow{BH}| \cdot |\overrightarrow{BC}|} = \frac{\left|\begin{pmatrix} 1 \\ 5 \\ 7 \end{pmatrix} * \begin{pmatrix} 0 \\ 5 \\ 0 \end{pmatrix}\right|}{\left|\begin{pmatrix} 1 \\ 5 \\ 7 \end{pmatrix}\right| \cdot \left|\begin{pmatrix} 0 \\ 5 \\ 0 \end{pmatrix}\right|} = \frac{25}{\sqrt{75} \cdot 5} = \frac{5}{\sqrt{75}} \quad \Rightarrow \quad \alpha = \cos^{-1}\left(\frac{5}{\sqrt{75}}\right) \approx 54{,}74°.$$

Der Winkel zwischen der Raumdiagonalen und einer Seitenkante beträgt ca. 54,74°.

d) Alle Verbindungsrohre können als Zylinder modelliert werden, deren Mantelfläche gesucht ist. Es gilt: $M_{Zylinder} = 2\pi r \cdot h = \pi d \cdot h$.

Für die Seitenkanten ergibt sich: Die Länge h einer Seitenkante beträgt 5 LE, da $|\overrightarrow{BC}| = \left|\begin{pmatrix} 0 \\ 5 \\ 0 \end{pmatrix}\right| = \sqrt{25} = 5$, und der Durchmesser ist 3 LE. Für die Oberfläche aller zwölf Verbindungsrohre, die die Außenkanten des Atomiums bilden, erhält man:

$O_{Seitenkanten} = 12 \cdot M_{Zylinder} = 12 \cdot (\pi \cdot 3 \cdot 5) = 180\pi$.

Für die Länge einer der vier Raumdiagonalen berechnet man: $|\overrightarrow{BH}| = \left|\begin{pmatrix} 1 \\ 5 \\ 7 \end{pmatrix}\right| = \sqrt{75}$.

Für deren Oberfläche erhält man: $O_{Raumdiagonalen} = 4 \cdot (\pi \cdot 3 \cdot \sqrt{75} = 12 \cdot \sqrt{75} \cdot \pi$.

Daraus ergibt sich: $O_{gesamt} = 180\pi + 12 \cdot \sqrt{75} \cdot \pi \approx 891{,}97$.

Die zu streichende Oberfläche beträgt also ca. 892 FE, das entspricht also

$5 \frac{L}{FE} \cdot 892\ FE = 4460\ L$ Farbe zuzüglich 15 % für die Kugeln.

Insgesamt müssen also $4460\ L \cdot 1{,}15 = 5129\ L$ Farbe bestellt werden.

e) Da der Vektor $\overrightarrow{BH}$ senkrecht auf dem Erdboden steht, gilt für jeden Ortsvektor $\begin{pmatrix} a \\ b \\ c \end{pmatrix}$ in der Ebene des Erdbodens das Orthogonalitätskriterium: $\begin{pmatrix} 1 \\ 5 \\ 7 \end{pmatrix} * \begin{pmatrix} a \\ b \\ c \end{pmatrix} = 0$.

Es gibt unendlich viele solcher zu $\overrightarrow{BH}$ orthogonalen Vektoren – die Gleichung $1a + 5b + 7c = 0$ ist unterbestimmt. Setzt man für zwei der drei Variablen eine (möglichst geschickt gewählte) Zahl ein, so kann man die dritte Variable berechnen und erhält einen orthogonalen Vektor.

Wählt man zum Beispiel für den ersten Vektor $a = -5$ und $c = 0$, so ergibt sich $b = 1$, damit die Gleichung erfüllt ist. Der orthogonale Vektor lautet dann: $\vec{v} = \begin{pmatrix} -5 \\ 1 \\ 0 \end{pmatrix}$.

Wählt man z. B. $b=0$ und $c = 1$, dann ist $a = -7$. Man erhält einen zweiten Vektor: $\vec{w} = \begin{pmatrix} -7 \\ 0 \\ 1 \end{pmatrix}$.

Die beiden Vektoren sind nicht kollinear zueinander und daher kann man eine Parametergleichung für den Erdboden erstellen: $E_{Erdboden}$: $\vec{x} = \overrightarrow{OB} + r \cdot \vec{v} + s \cdot \vec{w} = r \cdot \begin{pmatrix} -5 \\ 1 \\ 0 \end{pmatrix} + s \cdot \begin{pmatrix} -7 \\ 0 \\ 1 \end{pmatrix}$.

f) Die Ebenengleichung ist in der Normalenform $n_1 \cdot x + n_2 \cdot y + n_3 \cdot z = d$ gegeben. Die Komponenten eines Normalenvektors der Ebene können also direkt abgelesen werden.

Es gilt: $\vec{n} = \begin{pmatrix} 1 \\ 5 \\ 7 \end{pmatrix}$. Man erkennt sofort, dass dieses gleich dem Vektor $\overrightarrow{BH}$ ist, welcher nach Konstruktion senkrecht auf dem Erdboden (nicht der x-y-Ebene) steht. Aus der Lage des Eckpunkts B (auf dem Erdboden und außerdem im Ursprung) ergibt sich für die Koordinatengleichung $\vec{x} * \vec{n} = \overrightarrow{OB} * \vec{n} = 0 = d$.
Damit ist $x + 5y + 7z = 0$ eine gültige Ebenengleichung für den Erdboden, auf dem das Atomium steht.

g) Eine Parameterdarstellung der Ebene kann man beispielsweise dadurch finden, indem man die Spurpunkte der Ebene ermittelt
- $S_x(0\,|\,7\,|\,-5)$, da $0 \cdot 1 + 5 \cdot 7 + 7 \cdot (-5) = 0$
- $S_y(7\,|\,0\,|\,-1)$, da $7 \cdot 1 + 5 \cdot 0 + 7 \cdot (-1) = 0$
- $S_z(5\,|\,-1\,|\,0)$, da $5 \cdot 1 + 5 \cdot (-1) + 7 \cdot 0 = 0$

Hieraus folgt $E_{Erdboden}$: $\vec{x} = \overrightarrow{OS_y} + r \cdot \overrightarrow{S_yS_z} + s \cdot \overrightarrow{S_yS_x} = \begin{pmatrix} 7 \\ 0 \\ -1 \end{pmatrix} + r \cdot \begin{pmatrix} 5-7 \\ -1-0 \\ 0-(-1) \end{pmatrix} + s \cdot \begin{pmatrix} 0-7 \\ 7-0 \\ -5-(-1) \end{pmatrix}$

$$= \begin{pmatrix} 7 \\ 0 \\ -1 \end{pmatrix} + r \cdot \begin{pmatrix} -2 \\ -1 \\ 1 \end{pmatrix} + s \cdot \begin{pmatrix} -7 \\ 7 \\ -4 \end{pmatrix}$$

Alternativ kann man irgendwelche nicht kollineare Vektoren wählen, die orthogonal zu $\overrightarrow{BH}$ sind und somit als Richtungsvektoren der Bodenflächenebene geeignet sind, beispielsweise $\vec{x} = \begin{pmatrix} 0 \\ 0 \\ 0 \end{pmatrix} + r \cdot \begin{pmatrix} 5 \\ -1 \\ 0 \end{pmatrix} + s \cdot \begin{pmatrix} 7 \\ 0 \\ -1 \end{pmatrix}$.

h) Der Lichtstrahl über die Spitze H des Atomiums zum Erdboden kann durch eine Gerade mit $\overrightarrow{BH}$ als Stützvektor und $\vec{u}$ als Richtungsvektor modelliert werden:

$$g: \vec{x} = \begin{pmatrix} 1 \\ 5 \\ 7 \end{pmatrix} + t \cdot \begin{pmatrix} 10 \\ 7 \\ -15 \end{pmatrix}$$

Den Schattenpunkt erhält man als Schnittpunkt dieser Geraden und der Bodenflächenebene (vgl. Teilaufgabe g).

*Bestimmung mithilfe der Parameterdarstellung der Ebene*:

$$E_{\text{Erdboden}}: \vec{x} = r \cdot \begin{pmatrix} 5 \\ -1 \\ 0 \end{pmatrix} + s \cdot \begin{pmatrix} 7 \\ 0 \\ -1 \end{pmatrix}$$

Der Schnittansatz $\begin{pmatrix} 1 \\ 5 \\ 7 \end{pmatrix} + t \cdot \begin{pmatrix} 10 \\ 7 \\ -15 \end{pmatrix} = r \cdot \begin{pmatrix} 5 \\ -1 \\ 0 \end{pmatrix} + s \cdot \begin{pmatrix} 7 \\ 0 \\ -1 \end{pmatrix}$ führt auf das lineare Gleichungssystem $\left| \begin{array}{rcl} 5r + 7s & = & 10t + 1 \\ -r & = & 7t + 5 \\ -s & = & -15t + 7 \end{array} \right|$. Die Variablen r und s kann man in der oberen Gleichung ersetzen und erhält die Lösung $r = -\frac{55}{4};\ s = \frac{47}{4};\ t = \frac{5}{4}$.

*Bestimmung mithilfe der Koordinatengleichung der Ebene*:

$E_{\text{Erdboden}}: x + 5y + 7z = 0$

Aus der Parameterdarstellung von g erhält man komponentenweise:
$x = 1 + 10t$, $y = 5 + 7t$ und $z = 7 - 15t$. Einsetzen in die Koordinatengleichung ergibt $1 \cdot (1 + 10t) + 5 \cdot (5 + 7t) + 7 \cdot (7 - 15t) = 0$, also $75 - 60t = 0$ und weiter $t = \frac{5}{4}$.

Durch Einsetzen in eine der beiden Parameterdarstellungen (oder als Probe in beide) erhält man dann für den Schattenpunkt S die Koordinaten $(13{,}5\,|\,13{,}75\,|\,-11{,}75)$, denn:

$$\overrightarrow{OS} = \begin{pmatrix} 1 \\ 5 \\ 7 \end{pmatrix} + \frac{5}{4} \cdot \begin{pmatrix} 10 \\ 7 \\ -15 \end{pmatrix} = \begin{pmatrix} 13{,}50 \\ 13{,}75 \\ -11{,}75 \end{pmatrix}.$$

Die Länge des Schattens beträgt somit $|\overrightarrow{OS}| \approx 22{,}57$ LE.

Der gesuchte Winkel ist ein Winkel zwischen einer Gerade g und der Erdboden-Ebene. Es gilt:

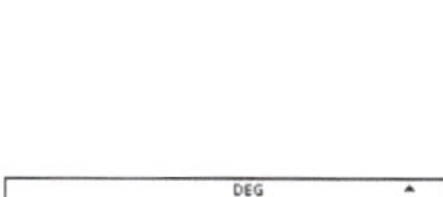

$$\sin(\varphi) = \frac{|\vec{u} * \vec{n}_{\text{Erdboden}}|}{|\vec{u}| \cdot |\vec{n}_{\text{Erdboden}}|} = \frac{\left| \begin{pmatrix} 10 \\ 7 \\ -15 \end{pmatrix} * \begin{pmatrix} 1 \\ 5 \\ 7 \end{pmatrix} \right|}{\left| \begin{pmatrix} 10 \\ 7 \\ -15 \end{pmatrix} \right| \cdot \left| \begin{pmatrix} 1 \\ 5 \\ 7 \end{pmatrix} \right|} = \frac{|-60|}{\sqrt{374} \cdot \sqrt{75}} \quad \Rightarrow \quad \varphi \approx 20{,}99°.$$

Das Licht trifft in einem Winkel von ungefähr 21° auf den Erdboden.

i) Die quadratische Außenfläche wird durch die Punkte A, B, C und D festgelegt. Da sich die Diagonalen im Mittelpunkt eines Quadrats schneiden und die Diagonalen dabei jeweils halbiert werden, sind der Mittelpunkt der Außenfläche und der Mittelpunkt zweier gegenüberliegender Eckpunkte identisch:

$$\overrightarrow{OM}_{\text{Außenfläche}} = \overrightarrow{OM}_{AC} = \frac{1}{2} \cdot \left[ \begin{pmatrix} 4 \\ 0 \\ 3 \end{pmatrix} + \begin{pmatrix} 0 \\ 5 \\ 0 \end{pmatrix} \right] = \begin{pmatrix} 2 \\ 2{,}5 \\ 1{,}5 \end{pmatrix}$$

Der Laserstrahl soll in $\overrightarrow{OM}_{AC}$ in einem 90°-Winkel auftreffen, d. h., der Laserstrahl steht senkrecht auf der Ebene ABCD. Die Richtung des Laserstrahls ist also durch einen Normalenvektor der Ebene ABCD bestimmt:

$$\vec{n}_{ACE} = \overrightarrow{BA} \cdot \overrightarrow{BC} = \begin{pmatrix} 4 \\ 0 \\ 3 \end{pmatrix} * \begin{pmatrix} 0 \\ 5 \\ 0 \end{pmatrix} = \begin{pmatrix} -15 \\ 0 \\ 20 \end{pmatrix} = 5 \cdot \begin{pmatrix} -3 \\ 0 \\ 4 \end{pmatrix}$$

Hieraus ergibt sich die Parameterdarstellung der Gerade, durch die der Laserstrahl beschrieben wird:

$$g: \vec{x} = \begin{pmatrix} 2 \\ 2{,}5 \\ 1{,}5 \end{pmatrix} + p \cdot \begin{pmatrix} -3 \\ 0 \\ 4 \end{pmatrix} = \begin{pmatrix} 2 - 3p \\ 2{,}5 \\ 1{,}5 + 4p \end{pmatrix}$$

Der Standort des Projektors ist der Schnittpunkt P von g mit der Erdbodenebene $(x + 5y + 7z = 0)$. Einsetzen der Komponenten in die Koordinatengleichung ergibt:

$$1 \cdot (2 - 3p) + 5 \cdot (2{,}5) + 7 \cdot (1{,}5 + 4p) = 0 \quad \Leftrightarrow \quad (2 + 12{,}5 + 10{,}5) + 25p = 0 \ \Leftrightarrow \ p = -1.$$

Und damit: $\overrightarrow{OP} = \begin{pmatrix} 2 \\ 2{,}5 \\ 1{,}5 \end{pmatrix} - 1 \cdot \begin{pmatrix} -3 \\ 0 \\ 4 \end{pmatrix} = \begin{pmatrix} 5 \\ 2{,}5 \\ -2{,}5 \end{pmatrix}$

Der Abstand d des Projektors zum Mittelpunkt der Außenfläche ist dann:

$$d = \left| -\frac{1}{5} \cdot \left( \begin{pmatrix} -15 \\ 0 \\ 20 \end{pmatrix} \right| \right| = \sqrt{3^2 + 0^2 + (-4)^2} = 5.$$

Die Winkeleinstellung des Projektors ist durch den Winkel zwischen dem Richtungsvektor der Geraden g und des Normalenvektors der Ebene $E_{\text{Erdboden}}$ gegeben:

$$\sin(\varphi) = \frac{\left| \begin{pmatrix} 1 \\ 5 \\ 7 \end{pmatrix} * \begin{pmatrix} -3 \\ 0 \\ 4 \end{pmatrix} \right|}{\left| \begin{pmatrix} 1 \\ 5 \\ 7 \end{pmatrix} \right| \cdot \left| \begin{pmatrix} -3 \\ 0 \\ 4 \end{pmatrix} \right|} = \frac{25}{\sqrt{75} \cdot 5} \quad \Rightarrow \quad \varphi = \sin^{-1}\left( \frac{25}{\sqrt{75} \cdot 5} \right) \approx 35{,}26° .$$

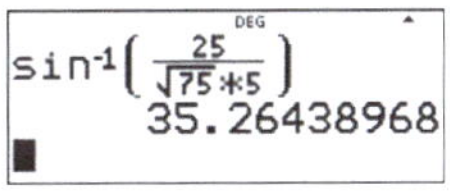


Der Projektor steht also im Punkt P(5 | 2,5 | −2,5) in einem Abstand von 5 LE zum Mittelpunkt der Außenfläche ABCD und wird auf den Winkel von 35,26° zum Erdboden eingestellt.

## Aufgabe 11 Tetraeder im Koordinatensystem

Die Ebene E ist gegeben durch die Koordinatengleichung $E: x_1 + 2x_2 + 3x_3 = 6$.

a) Bestimmen Sie die Spurpunkte $S_1$, $S_2$, $S_3$ der Ebene, also die Schnittpunkte der Ebene mit den Koordinatenachsen. Fertigen Sie eine Skizze an. **F4**

b) Bestimmen Sie Parameterdarstellungen für die Spurgeraden $g_{12}$, $g_{23}$, $g_{31}$ der Ebene, also für die Schnittgeraden der Ebene mit den Koordinatenebenen. **F1**

c) Bestimmen Sie die Innenwinkel im Dreieck $S_1S_2S_3$. **G1**

d) Bestimmen Sie die Winkel, die die Ebene E mit den drei Koordinatenebenen bildet. **G2**

e) Die Punkte $S_1$, $S_2$, $S_3$ und O sind Eckpunkte eines Tetraeders. Das Volumen dieser Pyramide kann elementar berechnet werden.

(1) Führen Sie diese elementaren Berechnungen durch und zeigen Sie V = 6 (Volumeneinheiten). **G4**

(2) Die Information V = 6 kann man nutzen, den Flächeninhalt A des Dreiecks $S_1S_2S_3$ zu ermitteln. Bestimmen Sie diesen Flächeninhalt. **G4**

(3) Den Flächeninhalt eines Dreiecks kann man auch mithilfe der elementaren Formel $A = \frac{1}{2} \cdot$ Länge der Grundseite · Länge der Höhe bestimmen. Bestimmen Sie die Länge der Strecke $S_1S_2$ (als Grundseite des Dreiecks) sowie die Länge der zugehörigen (Flächen-)Höhe. **E5 G6**

f) Die Ebene E gehört zu einer Schar von Ebenen mit $E_k: x_1 + 2x_2 + 3x_3 = 6k$, $k \in \mathbb{R}$.

(1) Welche Aussagen lassen sich hinsichtlich der Lage der Ebenen dieser Schar machen?

(2) Was gilt hier für in den Teilaufgaben b) und c) betrachteten Winkel?

(3) Was gilt für das Volumen $V_k$ der Tetraeder und für die Flächeninhalte $A_k$ der durch die Spurpunkte festgelegte Dreiecke? **G4**

### Lösung

a) Der Punkt $S_1$ liegt auf der $x_1$-Achse, d. h. für diesen gilt $x_2 = x_3 = 0$, also ist $x_1 = 6$ und somit gilt: $S_1(6|0|0)$. Analog folgt $S_2(0|3|0)$ und $S_3(0|0|2)$.

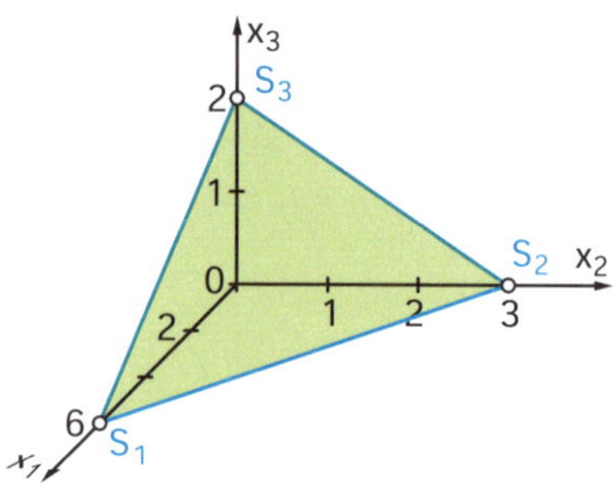


b) $g_{12}: \vec{x} = \begin{pmatrix} 6 \\ 0 \\ 0 \end{pmatrix} + r \cdot \begin{pmatrix} -6 \\ 3 \\ 0 \end{pmatrix}$; $g_{23}: \vec{x} = \begin{pmatrix} 0 \\ 3 \\ 0 \end{pmatrix} + s \cdot \begin{pmatrix} 0 \\ -3 \\ 2 \end{pmatrix}$;

$g_{31}: \vec{x} = \begin{pmatrix} 0 \\ 0 \\ 2 \end{pmatrix} + s \cdot \begin{pmatrix} 6 \\ 0 \\ -2 \end{pmatrix}$

c) Innenwinkel bei $S_1$: $\cos^{-1}\left(\frac{\begin{pmatrix}-6\\3\\0\end{pmatrix} * \begin{pmatrix}-6\\0\\2\end{pmatrix}}{\sqrt{45}\cdot\sqrt{40}}\right) \approx 31{,}95°$, bei $S_2$: $\cos^{-1}\left(\frac{\begin{pmatrix}6\\-3\\0\end{pmatrix} * \begin{pmatrix}0\\-3\\2\end{pmatrix}}{\sqrt{45}\cdot\sqrt{13}}\right) \approx 68{,}15°$,

bei $S_3$: $\cos^{-1}\left(\frac{\begin{pmatrix}0\\3\\-2\end{pmatrix} * \begin{pmatrix}6\\0\\-2\end{pmatrix}}{\sqrt{13}\cdot\sqrt{40}}\right) \approx 79{,}90°$ (oder als Ergänzungswinkel $180° - 31{,}95° - 68{,}15° = 79{,}90°$).

| | | |
|---|---|---|
| DEG $\cos^{-1}\left(\frac{36}{\sqrt{45}*\sqrt{40}}\right)$ 31.94805943 | DEG $\cos^{-1}\left(\frac{9}{\sqrt{45}*\sqrt{13}}\right)$ 68.15455236 | DEG $\cos^{-1}\left(\frac{4}{\sqrt{40}*\sqrt{13}}\right)$ 79.89738821 |

d) Die Winkel zwischen den Ebenen werden bestimmt durch die zugehörigen Normalenvektoren, also durch

$\vec{n} = \begin{pmatrix}1\\2\\3\end{pmatrix}$ sowie $\vec{e}_1 = \begin{pmatrix}1\\0\\0\end{pmatrix}$, $\vec{e}_2 = \begin{pmatrix}0\\1\\0\end{pmatrix}$, $\vec{e}_3 = \begin{pmatrix}0\\0\\1\end{pmatrix}$.

Winkel zwischen E und $x_2x_3$-Ebene: $\cos^{-1}\left(\frac{\begin{pmatrix}1\\2\\3\end{pmatrix} * \begin{pmatrix}1\\0\\0\end{pmatrix}}{\sqrt{14}\cdot 1}\right) \approx 74{,}50°$,

E und $x_1x_3$-Ebene: $\cos^{-1}\left(\frac{\begin{pmatrix}1\\2\\3\end{pmatrix} * \begin{pmatrix}0\\1\\0\end{pmatrix}}{\sqrt{14}\cdot 1}\right) \approx 57{,}69°$; E und $x_1x_2$-Ebene: $\cos^{-1}\left(\frac{\begin{pmatrix}1\\2\\3\end{pmatrix} * \begin{pmatrix}0\\0\\1\end{pmatrix}}{\sqrt{14}\cdot 1}\right) \approx 36{,}70°$ .

| | | |
|---|---|---|
| DEG $\cos^{-1}\left(\frac{1}{\sqrt{14}}\right)$ 74.49864043 | DEG $\cos^{-1}\left(\frac{2}{\sqrt{14}}\right)$ 57.68846676 | DEG $\cos^{-1}\left(\frac{3}{\sqrt{14}}\right)$ 36.6992252 |

e) (1) In den drei Koordinatenebenen liegen jeweils rechtwinklige Dreiecke und die Höhe der Tetraeder ist durch die Punkte auf den Achsen festgelegt:

Grundfläche in der $x_1x_2$-Ebene, Höhe auf der $x_3$-Achse: $V = \frac{1}{3}\cdot\left(\frac{1}{2}\cdot 6\cdot 3\right)\cdot 2 = 6$,

Grundfläche in der $x_2x_3$-Ebene, Höhe auf der $x_1$-Achse: $V = \frac{1}{3}\cdot\left(\frac{1}{2}\cdot 2\cdot 3\right)\cdot 6 = 6$,

Grundfläche in der $x_1x_3$-Ebene, Höhe auf der $x_2$-Achse: $V = \frac{1}{3}\cdot\left(\frac{1}{2}\cdot 6\cdot 2\right)\cdot 3 = 6$.

(2) Die vierte Möglichkeit, das Volumen des Tetraeders zu berechnen, ist:

$V = \frac{1}{3}\cdot$ Flächeninhalt A des Dreiecks $S_1S_2S_3\cdot$ Abstand d des Ursprungs von der Ebene E

Der Abstand d des Ursprungs von der Ebene E ergibt sich aus der Darstellung der Ebene inder Hesse'schen Normalenform:

$E: \frac{x_1 + 2x_2 + 3x_3 - 6}{\sqrt{14}} = 0.$

Einsetzen der Koordinaten des Ursprungs ergibt für die Höhe des Tetraeders

$d = \frac{|-6|}{\sqrt{14}} \approx 1{,}6$. Hieraus ergibt sich $A = \frac{3V}{d} = \frac{18\cdot\sqrt{14}}{6} = 3\cdot\sqrt{14} \approx 11{,}22$.

(3) Die Länge der Strecke $S_1S_2$ ist: $\left\| \begin{pmatrix} -6 \\ 3 \\ 0 \end{pmatrix} \right\| = \sqrt{45}$ .

Die Höhe des Dreiecks ist gleich dem Abstand des Punktes $S_3$ von der Geraden durch $S_1$ und $S_2$. Gesucht ist also der Fußpunkt F des Lotes von $S_3\,(0|0|2)$ auf die Gerade

$$g_{12}: \vec{x} = \begin{pmatrix} 6 \\ 0 \\ 0 \end{pmatrix} + r \cdot \begin{pmatrix} -6 \\ 3 \\ 0 \end{pmatrix}.$$

Für den Fußpunkt F gilt, dass der Verbindungsvektor $\overrightarrow{S_3F}$ und der Richtungsvektor der Geraden zueinander orthogonal sind:

$$\overrightarrow{S_3F} * \begin{pmatrix} -6 \\ 3 \\ 0 \end{pmatrix} = \begin{pmatrix} 6-6r \\ 3r \\ -2 \end{pmatrix} * \begin{pmatrix} -6 \\ 3 \\ 0 \end{pmatrix} = (6-6r)\cdot(-6) + 9r = -36 + 36r + 9r = 45r - 36 = 0.$$

Dies gilt für $r = \frac{36}{45} = 0{,}8$.

Einsetzen in die Parameterdarstellung der Geraden ergibt

$$\overrightarrow{OF} = \begin{pmatrix} 6 \\ 0 \\ 0 \end{pmatrix} + 0{,}8 \cdot \begin{pmatrix} -6 \\ 3 \\ 0 \end{pmatrix} = \begin{pmatrix} 1{,}2 \\ 2{,}4 \\ 0 \end{pmatrix}.$$

Somit gilt für die Länge h der Höhe $S_3F$: $h = \sqrt{1{,}2^2 + 2{,}4^2 + (-2)^2} = \sqrt{11{,}2}$ .

Schließlich ergibt sich so für den Flächeninhalt des Dreiecks:

$$A = \frac{1}{2} \cdot \sqrt{45} \cdot \sqrt{11{,}2} = \frac{1}{2} \cdot \sqrt{504} = \sqrt{126} = 3 \cdot \sqrt{14} \approx 11{,}22.$$

f) (1) Alle Ebenen der Ebenenschar sind zueinander parallel. Die Spurpunkte haben entsprechend die Koordinaten $S_{1k}\,(6k\,|\,0\,|\,0)$. Analog folgt $S_{2k}(0\,|\,3k\,|\,0)$ und $S_{3k}(0\,|\,0\,|\,2k)$.

(2) Da die Ebenen zueinander parallel sind, treten dieselben Winkel auf wie oben.

(3) Da alle benötigten Längen mit dem Faktor multipliziert werden, ist das Volumen $k^3$-mal so groß, also $V_k = 6 \cdot k^3$, und entsprechend gilt für den Flächeninhalt des Dreiecks $S_{1k}S_{2k}S_{3k}$: $A_k = 3k^2 \cdot \sqrt{14} \approx 11{,}22 \cdot k^2$.

## Aufgabe 12 Gesundheitstests

Für die Teilnahme am Schulunterricht muss ein Gesundheits-Schnelltest absolviert werden. Eine wichtige Rolle hinsichtlich der Qualität eines Schnelltests ist die Spezifizität des Tests, d. h. die Wahrscheinlichkeit, dass eine Testperson, die gesund ist, auch tatsächlich ein negatives Testergebnis erhält.

Die hier benutzten Gesundheits-Schnelltests haben eine Spezifität von 96 %, d. h., in den übrigen 4 % der Fälle erhalten Getestete ein falsch-positives Testergebnis.
Da die Kinder zur dann zur Schule gehen sollen, wenn sie sich gesund fühlen, soll in den Teilaufgaben a) und b) davon ausgegangen werden, dass alle diese Kinder gesund sind.

a) Eine Schulklasse mit 28 Kindern muss vor dem Unterricht einen solchen Gesundheitstest vornehmen. **J3**
   (1) Begründen Sie, warum die Zufallsgröße X: *Anzahl der negativ getesteten Kinder* als binomialverteilt angesehen werden kann.
   (2) Berechnen Sie die Wahrscheinlichkeit, dass alle 28 Kinder ein negatives Testergebnis erhalten und daher am Unterricht teilnehmen dürfen.
   (3) Ermitteln Sie die Wahrscheinlichkeit, dass mehr als drei Kinder ein positives Testergebnis erhalten.

b) Insgesamt besuchen 850 Schülerinnen und Schüler die Schule, die alle einen solchen Gesundheits-Schnelltest absolvieren müssen.

   Bestimmen Sie die Wahrscheinlichkeit dafür, dass ... **J3**
   (1) ... weniger als 800 Testergebnisse negativ sind.
   (2) ... mindestens 820 und höchstens 830 Testergebnisse negativ sind.
   (3) Berechnen Sie die Wahrscheinlichkeit, dass die Anzahl negativer Testergebnisse sich vom Erwartungswert um höchstens zwei Standardabweichungen unterscheidet. **J5**
   (4) Ermitteln Sie die Anzahl der Gesundheitstests, die durchgeführt werden müssen, bis mit einer Wahrscheinlichkeit von mindestens 99,9 % mindestens ein falsch-positives Testergebnis vorliegt. **J4**

c) Die sog. *Prävalenz* des Tests beträgt 0,5 %, d. h., 0,5 % der Bevölkerung sind von der Krankheit betroffen, die durch den Schnelltest nachgewiesen werden soll.
   Die *Sensitivität* eines Schnelltests gibt die Wahrscheinlichkeit dafür an, dass eine erkrankte Testperson auch ein tatsächlich positives Testergebnis erhält.

   Bei den hier verwendeten Gesundheits-Schnelltests beträgt diese Sensitivität 99 %, d. h., in 1 % der Fälle erhalten Getestete ein falsch-negatives Testergebnis. **I2** **I4**

   (1) Stellen Sie den Zusammenhang zwischen der Qualität des Schnelltests und den möglichen Testergebnissen in einem zweistufigen Baumdiagramm sowie in einer Vierfeldertafel dar.
   (2) Ermitteln Sie auf Grundlage der gegebenen Daten die Wahrscheinlichkeit, dass eine Testperson mit negativem Ergebnis tatsächlich erkrankt ist.
   (3) Bestimmen Sie die Wahrscheinlichkeit, dass bei der Durchführung der Schnelltests falsche Testergebnisse auftreten.
   (4) Vergleichen Sie die Wahrscheinlichkeiten für das Auftreten von falsch-positiven und von falsch-negativen Ergebnissen und beziehen Sie Stellung zu diesem Verhältnis.

d) Ein anderer Anbieter behauptet, dass die Spezifität seiner Tests größer als 96 % ist. Dies soll durch eine Stichprobe an 850 Personen werden, die nachweislich nicht infiziert sind.

(1) Bestimmen Sie eine Entscheidungsregel auf einem Signifikanzniveau von 5 % für die Nullhypothese $H_0$: *Die Spezifität des aktuellen Schnelltests beträgt höchstens 96 %.* **K2**

(2) Geben Sie Überlegungen an, die zur Wahl dieser Nullhypothese geführt haben könnten, und begründen Sie diese. **K5**

(3) Interpretieren Sie den Fehler 2. Art im Sachzusammenhang und bestimmen Sie die Wahrscheinlichkeit hierfür für die in (1) bestimmte Entscheidungsregel, wenn die neuen Tests tatsächlich eine Spezifität von 98 % hätten. **K3**

e) Für die Auswertung des Gesundheitstests wird die auf den Teststreifen aufgetragene Menge an Testflüssigkeit (in Millilitern) benötigt. In einer Stichprobe von 20 untersuchten Teststreifen ergeben sich folgende auf 0,1 ml gerundete Mengen: **H1**

| Flüssigkeitsmenge (in ml) | 0,3 | 0,4 | 0,5 | 0,6 | 0,7 | 0,8 | 0,9 |
|---|---|---|---|---|---|---|---|
| Häufigkeit in der Stichprobe | 1 | 2 | 4 | 6 | 3 | 2 | 2 |

(1) Stellen Sie den Sachverhalt in einem Histogramm dar.

(2) Berechnen Sie den Mittelwert und die Standardabweichung der aufgetragenen Menge an Testflüssigkeit.

f) Für die Brauchbarkeit des Gesundheitstests ist es wichtig, dass auf dem Teststreifen mindestens 0,5 ml Testflüssigkeit aufgetragen wurden. Es soll angenommen werden, dass die Zufallsgröße X: *Menge der aufgetragenen Testflüssigkeit (in ml)* normalverteilt ist mit den Parametern $\mu = 0{,}62$ und $\sigma = 0{,}07$. **J6**

(1) Ermitteln Sie den Anteil unbrauchbarer Teststreifen. Bestimmen Sie die zu erwartende Anzahl unbrauchbarer Teststreifen, wenn 850 Kinder der Schule getestet werden.

(2) Bestimmen Sie das untere und das obere Quartil der Testflüssigkeitsmenge auf den Teststreifen.

(3) Begründen Sie, ob es für die Brauchbarkeit der Tests wichtiger ist, bei einem verbesserten Test den Mindestwert der Testflüssigkeitsmenge auf 0,45 ml abzusenken oder die Standardabweichung auf 0,04 ml zu verkleinern.

## Lösung

a) (1) Da der Gesundheitstest nur die beiden Ergebnisse „positiv" und „negativ" hat und die Spezifität des Tests unabhängig von der getesteten Person 96 % beträgt, handelt es sich hierbei um ein Bernoulli-Experiment. Das Testen mehrerer Personen kann demzufolge durch eine Bernoulli-Kette modelliert werden und somit ist die Zufallsgröße X: *Anzahl der negativ getesteten Kinder* binomialverteilt mit dem Parameter $p = 0{,}96$.

(2) Für $n = 28$ gilt: $P(X = 28) = \binom{28}{28} \cdot 0{,}96^{28} \cdot 0{,}04^{0} = 0{,}96^{28} \approx 0{,}319$.

Mit einer Wahrscheinlichkeit von knapp 32 % erhalten alle 28 Kinder ein negatives Testergebnis und dürfen demzufolge am Unterricht teilnehmen.

(3) Mehr als drei Kinder mit positivem Testergebnis bedeutet weniger als 25 mit einem negativen Testergebnis: $P(X < 25) \approx 0{,}024 = 2{,}4\,\%$.

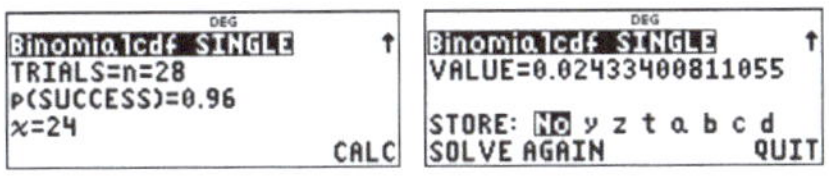


*Alternativ* kann man (2) und (3) auch mit der binomialverteilten Zufallsgröße Y: *Anzahl der positiv getesteten Kinder* mit den Parameterwerten n = 28 und p = 0,04 berechnen: $P(Y = 0) \approx 0{,}319$ und $P(Y > 3) = 1 - P(Y \leq 3) \approx 0{,}024$

b) Die Anzahl der getesteten Personen beträgt nun n = 850.

(1) $P(X < 800) \approx 0{,}003$, d. h., die Wahrscheinlichkeit beträgt nur etwa 0,3 %.

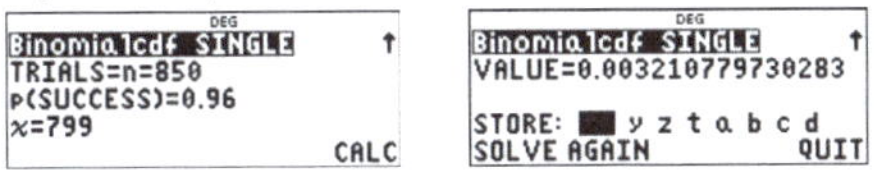


(2) $P(820 \leq X \leq 830) \approx 0{,}272 = 27{,}2\,\%$.

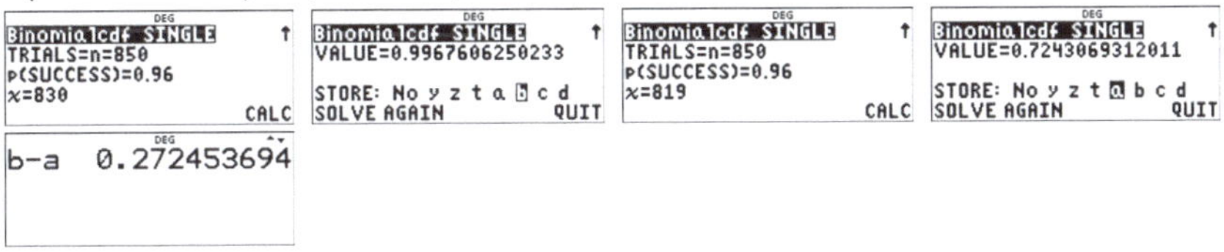


(3) Für den Erwartungswert gilt $\mu = n \cdot p = 816$, für die Standardabweichung

$\sigma = \sqrt{n \cdot p \cdot (1 - p)} \approx 5{,}71$. Somit ist das gesuchte Intervall der negativ Getesteten

[805 ; 827] und die gesuchte Wahrscheinlichkeit

$P(\mu - 2\sigma \leq X \leq \mu + 2\sigma) = P(804{,}58 \leq X \leq 827{,}42) = P(805 \leq X \leq 827) \approx 0{,}957 = 95{,}7\,\%$.

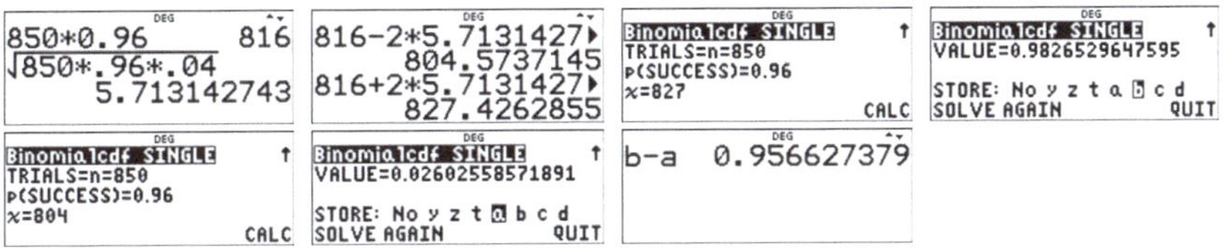


(4) Gesucht ist $P(Y \geq 1) \geq 0{,}999$ oder nach der Komplementärregel

$P(Y = 0) = 0{,}96^n \leq 0{,}001 \Leftrightarrow n \geq \frac{\ln(0{,}001)}{\ln(0{,}96)} \approx 169{,}2$.

Mit dem TR erhält also man das Ergebnis, dass $P(Y \geq 1) \leq 0{,}999$ für n = 169 und $P(Y \geq 1) \geq 0{,}999$ für n = 170 gilt. Also müssten mindestens 170 Tests durchgeführt werden, um mit einer Wahrscheinlichkeit von mindestens 99,9 % mindestens ein falsch-positives Ergebnis zu erhalten.

c) (1) Vierfeldertafel und Baumdiagramm

| | Krankheit liegt vor | Krankheit liegt nicht vor | gesamt |
|---|---|---|---|
| Test positiv | 0,495 % | 3,98 % | 4,475% |
| Test negativ | 0,005 % | 95,52 % | 95,525 % |
| gesamt | 0,5 % | 99,5 % | 100 % |

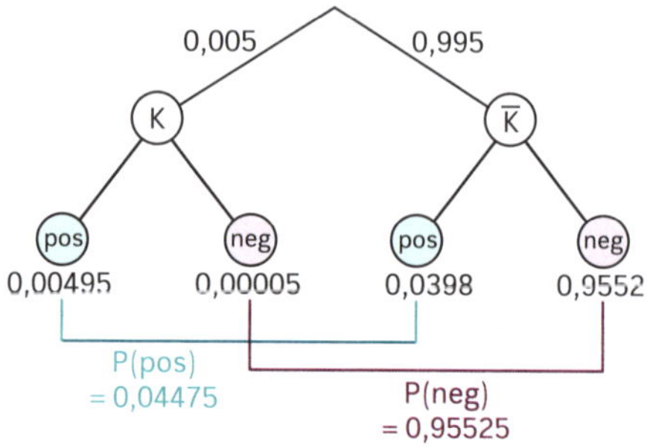


(2) $P_{neg}(K) = \frac{P(K \cap neg)}{P(neg)} = \frac{0{,}00005}{0{,}95525} \approx 0{,}000052$

Die Wahrscheinlichkeit, dass eine Person mit negativem Testergebnis tatsächlich erkrankt ist, beträgt nur 0,0052 %.

(3) Die Wahrscheinlichkeit für ein falsch-positives Testergebnis beträgt 3,98 %, die Wahrscheinlichkeit für ein falsch-negatives Testergebnis dagegen nur 0,005 %.

(4) $\frac{0{,}0398}{0{,}00005} = 796$, d. h., es ist ca. 800-mal so wahrscheinlich, ein falsch-positives Ergebnis zu erhalten wie ein falsch-negatives. Der – individuell ärgerliche – Fall „falsch-positiv" wird normalerweise mit einem weiteren Test mit höherer Spezifität überprüft, bevor es zu weiteren Konsequenzen wie z. B. Quarantäne-Maßnahmen kommt. Der für die Allgemeinheit viel gefährlichere Fall, dass jemand die Erkrankung unbemerkt weiterverbreiten kann, tritt dagegen beim betrachteten Gesundheitstest viel seltener ein.

d) (1) Die einseitige Hypothese $H_0$: Die Spezifität des aktuellen Schnelltests beträgt höchstens 96 % ($p \leq 0{,}96$) soll bei einem Stichprobenumfang von $n = 850$ auf einem Signifikanzniveau von 5 % getestet werden. Diese Hypothese kann nur verworfen werden, wenn extrem viele Personen der Testpopulation ein positives Testergebnis haben, obwohl sie nicht infiziert sind.

Wenn $p = 0{,}96$ ist, dann wird es mit einer Wahrscheinlichkeit von ca. 93,65 % zufällig höchstens 824 negative Testergebnisse geben und mit einer Wahrscheinlichkeit von ca. 95,72 % höchstens 825 negative Testergebnisse.

| k | $P(X \leq k)$ | |
|---|---|---|
| 824 | 0,936513 | < 95 % |
| 825 | 0,957182 | > 95 % |

Wenn $p < 0{,}96$ ist, hat das Ereignis $X \leq 825$ eine noch größere Wahrscheinlichkeit.

Daher gilt: Annahmebereich $A = [0; 825]$, Verwerfungsbereich $V = [826; 830]$.

Die zugehörige Entscheidungsregel lautet also:
*Verwirf die Hypothese $H_0$: $p \leq 0{,}96$, wenn mehr als 825 der 850 getesteten gesunden Personen ein negatives Testergebnis erhalten.*

Erhalten dagegen weniger als 826 der getesteten Personen ein negatives Ergebnis, dann sieht man keinen Anlass, an der Gültigkeit der Hypothese zu zweifeln. Sie wird beibehalten.

(2) Man will den Fehler vermeiden, dass man aufgrund des Stichprobenergebnisses die Spezifität des Gesundheitstests des anderen Anbieters für höher hält (p > 0,96), als es tatsächlich der Fall ist (p ≤ 0,96). Daher wird die Wahrscheinlichkeit für ein Auftreten dieses Fehlers mit dem Signifikanzniveau auf höchstens 5 % begrenzt.

(3) Der Fehler 2. Art, dass also eine falsche Hypothese irrtümlich beibehalten wird, besteht in diesem Sachzusammenhang darin, dass in der Stichprobe zufällig vergleichsweise wenige negative Ergebnisse auftreten, obwohl der Test eigentlich eine bessere Spezifität besitzt. Bei diesem Fehler würde möglicherweise ein besserer Test aufgrund des Stichprobenergebnisses nicht eingesetzt. Bei einer tatsächlichen Spezifität von 98 % der Tests kann dieser Fehler mit einer Wahrscheinlichkeit von ungefähr 3,9 % auftreten.

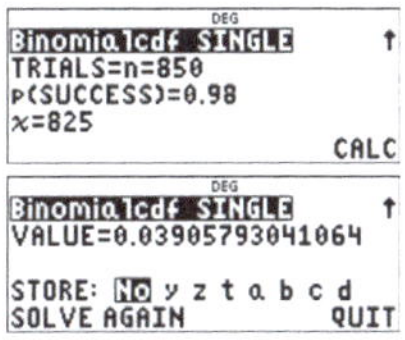


e) (1) siehe unten
(2) Der Mittelwert der Testflüssigkeitsmenge ist 0,61 ml bei einer empirischen Standardabweichung von etwa 0,158 [ml].

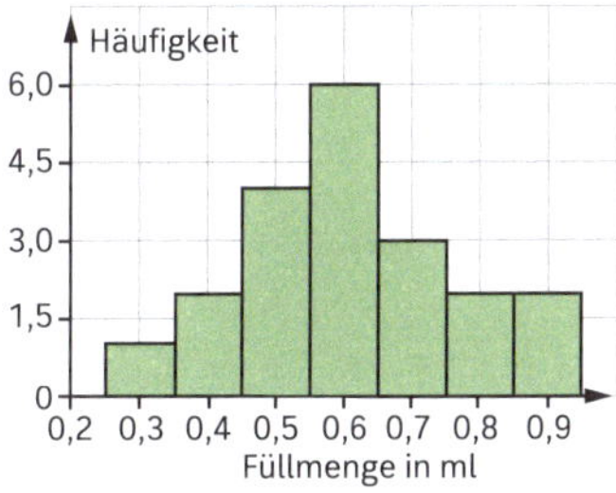

f) (1) Die Zufallsvariable X: *Menge der aufgetragenen Testflüssigkeit (in ml)* ist normalverteilt mit den Parameterwerten μ = 0,62 und σ = 0,07. Ein Streifen ist unbrauchbar, wenn er weniger als 0,5 ml Testflüssigkeit enthält. Die Wahrscheinlichkeit dafür liegt hierfür bei 4,3 %. Bei 850 durchgeführten Tests sind etwa 37 unbrauchbaren Teststreifen zu erwarten.

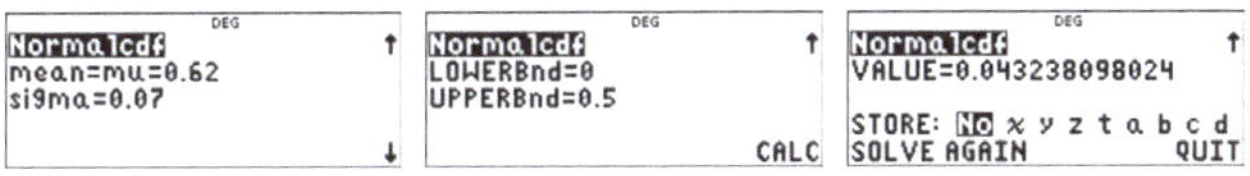


(2) Das untere Quartil liegt bei etwa 0,573 ml und das obere Quartil bei etwa 0,667 ml, d.h., die Teststreifen enthalten in einem Viertel der Fälle weniger als 0,573 ml Flüssigkeit, in einem Viertel der Fälle aber auch mehr als 0,667 ml.

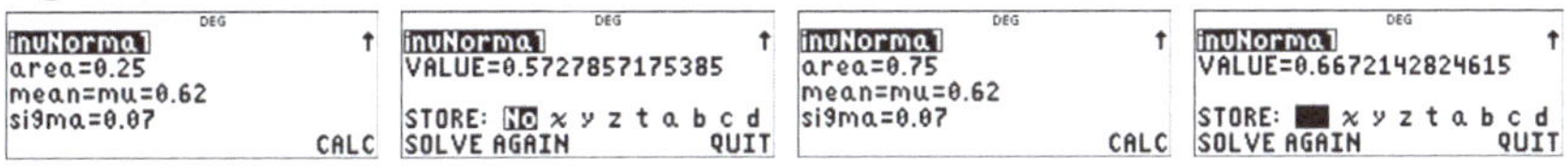


(3) Beide Verbesserungen führten zu einer deutlichen Abnahme unbrauchbarer Teststreifen. Ließe sich die Mindestmenge der Testflüssigkeit auf 0,45 ml senken, so wären nur noch knapp 0,8 % unbrauchbar. Noch geringer ist der Anteil bei einer Verringerung der Standardabweichung auf 0,04 ml. In diesem Fall wären – trotz Mindestmenge von 0,5 ml – sogar nur etwa 0,1 % der Teststreifen unbrauchbar.

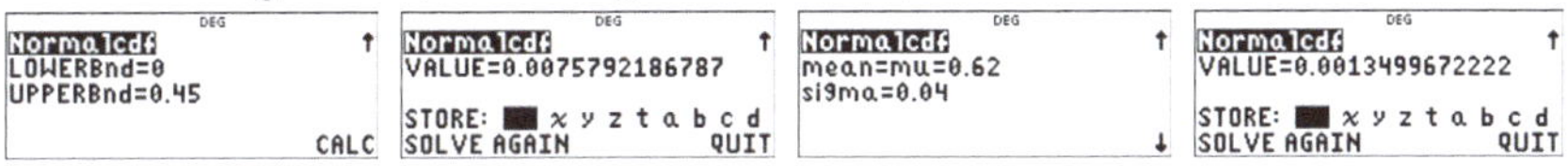

## Aufgabe 13 Haushaltsgrößen in Deutschland

Die nebenstehende Grafik veranschaulicht die Entwicklung der Haushaltsgrößen in Deutschland.

Für die folgende Rechnungen sei angenommen, dass die Angaben für das aktuelle Jahr auch noch gültig sind. Für eine Stichprobe werden n Haushalte zufällig ausgewählt.

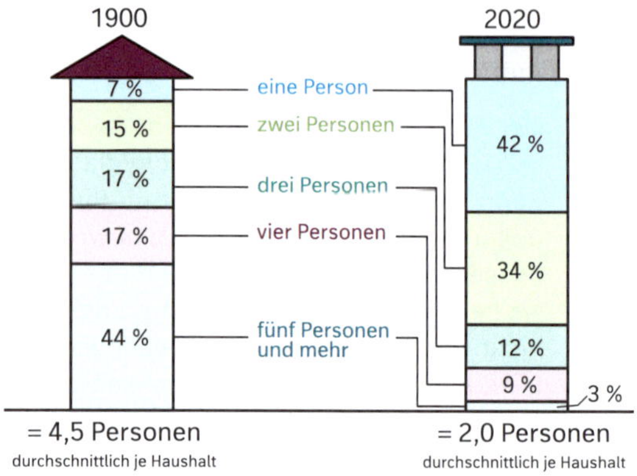


a) Bestimmen Sie die Wahrscheinlichkeit, dass bei einer Auswahl von n = 3 Haushalten
   (1) in allen drei ausgewählten Haushalten höchstens zwei Personen leben,
   (2) unter den drei Haushalten mindestens ein 3-Personen-Haushalt ist,
   (3) je ein Haushalt mit einer Person, mit zwei Personen und drei Personen erfasst wird. **I2**

b) Bestimmen Sie die Wahrscheinlichkeit, dass bei einer Auswahl von n = 100 Haushalten
   (1) genau 40
   (2) mehr als 35
   (3) mindestens 38, höchstens 45

   1-Personen-Haushalte erfasst sind. **J3**

c) Bei einer Stichprobe mit n = 50 Haushalten sind zufällig lauter Haushalte mit weniger als fünf Personen erfasst. Bestimmen Sie die Wahrscheinlichkeit für ein solches Ereignis. **J3**

d) Bestimmen Sie, welchen Mindestumfang eine Stichprobe haben muss, damit mit einer Wahrscheinlichkeit von mindestens 90 % unter den ausgewählten Haushalten mindestens ein Haushalt mit mindestens fünf Personen ist? **J4**

e) Für eine Verbraucher-Befragung wird eine Stichprobe vom Umfang n = 600 genommen. Ermitteln Sie ein symmetrisches Intervall, in dem mit einer Wahrscheinlichkeit von ca. 95 % die Anzahl der 2-Personen-Haushalte liegen wird. **J3**

f) Aufgrund von detaillierteren Untersuchungen weiß man, dass die Verteilung der Haushaltsgrößen regional sehr unterschiedlich ist. Der Bürgermeister einer Kleinstadt vermutet, dass in seiner Gemeinde der Anteil der 1-Personen-Haushalte (der bundesweit bei den kleinen und mittleren Gemeinden 35 % beträgt) signifikant größer ist als in den übrigen Gemeinden mit einer Einwohnerzahl unter 100 000. Wenn der Bürgermeister Recht hat mit seiner Vermutung, dann hat dies Auswirkungen auf die zukünftige Wohnungsbaupolitik der Gemeinde.

Da man sich hinsichtlich der tatsächlichen Situation in den Haushalten nicht allein auf die Informationen verlassen kann, die den Einwohnermeldeämtern zur Verfügung stehen, möchte er dies mithilfe eines *statistischen Beweises* belegen. Aufgrund der Haushaltssituation ist nur eine Stichprobe in n = 250 Haushalten möglich.

(1) Erläutern Sie die prinzipielle Vorgehensweise für ein solches Testverfahren. **K5**
(2) Bestimmen Sie eine Entscheidungsregel auf dem 90 %-Niveau.
(3) Beschreiben Sie die Auswirkungen eines Fehlers 1. bzw. 2. Art in dieser Sachsituation. **K4**
(4) Berechnen Sie die Wahrscheinlichkeit für einen Fehler 2. Art, wenn der tatsächliche Anteil an 1-Personen-Haushalten in der Gemeinde 45 % beträgt. **J3**

**Lösung**

a) (1) Die Wahrscheinlichkeit, dass in *einem* zufällig ausgewählten Haushalt höchstens zwei Personen leben, beträgt laut Grafik ca. 76 %. Daher ist die Wahrscheinlichkeit, dass in allen drei zufällig ausgewählten Haushalten eine oder zwei Personen leben, nach Pfadmultiplikationsregel gleich $0{,}76^3 \approx 0{,}439 = 43{,}9\,\%$.

(2) Das Ereignis *Unter den drei Haushalten ist mindestens ein 3-Personen-Haushalt* ist das Gegenereignis zu *Unter den drei Haushalten ist kein 3-Personen-Haushalt*. Die Wahrscheinlichkeit, dass in einem zufällig ausgewählten Haushalt drei Personen leben, beträgt laut Grafik 12 %. Die gesuchte Wahrscheinlichkeit berechnet sich also nach Komplementärregel und Pfadmultiplikationsregel zu
$1 - 0{,}88^3 \approx 1 - 0{,}681 = 0{,}319 = 31{,}9\,\%$.

(3) Nach Pfadmultiplikationsregel ergibt sich für ein Ergebnis EZD (*Haushalt mit einer Person, mit zwei Personen und drei Personen,* in dieser Reihenfolge) die Wahrscheinlichkeit $0{,}42 \cdot 0{,}34 \cdot 0{,}12$. Da aber keine Reihenfolge vorgegeben ist, handelt es sich um ein Ereignis mit sechs gleichwahrscheinlichen Ergebnissen (EZD, EDZ, ZED, ZDE, DEZ, DZE), also $6 \cdot 0{,}42 \cdot 0{,}34 \cdot 0{,}12 \approx 0{,}103 = 10{,}3\,\%$.

b) Da man sich auf die Betrachtung nur eines Ergebnisses beschränkt, liegt hier eine binomialverteilte Zufallsvariable X: *Anzahl der 1-Personen-Haushalte in einem 100-stufigen Bernoulli-Versuch mit Erfolgswahrscheinlichkeit p = 0,42* vor:

(1) $P(X = 40) = 0{,}0748$

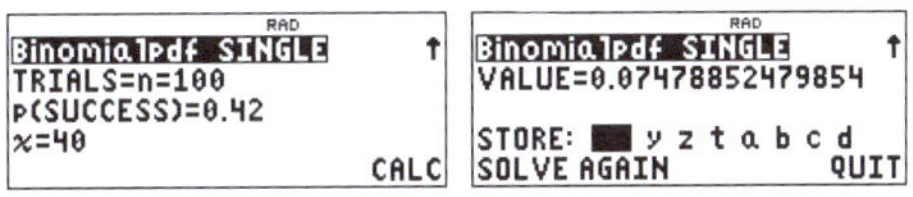


(2) $P(X > 35) = 1 - P(X \leq 35) = 0{,}907$

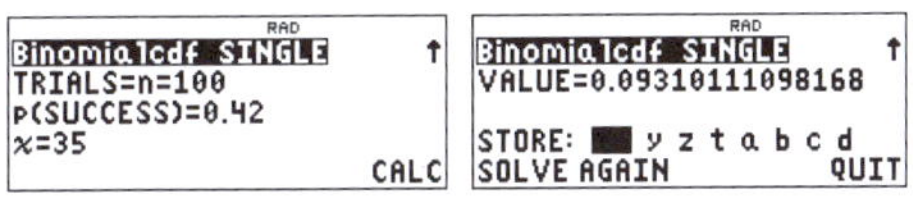


(3) $P(38 \leq X \leq 45) = 0{,}580$

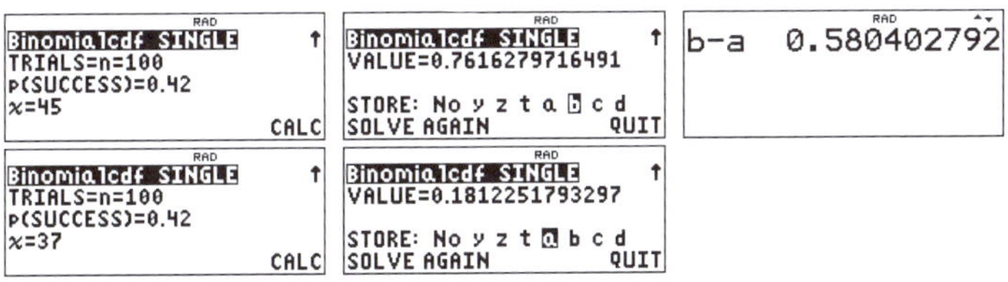

c) Hier wird die Zufallsvariable X: *Anzahl der Haushalte mit weniger als fünf Personen in einem 50-stufigen BERNOULLI-Versuch mit p = 0,97* betrachtet:
$P(X = 50) = 0{,}97^{50} = 0{,}218$.

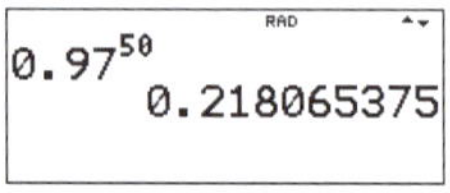


d) Hier wird die Zufallsvariable X: *Anzahl der Haushalte mit mindestens fünf Personen in einem n-stufigen Bernoulli-Versuch mit p = 0,03* betrachtet: Das Ereignis *Mindestens ein Haushalt mit mindestens fünf Personen* hat die Wahrscheinlichkeit
$P(X \geq 1) = 1 - P(X = 0) = 1 - 0{,}97^n$.
Für diese Wahrscheinlichkeit so gelten: $P(X \geq 1) \geq 0{,}90$, also
$1 - 0{,}97^n \geq 0{,}9 \Leftrightarrow 0{,}97^n \leq 0{,}1 \Leftrightarrow n \cdot \log(0{,}97) \leq \log(0{,}1)$
$\Leftrightarrow n \geq 75{,}6 \Leftrightarrow n \geq 76$.

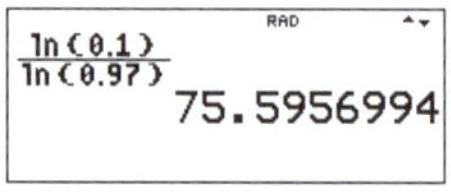


Es ist also eine Stichprobe mit mindestens einem Stichprobenumfang von n = 76 notwendig, damit man in dieser mindestens einen Haushalt findet, in dem fünf oder mehr Personen leben.

e) X: *Anzahl der 2-Personen-Haushalte in einer Stichprobe vom Umfang n = 600*

Die Symmetrie der Wahrscheinlichkeitsverteilung zum Erwartungswert $\mu$ kann dazu benutzt werden, zunächst das folgende Problem zu lösen:

Gesucht wird eine Anzahl a von Erfolgen, sodass $P(X \leq a) \approx 0{,}025$.

Durch systematisches Probieren findet man: $P(X \leq 180) \approx 0{,}021$.

Wegen der Symmetrie der Wahrscheinlichkeitsverteilung zum Erwartungswert $\mu = 600 \cdot 0{,}34 = 204$ und wegen $204 - 180 = 24$ folgt hieraus:

$P(X \geq 204 + 24) = P(X \geq 228) \approx 0{,}023$, also $P(185 \leq X \leq 223) \approx 0{,}957$.

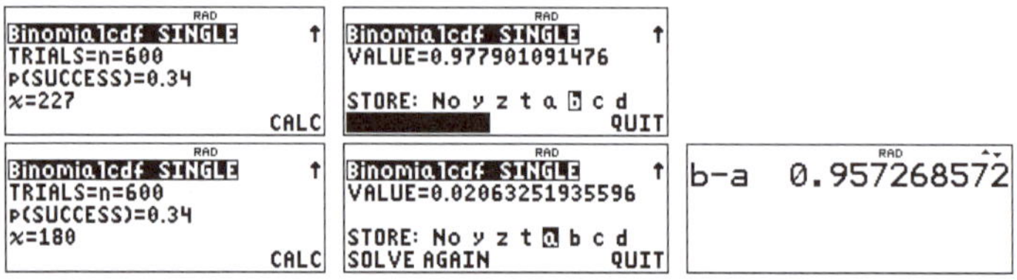


f) (1) Bei einem statistischen Beweis wählt man das logische Gegenteil dessen, was man „beweisen" möchte, als zu testende Hypothese aus. Wenn man dann in der Stichprobe eine signifikante Abweichung findet, sieht man sich veranlasst, daran zu zweifeln, ob die getestete Erfolgswahrscheinlichkeit tatsächlich der Stichprobe zugrunde liegt, sodass man zukünftig das Gegenteil der getesteten Hypothese als richtig ansehen darf.

(2) Hier vermutet der Bürgermeister, dass der Anteil der 1-Personen-Haushalte in seiner Gemeinde größer ist als 35 %. Um dies statistisch zu beweisen, muss er die Hypothese $H_0$: $p \leq 0{,}35$ testen.

Gesucht ist ein kritischer Wert K derart, dass dem Bereich unterhalb von K eine Wahrscheinlichkeit von mindestens 90 % zukommt. Diesen kritischen Wert K ermittelt man durch systematisches Probieren.

Es zeigt sich, dass für $p = 0{,}35$ gilt: $P(X \le 97) > 0{,}90$.

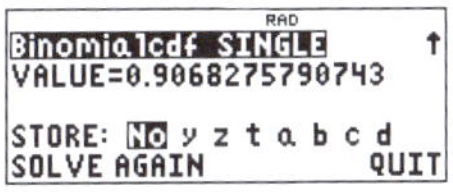


Kontrollrechnung:

Für Erfolgswahrscheinlichkeiten $p < 0{,}35$ würde sich eine größere Wahrscheinlichkeit für $P(X \le 97)$ ergeben. Der Annahmebereich der Hypothese $p \le 0{,}35$ ist also gegeben durch $A = \{0, 1, 2, \ldots, 97\}$, der Verwerfungsbereich durch $V = \{98, 99, \ldots, 250\}$.

Entscheidungsregel: *Verwirf die Hypothese $p \le 0{,}35$, falls in der Stichprobe von $n = 250$ zufällig ausgewählten Haushalten mehr als 97 1-Personen-Haushalte sind.*

(3) Bei einem Fehler 1. Art würde die Hypothese $p \le 0{,}35$ verworfen, obwohl sie zutrifft, d. h., der Bürgermeister fühlt sich in seiner Vermutung bestätigt, dass seine Gemeinde einen deutlich höheren Anteil an 1-Personen-Haushalten hat als es dem Bundesdurchschnitt entspricht, dies ist aber nicht zutreffend.
Bei einem Fehler 2. Art würde die Hypothese $p \le 0{,}35$ nicht verworfen, obwohl sie falsch ist, d. h., der Bürgermeister hätte mit seiner Vermutung recht, aber dies wird durch die Stichprobe nicht bestätigt.

(4) Zu berechnen ist die Wahrscheinlichkeit für einen Fehler 2. Art, wenn das wahre p, das der Stichprobe zugrunde liegt, 45 % beträgt:
$P_{p=0{,}45}(A) = P_{p=0{,}45}(X \le 97) = 0{,}028 = 2{,}8\,\%$.

Die Wahrscheinlichkeit für einen Fehler 2. Art ist also nur gering, falls der tatsächliche Anteil der 1-Personen-Haushalte in der Gemeinde gleich 45 % ist.

## Aufgabe 14 Überraschungen mit Pralinen

Bei einem Weihnachtsbasar, dessen Erlös für ein Kinderdorf zur Verfügung gestellt wird, wird ein Pralinen-Glückspiel angeboten. Die Betreiber des Spiels kaufen bei einem Pralinen-Produzenten Kiloware mit einzeln eingewickelten Pralinen zum Stückpreis von 0,20 €.
Bei dem Spiel wird ein Glücksrad gedreht; an die Spielteilnehmer werden so viele Pralinen „ausgezahlt", wie die Zahl im Sektor anzeigt, auf dem der Zeiger stehen bleibt. Der Spieleinsatz beträgt 1€.

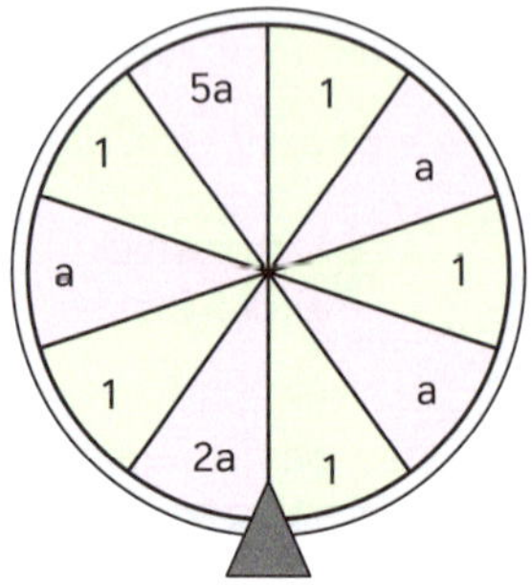


a) Ermitteln Sie den zu erwartenden Gewinn pro Spiel.
Für welche Werte von $a \in \mathbb{N}$ wird der Zweck des Spiels noch erfüllt, nämlich, dass dem Kinderdorf Geld zur Verfügung gestellt werden kann? **J2**

b) Der Pralinen-Produzent tritt im nächsten Jahr selbst als Sponsor des Weihnachtsbasars auf und mischt unter die Kiloware auch ein Drittel Marzipan-Pralinen, deren Stückpreis deutlich höher ist. Da auch diese einzeln eingepackt sind, hängt es vom Zufall ab, wie viele dieser besonderen Pralinen unter den jeweils gewonnenen Pralinen sind.

Berechnen Sie die Wahrscheinlichkeit, dass unter 20 beim Glücksspiel gewonnenen Pralinen
(1) genau 6 Marzipan-Pralinen,
(2) mehr als 4, aber weniger als 10 Marzipan-Pralinen sind. **J3**

c) Bestimmen Sie die Mindestanzahl an Pralinen, die man gewinnen muss, damit darunter mit einer Wahrscheinlichkeit von mindestens 99 % mindestens eine Marzipan-Praline ist. **J4**

d) Der Süßwarenhersteller hat in seinem Angebot auch Pralinen-Überraschungseier mit jeweils fünf Pralinen, wovon eine oder zwei Marzipan-Pralinen sind. Jedes vierte Ei ist – nach seinen Angaben – mit lauter Marzipan-Pralinen gefüllt.

Eine Verbraucherzentrale erhält Hinweise, die diese Angabe des Herstellers in Frage stellen. Um den Beschwerden nachzugehen, sollen insgesamt 120 dieser Überraschungseier in verschiedenen Supermärkten gekauft und kontrolliert werden.

(1) Erläutern Sie, warum hier die Situation eines einseitigen Hypothesentests vorliegt. Welche Hypothese wird getestet? **K5**

(2) Geben Sie für Signifikanzniveau von 10 % die zugehörige Entscheidungsregel an. **K5**

(3) Beschreiben Sie die Auswirkungen der Fehler 1. und 2. Art in dieser Sachsituation. **K3**

(4) Bestimmen Sie die Wahrscheinlichkeit für einen Fehler 2. Art, wenn der tatsächliche Anteil von Überraschungseiern mit lauter Marzipan-Pralinen nur 20 % beträgt. **J3**

e) Zum Verkaufssortiment des Pralinen-Produzenten gehören auch besondere Schokoriegel mit einem angegebenen Mindestgewicht von 30 g. Bei der Produktion dieser Schokoriegel wird darauf geachtet, dass diese im Mittel ein Gewicht von $\bar{x} = 31$ g haben.

Ermitteln Sie die Wahrscheinlichkeit dafür, dass ein zufällig ausgewählter Riegel tatsächlich das angegebene Mindestgewicht hat. Dabei sei angenommen, dass das Gewicht der Schokoriegel normalverteilt ist mit einer Standardabweichung von 0,6 g. **J6**

**Lösung**

a) Die Zufallsgröße X: *Anzahl der gewonnenen Pralinen* hat die folgende Wahrscheinlichkeitsverteilung:

| X = k | 1 | a | 2a | 5a |
|---|---|---|---|---|
| P(X = k) | 0,5 | 0,3 | 0,1 | 0,1 |

Der Erwartungswert dieser Wahrscheinlichkeitsverteilung ist
$\mu = 0{,}5 \cdot 1 + 0{,}3 \cdot a + 0{,}1 \cdot 2a + 0{,}1 \cdot 5a = 0{,}5 + a$.

Da vom Spieleinsatz 1,00 € fünf Pralinen gekauft werden können, muss gelten $0{,}5 + a < 5$, also $a < 4{,}5$, d. h. $a \le 4$, damit durch das Glücksspiel ein Gewinn erzielt werden kann.

Infrage kommen also die Beschriftungen des Glücksrads mit a = 1, a = 2, a = 3 oder a = 4 (wobei die Möglichkeit a = 1 sicherlich weniger attraktiv ist).

b) Die Zufallsvariable Y: *Anzahl der Marzipan-Pralinen* ist binomialverteilt mit $p = \frac{1}{3}$.

(1) $P(X = 6) \approx 0{,}182$

(2) $P(4 < Y < 10) = P(Y \le 9) - P(Y \le 4) \approx 0{,}757$

c) Das Ereignis mindestens eine Marzipan-Praline unter n gewonnenen Pralinen $(Y \le 1)$ ist das Gegenereignis von keine Marzipan-Praline $(Y = 0)$.

$P(Y = 0) = \left(\frac{2}{3}\right)^n$, also $P(Y \ge 1) = 1 - \left(\frac{2}{3}\right)^n$.

Die Bedingung $1 - \left(\frac{2}{3}\right)^n \ge 0{,}99$ ist erfüllt, wenn $\left(\frac{2}{3}\right)^n \le 0{,}01$, also wenn $n \ge \frac{\ln(0{,}01)}{\ln\left(\frac{2}{3}\right)} \approx 11{,}36$.

Wenn man mindestens 12 Pralinen gewonnen hat, dann ist die Wahrscheinlichkeit, dass darunter mindestens eine Marzipan-Praline ist, mindestens 99 %.

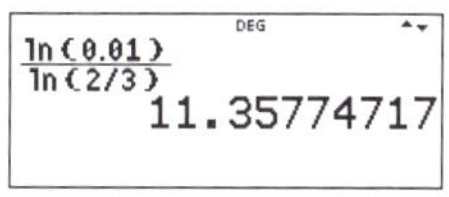

d) (1) Vermutet wird, dass der Anteil p der besonderen Überraschungseier geringer ist als 25 %. Daher wird das logische Gegenteil der Vermutung getestet, d. h. die Hypothese $p \geq 0{,}25$. Diese Hypothese kann verworfen werden, wenn in der Stichprobe signifikant wenige der besonderen Überraschungseier vorhanden sind.

(2) Für $n = 120$ und $p = 0{,}25$ wird also eine kritische Zahl K gesucht, sodass gilt $P(X < K) \leq 0{,}10$.
Durch systematisches Suchen findet man $K = 24$, da $P(X < 24) = P(X \leq 23) \approx 0{,}0825$.
Für $n = 120$ und $p > 0{,}25$ ist die Bedingung $P(X < 24) = P(X \leq 23) \approx 0{,}0825$ erst recht erfüllt.
Für den Verwerfungsbereich V und den Annahmebreich A gilt also:
$V = \{0, 1, 2, ..., 23\}$ und $A = \{24, 25, 26, ..., 120\}$.
Die Entscheidungsregel lautet also: *Verwirf die Hypothese $p \geq 0{,}25$, falls in der Stichprobe von 120 Überraschungseiern weniger als 24 Exemplare enthalten sind, die lauter Marzipan-Pralinen enthalten.*

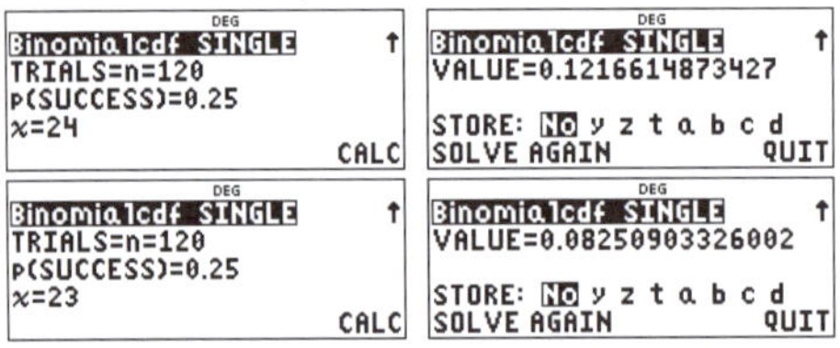


*Alternativ* kann man die Sigma-Regeln anwenden:
Allgemein gilt $P(X < \mu - 1{,}28\sigma) \approx 0{,}10$.
Hier ist $\mu - 1{,}28\sigma \approx 23{,}93$. Durch eine Kontrollrechung ergibt sich wie oben der kritische Wert K.

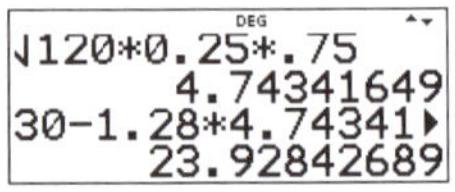


(3) *Fehler 1. Art*: Der Anteil der besonderen Überraschungseier ist mindestens 25 %, aber zufällig sind in der Stichprobe signifikant wenige enthalten. Der Hersteller wird zu unrecht einer falschen Angabe bezichtigt.
*Fehler 2. Art*: Der Anteil der besonderen Überraschungseier ist kleiner als 25 %, aber zufällig sind in der Stichprobe so viele enthalten, dass die Hypothese nicht verworfen werden kann. Der Vorwurf an den Hersteller kann nicht weiter verfolgt werden, obwohl dies angebracht wäre.

(4) Zu bestimmen ist die Wahrscheinlichkeit für den Annahmebreich, wenn für die zugrundeliegende Erfolgswahrscheinlichkeit gilt: $p = 0{,}2$.
Es gilt: $\beta = P_{p=0,2}(X \geq 24) = 1 - P_{p=0,2}(X \leq 23) \approx 0{,}536$.

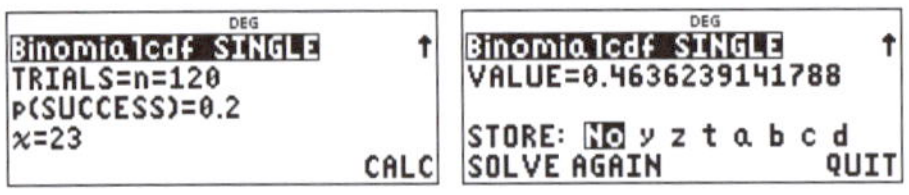


e) Zu bestimmen ist die Wahrscheinlichkeit, dass ein zufällig ausgewählter Schokoriegel ein Gewicht von weniger als 30 g hat. Mithilfe des WTR findet man, dass diese Wahrscheinlichkeit ungefähr 4,8 % beträgt.

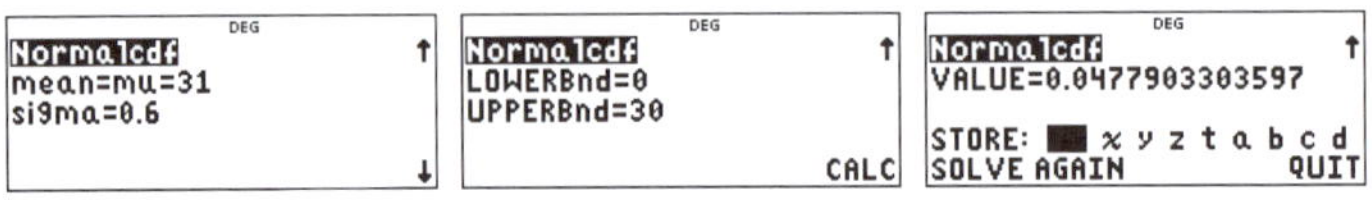

### Aufgabe 15 Spargelklassen

Frühjahrszeit ist Spargelzeit. Deutschland ist derzeit mit über 100 000 Tonnen, die jährlich hier geerntet werden, Europas größter und weltweit der viertgrößte Spargelproduzent. Je nach Länge, Durchmesser, Krümmung und Färbung der Stangen wird Spargel in die drei unterschiedlichen Handels- bzw. Güteklassen „Extraklasse", „Klasse I" und „Klasse II" eingeteilt.
Auf einem großen Spargelbauernhof wurde viel Spargel gestochen und muss sortiert werden; dabei können Fehler auftreten. Erfahrungsgemäß sind unter den Spargelstangen, die als „Extraklasse" einsortiert werden, 10 % Stangen, die eigentlich nicht zur „Extraklasse" gehören.

a) Erläutern Sie, warum es angemessen ist, die Sortierung bzw. Auswahl von Spargel der „Extraklasse" mithilfe einer binomialverteilten Zufallsgröße zu modellieren. **J3**

b) Ein Spargelbauer verpackt 400 Stangen Spargel mit der Bezeichnung „Extraklasse" für den Verkauf auf einem kleinen Wochenmarkt. Es ist davon auszugehen, dass 10 % der ausgewählten Spargelstangen der „Klasse I" angehören.
   (1) Bestimmen Sie die Wahrscheinlichkeit dafür, dass von den 400 Spargelstangen genau 42 Spargelstangen zur „Klasse I" gehören. **J3**
   (2) Bestimmen Sie die Wahrscheinlichkeit dafür, dass von den 400 Spargelstangen mindestens 37 Spargelstangen zur „Klasse I" gehören. **J3**
   (3) Berechnen Sie die Wahrscheinlichkeit dafür, dass die Anzahl der „Klasse I"-Stangen vom Erwartungswert um mindestens $1{,}5\,\sigma$ nach unten abweicht. **J5**

c) Ermitteln Sie, wie viele mit „Extraklasse" deklarierte Spargelstangen man mindestens zufällig auswählen muss, um mit mindestens M = 99 %-iger Wahrscheinlichkeit mindestens eine Stange der „Klasse I" zu finden. **J4**

d) Um zur „Extraklasse" zu gehören, muss der Stangendurchmesser mindestens 12 mm betragen, für „Klasse I" mindestens 10 mm und für „Klasse II" mindestens 8 mm. Der Stangendurchmesser soll nun mithilfe einer normalverteilten Zufallsgröße Y mit dem Erwartungswert 10 mm und der Standardabweichung 2 mm modelliert werden.
   (1) Bestimmen Sie die aus dieser Modellierung resultierende Verteilung des geernteten Spargels auf die verschiedenen Güteklassen „Extraklasse", „Klasse I" und „Klasse II". **J6**
   (2) Beurteilen Sie, ob die Modellierung mithilfe der Normalverteilung sinnvoll ist. **J6**

Spargel der „Extraklasse" kann für 12 €/kg verkauft werden, „Klasse I" für 10 €/kg und „Klasse II" für 8 €/kg. Die Entsorgung der für den Verkauf ungeeigneten Restmenge kostet 3 €/kg.

e) Geben Sie einen Term für den erwarteten Umsatz (in €/kg) des Spargelbauern an und berechnen Sie diesen. **J2**

Ein Markthändler kauft eine große Menge vom Bauernhof. Der Bauer verspricht überdurchschnittlich viel guten Spargel der „Extraklasse". Der Markthändler ist jedoch skeptisch und will vermeiden, dass ihm der Spargelbauer mehr als 10 % minderwertigeren Spargel der „Klasse I" verkauft. Dies will er durch eine stichprobenartige Überprüfung einer Kiste mit 200 Spargelstangen mit einer Sicherheitswahrscheinlichkeit von 95 % ausschließen.

f) Beschreiben Sie aus Sicht des Markthändlers einen Binomialtest für $\alpha = 5\,\%$ mit möglichen Fehlern, bestimmen Sie Annahme- und Ablehnungsbereich der Hypothese und geben Sie eine Entscheidungsregel an. **K3** **K5**

**Lösung**

a) Eine Spargelstange kann entweder zur „Extraklasse" gehören oder nicht, d. h., es handelt sich hierbei um ein Bernoulli-Experiment. Die Spargelstangen werden unabhängig voneinander ausgewählt, d. h., die Wahrscheinlichkeit dafür bleibt konstant. Somit ist die Modellierung mithilfe einer binomialverteilten Zufallsgröße angemessen und sinnvoll.

b) Die betrachtete Zufallsgröße X: *Anzahl der Spargelstangen aus „Klasse I"* ist binomialverteilt mit Stichprobenumfang $n = 400$ und Erfolgswahrscheinlichkeit $p = 0{,}1$.

(1) $P(X = 42) = \binom{400}{42} \cdot 0{,}05^{42} \cdot 0{,}95^{358} \approx 0{,}061 = 6{,}1\,\%$

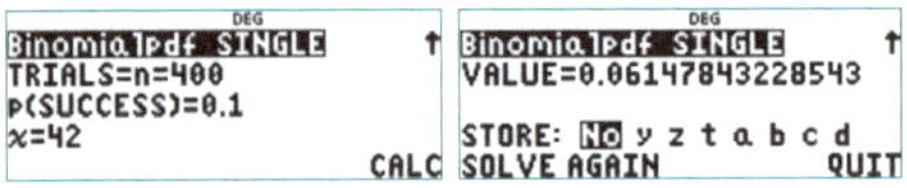


(2) $P(X \geq 37) = 1 - P(X \leq 36) \approx 1 - 0{,}285 = 0{,}715 = 71{,}5\,\%$

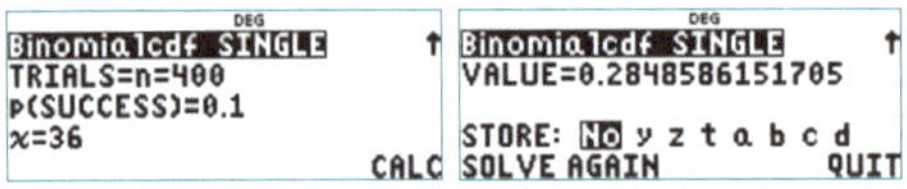


(3) Zunächst berechnet man die Kenngrößen $\mu = n \cdot p = 40$ und $\sigma = \sqrt{n \cdot p \cdot (1 - p)} = 6$ und somit $1{,}5\,\sigma = 9$. Gesucht ist dann die Wahrscheinlichkeit
$P(X \leq \mu - 1{,}5\,\sigma) = P(X \leq 31) \approx 7{,}5\,\%$.

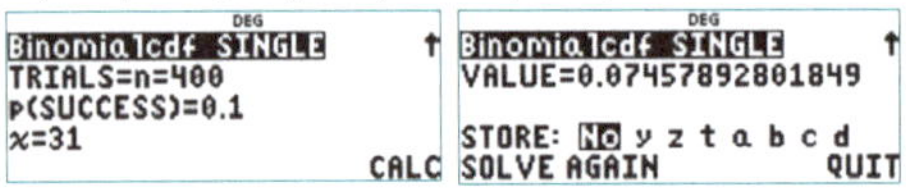


c) Gesucht ist der Parameterwert für n bei $P(X \geq 1) \geq 0{,}99$ und $p = 0{,}1$. Durch Anwendung der Komplementärregel gilt $P(X = 0) = (1 - p)^n \leq 0{,}01 = 1 - M$ und somit $n \geq \frac{\ln(0{,}01)}{\ln(0{,}9}$ $\approx 43{,}7$. Daher müssten mindestens 44 Spargelstangen untersucht werden.

d) (1) Betrachtet wird hier eine normalverteilte Zufallsgröße mit der Dichtefunktion $\varphi_{10,2}$.
Für die Verteilung auf die Güteklassen gilt dann:
„Extraklasse" knapp 16 %:

$$P(Y > 12) = \int_{12}^{\infty} \varphi_{10,2}(x)\,dx \approx 0{,}159$$

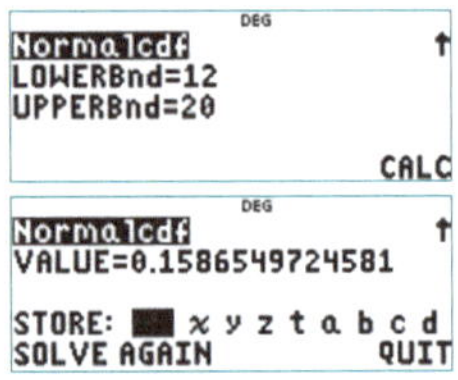


„Klasse I" und „Klasse II" jeweils etwas mehr als 34 %:

$P(8 < Y < 10) = P(10 < Y < 12) \approx 0{,}341$

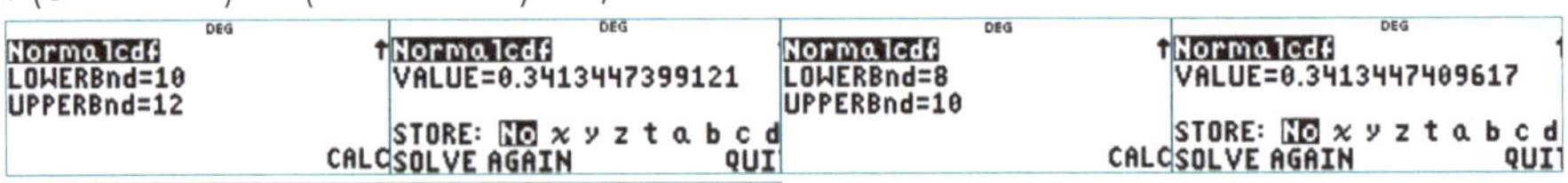


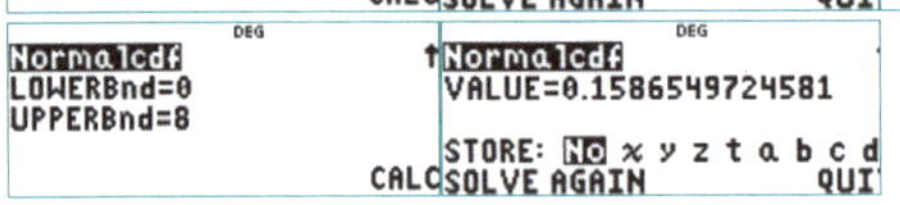


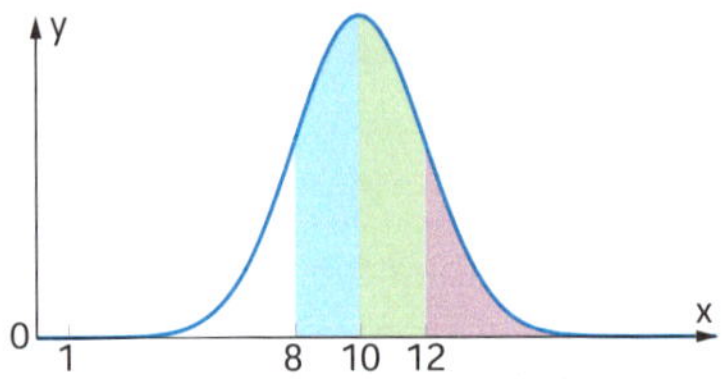

(2) Ein Argument *für* eine Modellierung mithilfe einer Normalverteilung ist, dass der Durchmesser eine stetige/kontinuierliche Größe ist. *Gegen* die Modellierung mit der Normalverteilung spricht, dass diese auf allen reellen Zahlen definiert ist. Allerdings treten negative oder sehr große Zahlen (> 18 mm) nur mit vernachlässigbaren Wahrscheinlichkeiten auf, so dass eine Modellierung mit der Normalverteilung in diesem Fall als sinnvoll angesehen werden kann.

e) Für den Erwartungswert U des Umsatzes gilt das gewichtete Mittel, für den konkreten Fall:
$E(U) = 12 \cdot 15{,}9\,\% + 10 \cdot 34{,}1\,\% + 8 \cdot 34{,}1\,\% - 3 \cdot 15{,}9\,\% \approx 7{,}57$

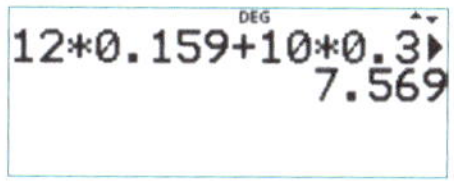


Der Spargelbauer kann also bei dieser Verteilung mit einem Umsatz von etwa 7,57 €/kg Spargel rechnen.

f) Da beim Hypothesentest immer ein skeptischer Standpunkt eingenommen wird, muss der Markthändler die Hypothese $H_0$: $p \geq 0{,}1$ testen (gegen die Alternative $H_1$: $p < 0{,}1$), d. h., der Hypothesentest ist linksseitig mit $n = 200$ und der binomialverteilten Zufallsgröße X: *Anzahl der Spargelstangen aus „Klasse I"*.

Beim Fehler 1. Art wird die Nullhypothese fälschlicherweise abgelehnt, d. h., die Stichprobe enthält zufällig „extrem wenig" Spargel der „Klasse I", obwohl der Anteil in der Gesamtmenge mindestens 10 % beträgt. Beim Fehler 2. Art wird die Nullhypothese fälschlicherweise nicht abgelehnt, d. h., in der untersuchten Stichprobe ist „zufällig viel" Spargel der „Klasse I", obwohl in der Gesamtmenge weniger als 10 % zur „Klasse I" gehören.

Der Fehler 1. Art ist aus Sicht des Markthändlers schwerwiegender als der Fehler 2. Art, denn als Konsequenz im Sachzusammenhang lässt sich der Markthändler beim Fehler 1. Art unbemerkt schlechteren Spargel „andrehen", beim Fehler 2. Art lehnt der Markthändler eigentlich besseren Spargel ab, weil in der von ihm untersuchten Stichprobe „zufällig viel" Spargel der „Klasse I" vorhanden war. Daher will der Markthändler das Risiko für einen Fehler 1. Art durch das vorgegebene Signifikanzniveau $\alpha = 0{,}05$ kontrollieren.

Um die Entscheidungsregel zu bestimmen, muss also die Verteilung der Zufallsgröße X: *Anzahl der Spargelstangen der „Klasse I" mit Erfolgswahrscheinlichkeit p = 0,1* untersucht werden. Aus der Wertetabelle ergibt sich, dass $P(X \leq 12) < 0{,}05$.

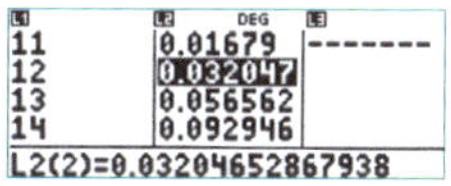


(Falls dem Zufallsversuch eine größere Erfolgswahrscheinlichkeit zugrunde liegt, also $p > 0{,}1$, ist die Wahrscheinlichkeit $P(X \leq 12)$ sogar noch kleiner.)

*Entscheidungsregel*: Verwirf die Hypothese $p \geq 0{,}1$, wenn die Anzahl der Spargelstangen der „Klasse I" kleiner ist als 13, d. h.,
- wenn in der Stichprobe mindestens 13 Stangen der „Klasse I" sind, nimmt der Händler die Warenlieferung nicht an, und
- wenn in der Stichprobe höchstens 12 Stangen der „Klasse I" sind, kann der Markthändler mit einer Fehlerwahrscheinlichkeit von 5 % ausschließen, dass zu viel minderwertiger Spargel in der gekauften Ware vorhanden ist und daher die Ware annehmen.

# Original-Prüfungsaufgaben

## Pflichtteil – Aufgabensatz 1

### Aufgabe 1

Gegeben ist die Funktion f mit $f(x) = e^{-2x+1} + 1$. Die Abbildung zeigt den Graphen $G_f$ sowie die Tangente an $G_f$ an der Stelle $x = \frac{1}{2}$.

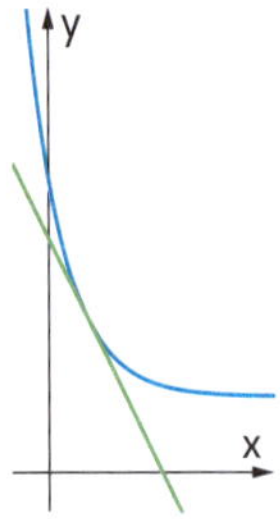


a) Weisen Sie nach, dass diese Tangente die Steigung −2 hat. **A3**

b) Berechnen Sie den Flächeninhalt des Dreiecks, das diese Tangente mit den Koordinatenachsen einschließt. **A4**

**Lösung**

a) Bestimmung der Ableitung mithilfe der Kettenregel:
$f'(x) = -2 \cdot e^{-2x+1}$
Tangentensteigung an der Stelle $x = \frac{1}{2}$:
$f'\left(\frac{1}{2}\right) = -2 \cdot e^{-1+1} = -2 \cdot e^0 = -2$

b) Gleichung der Tangente an der Stelle $x = \frac{1}{2}$:
$f\left(\frac{1}{2}\right) = e^{-1+1} + 1 = e^0 + 1 = 2;\quad f'\left(\frac{1}{2}\right) = -2$

$t(x) = f'\left(\frac{1}{2}\right) \cdot \left(x - \frac{1}{2}\right) + f\left(\frac{1}{2}\right) = -2 \cdot \left(x - \frac{1}{2}\right) + 2 = -2x + 1 + 2 = -2x + 3$

(*alternativ* Bestimmung von b im Ansatz $y = mx + b$, wobei $m = f'\left(\frac{1}{2}\right) = -2$, $x = \frac{1}{2}$ und $y = 2$)

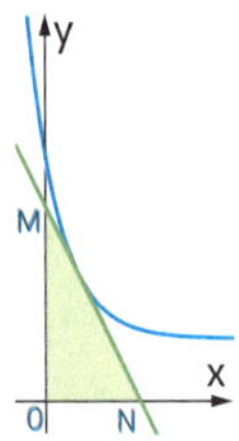


Schnittpunkte der Tangente mit der y-Achse: $M(0\,|\,3)$
Schnittpunkt der Tangente mit der x-Achse: $-2x + 3 = 0 \Leftrightarrow x = \frac{3}{2} \Rightarrow N\left(\frac{3}{2}\,\middle|\,0\right)$

Flächeninhalt des rechtwinkligen Dreiecks MON: $A = \frac{1}{2} \cdot 3 \cdot \frac{3}{2} = \frac{9}{4}$

### Aufgabe 2

Die Abbildung zeigt den Graphen der Funktion f mit $f(x) = 1 + x^2$ sowie die Geraden $g: y = 2$ und $h: y = 5$.

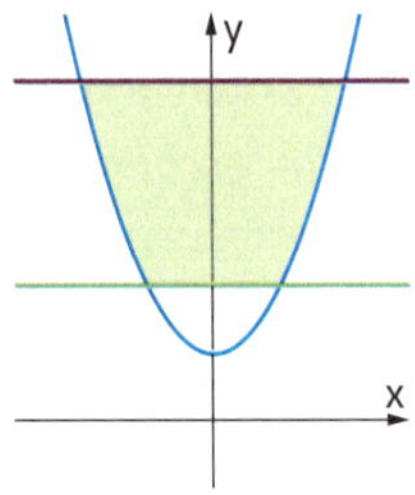


Bestimmen Sie den Inhalt der markierten Fläche. **B5** **D2**

**Lösung**

Aufgrund der Symmetrie des Graphen kann man sich auf die Teilfläche im 1. Quadranten beschränken. Schnittstellen des Graphen von f mit der Geraden g: $1 + x^2 = 2 \Leftrightarrow x^2 = 1$, also $x_{1,2} = \pm 1$.

Schnittstellen des Graphen von f mit der Geraden h:
$1 + x^2 = 5 \Leftrightarrow x^2 = 4$, also $x_{1,2} = \pm 2$.

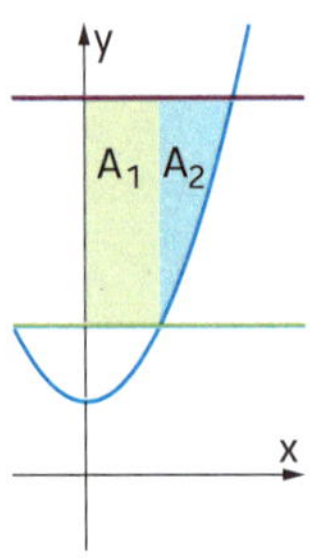


Flächenberechnung:

$A_1 = 1 \cdot (5 - 2) = 3$

$A_2 = \int_1^2 (5 - f(x))\,dx = \int_1^2 (4 - x^2)\,dx = \left[4x - \frac{1}{3}x^3\right]_1^2 = 8 - \frac{8}{3} - 4 - \frac{1}{3} = \frac{5}{3}$

Gesamtfläche: $A = 2 \cdot (A_1 + A_2) = 2 \cdot \left(3 + \frac{5}{3}\right) = \frac{28}{3}$

### Aufgabe 3

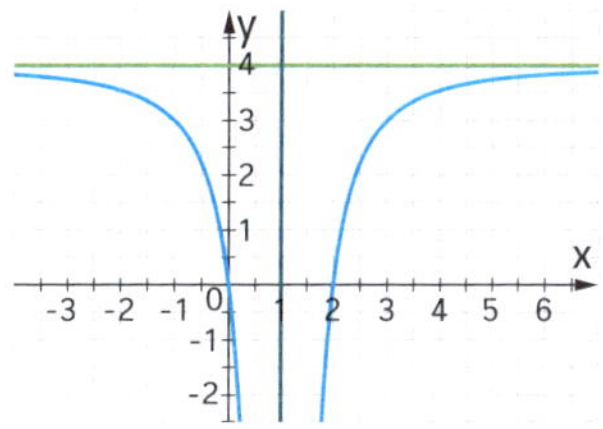


Gegeben sind die Funktionen f und g mit

$f(x) = a + \frac{b}{x^2 + c}$ und $g(x) = a + \frac{b}{(x + c)^2}$.

Die Abbildung zeigt den Graphen einer der beiden Funktionen sowie seine Asymptoten.

a) Begründen Sie, dass es sich bei dem abgebildeten Graphen nicht um den Graphen von f handeln kann. **B11 B1**

b) Bestimmen Sie für die Funktion g die Werte von a, b und c. **B11**

**Lösung**

a) Der abgebildete Graph ist achsensymmetrisch zur Geraden mit der Gleichung $x = 1$.

Für den Graphen von f gilt: $f(-x) = a + \frac{b}{(-x)^2 + c} = a + \frac{b}{x^2 + c} = f(x)$,

d. h., der Graph von f ist achsensymmetrisch zur y-Achse. Somit kann der abgebildete Graph nicht der Graph der Funktion f sein.

b) Der abgebildete Graph hat die waagerechte Asymptote mit der Gleichung $y = 4$ und die senkrechte Asymptote mit der Gleichung $x = 1$. Außerdem entnehmen wir dem Graphen eine Nullstelle an der Stelle $x = 0$. Wegen $\lim_{x \to \infty} g(x) = a$ gilt $a = 4$.

Wegen $(x + c)^2 = 0$ für $x = -c$ gilt $-c = 1$, also $c = -1$.
Aus $g(0) = 0$, also $4 + \frac{b}{1} = 0$, erhält man $b = -4$.

Damit ergibt sich: $g(x) = 4 - \frac{4}{(x - 1)^2}$.

### Aufgabe 4

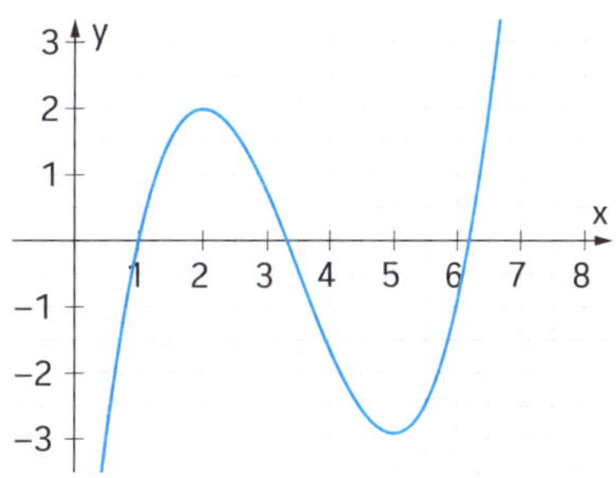


Die Abbildung zeigt den Graphen der Funktion f.
Die Funktion g ist gegeben durch $g(x) = f(x) + 5x$.
Entscheiden Sie jeweils, ob die folgenden Aussagen wahr oder falsch sind, und begründen Sie Ihre Entscheidung.

(1) Jede Stammfunktion von f besitzt im Intervall $[0{,}5; 4]$ genau ein lokales Minimum. **D1 B6**

(2) Die Funktion g ist im Intervall $[1; 6]$ streng monoton steigend. **B6 B7**

**Lösung**

(1) Der Graph von f hat im Intervall $[0{,}5; 4]$ die beiden Nullstellen $x_1 = 1$ und $x_2 \approx 3{,}3$. An der Stelle $x_1 = 1$ hat f einen Vorzeichenwechsel von – nach + , an der Stelle $x_2 \approx 3{,}3$ einen Vorzeichenwechsel von + nach –. Also gilt:
$F'(x_1) = f(x_1) = 0$ mit einem Vorzeichenwechsel von – nach + , F besitzt also an der Stelle $x_1 = 1$ ein lokales Maximum;
$F'(x_2) = f(x_2) = 0$ mit einem Vorzeichenwechsel von + nach –, F besitzt an der Stelle $x_2 \approx 3{,}3$ ein lokales Minimum. Die Aussage ist wahr.

(2) Der Graph von g ist streng monoton steigend im Intervall [1 ; 6], falls $g'(x) = f'(x) + 5 > 0$ für $1 \le x \le 6$, also falls $f'(x) > -5$. Die minimale Steigung von f im Intervall [1 ; 6] liegt an der Wendestelle $x \approx 3$. Wie man dem Graphen von f entnehmen kann, ist diese Steigung größer als 5.
Damit gilt $f'(x) > -5$ bzw. $g'(x) > 0$ für $1 \le x \le 6$. Die Aussage ist wahr.

### Aufgabe 5

Gegeben sind die Ebenen E und F sowie die Ebenenschar $G_r$ $(r \in \mathbb{R})$.

$$\begin{aligned} E&: \; x_1 - 5x_2 - 2x_3 = 6 \\ F&: \; 2x_1 - x_2 - x_3 = 3 \\ G_r&: \; 9x_2 + 3x_3 = r + 11 \end{aligned}$$

a) Stellen Sie die Ebene $G_7$ in einem Koordinatensystem dar. **F4**

b) Für einen Wert von r besitzen E, F und $G_r$ eine gemeinsame Schnittgerade.
Bestimmen Sie diesen Wert von r. **F10**

### Lösung

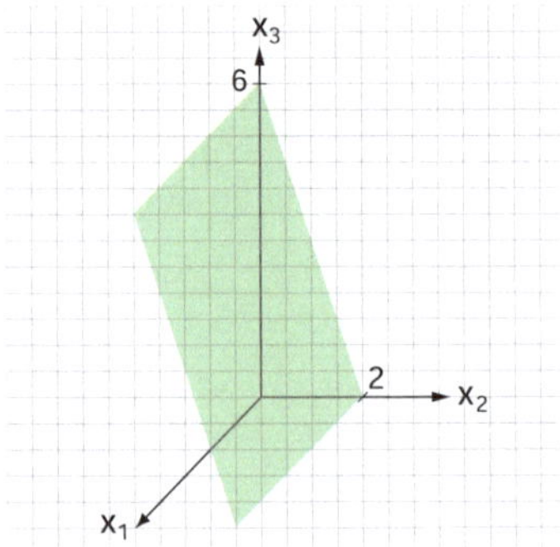


a) $G_7$: $9x_2 + 3x_3 = 18$ bzw. $3x_2 + x_3 = 6$.
$G_7$ ist parallel zur $x_1$-Achse und hat die Spurpunkte $S_2(0\,|\,2\,|\,0)$ und $S_3(0\,|\,0\,|\,6)$.

b) Schnittgerade der Ebenen E und F:
Mit $x_2 = k$ erhält man das LGS

$$\left| \begin{array}{l} x_1 - 2x_3 = 6 + 5k \\ 2x_1 - x_3 = 3 + k \end{array} \right|.$$

Mögliche Umformung: Das (−2)-Fache der 1. Gleichung zur 2. Gleichung addieren ergibt:

$4x_3 - x_3 = (-2) \cdot (6 + 5k) + (3 + k) = -9 - 9k \Leftrightarrow x_3 = -3 - 3k$, also
$x_1 = 2 \cdot x_3 + 6 + 5k = -6 - 6k + 6 + 5k = -k$.

Damit erhält man eine Parameterdarstellung der Schnittgeraden der Ebenen E und F:

$$x_1 = -k,\; x_2 = k,\; x_3 = -3 - 3k, \text{ also } s\colon \vec{x} = \begin{pmatrix} 0 \\ 0 \\ -3 \end{pmatrix} + k \cdot \begin{pmatrix} -1 \\ 1 \\ -3 \end{pmatrix}.$$

Für welchen Wert von r liegt die Schnittgerade s in $G_r$?

Einsetzen der Komponenten der Geraden s in die Koordinatengleichung:
$G_r$: $9 \cdot k + 3 \cdot (-3 - 3k) = r + 11 \quad \Leftrightarrow \quad 9k - 9 - 9k = r + 11\; r = -20$.

Für $r = -20$ besitzen die drei Ebenen eine gemeinsame Schnittgerade.

### Aufgabe 6

Gegeben sind der Punkt P(−1 | 1 | −1) und die Gerade g: $\vec{x} = \begin{pmatrix} 1 \\ -1 \\ 7 \end{pmatrix} + t \cdot \begin{pmatrix} 1 \\ 2 \\ -2 \end{pmatrix}$, $t \in \mathbb{R}$.

Der Punkt Q(3 | 3 | 3) liegt auf der Geraden g.

a) Zeigen Sie, dass Q derjenige Punkt auf g ist, der zu P den kleinsten Abstand hat. **E1 E4**

b) Bestimmen Sie die Koordinaten eines Punkts R auf der Geraden g, für den das Dreieck PQR den Flächeninhalt 27 hat. **G4 E5**

**Lösung**

a) Punktprobe für Q (nicht verlangt): Setzt man t = 2 in die Parameterdarstellung der Geraden ein, dann erhält man die Koordinaten von Q.

Der kleinste Abstand liegt vor, wenn der Verbindungsvektor von P und Q orthogonal ist zum Richtungsvektor der Geraden g:

$\overrightarrow{QP} = \begin{pmatrix} -1-3 \\ 1-3 \\ -1-3 \end{pmatrix} = \begin{pmatrix} -4 \\ -2 \\ -4 \end{pmatrix}$; $\overrightarrow{QP} * \vec{u} = \begin{pmatrix} -4 \\ -2 \\ -4 \end{pmatrix} * \begin{pmatrix} 1 \\ 2 \\ -2 \end{pmatrix} = -4 - 4 + 8 = 0.$

QP ist orthogonal zu g, d. h. Q ist der Lotfußpunkt des Lotes von P auf g und hat deshalb den kleinsten Abstand zu P.

b) Für einen Punkt der Geraden g gilt: R(1 + t | −1 + 2 | 7 − 2t), $t \in \mathbb{R}$.

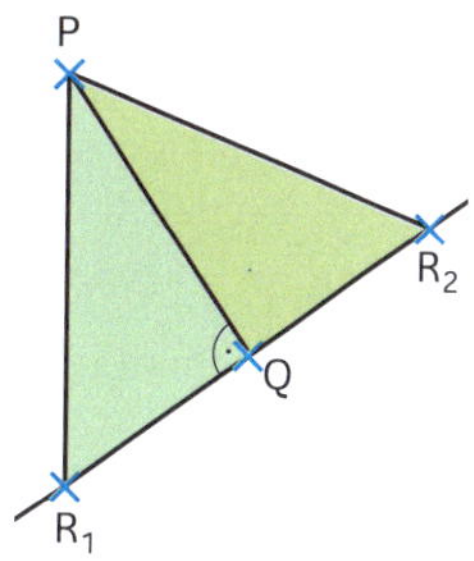


Flächeninhalt des rechtwinkligen Dreiecks PQR (rechter Winkel bei Q):

$A = \frac{1}{2} \cdot |\overrightarrow{PQ}| \cdot |\overrightarrow{QR}| = \frac{1}{2} \cdot \left|\begin{pmatrix} 4 \\ 2 \\ 4 \end{pmatrix}\right| \cdot \left|\begin{pmatrix} t-2 \\ 2t-4 \\ 4-2t \end{pmatrix}\right|$

$= \frac{1}{2} \cdot 6 \cdot \sqrt{(t-2)^2 + (2t-4)^2 + (4-2t)^2} = 3 \cdot \sqrt{9t^2 - 36t + 36}$

$A = 3 \cdot \sqrt{9 \cdot (t^2 - 4t + 4)} = 9 \cdot \sqrt{(t-2)^2} = 9 \cdot |t-2|.$

Aus A = 27 folgt $|t - 2| = 3$, also $t_1 = 5$; $t_2 = -1$.

Einsetzen der Parameterwerte in die Geradengleichung ergibt die beiden Punkte $R_1$(6 | 9 | −3) und $R_2$(0 | −3 | 9).

### Aufgabe 7

In einer Urne befinden sich vier schwarze und eine unbekannte Anzahl weißer Kugeln. Aus der Urne werden nacheinander zwei Kugeln mit Zurücklegen gezogen. Die Wahrscheinlichkeit, dabei zwei schwarze Kugeln zu ziehen, ist doppelt so groß wie die Wahrscheinlichkeit, zwei Kugeln unterschiedlicher Farbe zu ziehen.

Bestimmen Sie die Gesamtzahl der Kugeln in der Urne. **I3**

**Lösung**

Wir bezeichnen die unbekannte Anzahl weißer Kugeln mit n.

- Wahrscheinlichkeit, zwei schwarze Kugeln zu ziehen: $P(ss) = \left(\frac{4}{4+n}\right)^2$
- Wahrscheinlichkeit, zwei Kugeln unterschiedlicher Farbe zu ziehen:
  $P(\text{ws oder sw}) = P(ws) + P(sw) = \frac{n}{4+n} \cdot \frac{4}{4+n} + \frac{4}{4+n} \cdot \frac{n}{4+n} = 2 \cdot \frac{4n}{(4+n)^2} = \frac{8n}{(4+n)^2}$
- Es soll gelten: $P(ss) = 2 \cdot (P(ws) + P(sw))$, also $\left(\frac{4}{4+n}\right)^2 = 2 \cdot \frac{8n}{(4+n)^2} \Leftrightarrow 16 = 16n \Rightarrow n = 1$

Es sind 4 schwarze und 1 weiße, also insgesamt 5 Kugeln in der Urne.

### Aufgabe 8

a) Die Abbildung stellt die Wahrscheinlichkeitsverteilung einer Zufallsgröße X dar.

Begründen Sie, dass $P(X = 2) < 0{,}5$ gilt. **J1**

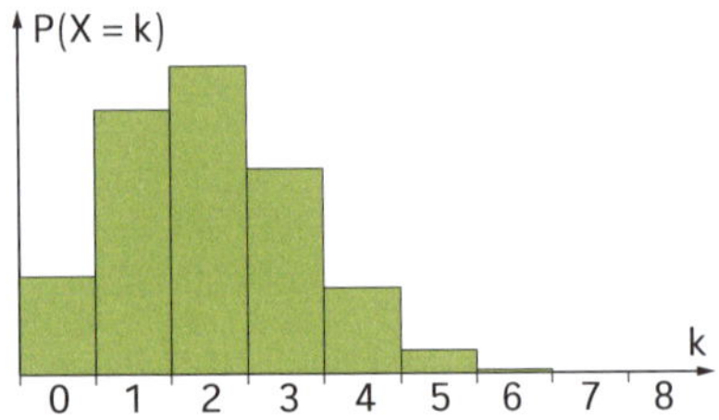


b) Für eine binomialverteilte Zufallsgröße Y mit den Parametern $n = 8$ und $0 < p < 1$ gilt $P(Y = 1) = 2 \cdot P(Y = 0)$.

Berechnen Sie den Wert von p. **J3**

**Lösung**

a) Wir entnehmen der Abbildung
(1) $P(X = 2) < P(X < 2)$
(2) $P(X = 2) < P(X > 2)$

Da $P(X < 2) + P(X = 2) + P(X > 2) = 1$, folgt: $P(X = 2) < \frac{1}{3}$, also erst recht $P(X = 2) < \frac{1}{2}$.

b) $P(Y = 0) = \binom{8}{0} \cdot p^0 \cdot (1-p)^8 = (1-p)^8$

$P(Y = 1) = \binom{8}{1} \cdot p^1 \cdot (1-p)^7 = 8 \cdot p \cdot (1-p)^7$

Aus $P(Y = 1) = 2 \cdot P(Y = 0)$ erhält man $8 \cdot p \cdot (1-p)^7 = 2 \cdot (1-p)^8$ bzw. $8p = 2 \cdot (1-p)$
$\Leftrightarrow 10p = 2 \Leftrightarrow p = 0{,}2$.

# Pflichtteil – Aufgabensatz 2

## Aufgabe 1

Gegeben ist die Funktion f mit $f(x) = 4x - x^2$. Die Abbildung zeigt ihren Graphen $G_f$ sowie die Tangenten an $G_f$ in den Schnittpunkten mit der x-Achse.

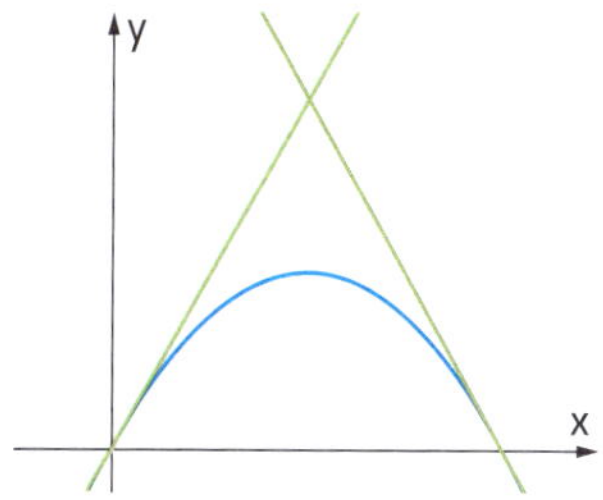


a) Weisen Sie nach: Die Tangente an $G_f$ an der Stelle $x = 0$ hat die Steigung 4. **A4**

b) Die beiden Tangenten schneiden sich in einem Punkt S. Berechnen Sie den Abstand des Punkts S vom Ursprung. **A4**

### Lösung

a) Ableitung der Funktion f: $f'(x) = 4 - 2x$.
Steigung der Tangente an der Stelle $x = 0$: $m = f'(0) = 4$.

b) Nullstellen von f:
Aus $f(x) = 0$ erhält man $x_1 = 0$; $x_2 = 4$.

Koordinaten von S:
Die Tangente an der Stelle $x = 0$ hat die Gleichung $y = 4x$. Da der Graph von f symmetrisch zur Geraden mit der Gleichung $x = 2$ ist, liegt S auf der Symmetrieachse. Somit gilt $S(2\,|\,8)$.

Abstand von S zum Ursprung:
$d = \sqrt{2^2 + 8^2} = \sqrt{68}$

## Aufgabe 2

Die Abbildung zeigt die Graphen der Funktionen f und g mit $f(x) = e^{-x}$ und $g(x) = x + 1$, deren Schnittpunkt auf der y-Achse liegt.

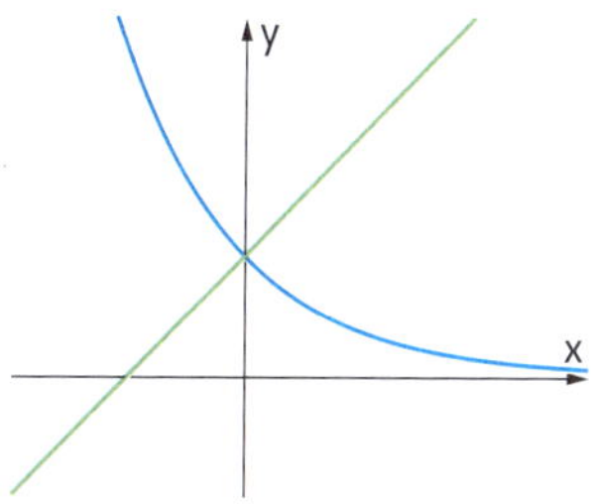


Die Graphen begrenzen mit der x-Achse und der Geraden $x = u$ $(u > 0)$ eine Fläche. Diese Fläche wird von der y-Achse in zwei inhaltsgleiche Teilflächen geteilt.

Berechnen Sie den Wert von u. **D2**

### Lösung

Die Gerade g schneidet die x-Achse an der Stelle $x = -1$, daher gilt:

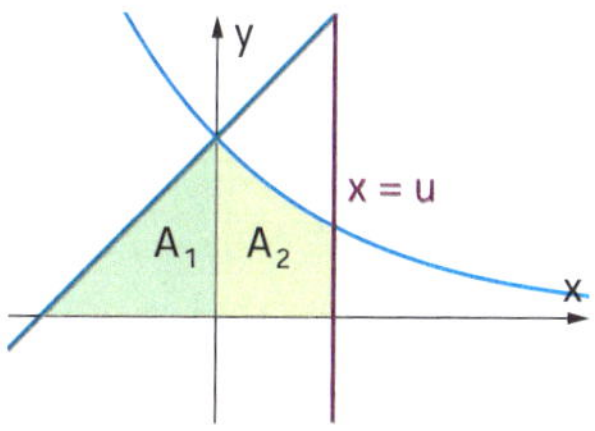


$A_1 = \frac{1}{2} \cdot 1 \cdot 1 = \frac{1}{2}$, $\quad A_2 = \int_0^u f(x)\,dx = [-e^{-x}]_0^u = -e^{-u} + e^0 = 1 - e^{-u}$.

Die Bedingung $A_1 = A_2$ führt auf die Gleichung

$\frac{1}{2} = 1 - e^{-u}$, also $e^{-u} = \frac{1}{2} \Leftrightarrow u = -\ln\left(\frac{1}{2}\right) = \ln(2)$.

Für $u = \ln(2)$ sind die beiden Flächen $A_1$ und $A_2$ gleich groß.

**Aufgabe 3**

Die Abbildung zeigt den Graphen einer trigonometrischen Funktion.

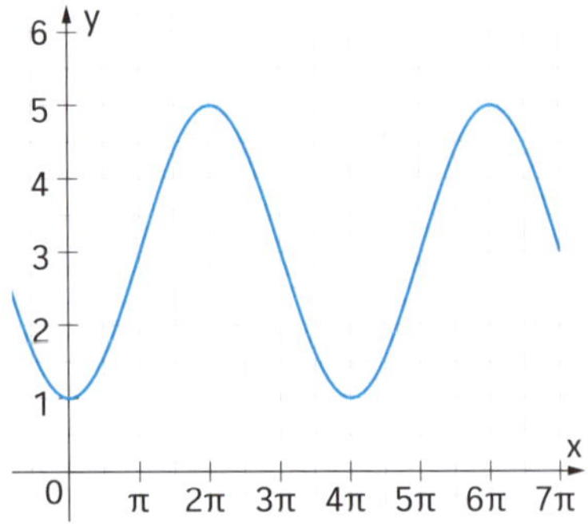


Bestimmen Sie einen möglichen Funktionsterm. **B10**

**Lösung**

Für den Ansatz $f(x) = a \cdot \sin(b \cdot (x - c)) + d$ kann man der Abbildung folgende Eigenschaften entnehmen:

- Der Graph hat die Periode $p = 4\pi$, also gilt $4\pi = \frac{2\pi}{b} \Rightarrow b = \frac{1}{2}$.
- Der abgebildete Graph entsteht aus dem Graphen der Sinusfunktion durch eine Verschiebung um π nach rechts und um 3 nach oben, also $c = \pi$, $d = 3$.
- Der abgebildete Graph entsteht aus dem Graphen der Sinusfunktion durch eine Streckung mit dem Faktor 2, also $a = 2$.

Ergebnis: $f(x) = 2 \cdot \sin\left(\frac{1}{2} \cdot (x - \pi)\right) + 3$.

**Aufgabe 4**

Die Abbildung zeigt den Graphen der Funktion f.

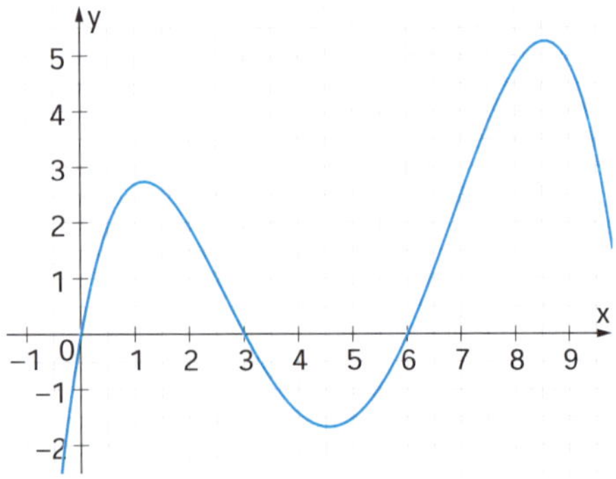


a) Begründen Sie, dass die Ableitungsfunktion f′ im Intervall [5 ; 8] nicht monoton ist. **B7**

b) Bestimmen Sie die Anzahl der Nullstellen der Funktion $I_2$ mit

$$I_2(x) = \int_2^x f(t)\,dt,\ 2 \le x \le 9.$$ **D2**

**Lösung**

a) Der Graph von f besitzt im Intervall [5 ; 8] einen Wendepunkt, der Graph von f′ an dieser Stelle einen Extrempunkt. Somit kann f′ im Intervall [5 ; 8] nicht monoton sein.

b) Es gilt $I_2(2) = \int_2^2 f(t)\,dt = 0$.

$I_2$ hat also an der Stelle $x = 2$ die erste Nullstelle. Vergleicht man die Teilflächen, die der Graph von f im Intervall [2 ; 6] einschließt, so gilt: $I_2(3) = \int_2^3 f(t)\,dt > 0$.

$I_2(6) = \int_2^6 f(t)\,dt < 0$, da die Fläche unterhalb der x-Achse zwischen $x = 3$ und $x = 6$ größer ist als die Fläche zwischen $x = 2$ und $x = 3$. Daraus folgt, dass $I_2$ einen Vorzeichenwechsel im Intervall [3 ; 6] hat und deshalb eine zweite Nullstelle.

Ab $x = 6$ verläuft der Graph von f wieder oberhalb der x-Achse. Der Flächenvergleich zeigt, dass $I_2(9) = \int_2^9 f(t)\,dt > 0$. Somit wechselt $I_2$ im Intervall [6 ; 9] erneut das Vorzeichen und hat dort eine dritte Nullstelle. $I_2$ hat also im Intervall [2 ; 9] drei Nullstellen.

### Aufgabe 5

Gegeben sind die Punkte A(6 | 4 | −1) und B(0 | −5 | 2) sowie die Ebene E: $2x_1 - 2x_2 + x_3 = 6$.

a) Die Gerade durch A und B schneidet E im Punkt S. Bestimmen Sie die Koordinaten von S. **F8**

b) Untersuchen Sie, ob der Punkt S auf der Strecke AB liegt. **F1**

### Lösung

a) $\overrightarrow{AB} = \begin{pmatrix} -6 \\ -9 \\ 3 \end{pmatrix}$; g: $\vec{x} = \begin{pmatrix} 6 \\ 4 \\ -1 \end{pmatrix} + t \cdot \begin{pmatrix} -6 \\ -9 \\ 3 \end{pmatrix} = \begin{pmatrix} 6-6t \\ 4-9t \\ -1+3t \end{pmatrix}$

Schnittpunktbestimmung von g und E: Einsetzen der Komponenten von g in die Koordinatengleichung der Ebene:

$2 \cdot (6-6t) - 2 \cdot (4-9t) - 1 + 3t = 6 \Leftrightarrow 12 - 12t - 8 + 18t - 1 + 3t = 6 \Leftrightarrow 9t = 3$, also $t = \frac{1}{3}$;

Einsetzen von t in die Parameterform ergibt den Schnittpunkt S(4 | 1 | 0).

b) Da $t = \frac{1}{3}$, also zwischen 0 und 1 ist, liegt S auf der Strecke $\overline{AB}$.

### Aufgabe 6

Gegeben ist die Ebene E: $3x_2 - 4x_3 = 2$.

a) Beschreiben Sie die besondere Lage von E im Koordinatensystem. **F4**

b) Die Ebene F ist orthogonal zu E und hat zur $x_1$-Achse den Abstand 2.
Bestimmen Sie eine mögliche Koordinatengleichung von F. **F5** **G5**

### Lösung

a) Die Ebene E hat keinen gemeinsamen Punkt mit der $x_1$-Achse; die Ebene E ist also parallel zur $x_1$-Achse.

b) (1) Wenn die Ebene F den Abstand 2 zur $x_1$-Achse hat, verläuft sie ebenfalls parallel zur $x_1$-Achse. Daher gilt:

$\vec{n}_F * \begin{pmatrix} 1 \\ 0 \\ 0 \end{pmatrix} = 0$, also $n_{F,1} = 0$.

(2) F ist orthogonal zu E, also $\vec{n}_F * \begin{pmatrix} 0 \\ 3 \\ -4 \end{pmatrix} = 0$, also $3n_{F,2} = 4n_{F,3}$. Wählt man z. B. $n_{F,2} = 4$, dann ergibt sich $n_{F,3} = 3$.

Also ist $\vec{n}_F = \begin{pmatrix} 0 \\ 4 \\ 3 \end{pmatrix}$ ein möglicher Normalenvektor von F und daher F: $4x_2 + 3x_3 = d$.

Nach Aufgabenstellung sollen die Punkte der $x_1$-Achse, also auch der Ursprung O(0 | 0 | 0), den Abstand 2 zu F haben. Mithilfe der Hesse-Form ergibt sich daher:

$d(O;F) = \frac{|d|}{\sqrt{4^2+3^2}} = \frac{|d|}{5}$; aus $d(O;F) = 2$ folgt daher $|d| = 10$.

Es gibt also zwei mögliche Ebenen: $F_1$: $4x_2 + 3x_3 = 10$; $F_2$: $4x_2 + 3x_3 = -10$.

### Aufgabe 7

Ein Verein erhält eine Lieferung gebrauchter Computer und Bildschirme. Von den 10 Computern und 15 Bildschirmen funktionieren jeweils drei Geräte nicht. Jemand wählt zufällig einen Computer und einen Bildschirm aus.

a) Berechnen Sie die Wahrscheinlichkeit dafür, dass beide ausgewählten Geräte funktionieren. **I3**

b) Nach Inbetriebnahme der zwei ausgewählten Geräte stellt sich heraus, dass beide Geräte funktionieren. Anschließend wählt jemand aus den übrigen Geräten der Lieferung zwei Computer aus. Berechnen Sie die Wahrscheinlichkeit dafür, dass mindestens einer der beiden zuletzt ausgewählten Computer funktioniert. **I3**

### Lösung

a) $p_1 = \frac{7}{10} \cdot \frac{12}{15} = \frac{14}{25}$

b) P(mindestens einer der beiden restlichen Computer funktioniert)
$= 1 -$ P(keiner der beiden restlichen Computer funktioniert)
$= 1 - \frac{3}{9} \cdot \frac{2}{8} = 1 - \frac{1}{12} = \frac{11}{12}$

### Aufgabe 8

Ein idealer Würfel wird 20-mal geworfen. Betrachtet wird die Anzahl der gewürfelten Sechsen. Gegeben sind drei Terme:

I: $\left(\frac{1}{6}\right)^{11} \cdot \left(\frac{5}{6}\right)^{9}$   II: $\binom{20}{11} \cdot \left(\frac{1}{6}\right)^{11} \cdot \left(\frac{5}{6}\right)^{9}$   III: $1 - \binom{20}{9} \cdot \left(\frac{5}{6}\right)^{9} \cdot \left(\frac{1}{6}\right)^{11}$

a) Geben Sie an, mit welchem der drei Terme die Wahrscheinlichkeit des Ereignisses „Es wird genau 11-mal eine Sechs gewürfelt." berechnet werden kann. **I4**

b) Formulieren Sie für jeden der beiden verbleibenden Terme ein Ereignis im Sachzusammenhang, dessen Wahrscheinlichkeit mit dem jeweiligen Term berechnet werden kann. **I3** **I4**

### Lösung

a) Term II beschreibt die Wahrscheinlichkeit des Ereignisses „Es wird genau 11-mal eine Sechs gewürfelt."

b) Term I: Bei den ersten 11 Würfen wird jedes Mal eine Sechs gewürfelt, danach keine Sechs mehr.

Term III: $\frac{5}{6}$ ist die Wahrscheinlichkeit, dass bei einem Wurf keine Sechs gewürfelt wird.

$\binom{20}{9} \cdot \left(\frac{5}{6}\right)^{9} \cdot \left(\frac{1}{6}\right)^{11}$ ist die Wahrscheinlichkeit, dass bei 20 Würfen genau 9-mal keine Sechs gewürfelt wird.

$1 - \binom{20}{9} \cdot \left(\frac{5}{6}\right)^{9} \cdot \left(\frac{1}{6}\right)^{11}$ ist die Wahrscheinlichkeit des Ereignisses „Es wird bei 20 Würfen nicht genau 9-mal keine Sechs gewürfelt."

# Wahlteil Analysis

## Aufgabe A1.1 Analysis

Das Gelände eines Abenteuerspielplatzes besteht aus einer Hochfläche, an die sich ein Hang mit einer Senke anschließt. Die Profillinie des Geländes wird für $-3 \le x \le 0$ durch die Gerade mit der Gleichung $y = 5$ und für $0 \le x \le 11$ durch den Graphen der Funktion f mit $f(x) = 0{,}0008\,x^4 - 0{,}12\,x^2 + 5$ beschrieben. Die Abbildung zeigt diese Profillinie.

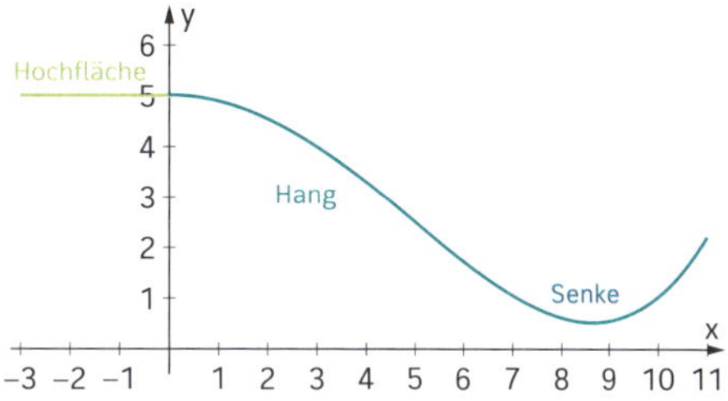


a) (1) Berechnen Sie die Koordinaten des tiefsten Punkts der Profillinie. **B6**

(2) Weisen Sie rechnerisch nach, dass der Hang zwischen Hochfläche und Senke an der Stelle $x = 5$ am steilsten abfällt und dort ein Gefälle von 80 % hat. **B7**

(3) Zeigen Sie, dass die Profillinie beim Übergang von der Hochfläche zum Hang knickfrei ist. **A4**

(Teilergebnis: Der tiefste Punkt hat die y-Koordinate 0,5.)

b) Zwischen zwei Befestigungspunkten, die im Modell durch $P(5\,|\,f(5))$ und $Q(10\,|\,f(10))$ dargestellt werden, wird ein Seil straff gespannt.

(1) Berechnen Sie die Länge des Seils. **E5**

(2) Beschreiben Sie ein Verfahren, mit dem man die maximale vertikale Höhe des Seils über dem Gelände berechnen kann. **C1 B6**

c) Auf der Hochfläche, einen Meter vom Übergang zum Hang entfernt, steht ein vertikaler Lichtmast, von dem aus das gesamte Gelände ausgeleuchtet werden kann. Berechnen Sie die Mindestlänge dieses Lichtmasts. **A4 B5**

d) Bei einem Umbau soll die Senke auf 5 m Länge so mit Sand aufgefüllt werden, dass eine horizontale rechteckige Fläche entsteht, die 0,5 m oberhalb des tiefsten Punkts der Senke liegt.

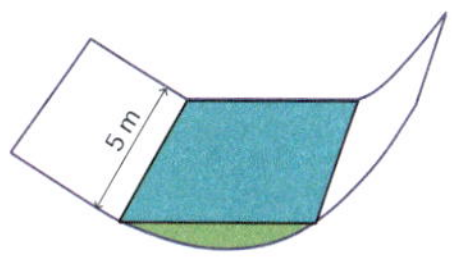


Berechnen Sie das Volumen des dafür benötigten Sandes. **B5 D2**

### Lösung

a) (1) Der tiefste Punkt der Profillinie ist der Tiefpunkt des Graphen von f im Intervall $[0; 11]$. Zur Berechnung benötigt man die ersten beiden Ableitungen von f.

$f'(x) = 0{,}0032 \cdot x^3 - 0{,}24 \cdot x;\qquad f''(x) = 0{,}0096 \cdot x^2 - 0{,}24.$

Notwendige Bedingung:
$f'(x) = 0 \Leftrightarrow 0{,}0032 \cdot x^3 - 0{,}24 \cdot x = 0 \Leftrightarrow 32 \cdot x \cdot (x^2 - 75) = 0$

Nullstellen von $f'(x)$: $x_1 = 0;\ x_2 = \sqrt{75};\ x_3 = -\sqrt{75} \notin [0;11]$

Hinreichende Bedingung: $f''(0) = -0{,}24 < 0$, an der Stelle $x_1 = 0$ liegt ein Hochpunkt.
$f''(\sqrt{75}) = 0{,}48 > 0$, an der Stelle $x_2 = \sqrt{75}$ liegt ein Tiefpunkt.

Funktionswert: $f(\sqrt{75}) = 0{,}5$. Dem Verlauf des Graphen ist zu entnehmen, dass an den Rändern des Definitionsbereichs keine kleineren Funktionswerte auftreten.

Somit gilt: Der tiefste Punkt der Profillinie ist der Punkt $T(\sqrt{75}\,|\,0{,}5)$.

(2) Die Stelle, an der der Hang am steilsten abfällt, ist die Wendestelle von f im Intervall $[0;11]$.

Notwendige Bedingung: $f''(x) = 0 \Leftrightarrow 0{,}0096 \cdot x^2 - 0{,}24 = 0$
Nullstellen von $f''(x)$: $x_1 = 5$; $x_2 = -5 \notin [0;11]$

Hinreichende Bedingung: $f'''(x) = 0{,}0192 \cdot x$; $f'''(5) = 0{,}096 \neq 0$
Steigung im Wendepunkt: $f'(5) = -0{,}8$.

Der Hang fällt an der Stelle $x = 5$ am steilsten ab und hat dort ein Gefälle von 80 %.

(3) Bei einem knickfreien Übergang der Graphen der beiden Funktionen f und g mit $g(x) = 5$ an der Stelle $x = 0$ muss gelten: Die Tangenten an der Übergangsstelle stimmen überein, d. h. zu zeigen ist: $f(0) = g(0)$ und $f'(0) = g'(0)$.

Es gilt: $f(0) = 5 = g(0)$ und $f'(0) = 0 = g'(0)$.
Der Übergang ist somit knickfrei.

b) (1) Berechnung der y-Koordinaten: $f(5) = 2{,}5$; $f(10) = 1$.
$P(5\,|\,2{,}5)$ und $Q(10\,|\,1)$ sind die Endpunkte des Seils. Länge der Strecke $\overline{PQ}$:

$|\overline{PQ}| = \sqrt{(10-5)^2 + (1-2{,}5)^2} = \sqrt{27{,}25} \approx 5{,}22$.

Das Seil hat eine Länge von ca. 5,22 m.

(2) Beschreibung eines Verfahrens
- Bestimmen einer linearen Funktion s, durch die die Lage des Seils modelliert wird.
- Die Funktion d mit $d(x) = s(x) - f(x)$ gibt die Höhendifferenz zwischen den beiden Graphen von s und f an einer Stelle x an.
- Man bestimmt mithilfe von $d'(x) = 0$ (notw. Bedingung) diejenige Stelle $x_0$, an der die Funktion d im Intervall $[5;10]$ ein Maximum annimmt.
- Der Funktionswert $d(x_0)$ gibt die maximale vertikale Höhe des Seils über dem Gelände an.

c) Ist h die Höhe des Lichtmastes, so hat die Spitze S des Lichtmastes die Koordinaten $S(-1\,|\,5 + h)$. h muss so gewählt werden, dass der Lichtstrahl von S zum Wendepunkt W des Hanges auf der Wendetangente liegt.

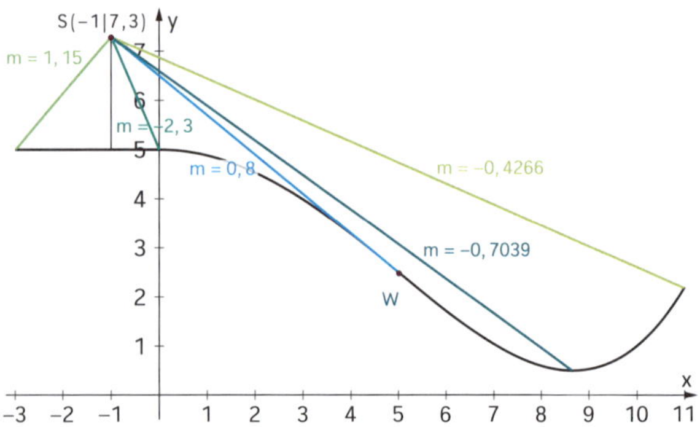


Gleichung der Wendetangente
$w: y = f'(5) \cdot (x - 5) + f(5)$
$= -0{,}8 \cdot (x - 5) + 2{,}5$
$= -0{,}8 \cdot x + 6{,}5$

Da S auf w liegt, gilt
$w(-1) = -0{,}8 \cdot (-1) + 6{,}5 = 5 + h \Leftrightarrow h = 2{,}3$.

Der Mast muss mindestens 2,3 m hoch sein, damit der gesamte Hang beleuchtet werden kann.

d) Skizze siehe rechts.

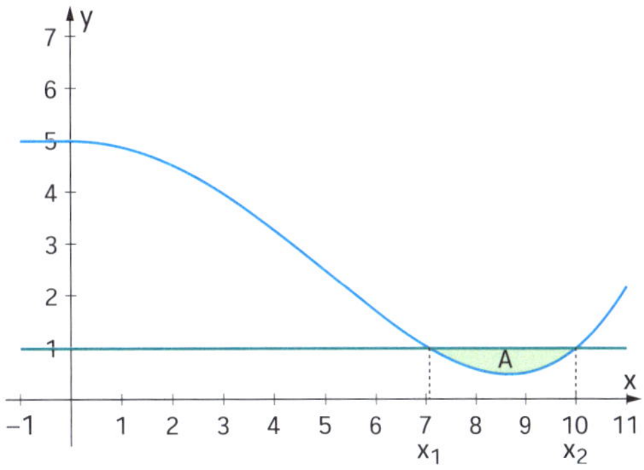


Da der tiefste Punkt des Geländes die y-Koordinaten 0,5 hat, hat die Oberfläche der mit Sand gefüllten Senke die Gleichung y = 1.

Schnittstellen von y = 1 mit f im Intervall [0; 11]:

$$\begin{aligned} f(x) = 1 &\Leftrightarrow 0{,}0008\,x^4 - 0{,}12\,x^2 + 5 = 1 \\ &\Leftrightarrow x^4 - 150\,x^2 = -5000 \\ &\Leftrightarrow (x^2 - 75)^2 = 75^2 - 5000 = 625 \\ &\Leftrightarrow x^2 = 75 \pm 25 \\ &\Leftrightarrow x = 10 \vee x = \sqrt{50} \approx 7{,}07. \end{aligned}$$

Querschnittsfläche:

$$A = \int_{\sqrt{50}}^{10} (1 - f(x))\,dx = \int_{\sqrt{50}}^{10} (-0{,}0008 \cdot x^4 + 0{,}12 \cdot x^2 - 4)\,dx = [-0{,}00016 \cdot x^5 + 0{,}004 \cdot x^3 - 4\,x]_{\sqrt{50}}^{10}$$
$$\approx 0{,}9706$$

Volumen des benötigten Sandes: $V = A \cdot 5 \approx 0{,}9706 \cdot 5 \approx 4{,}85$.
Man benötigt ca, 4,85 m³ Sand.

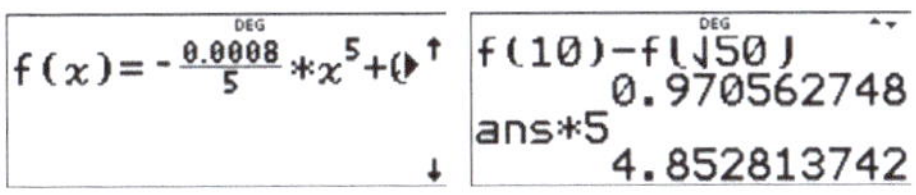


### Aufgabe A1.2 Analysis

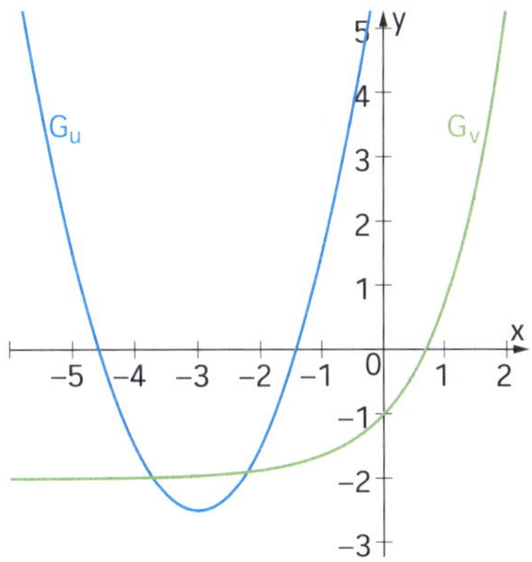


Abgebildet sind die Graphen $G_u$ und $G_v$ zweier Funktionen u und v.

Die Funktion f ist gegeben durch $f(x) = v(u(x))$.

(1) Bestimmen Sie $f(-1)$. **B5**

(2) Ermitteln Sie die Anzahl der Nullstellen von f im abgebildeten Bereich. **A4**

**Lösung**

(1) Da $u(-1) = 1{,}5$ ist, gilt $f(-1) = v(u(-1)) = v(1{,}5) = 2{,}5$

(2) Die Funktion v hat im abgebildeten Bereich genau eine Nullstelle bei $x \approx 0{,}7$.

Die Gleichung $u(x) \approx 0{,}7$ hat zwei Lösungen, nämlich $x_1 \approx -4{,}8$ und $x_2 \approx -1{,}2$; d. h., die Funktion f hat im abgebildeten Bereich also zwei Nullstellen.

## Aufgabe A1.3 Analysis

Die Funktion w ist auf $\mathbb{R}$ definiert und zweimal differenzierbar.
Für die Funktion g gilt $g(x) = e^{w(x)} - 2$.

Zeigen Sie: Wenn $x_0$ eine Wendestelle von w und von g ist, dann hat der Graph von w bei $x_0$ eine waagrechte Tangente. **A3 B7**

### Lösung

Nach Voraussetzung gilt:
$x_0$ ist Wendestelle von w $\Rightarrow$ $w''(x_0) = 0$;
$x_0$ ist Wendestelle von g $\Rightarrow$ $g''(x_0) = 0$.

Bestimmung der Ableitungen von g gemäß Kettenregel und Produktregel
$g'(x) = w'(x) \cdot e^{w(x)}$;
$g''(x) = w'(x) \cdot (w'(x) \cdot e^{w(x)}) + w''(x) \cdot e^{w(x)} = ((w'(x))^2 + w''(x)) \cdot e^{w(x)}$.

Da nach Voraussetzung gilt, dass $w''(x_0) = 0$ und $g''(x_0) = 0$, bedeutet $g''(x_0) = 0$, dass $((w'(x_0))^2 + 0) \cdot e^{w(x_0)} = 0$, also $(w'(x_0))^2 \cdot e^{w(x_0)} = 0$.

Da $e^{w(x_0)} > 0$ für alle $x_0 \in \mathbb{R}$, folgt $w'(x_0) = 0$.

Der Graph von w hat an der Stelle $x_0$ eine waagerechte Tangente.

## Aufgabe A2.1 Analysis

Die Funktion f beschreibt für $0 \leq t \leq 8$ modellhaft die Wachstumsgeschwindigkeit eines Apfelbaums, der zu Beobachtungsbeginn 0,8 m hoch ist (t in Jahren nach Beobachtungsbeginn, f(t) in Meter pro Jahr).

a) Die Abbildung zeigt den Graphen $G_f$ von f.

(1) Bestimmen Sie die Länge des Zeitraums, in dem die Wachstumsgeschwindigkeit des Apfelbaums größer als 0,5 Meter pro Jahr ist. **B5**

(2) Bestimmen Sie die Höhe des Apfelbaums zwei Jahre nach Beobachtungsbeginn. **D3 D2**

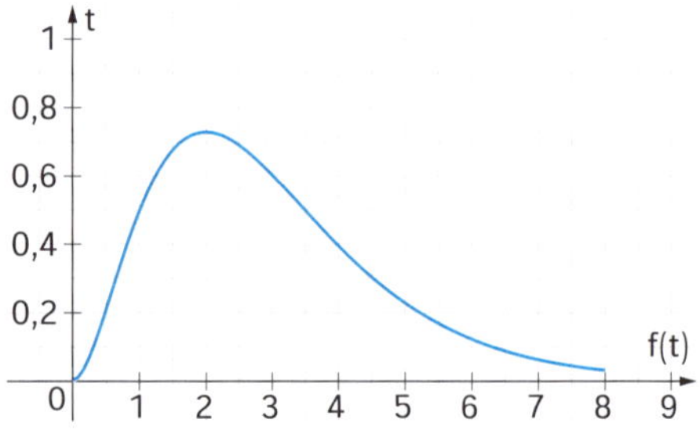


Die Wachstumsgeschwindigkeit eines Birnbaums, der zu Beobachtungsbeginn 1,2 m hoch ist, wird für $0 \leq t \leq 8$ modellhaft beschrieben durch die Funktion g mit $g(t) = t^2 \cdot e^{-t}$ (t in Jahren nach Beobachtungsbeginn, g(t) in Meter pro Jahr). Für die Ableitungen der Funktion g gilt:
$g'(t) = 2\,t \cdot e^{-t} - t^2 \cdot e^{-t}$, $g''(t) = 2\,e^{-t} - 4\,t \cdot e^{-t} + t^2 \cdot e^{-t}$.

b) (1) Berechnen Sie den Zeitpunkt, zu dem die Wachstumsgeschwindigkeit des Birnbaums am größten ist, und geben Sie diese Wachstumsgeschwindigkeit an. **B6**

(2) Begründen Sie, dass der Birnbaum ab diesem Zeitpunkt weiterhin wächst, die Wachstumsgeschwindigkeit jedoch ständig abnimmt. **B6**

(3) Formulieren Sie eine Frage im Sachzusammenhang, die auf die Gleichung

$\frac{1}{5}\int_{x}^{x+5} g(t)\,dt = 0{,}3$ führt. **D3 D4**

c) Zeigen Sie, dass für $0 \le t \le 8$ die Funktion h mit $h(t) = (-t^2 - 2t - 2) \cdot e^{-t} + 3{,}2$ die Höhe des Birnbaums beschreibt (t in Jahren nach Beobachtungsbeginn, h(t) in Meter). **D1** **D3**

d) Durch die Zugabe eines Düngers wird das Wachstum von Birnbäumen beeinflusst. Die Höhe eines gedüngten Birnbaums wird durch die Funktion k beschrieben mit $k(t) = -2{,}3\, e^{-t} + 3{,}5$ ($t \ge 0$ in Jahren nach Beobachtungsbeginn, k(t) in Meter).
Die Höhe eines ungedüngten Birnbaums wird weiterhin durch die Funktion h beschrieben. Beide Birnbäume haben zu Beobachtungsbeginn dieselbe Höhe.

(1) Berechnen Sie den Zeitpunkt, bis zu dem die Wachstumsgeschwindigkeit des gedüngten Birnbaums größer ist als die des ungedüngten Birnbaums. **B5**

(2) Untersuchen Sie rechnerisch, welcher der beiden Bäume zuerst eine Höhe von 3,1 m erreicht.

**Lösung**

a) (1) Man schneidet den Graphen von f mit der Geraden mit der Gleichung $y = 0{,}5$ und liest die Schnittstellen ab. Der Abbildung kann man $x_1 \approx 1$ und $x_2 \approx 3{,}4$ entnehmen.
Die Länge des Zeitraums errechnet sich aus $x_2 - x_1 \approx 2{,}4$.
Der Apfelbaum wächst ca. 2,4 Jahre lang schneller als 0,5 m pro Jahr.

(2) Die Höhe nach 2 Jahren berechnet sich aus der Anfangshöhe von 0,8 m und dem Zuwachs in zwei Jahren, der sich aus dem Integral der Wachstumsfunktion ergibt:

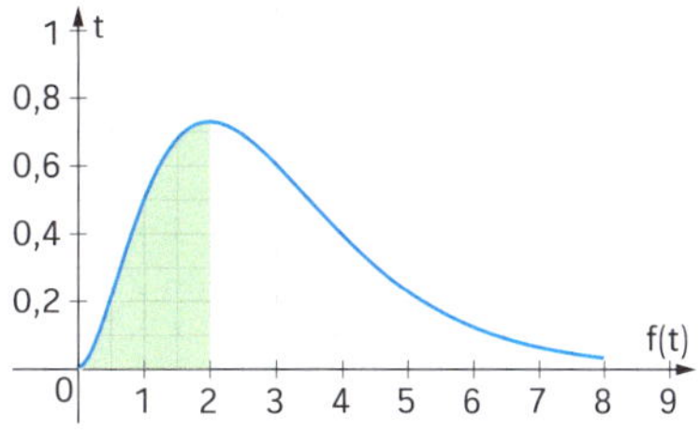


$h(2) = h(0) + \int_0^2 f(t)\,dt$;

$\int_0^2 f(t)\,dt$ ist der Inhalt der markierten Fläche.

Durch Auszählen der Kästchen erhält man $\int_0^2 f(t)\,dt \approx 0{,}85$. Damit gilt:

$h(2) \approx 0{,}8 + 0{,}85 = 1{,}65$. Der Baum hat nach zwei Jahren eine Höhe von ca. 1,65 m.

b) (1) Notwendige Bedingung für das Maximum der Wachstumsgeschwindigkeit:
$g'(t) = 0 \Leftrightarrow (2t - t^2) \cdot e^{-t} = 0 \Leftrightarrow t \cdot (2 - t) \cdot e^{-t} = 0$, also $t_1 = 0$; $t_2 = 2$.

Hinreichende Bedingung:
$g''(0) = 2e^0 > 0 \Rightarrow$ g hat an der Stelle $t_1 = 0$ ein lokales Minimum.
$g''(2) = -2 \cdot e^{-2} < 0 \Rightarrow$ g hat an der Stelle $t_2 = 2$ ein lokales Maximum.
Funktionswert im Hochpunkt: $g(2) = 4 \cdot e^{-2} \approx 0{,}54$.

Zwei Jahre nach Beobachtungsbeginn ist die Wachstumsgeschwindigkeit mit ca. 0,54 m pro Jahr am größten.

(2) Für $t > 2$ gilt: $g(t) = t^2 \cdot e^{-t} > 0$, da beide Faktoren $t^2$ und $e^{-t}$ positiv sind.

Weiter gilt: $g'(t) = t \cdot (2 - t) \cdot e^{-t} < 0$, da die Faktoren t und $e^{-t}$ positiv sind, aber der Faktor $(2 - t)$ negativ ist.

Wegen $g(t) > 0$ wächst der Birnbaum weiterhin, aber die Wachstumsgeschwindigkeit nimmt wegen $g'(t) < 0$ ab.

(3) Das Integral beschreibt die Zunahme der Baumhöhe in einem Zeitraum von 5 Jahren; der fünfte Teil davon ergibt die durchschnittliche Zunahme.
Eine mögliche Fragestellung könnte daher sein:
Zu welchem Zeitpunkt t beginnt ein Fünf-Jahres-Zeitraum, in dem der Baum durchschnittlich um 0,3 m pro Jahr wächst?

c) Wenn g(t) die Wachstumsgeschwindigkeit des Baums modelliert,

dann ergibt sich die Baumhöhe h(t) wie folgt: $h(t) = h(0) + \int_0^t g(x)\,dx$.

Da keine Stammfunktion von g(x) angegeben ist, liegt die Vermutung nahe, dass der gegebene Term eine solche Stammfunktion darstellt.

Für die Funktion h gilt: $h(0) = -2 \cdot e^0 + 3{,}2 = -2 + 3{,}2 = 1{,}2$.
Dies entspricht der Höhe des Birnbaums zu Beobachtungsbeginn.

Um nachzuweisen, dass der übrige Term mit der Integralfunktion zusammenhängt, leiten wir den gegebenen Funktionsterm gemäß Kettenregel und Produktregel ab:

$h'(t) = (-2t - 2) \cdot e^{-t} + (t^2 - 2t - 2) \cdot (-1) \cdot e^{-t} = (-2t - 2 + t^2 + 2t + 2) \cdot e^{-t} = t^2 \cdot e^{-t} = g(t)$

h′ stimmt also mit der Funktion g überein, die die Wachstumsgeschwindigkeit des Birnbaums beschreibt. Somit ist gezeigt, dass die Funktion h die Höhe des Birnbaums beschreibt.

d) (1) Wachstumsgeschwindigkeit des gedüngten Baumes: $k'(t) = -2{,}3 \cdot (-1) \cdot e^{-t} = 2{,}3 \cdot e^{-t}$

Die Wachstumsgeschwindigkeit k′(t) des gedüngten Baums ist größer als die des ungedüngten Baums: $k'(t) > g(t) \Leftrightarrow 2{,}3 \cdot e^{-t} > t^2 \cdot e^{-t} \Leftrightarrow t^2 < 2{,}3$.

Mit $t \geq 0$ erhält man $t < \sqrt{2{,}3} \approx 1{,}5$.

In den ersten 1,5 Jahren wächst der gedüngte Baum schneller als der ungedüngte.

(2) Der gedüngte Baum erreicht die Höhe von 3,1 m, wenn k(t) = 3,1, also wenn

$-2{,}3 \cdot e^{-t} + 3{,}5 = 3{,}1 \Leftrightarrow 2{,}3 \cdot e^{-t} = 0{,}4 \Leftrightarrow t = -\ln\left(\frac{0{,}4}{2{,}3}\right) \approx 1{,}75$.

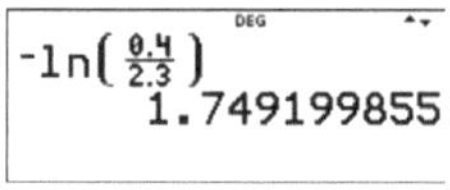


Der gedüngte Baum erreicht nach ca. 1,75 Jahren eine Höhe von 3,1 m.

Höhe des ungedüngten Baumes nach 1,75 Jahren: $h(1{,}75) \approx 1{,}71$

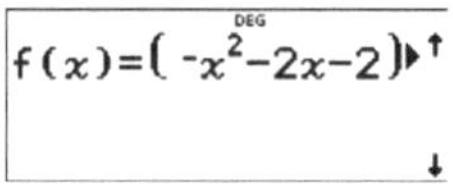


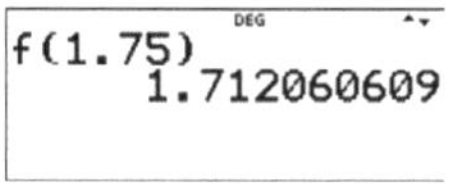


Der ungedüngte Baum ist nach 1,75 Jahren erst ca. 1,71 m hoch.
Der gedüngte Baum erreicht zuerst eine Höhe von 3,1 m.

### Aufgabe A2.2 Analysis

Für jedes $t > 0$ ist eine Funktion $f_t$ gegeben durch $f_t(x) = -4x^3 + 12\,t\,x^2$.

a) (1) Bestimmen Sie die Nullstellen von $f_t$. **B9 B4 B8**

(2) Der Graph von $f_t$ schließt mit der x-Achse eine Fläche mit dem Inhalt $A_t$ ein.

Ermitteln Sie denjenigen Wert von t, für den $A_t = \frac{16}{3}$ gilt. **B9 D2**

b) Für $t = \frac{2}{3}$ gibt es Tangenten an den Graphen von $f_t$, die den Punkt $S(3\,|\,0)$ enthalten. Berechnen Sie die x-Koordinaten der zugehörigen Berührpunkte. **A4**

### Lösung

a) (1) Nullstellen von $f_t$:

$f_t(x) = -4 \cdot x^2 \cdot (x - 3t) = 0$, also eine doppelte Nullstelle bei $x_1 = 0$ und eine einfache bei $x_2 = 3t$.

(2) Wegen des Vorzeichens von $x^3$ und der Lage der doppelten Nullstelle links von der einfachen Nullstelle ergibt sich, dass die gesuchte Fläche oberhalb der x-Achse liegt.

Skizze des Graphen für t = 1:

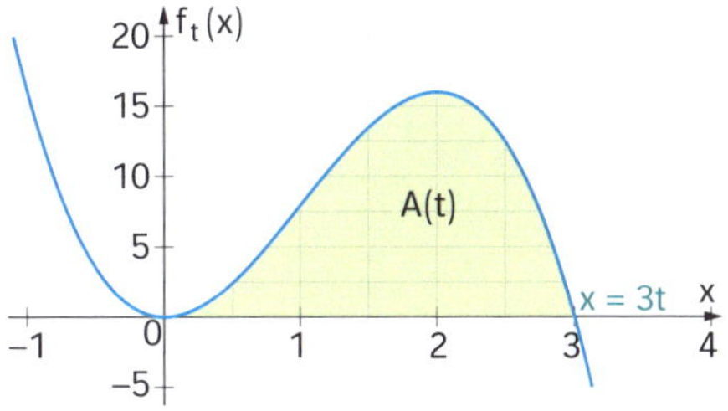


$$A(t) = \int_0^{3t} f_t(x)\,dx = [-x^4 + 4 \cdot t \cdot x^3]_0^{3t} = -81 \cdot t^4 + 108 \cdot t^4 = 27 \cdot t^4$$

$$A(t) = \frac{16}{3} \Leftrightarrow 27 \cdot t^4 = \frac{16}{3} \Leftrightarrow t^4 = \frac{16}{81}$$

Wegen $t > 0$ erhält man $t = \frac{2}{3}$.

b) Die betrachtete Funktion ist $f_{\frac{2}{3}}(x) = -4x^3 + 8x^2$ mit $f'_{\frac{2}{3}}(x) = -12x^2 + 16x$.

Jeder Punkt des Graphen hat also die Koordinaten $B(u\,|\,-4u^3 + 8u^2)$.

Bestimmung der Tangente in B: $t: y = (-12u^2 + 16u) \cdot (x - u) + (-4u^3 + 8u^2)$.

Der Punkt $S(3\,|\,0)$ soll auf t liegen, d. h., seine Koordinaten erfüllen die Tangentengleichung:

$0 = (-12u^2 + 16u) \cdot (3 - u) + (-4u^3 + 8u^2) \Leftrightarrow 0 = -36u^2 + 48u + 12u^3 - 16u^2 - 4u^3 + 8u^2$

$\Leftrightarrow 0 = 8u^3 - 44u^2 + 48u \Leftrightarrow 4u \cdot (2u^2 - 11u + 12) = 0.$

Lösungen dieser Gleichung sind $u_1 = 0$ und $u_{2,3} = \frac{11 \pm \sqrt{121 - 96}}{4} = \frac{11 \pm 5}{4}$, also $u_2 = 1{,}5$ und $u_3 = 4$.

Die zugehörigen Berührpunkte haben also die x-Koordinaten $x_1 = 0$; $x_2 = \frac{3}{2}$; $x_3 = 4$.

## Wahlteil Analytische Geometrie

### Aufgabe B1 Analytische Geometrie

Gegeben ist eine gerade Pyramide mit quadratischer Grundfläche. Die Eckpunkte der Grundfläche sind $A(-3|-3|0)$, $B(3|-3|0)$, $C(3|3|0)$ und D, die Spitze ist $S(0|0|6)$. Die Ebene E enthält die Punkte A, B und S.

a) (1) Stellen Sie die Pyramide in einem geeigneten Koordinatensystem dar. **E3**

(2) Bestimmen Sie eine Koordinatengleichung der Ebene E. **F5** **F6**

(3) Berechnen Sie den Oberflächeninhalt der Pyramide. **G4**

(Teilergebnis: E: $2x_2 - x_3 = -6$)

b) Innerhalb der Pyramide gibt es einen Punkt, dessen Abstand von der Grundfläche der Pyramide $\sqrt{5}$-mal so groß ist wie sein Abstand zu den Seitenflächen.
Berechnen Sie die Koordinaten dieses Punktes. **G5**

c) Betrachtet wird für jedes $a > 0$ die gerade Pyramide mit folgenden Eigenschaften:

- $A(-a|-a|0)$, $B(a|-a|0)$, $C(a|a|0)$ und D sind die Eckpunkte der quadratischen Grundfläche.
- Die $x_3$-Koordinate der Spitze S ist positiv.
- Die Höhe der Pyramide stimmt mit der Kantenlänge der Grundfläche überein.

$M_1$ ist die Kantenmitte von AB, $M_2$ die Kantenmitte von DS.
Zeigen Sie: Die Strecke $M_1M_2$ ist orthogonal zur Kante DS. **E3** **E5**

### Lösung

a) (1) Darstellung der Pyramide: siehe rechts.

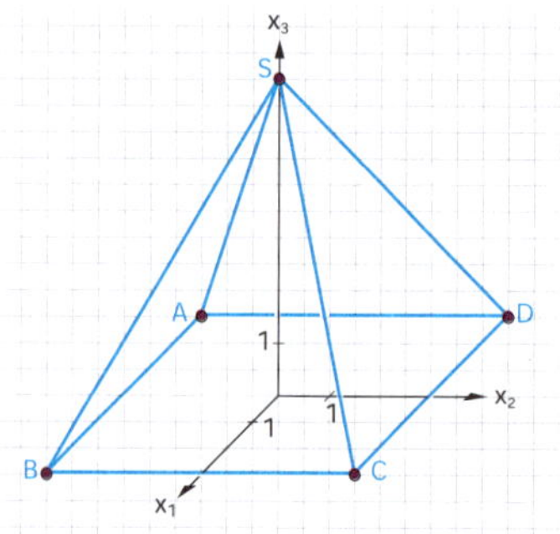


Die fehlenden Koordinaten des Punktes D: $D(-3|3|0)$.

(2) Bestimmung eines Normalenvektors von E mithilfe des Kreuzprodukts

$$\overrightarrow{AS} \times \overrightarrow{AB} = \begin{pmatrix} 3 \\ 3 \\ 6 \end{pmatrix} \times \begin{pmatrix} 6 \\ 0 \\ 0 \end{pmatrix} = \begin{pmatrix} 0 \\ 36 \\ -18 \end{pmatrix} = 18 \cdot \begin{pmatrix} 0 \\ 2 \\ -1 \end{pmatrix}$$

Wähle $\vec{n} = \begin{pmatrix} 0 \\ 2 \\ -1 \end{pmatrix}$ als Normalenvektor von E.

Diesen Vektor findet man auch ohne Verwendung des Kreuzprodukts, da zwei Komponenten des Vektors $\overrightarrow{AB}$ gleich null sind und man nur die Komponenten des Vektors $\overrightarrow{AS}$ beachten muss.

Koordinatengleichung der Ebene:

$$\begin{pmatrix} 0 \\ 2 \\ -1 \end{pmatrix} * \left(\vec{x} - \begin{pmatrix} -3 \\ -3 \\ 0 \end{pmatrix}\right) = 0 \Leftrightarrow 2x_2 - x_3 + 6 = 0 \Leftrightarrow \frac{2x_2 - x_3 + 6}{\sqrt{5}} = 0$$ (Darstellung in der Hesse'schen Normalenform).

Koordinatengleichung: E: $2x_2 - x_3 = -6$.

(3) Zur Bestimmung des Flächeninhalts des gleichschenkligen Dreiecks ABS bestimmt man die Dreieckshöhe h = Abstand der Mitte der Basis $M(0\,|-3\,|\,0)$ zum Punkt S:

$$h = |\overrightarrow{MS}| = \left|\begin{pmatrix} 0 \\ 3 \\ 6 \end{pmatrix}\right| = \sqrt{45} \text{ und daher } A_{ABS} = \frac{1}{2} \cdot |\overrightarrow{AB}| \cdot |\overrightarrow{MS}| = \frac{1}{2} \cdot 6 \cdot \sqrt{45} = 9 \cdot \sqrt{45}.$$

Da die Seitenlängen der quadratischen Grundfläche gleich 6 ist, ergibt sich für die Oberfläche der Pyramide:

$O = 4 \cdot A_{ABS} + A_{ABCD} = 4 \cdot 9 \cdot \sqrt{45} + 36 = 36 \cdot (1 + \sqrt{45}) \approx 116{,}50.$

b) Aus Symmetriegründen muss der Punkt P auf der positiven $x_3$-Achse zwischen O und S liegen, also $P(0\,|\,0\,|\,p)$, $0 < p < 6$ (d. h. der Abstand des Punktes P zur Grundfläche ist gleich p).

Um den Abstand von P zur Ebene E zu bestimmen, in der die Seitenfläche ABS liegt, verwenden wir die Hesse'sche Normalenform der Ebene: $d(P; E) = \frac{|-p+6|}{\sqrt{5}}$.

Daher muss gelten: $p = \sqrt{5} \cdot d(P; E) = \sqrt{5} \cdot \frac{|-p+6|}{\sqrt{5}} = |-p+6|$, also (da $6 - p > 0$):
$p = -p + 6 \Leftrightarrow 2p = 6 \Leftrightarrow p = 3.$

Der gesuchte Punkt ist $P(0\,|\,0\,|\,3)$.

c) Bestimmung der Koordinaten der Punkte D und S:

$D(-a\,|\,a\,|\,0)$; die Kantenlänge der Grundfläche beträgt 2a, und da die Höhe der Pyramide mit der Kantenlänge übereinstimmt, gilt $S(0\,|\,0\,|\,2a)$.

Bestimmung der Koordinaten der Kantenmitten:

$$\overrightarrow{OM_1} = \frac{\overrightarrow{OA} + \overrightarrow{OB}}{2} = \begin{pmatrix} 0 \\ -a \\ 0 \end{pmatrix};\ M_1(0\,|-a\,|\,0);\quad \overrightarrow{OM_2} = \frac{\overrightarrow{OD} + \overrightarrow{OS}}{2} = \begin{pmatrix} -\frac{a}{2} \\ \frac{a}{2} \\ a \end{pmatrix};\ M_2\left(-\tfrac{a}{2}\,\middle|\,\tfrac{a}{2}\,\middle|\,a\right).$$

Für den Verbindungsvektor der beiden Mittelpunkte der Kanten gilt: $\overrightarrow{M_1M_2} = \begin{pmatrix} -\frac{a}{2} \\ \frac{3a}{2} \\ a \end{pmatrix}$.

Damit ergibt sich für den Vektor $\overrightarrow{DS} = \begin{pmatrix} a \\ -a \\ 2a \end{pmatrix}$:

$\overrightarrow{M_1M_2} * \overrightarrow{DS} = -\frac{a^2}{2} - \frac{3a^2}{2} + 2a^2 = 0$, d. h. $\overrightarrow{M_1M_2}$ ist orthogonal zu $\overrightarrow{DS}$.

**Aufgabe B2 Analytische Geometrie**

Eine Firma stellt Gewächshäuser her. Die Ecken der Grundfläche dieser Gewächshäuser können modellhaft durch die Punkte $A(8\,|\,0\,|\,0)$, $B(8\,|\,7\,|\,0)$, $C(0\,|\,7\,|\,0)$ und $D(0\,|\,0\,|\,0)$ beschrieben werden. In diesen Ecken stehen senkrecht zur Grundfläche Pfosten, die das Dach des Gewächshauses tragen (alle Koordinatenangaben in Meter).

a) Bei einem dieser Gewächshäuser können die Ecken der Dachfläche durch die Punkte $E(8\,|\,0\,|\,4)$, $F(8\,|\,7\,|\,5)$, $G(0\,|\,7\,|\,5)$ und $H(0\,|\,0\,|\,4)$ beschrieben werden.

(1) Stellen Sie dieses Gewächshaus in einem geeigneten Koordinatensystem dar.
(2) Berechnen Sie den Rauminhalt dieses Gewächshauses. **G4**
(3) Ermitteln Sie eine Koordinatengleichung der Ebene, die die Lage der Dachfläche beschreibt. **F5 F6**

b) Die Firma bietet die Gewächshäuser mit unterschiedlichen Neigungen der Dachfläche an. Die Lage jeder dieser Dachflächen kann durch eine Ebene beschrieben werden, die zur Schar $E_a$: $a x_2 - 7 x_3 = 7a - 35$ mit $a \geq 0$ gehört.

(1) Berechnen Sie den Wert von a, für den die Neigung der Dachfläche 30° beträgt. G2

(2) Es gibt eine Gerade g, die in allen Ebenen der Ebenenschar liegt. Bestimmen Sie eine Gleichung dieser Geraden g. F10 F11

(3) Untersuchen Sie, für welche Werte von a im gesamten Gewächshaus eine Mindesthöhe von 2 m gegeben ist. F10 F8

**Lösung**

a) (1) Skizze: siehe rechts

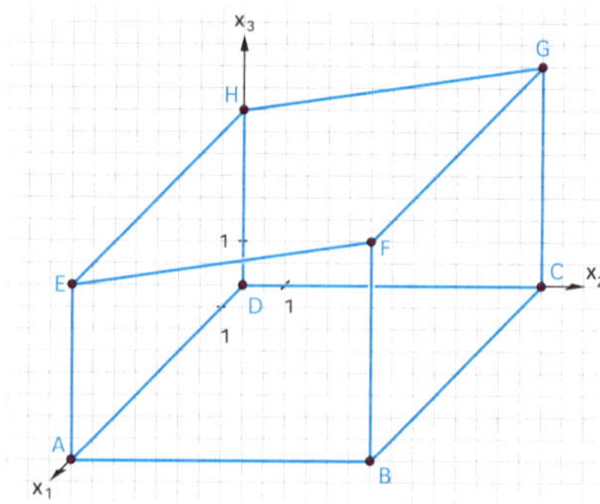


(2) Das Gewächshaus kann als Prisma mit der Grundfläche ABFE aufgefasst werden.

Für den Flächeninhalt des Trapezes ABFE gilt:

$A_{ABFE} = \frac{1}{2}(|FE| + |BF|) \cdot |AB|$

$= \frac{1}{2} \cdot (4 + 5) \cdot 7 = \frac{63}{2}.$

Somit ergibt sich für das Volumen des Prismas

$V = A_{ABFE} \cdot |AD| = \frac{63}{2} \cdot 8 = 252.$

Der Rauminhalt des Gewächshauses beträgt 252 m³.

(3) Bestimmung eines Normalenvektors der Dachflächen-Ebene mithilfe des Kreuzprodukts:

$$\overrightarrow{EF} \times \overrightarrow{EH} = \begin{pmatrix} 0 \\ 7 \\ 1 \end{pmatrix} \times \begin{pmatrix} -8 \\ 0 \\ 0 \end{pmatrix} = \begin{pmatrix} 0 \\ -8 \\ 56 - 7 \end{pmatrix} = -8 \cdot \begin{pmatrix} 0 \\ 1 \\ -7 \end{pmatrix}.$$

Wähle $\vec{n} = \begin{pmatrix} 0 \\ 1 \\ -7 \end{pmatrix}$ als Normalenvektor der Ebene.

Damit ergibt sich als Koordinatengleichung

$$\begin{pmatrix} 0 \\ 1 \\ -7 \end{pmatrix} * \left[\vec{x} - \begin{pmatrix} 8 \\ 0 \\ 4 \end{pmatrix}\right] = 0 \quad \Leftrightarrow \quad x_2 - 7x_3 + 28 = 0, \quad \text{d. h. } E\colon x_2 - 7x_3 = -28.$$

b) (1) Die Neigung der Dachfläche entspricht dem Schnittwinkel α zwischen einer Ebene $E_a$ und der $x_1x_2$-Koordinatenebene.

$\cos(\alpha) = \frac{|\vec{n}_a * \vec{n}_{12}|}{|\vec{n}_a| \cdot |\vec{n}_{12}|}$ mit $\vec{n}_a = \begin{pmatrix} 0 \\ a \\ -7 \end{pmatrix}$ und $\vec{n}_{12} = \begin{pmatrix} 0 \\ 0 \\ 1 \end{pmatrix}$, also

$\cos(\alpha) = \frac{\left|\begin{pmatrix} 0 \\ a \\ -7 \end{pmatrix} * \begin{pmatrix} 0 \\ 0 \\ 1 \end{pmatrix}\right|}{\left|\begin{pmatrix} 0 \\ a \\ -7 \end{pmatrix}\right| \cdot 1} = \frac{|-7|}{\sqrt{a^2 + 49}}.$ Mit $\cos(30°) = \frac{\sqrt{3}}{2}$ erhält man $\frac{\sqrt{3}}{2} = \frac{7}{\sqrt{a^2 + 49}}$

$\Leftrightarrow 3 \cdot (a^2 + 49) = 196 \Leftrightarrow a^2 = \frac{49}{3}.$

$a = \frac{7}{\sqrt{3}} \approx 4{,}04$ ist die positive Lösung dieser Gleichung.

Für $a = \frac{7}{\sqrt{3}}$ beträgt die Neigung der Dachfläche 30°.

(2) Da es eine Gerade gibt, die in allen Ebenen der Schar liegt, kann man sie als Schnittgerade zweier beliebiger Ebenen der Schar, z. B. $E_0$ und $E_1$, bestimmen:

$E_0$: $-7x_3 = -35$; $E_1$: $x_2 - 7x_3 = -28$.

Um die Schnittgerade dieser beiden Ebenen zu bestimmen, muss also das folgende LGS gelöst werden:

$\left| \begin{array}{rcrcr} & & 7x_3 & = & 35 \\ x_2 & - & 7x_3 & = & -28 \end{array} \right|$. Dieses hat die Lösung $x_1 = t$; $x_2 = 7$; $x_3 = 5$.

Somit gilt: g: $\vec{x} = \begin{pmatrix} 0 \\ 7 \\ 5 \end{pmatrix} + t \cdot \begin{pmatrix} 1 \\ 0 \\ 0 \end{pmatrix}$, $t \in \mathbb{R}$.

Die Gerade g enthält den Punkt $G(0|7|5)$ und verläuft parallel zur $x_1$-Achse, sie liegt somit auf der Dachkante FG.

(3) Da sich alle Ebenen der Schar in der Dachkante FG schneiden, beträgt die Höhe jedes Gewächshauses (an der rechten Seitenwand BCGF) 5 m.

Die $x_3$-Achse schneidet eine Ebene $E_a$ der Schar im Punkt $H_a(0|0|5-a)$.

Die $x_3$-Koordinate $5-a$ von $H_a$ gibt die Höhe des Gewächshauses bei der linken Seitenwand ADHE an.

Aus $5 - a \geq 2$ erhält man $a \leq 3$, also gilt:
Für $0 \leq a \leq 3$ hat das zugehörige Gewächshaus eine Mindesthöhe von 2 m.

## Wahlteil Stochastik

**Aufgabe C1 Wahlteil Stochastik**

Ein Unternehmen füllt Honig in Gläser mit der Aufschrift 250 g ab. Die Füllmenge X eines Glases wird als normalverteilt angenommen mit dem Erwartungswert $\mu = 252$ und der Standardabweichung $\sigma = 2$ (alle Angaben in g).

a) Ein Glas wird zufällig ausgewählt. **J6**

(1) Bestimmen Sie die Wahrscheinlichkeit dafür, dass weniger als 250 g Honig in diesem Glas sind.

(2) Ermitteln Sie die Wahrscheinlichkeit dafür, dass die Füllmenge dieses Glases um höchstens 2 % von 250 g abweicht.

b) Gesucht ist ein Wert $a \neq 245$ mit $P(a \leq X \leq a + 5) = P(245 \leq X \leq 250)$.
Begründen Sie, dass es solch einen Wert von a gibt, und geben Sie diesen Wert an. **J6**

c) Bei einer neuen Abfüllanlage beträgt die Standardabweichung der Füllmenge 1 g. Bei ihr kann man durch einen Regler den Erwartungswert der Füllmenge mit einer Genauigkeit von 0,1 g einstellen. Die Wahrscheinlichkeit dafür, dass ein zufällig ausgewähltes Glas weniger als 250 g enthält, soll höchstens 15 % betragen.

   Ermitteln Sie, auf welchen Wert der Erwartungswert der Füllmenge mindestens eingestellt werden muss. **J6**

Bei einer Sonderaktion wird jedes fünfte Glas auf der Deckelinnenseite mit einem von außen nicht sichtbaren Gutschein versehen.

d) Lena kauft während der Sonderaktion sechs Gläser und stellt sie in einer Reihe auf. Bestimmen Sie die Wahrscheinlichkeiten der folgenden Ereignisse:

   A: „Genau drei dieser Gläser enthalten jeweils einen Gutschein." **J3**
   B: „Die beiden ersten Gläser enthalten jeweils einen Gutschein." **I3**
   C: „In genau zwei Gläsern befindet sich jeweils ein Gutschein, und diese Gläser stehen nicht unmittelbar nebeneinander." **J3** **I3**

e) Die Gläser werden in Kartons abgepackt und an Lebensmittelgeschäfte ausgeliefert. Jeder Karton enthält 30 Gläser. Ein Kunde nimmt drei Gläser aus dem Karton und hofft, mit einer Wahrscheinlichkeit von mindestens 50 % mindestens einen Gutschein zu erhalten. Ermitteln Sie die Anzahl der Gläser mit Gutschein, die sich dafür mindestens in dem Karton befinden müssten. **J3**

**Lösung**

a) Mithilfe des TR erhält man

   (1) $P(X < 250) \approx 0{,}1587$

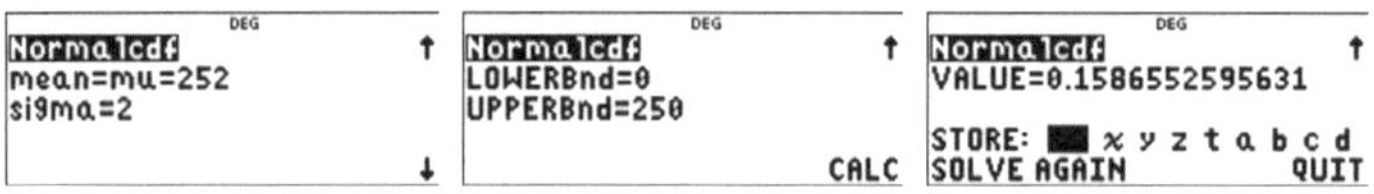


   (2) $P(0{,}98 \cdot 250 \le X \le 1{,}02 \cdot 250) = P(245 \le X \le 255) \approx 0{,}9332 - 0{,}0002 = 0{,}9330$

b) Die zugehörige Glockenkurve ist symmetrisch zur Geraden mit der Gleichung $x = 252$. Deshalb müssen auch die Intervalle $[245; 250]$ und $[a; a + 5]$ spiegelbildlich zur Symmetrieachse liegen. Somit erhält man $a = 254$.

   Es gilt: $P(245 \le X \le 250) = P(254 \le X \le 259)$.

c) Die Zufallsvariable Y beschreibt die Füllmenge der neuen Abfüllanlage.
   Y ist normalverteilt mit unbekanntem Erwartungswert $\mu$ und der Standardabweichung $\sigma = 1$.

   Gesucht ist der kleinste Wert von $\mu$, für den $P(Y < 250) \le 0{,}15$ gilt.

   Mithilfe des Taschenrechners erhält man durch systematisches Probieren:

| $\mu$ | 250,9 | 251,0 | 251,1 | 251,2 |
|---|---|---|---|---|
| $P(X \le 250)$ | 0,1841 | 0,1587 | 0,1357 | 0,1151 |

   Der Erwartungswert muss daher mindestens 251,1 g betragen.

d) Die Zufallsvariable $Z_1$ gibt die Anzahl der Gläser an, die einen Gutschein enthalten. $Z_1$ ist binomialverteilt mit $n = 6$ und $p = \frac{1}{5}$.

Ereignis A: $P(A) = P(Z_1 = 3) \approx 0{,}0819$

Ereignis B: $P(B) = \frac{1}{5} \cdot \frac{1}{5} = \frac{1}{25} = 0{,}04$

Ereignis C: Es gibt zwei Gläser mit Gutscheinen, die nicht nebeneinander stehen. Es gibt 5 mögliche Anordnungen, bei denen die beiden Gläser mit Gutscheinen nebeneinander stehen, und $\binom{6}{2} = 15$ Möglichkeiten, die beiden Gläser auf 6 Plätze zu verteilen.

P(die beiden Gläser stehen nicht nebeneinander)
$= 1 -$ P(die beiden Gläser stehen nebeneinander) $= 1 - \frac{5}{15} = \frac{2}{3}$.

$P(C) = P(Z_1 = 2)\,\cdot$ P(die beiden Gläser stehen nicht nebeneinander) $\approx 0{,}2458 \cdot \frac{2}{3} \approx 0{,}1639$.

e) Die Zufallsvariable $Z_2$ gibt die Anzahl der Gutscheine an, die der Kunde erhält. Es muss gelten: $P(Z_2 \geq 1) \geq 0{,}5$, also $1 - P(Z_2 = 0) \geq 0{,}5$, also $P(Z_2 = 0) \leq 0{,}5$.

Im Karton ist eine unbekannte Anzahl a von Gläsern mit Gutschein. Die Entnahme von 3 Gläsern ist daher ein Ziehvorgang ohne Zurücklegen. Daher gilt hier:

$P(Z_2 = 0) =$ P(im 1. Glas ist kein Gutschein) · P(im 2. Glas ist kein Gutschein) · P(im 3. Glas ist kein Gutschein)

$$= \frac{30 - a}{30} \cdot \frac{29 - a}{29} \cdot \frac{28 - a}{28}.$$

Wenn $P(Z_2 = 0) \leq 0{,}5$ gelten soll, dann muss die Funktion $f(a) = \frac{30 - a}{30} \cdot \frac{29 - a}{29} \cdot \frac{28 - a}{28}$ untersucht werden.

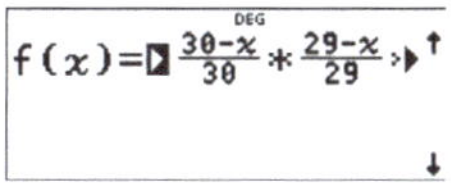


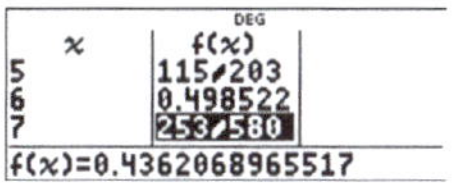


| a | 5 | 6 | 7 |
|---|---|---|---|
| $P(Z_2 = 0)$ | 0,5665 | 0,4985 | 0,4362 |

Es müssen mindestens 6 Gläser mit Gutschein im Karton sein, damit die Wahrscheinlichkeit, dass mindestens ein Gutschein in den drei Gläsern ist, mindestens 50 % beträgt.

## Aufgabe C2.1 Wahlteil Stochastik

Bei einem Glücksrad gibt es drei farbige Sektoren. Beim einmaligen Drehen beträgt die Wahrscheinlichkeit für rot 60 %, für blau 30 % und für grün 10 %.

a) Das Glücksrad wird 20-mal gedreht. Bestimmen Sie für folgende Ereignisse jeweils die Wahrscheinlichkeit:

A: „Genau 15-mal erscheint rot.“ J3

B: „Bei den ersten zehn Drehungen erscheint genau zweimal blau, insgesamt erscheint höchstens fünfmal blau.“ J3 I3

b) Bei einem Glücksspiel darf man für einen Einsatz von 6 € das Glücksrad zweimal drehen. Wenn dabei genau einmal rot erscheint, dann erhält man einen bestimmten Auszahlungsbetrag. Wenn zweimal rot erscheint, dann erhält man das Siebenfache dieses Auszahlungsbetrags. Andernfalls erfolgt keine Auszahlung. Das Spiel ist fair. Bestimmen Sie den Auszahlungsbetrag für den Fall, dass genau einmal rot erscheint. **J2 I3**

c) Jemand vermutet, dass die Wahrscheinlichkeit für rot in Wirklichkeit geringer als 60 % ist. Deshalb soll ein Hypothesentest durchgeführt werden. Dabei soll möglichst vermieden werden, dass irrtümlich von einer zu hohen Wahrscheinlichkeit für rot ausgegangen wird. Formulieren Sie eine Nullhypothese, die dieser Zielsetzung entspricht, und begründen Sie Ihre Wahl. **K3 K5**

**Lösung**

a) Ereignis A: Die Zufallsvariable $X_1$ gibt die Anzahl der Drehungen an, bei den rot erscheint. $X_1$ ist binomialverteilt mit $n = 20$ und $p = 0{,}6$.

$P(A) = P(X_1 = 15) \approx 0{,}0746$.

Ereignis B: Die Zufallsvariable $X_2$ gibt die Anzahl der Drehungen unter den ersten zehn Drehungen an, bei denen blau erscheint. $X_2$ ist binomialverteilt mit $n = 10$ und $p = 0{,}3$.

Die Zufallsvariable $X_3$ gibt die Anzahl der Drehungen unter den letzten zehn Drehungen an, bei denen blau erscheint. $X_3$ ist binomialverteilt mit $n = 10$ und $p = 0{,}3$.

$P(B) = P(X_2 = 2) \cdot P(X_3 \leq 3) \approx 0{,}23347 \cdot 0{,}6496 \approx 0{,}1516$.

b) Der Auszahlungsbetrag, der gezahlt wird, wenn genau einmal rot erscheint, werde mit a bezeichnet.

Die Verteilung der Zufallsvariable Y: *Gewinn pro Spiel* (= Auszahlung – 6 €) stellt sich wie folgt dar:

| Ereignis | einmal rot | zweimal rot | keinmal rot |
|---|---|---|---|
| Auszahlung | $a$ | $7 \cdot a$ | $0$ |
| Gewinn | $a - 6$ | $7 \cdot a - 6$ | $-6$ |
| Wahrscheinlichkeit | $2 \cdot 0{,}6 \cdot 0{,}4$ | $0{,}6^2$ | $0{,}4^2$ |

Der Erwartungswert des Gewinns ist daher

$$E(Y) = (7 \cdot a - 6) \cdot 0{,}6^2 + (a - 6) \cdot (2 \cdot 0{,}6 \cdot 0{,}4) - 6 \cdot 0{,}4^2$$
$$= 2{,}52\,a - 2{,}16 + 0{,}48\,a - 2{,}88 - 0{,}96 = 3\,a - 6$$

Das Spiel ist fair, falls $E(Y) = 0$. Dies ist der Fall für $a = 2$. Der Auszahlungsbetrag für den Fall, dass genau einmal rot erscheint, muss daher 2 Euro betragen.

c) Man wählt die Nullhypothese „Die Wahrscheinlichkeit für rot beträgt höchstens 60 %."

Von dieser Hypothese lässt man sich nur abbringen, wenn in einer Stichprobe ein extrem hoher Anteil für rot auftaucht. Das irrtümliche Ablehnen der Nullhypothese führt dazu, dass von einer zu hohen Wahrscheinlichkeit für rot ausgegangen wird.

## Aufgabe C2.2 Wahlteil Stochastik

Bei einem Spielautomaten wird vermutet, dass die Gewinnwahrscheinlichkeit p größer als 10 % ist. Die Vermutung wird mit Hilfe eines Hypothesentests mit dem Stichprobenumfang von n = 200 und einem Signifikanzniveau von 5 % getestet.

(1) Als Nullhypothese wird $H_0$: $p \geq 0{,}1$ gewählt.
Formulieren Sie die Entscheidungsregel. **K3 K5**

(2) Tatsächlich gilt p = 0,08.
Bestimmen Sie die Wahrscheinlichkeit für den Fehler zweiter Art. **K3 J3**

### Lösung

(1) Die Zufallsvariable X gibt die Anzahl der Spiele an, die gewonnen werden.

Nullhypothese $H_0$: $p \geq 0{,}1$; für n = 200 und p = 0,1 wird die größte natürliche Zahl k gesucht mit $P(X \leq k) \leq 0{,}05$.

Systematisches Probieren (ggf. Nutzung der Listenoption des TR) ergibt

| k | 11 | 12 | 13 | 14 |
|---|---|---|---|---|
| $P(X \leq k)$ | 0,0168 | 0,0320 | 0,0566 | 0,0929 |

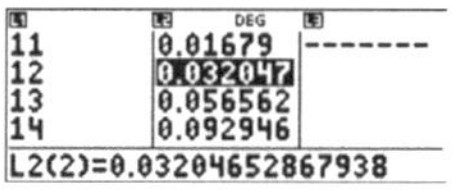


Für größere Werte von p ergeben sich kleinere Wahrscheinlichkeiten für $P(X \leq k)$.

Hieraus ergibt sich die Entscheidungsregel: Verwirf die Nullhypothese $p \geq 0{,}1$, wenn weniger als 13 Spiele gewonnen werden.

(2) Ein Fehler 2. Art tritt ein, wenn das Ergebnis im Annahmebereich A liegt (also $X \geq 13$), aber dem Zufallsversuch $p < 0{,}1$ zugrunde liegt (hier: p = 0,08).

Die Zufallsvariable Y ist binomialverteilt mit n = 200 und p = 0,08.
$P(Y \geq 13) = 1 - P(Y \leq 12) \approx 0{,}8179$; die Wahrscheinlichkeit für einen Fehler zweiter Art beträgt 81,79 %.

# Stichwortverzeichnis

## Bildquellenverzeichnis

Alamy Stock Photo, Abingdon/Oxfordshire: Burmeister, Holger 163.1. |Alamy Stock Photo (RMB), Abingdon/Oxfordshire: Otto, Werner 168.1. |Getty Images, München: NurPhoto/ Raa, Jonathan 175.1. |iStockphoto.com, Calgary: Goddard, Mark 171.1. |Kilian, Ulrich - science & more redaktionsbüro, Frickingen: 13.1, 13.2, 13.3, 13.4, 13.5, 13.6, 13.7, 21.1, 23.1, 26.1, 37.1, 37.2, 38.1, 38.2, 40.2, 55.2, 59.1, 76.1, 77.1, 78.1, 86.1, 91.1, 112.1, 112.2, 113.1, 114.1, 115.1, 115.2, 116.1, 116.2, 117.1, 118.1, 119.1, 123.1, 124.5, 125.1, 125.5, 126.3, 126.9, 127.1, 136.2, 154.3, 159.5, 164.1, 164.4, 174.1, 187.5, 188.1, 196.15, 198.1, 198.2, 198.3, 198.4, 199.1, 199.2, 200.1, 201.1, 202.1, 203.1, 203.2, 203.3, 204.1, 204.2, 207.1, 207.2, 208.1, 209.1, 209.4, 210.1, 211.1, 213.1, 214.1, 216.1. |Langner & Partner Werbeagentur GmbH, Hemmingen: 16.1, 18.1, 18.2, 25.1, 28.1, 29.1, 29.2, 52.1. |Peter Wirtz Fotografie, Dormagen: Titel. |Texas Instruments Education Technology GmbH, Freising: 89.2, 89.3, 89.4, 89.5, 89.6, 89.7, 98.1, 98.2, 98.3, 98.4, 98.5, 98.6, 98.7, 98.8, 98.9, 98.10, 100.1, 100.2, 100.3, 100.4, 100.5, 100.6, 102.1, 102.2, 102.3, 102.4, 102.5, 102.6, 102.7, 102.8, 102.9, 103.1, 103.2, 103.3, 103.4, 103.5, 103.6, 105.1, 105.2, 106.1, 106.2, 106.3, 106.4, 107.1, 107.2, 107.3, 107.4, 107.5, 107.6, 107.7, 108.2, 108.3, 108.4, 108.5, 108.6, 109.1, 109.2, 110.1, 110.2, 110.3, 110.4, 110.5, 110.6, 111.1, 111.2, 111.3, 111.4, 123.2, 123.3, 124.1, 124.2, 124.3, 124.4, 125.2, 125.3, 125.4, 126.1, 126.2, 126.4, 126.5, 126.6, 126.7, 126.8, 128.1, 128.2, 128.3, 150.1, 150.2, 150.3, 150.4, 150.5, 150.6, 153.2, 153.3, 153.4, 153.5, 155.1, 155.2, 155.3, 155.4, 156.1, 156.2, 156.3, 156.4, 156.5, 156.6, 156.7, 158.1, 158.2, 158.3, 158.4, 158.5, 159.1, 159.2, 159.3, 159.4, 159.6, 159.7, 161.1, 161.2, 161.3, 161.4, 161.5, 161.6, 162.2, 162.3, 164.2, 164.3, 164.5, 167.1, 167.2, 167.3, 167.4, 167.5, 167.6, 167.8, 167.9, 176.1, 178.1, 179.1, 181.1, 181.2, 181.3, 181.4, 181.5, 181.6, 184.1, 184.2, 185.1, 185.2, 185.3, 185.4, 185.5, 185.6, 185.7, 185.8, 185.9, 185.10, 185.11, 185.12, 185.13, 185.14, 185.15, 185.16, 185.17, 185.18, 185.19, 186.2, 186.3, 186.4, 186.5, 187.1, 187.2, 187.3, 187.4, 187.6, 187.7, 187.8, 187.9, 187.10, 187.11, 187.12, 187.13, 187.14, 187.15, 187.16, 187.17, 189.1, 189.2, 189.3, 189.4, 189.5, 189.6, 189.7, 189.8, 189.9, 190.1, 190.2, 190.3, 190.4, 190.5, 190.6, 190.7, 191.1, 191.2, 191.3, 191.4, 193.1, 193.2, 193.3, 193.4, 193.5, 193.6, 193.7, 193.8, 194.1, 194.2, 194.3, 194.4, 194.5, 194.6, 194.7, 194.8, 194.9, 194.10, 196.1, 196.2, 196.3, 196.4, 196.5, 196.6, 196.7, 196.8, 196.9, 196.10, 196.11, 196.12, 196.13, 196.14, 197.1, 197.2, 209.2, 209.3, 212.1, 212.2, 212.3, 218.1, 218.2, 218.3, 219.1, 219.2, 219.3, 219.4, 219.5, 219.6, 221.1, 221.2. |Wojczak, Michael, Braunschweig: 16.2, 16.3, 18.3, 19.1, 19.2, 20.1, 21.2, 22.1, 23.2, 27.1, 30.1, 31.1, 32.1, 32.2, 33.1, 33.2, 35.1, 35.2, 35.3, 35.4, 36.1, 36.2, 36.3, 40.1, 44.1, 44.2, 46.1, 46.2, 46.3, 46.4, 47.1, 48.1, 48.2, 49.1, 50.1, 50.2, 51.1, 51.2, 51.3, 52.2, 53.1, 53.2, 54.1, 54.2, 54.3, 55.1, 56.1, 56.2, 58.1, 59.2, 61.1, 61.2, 61.3, 61.4, 62.1, 63.1, 64.1, 64.2, 67.1, 71.1, 72.1, 72.2, 72.3, 74.1, 79.1, 79.2, 80.1, 81.1, 82.1, 82.2, 83.1, 84.1, 84.2, 84.3, 85.1, 86.2, 87.1, 89.1, 90.1, 93.1, 93.2, 95.1, 104.1, 104.2, 104.3, 108.1, 109.3, 109.4, 130.1, 130.2, 131.1, 131.2, 131.3, 132.1, 132.2, 134.1, 134.2, 135.1, 135.2, 136.1, 137.1, 137.2, 138.1, 138.2, 138.3, 145.1, 147.1, 148.1, 148.2, 151.1, 152.1, 152.2, 153.1, 154.1, 154.2, 160.1, 162.1, 165.1, 165.2, 166.1, 167.7, 168.2, 169.1, 169.2, 170.1, 180.1, 186.1, 192.1.